Birgit Bisping, Monika Böhm, Gerd Heinen, Werner Kamp

Professionelle Bildbearbeitung

Bilder gestalten, erfassen und bearbeiten

3. überarbeitete und aktualisierte Auflage

VERLAG EUROPA-LEHRMITTEL • Nourney, Vollmer GmbH & Co. KG
Düsselberger Straße 23 • 42781 Haan-Gruiten

Europa-Nr.: 3771X

Autorinnen und Autoren:

Birgit Bisping (Köln)
Monika Böhm (Köln)
Gerd Heinen (Halls Head, Westaustralien)
Dr. Werner Kamp (Köln)

Verlagslektorat: Dr. Astrid Grote-Wolff

Die in diesem Buch genannten Markennamen und Produktbezeichnungen sind in der Regel patent- und warenrechtlich geschützt.
Die Bildbearbeitung wird in dieser Auflage am Beispiel von Adobe® Photoshop® CC (künftig „Photoshop" genannt) veranschaulicht. Die dabei vorgestellten Arbeitsschritte sind jedoch in der Regel auch in anderen Programmen durchführbar, da sie grundsätzliche Strategien beispielhaft veranschaulichen. Wenn Sie die dargestellten Beispiele im verwendeten Programm nachvollziehen möchten, können Sie bei Bedarf eine kostenlose Testversion von Photoshop unter http://www.adobe.com/de/downloads herunterladen.

3. Auflage 2014
Druck 5 4 3 2
Alle Drucke derselben Auflage sind parallel einsetzbar, da bis auf die Behebung von Druckfehlern untereinander unverändert.

ISBN 978-3-8085-3773-2

http://www.europa-lehrmittel.de
Umschlaggestaltung unter Verwendung eines Fotos der StockFood GmbH, München: Gudrun Loh, Köln; Gerd Heinen, Köln
Layout: Daniela Schreuer, Limburg; Gudrun Loh, Köln; Birgit Bisping, Köln
Satz: Birgit Bisping, Köln; Daniela Schreuer, Limburg
Druck: Dardedze Holografija, LV-1063 Riga (Lettland)

Vorwort

Das vorliegende Buch richtet sich an **alle gestalterisch Tätigen** im kreativen und technischen Bereich der Bildreproduktion. Es beruht auf den Vorgaben des Rahmenlehrplans und der Lehrpläne der Bundesländer für den Ausbildungsberuf zum/zur **Mediengestalter /-in Digital und Print**. Das **Lernfeld 6 „Bilder gestalten, erfassen und bearbeiten"** wird leicht verständlich aufgearbeitet. Das Buch bietet hilfreiche Unterstützung auch für **Freelancer, Autodidakten, Studierende der Fachrichtungen Design, Drucktechnik, Fotografie und Journalismus.**

Aufgrund seiner klaren, an der beruflichen Praxis ausgerichteten Struktur und der stets auf Übertragbarkeit des Gelernten angelegten Darstellung der Inhalte kann das Buch sowohl als **den Unterricht begleitendes Werk** als auch im **Selbststudium** eingesetzt werden. Die Analyse von **Beispielbildern** und **zahlreiche farbige Abbildungen** veranschaulichen auch komplexe Sachverhalte leicht verständlich. Das Lernen wird durch **Merksätze** unterstützt. Die **Aufgaben** am Ende der Kapitel sowie die **Übungsdateien** und eine **interaktive Anwendung** auf der CD zum Buch regen zur praktischen Umsetzung des Wissens an. Mithilfe des umfangreichen **Sachwortverzeichnisses** kann Fachwissen im Hinblick auf die Abschlussprüfung oder bei konkreten Aufgabenstellungen in der beruflichen Praxis zielgerichtet wieder aufgefrischt werden.

Das Buch gliedert sich in vier Teile:

Teil A: Bilder gestalten. Dieser Teil erläutert die Zusammenhänge zwischen Aussage und Wirkungsweise eines Bildes.

Teil B: Bilder erfassen. In diesem Teil werden alle Dateieigenschaften, die man für eine professionelle Bildreproduktion benötigt, anwendungsorientiert erklärt.

Teil C: Bilder bearbeiten. Den Leser zu befähigen, aus der Vielzahl der Werkzeuge digitaler Bildbearbeitung diejenigen auszuwählen und professionell zu nutzen, die ein Motiv optimal inszenieren, ist Ziel des Buchteils C.

Teil D: Bildrechte. In Teil D geht es um rechtliche Fragen bei der Erstellung und Verwendung von Bildern, über die in der alltäglichen Berufspraxis viel zu häufig Unsicherheit herrscht.

In der **3. Auflage** wurden die Kapitel 3 und 4 zur Technik von Scannern und Digitalkameras aktualisiert. Darüber hinaus wurde das Kapitel 10 zu Bildrechten um wichtige Informationen zu digitalen Produkten erweitert.

Wir wünschen unseren Leserinnen und Lesern viel Erfolg und Freude beim Studium des Buches. Hinweise und Ergänzungen, die zu dessen Verbesserung und Weiterentwicklung beitragen, nehmen wir unter der Verlagsadresse oder per E-Mail (lektorat@europa-lehrmittel.de) dankbar entgegen.

Herbst/Winter 2014 — Autoren und Verlag

Die Verwendung nur eines grammatikalischen Geschlechts bei Berufs- und Gruppenbezeichnungen wurde im Hinblick auf den Lesefluss gewählt. Sie stellt keine Meinungsäußerung zur Geschlechterrolle dar.

Inhalt

A

Bilder gestalten

In Teil A dieses Buches „Bilder gestalten" geht es darum, die vielfältigen Möglichkeiten der Bildgestaltung kennen zu lernen. Hier werden grundsätzliche Aspekte der Bildgestaltung vorgestellt, die jeder kennen sollte, der professionell mit Bildern arbeitet. Damit man beim Umgang mit Bildmaterial bewusst vorgeht und in der Lage ist, die Wirkungsweise von Bildern zu erkennen, sind Kenntnisse der Bildsprache unerlässlich. Der Begriff Bildsprache deutet dabei auf den erweiterten Ansatz, den das Kapitel in der Beschreibung der Abbildungen verfolgt: Jedes Bild kommuniziert durch seine Gestaltung mit dem Betrachter. Wie diese Kommunikation funktioniert ist deshalb immer auch Thema des Kapitels.

Nur mit einem soliden Basiswissen kann man bei der Auswahl von Bildern deren ästhetische Qualität erkennen, um sie bei der Bearbeitung dann bewusst einzusetzen und sie für sich nutzbar zu machen.

Wer die Aussage und Wirkungsweise eines Bildes verstanden hat, kann erfolgreich damit arbeiten!

1 Bildsprache und Bildgestaltung

Jedes Bild wirkt einerseits durch seinen Inhalt (Was wird gezeigt?) und andererseits durch seine formale Gestaltung (Wie wird es gezeigt?) auf den Betrachter. Mediengestalter, Grafiker, Fotografen und alle, die sich mit visueller Gestaltung befassen, haben die Aufgabe, Stil- und Gestaltungsmittel zu finden, die auf das abgebildete Motiv und die gewünschte Aussage zugeschnitten sind.

Auch wenn das Gestaltungspotential von Bildern im Grunde unendlich groß und variantenreich ist, haben sich in der Praxis der Bildgestaltung Prinzipien herausgebildet und bewährt, mit denen immer wieder erfolgreich gearbeitet wird. Diese Prinzipien lassen sich in allen Bereichen bildlicher Wiedergabe finden: in Malerei, Grafik, Fotografie und im Film. Sie lassen sich in einigen Grundregeln der Bildgestaltung zusammenfassen und bilden damit die Basis für eine gelungene Bildsprache.

Einerseits stellt ein Bild etwas Konkretes dar, andererseits wirkt es auf das Unterbewusstsein des Betrachters und ruft Assoziationen und Stimmungen hervor. Eine bewusst eingesetzte Bildsprache kann beim Betrachter ebenso Gefühle wecken wie auch Spannung oder Entspannung erzeugen. Bilder kommunizieren mit dem Betrachter also zweifach:

- Sie informieren. Ihre Aussagen werden rational wahrgenommen (bewusste Rezeption ❶).
- Sie schaffen Atmosphäre, vermitteln Stimmungen und sprechen damit Gefühle an (oft unbewusste Rezeption).

❶ Unter **Rezeption** versteht man die Aufnahme eines Werkes (z. B. Text, Bild oder Film) durch das Publikum.

➲ **Bilder informieren und schaffen Atmosphäre. Sie werden vom Betrachter rational und emotional verarbeitet.**

Der Umgang mit Bildern verlangt also einen ‚professionellen Blick‘, bei dem diese doppelte Wirkungsweise beachtet wird.

Der gezielt eingesetzten Bildsprache kommt eine große Bedeutung zu, unabhängig davon, ob es um die Gestaltung von Bildern mit eher künstlerischem Anspruch geht oder ob reine Sachverhalte visualisiert werden sollen. Grundkenntnisse der Gestaltungselemente sind wichtig, damit nicht unbewusst Inhalte und Symbolwirkungen transportiert werden, die entgegengesetzt zur beabsichtigten Bildaussage stehen.

In diesem Kapitel geht es um die Grundlagen bei der Gestaltung von Bildern:

- die grafischen Elemente, die ein wirkungsvolles Bild ausmachen
- die Art und Weise, wie der Betrachter ein Bild anschaut und versteht
- die Konsequenzen aus diesen Erkenntnissen für die Aufteilung der Bildfläche
- den Bildstil, der durch die Anwendung der grafischen Grundlagen entsteht
- die Gestaltungsmöglichkeiten, die sich durch die Arbeit mit der Kamera eröffnen
- die Lichtgestaltung

1.1 Blickrichtung und Blickzentrum

Bilderfassung

Oft wird das Betrachten eines Bildes mit dem Lesen eines Textes verglichen. Im europäischen Kulturkreis liest man von links nach rechts und von oben nach unten. Auch bei der Bilderfassung wandert der Blick des Betrachters zunächst von links nach rechts und von oben nach unten. Diese Richtungstendenz hat Auswirkungen auf die Bildgestaltung. Entsprechend der Abtastung des Bildes von links nach rechts wird eine diagonale Linie im Bild als aufsteigend oder absteigend wahrgenommen (**Abb. 1.1** und **1.2**).

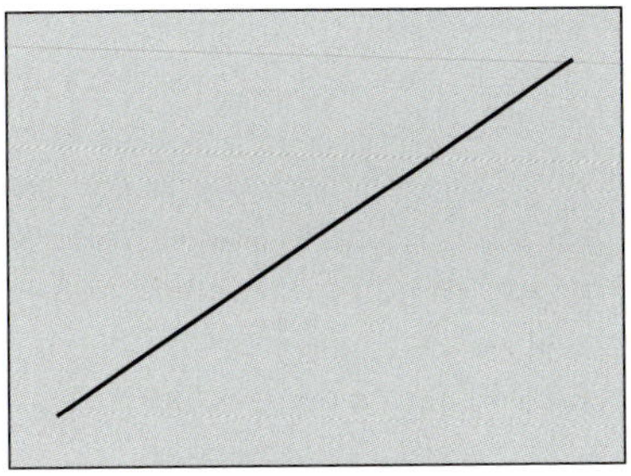

Abb. 1.1: Aufsteigende Linie

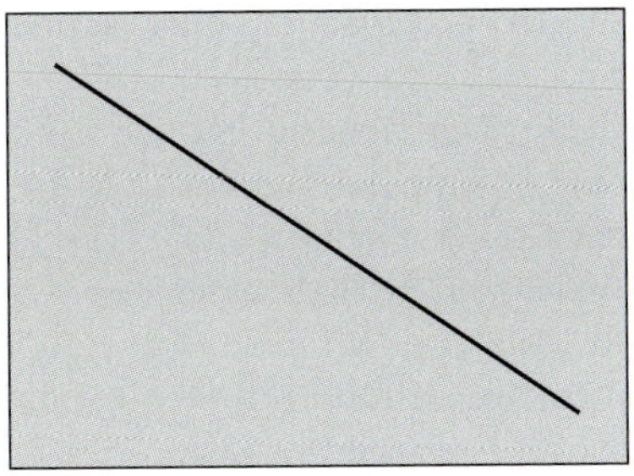

Abb. 1.2: Absteigende Linie

Bildelemente, denen man eine besondere Wichtigkeit zukommen lassen will, sollten im rechten Bildfeld positioniert sein. Der Blick des Betrachters wird dort, nachdem das Bild von links oben nach rechts unten abgetastet wurde, zur Ruhe kommen.

Die Analogie zum Lesen sollte man allerdings nicht zu weit führen, denn das Anschauen und Verstehen eines Bildes unterscheiden sich doch erheblich vom Erfassen eines Textes. Ein Text ist linear und verlangt dementsprechend die korrekte Reihenfolge der „Abtastung“ beim Lesen, da er sonst unverständlich wäre. Ein Bild dagegen ist nicht linear aufgebaut und es hängt vor allem von seiner Gestaltung ab, wohin der Betrachter blickt.

Blickzentrum

Für die richtige Einschätzung der Wirkung eines Bildes sollte man sich immer wieder die Frage nach dem Blickzentrum stellen. Werden die Elemente im Bild, die dessen Aussageschwerpunkt bilden sollen, auch tatsächlich hervorgehoben? Die Schaffung eines Blickzentrums und die Lenkung des Betrachterblicks entscheiden über das Gelingen oder Misslingen einer Aufnahme.

➲ **Unter Blickzentrum ist der Bereich einer Abbildung zu verstehen, auf den der Blick des Betrachters besonders gelenkt werden soll.**

Der Gelegenheitsfotograf im Urlaub will häufig einen besonders intensiv erlebten Moment im Bild festhalten und wundert sich später beim Betrachten seiner Aufnahmen darüber, wie klein oder nebensächlich das als wichtig Empfundene auf der Abbildung erscheint. Die Wirkung des Bildes ist ganz anders als der erlebte Moment. Diese allgemein bekannte und ernüchternde Erfahrung hängt mit der Vernachlässigung der Gestaltung zusammen. Es genügt nicht, einfach eine Kamera zwischen sich und sein Blickfeld zu halten und den Auslöser zu betätigen. Sind für den Amateur solche „Schnappschüsse“

immerhin von einem gewissen Erinnerungswert, so müssen sich professionelle Gestalter vor allem mit der Wirkung der Bilder auf andere Betrachter auseinandersetzen.

Ein professioneller Blick ist deshalb immer auch ein analytischer Blick, der über die Wahrnehmung einer Situation hinaus auch deren visuelle Möglichkeiten erfasst. Das Ziel der Arbeit mit Bildern besteht darin, über die Bilder mit dem Betrachter zu kommunizieren, ihn zu informieren oder zu fesseln, kurz: sein Interesse zu wecken.

➲ **Der professionelle Blick ist immer auch analytisch.**

In der Regel konzentriert sich der Blick des Betrachters zuerst auf die Bildteile, die für ihn motivisch von besonderem Interesse sind. Die Beachtung der Grundrichtungen „links – rechts" und „oben – unten" können für die Gestaltung von Bildern dennoch sehr hilfreich sein, um die Aufmerksamkeit der Betrachter auf diese Motive zu lenken. Bei einem unbewegten Bild sind diese Grundrichtungen der Abtastung wichtige Kriterien der Gestaltung. Man spricht hier auch von ästhetischen Kräften, die in einem Bild wirken.

Ästhetische Kräfte

1.2 Gestaltungselemente

Noch bevor der Betrachter in einem Bild oder einer Grafik einen Gegenstand konkret erkennt, werden schon unbewusst Linien und Flächen wahrgenommen. Linien und Flächen gehören zu den elementarsten grafischen Gestaltungselementen der Bildsprache. Ihr Gebrauch löst Stimmungen beim Betrachter aus, die jeder Gestalter kennen sollte. Darüber hinaus kommt bei der Gestaltung und Wahrnehmung von Bildern der Arbeit mit Kontrasten als Gestaltungsprinzip besondere Bedeutung zu.

1.2.1 Linien

Führungslinien

Linien lenken den Blick beim Anschauen von Bildern. Man spricht daher häufig von Führungs- oder Leitlinien. Mit einer Führungslinie kann man direkt auf ein Bildelement zielen und es somit zum Blickzentrum der Abbildung werden lassen.

➲ **Eine Führungslinie weist direkt auf ein Bildelement hin und setzt es ins Blickzentrum des Betrachters.**

Je nach ihrer Charakteristik erzeugen Linien Eindrücke wie:
- Statik oder Dynamik
- Spannung oder Ausgeglichenheit
- Harmonie oder Disharmonie

Beim Bildaufbau wird zwischen grafischen und virtuellen Linien unterschieden.

Grafische Linien

Grafische Linien sind wirkliche Linien im Bild. Sie existieren als klare Konturen, beispielsweise als Häuserkante, Horizont oder auch als Schatten. Für die Bildgestaltung, die sich eher am stehenden Bild orientiert, sind vor allem die grafischen Linien von Bedeutung. Durch die flache Perspektive auf einen Seerosenteich in **Abb. 1.3** werden die horizontalen Linien stark betont. **Abb. 1.4** zeigt eine Deckenkonstruktion, bei der die grafischen diagonalen Linien sternförmig aufeinander zulaufen.

Abb. 1.3: Horizontale Linien

Abb. 1.4: Diagonale Linien

Virtuelle Linien

Virtuelle Linien sind nicht direkt im Bild sichtbar. Hierbei handelt es sich um gedachte (imaginäre) Linien, die der Betrachter eher unbewusst aus dem Zusammenhang des Bildaufbaus und des Bildinhalts schließt. Sie spielen bei der Gestaltung von bewegten Bildern als Blick- oder Bewegungsvektoren eine wichtige Rolle, sind aber auch für unbewegte Bilder bedeutende, den Betrachterblick lenkende Faktoren. Virtuelle Linien entstehen durch Bewegungsrichtungen, Blickrichtungen und Gesten. Man spricht in diesen Fällen auch von Richtungsvektoren.

➲ **Blicke und Bewegungen erzeugen im Bild richtungweisende Vektoren.**

Der Blick des Adlers in **Abb. 1.5** bildet zusammen mit der Bewegungsrichtung einen steilen diagonalen Vektor von rechts oben nach links unten.

Abb. 1.5: Diagonaler Richtungsvektor

Richtungstendenzen von Linien

Wie das Beispiel zeigt, ist die Wirkung von Linien auf den Betrachter nicht nur abhängig von dem Grad ihrer Deutlichkeit, sondern auch von deren Richtungsorientierung innerhalb des Bildes. Bei der Orientierung wird zwischen waagerechten, senkrechten und diagonalen Linien unterschieden. Eine horizontale (waagerechte) Linie unterteilt ein Bild in eine obere und eine untere Bildhälfte. Dem Betrachter werden dabei Eindrücke wie Ruhe, Gleichgewicht, Stabilität, Dauerhaftigkeit und Zuverlässigkeit suggeriert. Mit einer dominanten waagerechten

Linie (z. B. der Horizontlinie in einer Landschaftsaufnahme, **Abb. 1.6**) lassen sich beim Betrachter Eindrücke wie Raum, Weite und Großzügigkeit erzeugen.

Abb. 1.6: Horizontale grafische Linie

Vertikale (senkrechte) Linien suggerieren ebenfalls Stabilität. Sie stehen oft für Dominanz, Größe und Stärke. Senkrechte Linien wirken spannungsvoller als waagerechte Linien, denn Senkrechte scheinen sich ständig in einer Art Balance zu halten. Es besteht somit immer die Möglichkeit, dass eine Linie kippen könnte. Die Stämme in **Abb. 1.7** sind sehr dominant und betonen die Größe der Palmen. Gleichzeitig erscheinen sie aber etwas instabil, was durch die leicht schrägen Bäume am linken Bildrand noch verstärkt wird.

Abb. 1.7: Vertikale grafische Linien

Da Bilder von links nach rechts abgetastet werden, kann besonders eine dominante senkrechte Linie im Bild den Blick des Betrachters stoppen. Man sollte daher ein entsprechendes Motivteil, z. B. einen Schatten, als deutliche Senkrechte auf der rechten Bildhälfte anordnen. Dadurch kann verhindert werden, dass der Blick des Betrachters sofort wieder aus dem Bild herauswandert.

Diagonale Linien können als aufsteigend oder als absteigend empfunden werden. Eine Diagonale drückt immer eine Bewegungstendenz aus. Diese Wirkung resultiert aus der typischen Blickrichtung von links nach rechts. Bei **Abb. 1.8** bilden Geländer und Unterseite der Brücke vor dem Hintergrund die Linien. Durch die Diagonalen entstehen Eindrücke wie Dynamik, Lebendigkeit und Bewegung.

Abb. 1.8: **Diagonale grafische Linien**

Aufwärts gerichtete Diagonalen wirken in der Regel harmonisch. Sie suggerieren einen Fortschritt oder Aufstieg (wie in **Abb. 1.8**) und werden im weitesten Sinne positiv assoziiert.

Abwärts gerichtete Diagonalen haben hingegen wesentlich negativere Wirkungen auf den Betrachter (vgl. Kapitel 1.3.4). Sie werden als Abstieg empfunden. Laufen zwei Diagonalen im Bild aufeinander zu, entsteht eine Tiefenwirkung im Bild.

Abb. 1.9: **Rahmenwirkung**

Rahmen

Komplexer und interessanter werden Bilder durch unterschiedliche Linien, die miteinander in Beziehung gesetzt werden. Sich schneidende Linien beispielsweise können Rahmen im Bild erzeugen, die den so umschlossenen Gegenständen oder Personen eine besondere Bedeutung geben. Der Blick durch Torbögen oder Türen richtet die Aufmerksamkeit automatisch auf den umschlossenen Bereich (**Abb. 1.9**).

Abb. 1.10 zeigt ein ungewöhnliches Beispiel für Rahmenbildung: Der Blick des Betrachters wird auf die ovale Form der Pfütze konzentriert.

Abb. 1.10: **Rahmenbildung**

Ein Bild erhält eine besondere Spannung, wenn unterschiedliche Richtungsvektoren darin konkurrieren. Wenn diese durch Bewegungen erzeugt werden, haben sie generell die stärkste Wirkung. Sie ziehen den Blick des Zuschauers auf sich und leiten ihn. Generell gilt:

- Bewegungsvektoren dominieren ein Bild am stärksten.
- Blickvektoren wirken stärker als grafische Linien.

In **Abb. 1.11** kann man das Verhältnis der drei Vektoren gut erkennen: obwohl der Wasserstrahl eine abwärts führende diagonale grafische Linie darstellt, wirkt der Bewegungsvektor von unten nach oben stärker im Bild. Außerdem wirkt der Blick des Mannes, der vom Betrachter nur vermutet wird, weil er hinter der Spiegelsonnenbrille versteckt ist, in seiner Aufwärtsrichtung immer noch stärker als die grafische Linie.

Abb. 1.11: Richtungsvektoren

➲ **Bewegungs- und Blickvektoren haben in der Regel eine stärkere ästhetische Kraft im Bild als grafische Linien.**

Liniencharakteristik

Neben den Richtungstendenzen von Linien beeinflusst auch deren generelle Charakteristik die Wirkung eines Bildes. Grundsätzlich gelten folgende Zuordnungen und Assoziationen:

- Weiche, geschwungene Linien, z. B. Kurven auf einer Landstraße oder die Tanzbewegungen eines Paares beim Walzer, erzeugen häufig eine harmonische Grundstimmung. Der sich biegende Flusslauf in **Abb. 1.12** betont die Natürlichkeit der dargestellten Landschaft.

- Gerade, klare Linien erzeugen beim Betrachter eher technisch-mechanische Assoziationen, werden aber auch mit Ordnung und Disziplin in Verbindung gebracht. Die starre Anordnung der Sitzreihen in **Abb. 1.13** erzeugt in Verbindung mit dem Gestänge und den Lampenreihen an der Hallendecke eine kalte, sachliche Atmosphäre.

Abb. 1.12: Geschwungene Liniencharakteristik

Abb. 1.13: Gerade Liniencharakteristik

1.2.2 Flächen

Im Gegensatz zu Linien, die den Blick des Betrachters über das Bild wandern lassen, bilden Flächen in sich geschlossene Schwerpunkte, die den Blick stoppen und festhalten können.

Die Fläche ist eine zweidimensionale Ausdehnung, die durch ihre Randlinie begrenzt wird. Die elementarsten Formen von Flächen in der Bildgestaltung sind Kreis, Quadrat, Rechteck und Dreieck. Wie bei Linien muss man auch bei Flächen zwischen wirklichen und imaginären Flächen unterscheiden.

Abb. 1.14: Wirkliche Fläche

Wirkliche Flächen

Wirkliche Flächen ergeben sich bei der Abbildung von Gegenständen, Räumen oder Landschaften durch die Verbindung grafischer Linien. Durch die Position der Kamera entsteht in **Abb. 1.14** in der Mitte des Bildes eine helle Dreiecksform.

Imaginäre Flächen

Imaginäre Flächen entstehen durch eine gedankliche Anordnung von Bildelementen zu Kreisen, Rechtecken, Dreiecken oder Quadraten. Der Betrachter zieht zumeist unbewusst gedachte Verbindungslinien zwischen den einzelnen abgebildeten Objekten einer Darstellung. Bei der Anordnung von Personen im Raum werden vom Betrachter, bewusst oder unbewusst, zwischen den Personen Linien gezogen bzw. gedacht. **Abb. 1.15** zeigt einen Formationsflug, bei dem den Betrachtern geradezu angeboten wird, eine Dreiecksform zu erkennen.

Abb. 1.15: Imaginäre Fläche

Flächen haben in Abhängigkeit von ihrer Form ganz unterschiedliche Wirkung auf den Betrachter und können bestimmte Assoziationen hervorrufen:

- Kreis: Die klarste zweidimensionale Grundform ist der Kreis. Die Kreisform wirkt ruhig und vollkommen. Kulturell hat der Kreis u. a. Bedeutungen wie Sonne und Mond. Er besitzt daher für den Betrachter einen hohen Aufmerksamkeitswert. Symbolisch steht der Kreis für Unendlichkeit, Stabilität und Ruhe. Zwischen Kreisflächen und dem rechteckigen Bildformat besteht immer ein deutlicher Kontrast.

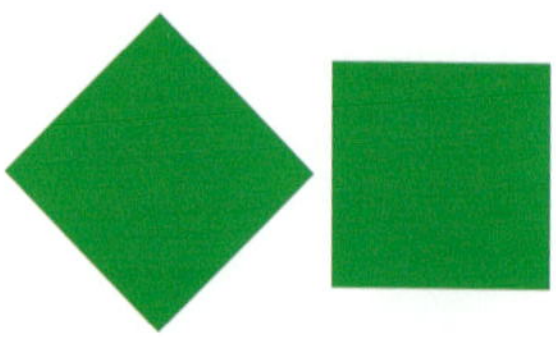

- Quadrat: Vom Quadrat geht eine statische, ausgeglichene und ruhige, oft aber auch eine monotone Wirkung aus. Innerhalb von Bildern eignen sich quadratische Formen dazu, Ruhepunkte für den Blick des Betrachters zu bilden. Wird ein Quadrat auf die Spitze gestellt, verliert es seine statische Wirkung. Es kann zu beiden Seiten wegkippen und wirkt daher instabil auf den Betrachter.

- Rechteck: Das Rechteck ist die Form, die am häufigsten vorkommt, z. B. bei Gebrauchsgegenständen oder in der Architektur. Ein Rechteck kann eine stehende oder liegende Tendenz haben. Weist es eine stehende Form auf, werden damit Größe, Stärke oder Dominanz verbunden. Bei liegenden Rechtecken sind Ruhe und Stabilität die vorherrschenden Eindrücke.

- Dreieck: Dreieckflächen stehen in einem deutlichen Kontrast zum rechteckigen Bildformat. Auf den Betrachter wirken solche Bildkompositionen sehr spannungsgeladen und dynamisch. Ein Dreieck mit nach oben gerichteter Spitze wirkt aufsteigend. Bei einer nach unten gerichteten Spitze wirkt das Dreieck hängend oder fallend. Im ersten Fall erscheint die Form durch seine breite Basis sehr stabil, im zweiten Fall entsprechend instabil. Auf jeden Fall lässt sich immer eine Richtungstendenz erkennen. **Abb. 1.15** zeigt noch eine andere Lage eines (gedachten) Dreiecks, hier zeigt die Spitze nach links. Durch das Motiv der Düsenjets und deren Dreiecksformation wirkt das Bild besonders dynamisch.

Bilder, die große, klare Flächen aufweisen, sind in der Regel durch eine ruhige Grundstimmung gekennzeichnet. Abb. 1.16 zeigt hierfür ein Beispiel. Nur wenige Farben prägen das Bild und tragen zu seiner ruhigen Wirkung bei. Die Farbflächen weisen größtenteils sanfte Übergänge auf. Durch die dominante horizontale, leicht geschwungene Mittellinie werden Weite und Natürlichkeit besonders betont.

Abb. 1.16: Ruhige Stimmung

Eine gegenteilige Wirkung erzeugen Bilder, die durch kleine, zersplitterte Flächen gekennzeichnet sind. Eine Vielzahl von unterschiedlichen Strukturen und Elementen fordert vom Betrachter ein genaueres Hinsehen.

Abb. 1.17: Unruhige Stimmung

Abb. 1.17 ist ein extremes Beispiel: Hier finden sich fast keine nachvollziehbaren, das Bild dominierende Flächen, es gibt kaum einen ruhigen Punkt oder ein eindeutiges Blickzentrum. Der Eindruck der Unruhe entsteht hier auch durch die Blickführung des Betrachters: Um alle Elemente des Bildes zu erfassen, muss das Auge zwischen den verschiedenen Motiven hin- und her springen, ohne eine klare Führungslinie als Orientierung zu finden. Neben der unübersichtlichen grafischen Gestaltung des Bildes – dem Wirrwarr an Farben, Formen und Richtungen – erzeugt das Bild auch deshalb Unruhe, weil der Inhalt nicht wirklich verständlich, nachvollziehbar oder bekannt erscheint.

1.2.3 Kontraste

In der Bildgestaltung spricht man von einem Kontrast, wenn eine Abbildung gegensätzliche Gestaltungselemente aufweist. Die grundsätzlichen grafischen Kontraste entstehen hinsichtlich ihrer Gegensätze in der Helligkeit, der Form, der Größe, der Richtungstendenz oder bezüglich der Menge.

Diese Gegensätzlichkeiten erregen die Aufmerksamkeit des Betrachters und sie können Spannung erzeugen.

➲ **Ein Bild mit sehr deutlichen Kontrasten wirkt auf den Betrachter wesentlich spannungsvoller als ein Bild mit nur sehr geringen Kontrasten.**

Folgende Arten von Kontrasten werden unterschieden:

Hell-Dunkel-Kontrast

Der Hell-Dunkel-Kontrast eignet sich besonders dazu, den Blick des Betrachters zu beeinflussen. Helle Farbtöne wirken grundsätzlich angenehmer als dunkle Farbtöne. Das Auge des Betrachters wird daher in der Regel auf hellen Bildabschnitten länger verweilen als auf eher dunklen Bildteilen. Die mit Hell-Dunkel-Kontrasten verbundenen Aussagemöglichkeiten sind sehr unterschiedlich. Grundsätzlich gilt: Je größer der Kontrast zwischen hellen und dunklen Bereichen in einem Bild ist, desto größer ist die Spannung im Bild. Bilder mit sehr starken Hell-Dunkel-Kontrasten sind deshalb nur selten langweilig.

Für den Eindruck des Betrachters gilt: Dunkle Partien im Bild wirken schwerer als helle. Ein dunkles Objekt scheint ein höheres Gewicht zu haben als ein helles. Dunkle Farbtöne oder Objekte am oberen Bildrand scheinen nach unten zu drücken, wodurch eine gewisse Dramatik erzeugt wird.

Abb. 1.18: **Hell-Dunkel-Kontrast**

Sind die Bildränder abgedunkelt und ist nur die Mitte des Bildes aufgehellt, kann der Blick des Betrachters dort gehalten werden. Ein schneller Austritt des Blicks aus dem Bild wird dadurch verhindert. **Abb. 1.18** bildet hierfür ein Beispiel. Zudem zeigt es den extremsten Hell-Dunkel-Kontrast, nämlich den zwischen Schwarz und Weiß. Dadurch, dass in dieser Abbildung keine Zwischentöne zu finden sind, wirken die Umrisse der Spinne besonders prägnant. Das Motiv erscheint durch den harten Kontrast auf seine Grundform reduziert und wirkt daher kaum noch wie eine fotorealistische Abbildung, sondern eher wie eine stilisierte Grafik.

Form- und Flächenkontrast

Der Formen- und Flächenkontrast entsteht durch Gegenüberstellungen von runden und eckigen Formen, Linien und Flächen oder symmetrischen und unsymmetrischen Formen. Unterschiedliche Formen oder Flächen erzeugen ein Spannungsverhältnis wie in **Abb. 1.19**: Die barocke Architektur der Kuppel des Berliner Doms im Vordergrund bildet einen klaren Gegensatz zur schlanken, nüchternen Form des Fernsehturms im Hintergrund.

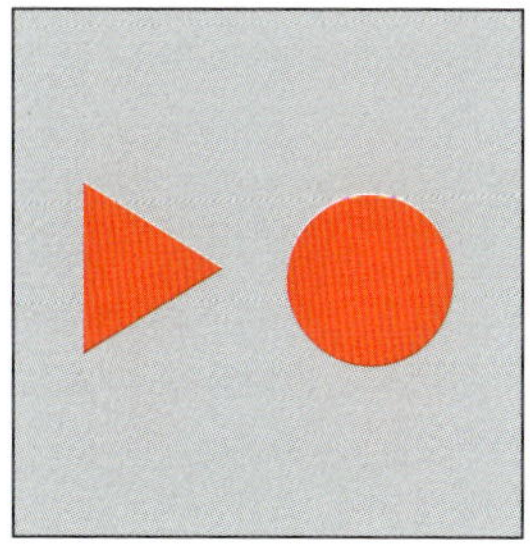

Abb. 1.19: Formkontrast

Größenkontrast

Der Größenkontrast ist ein Stilmittel, das die Räumlichkeit eines Bildes verstärken kann. So wirken gleich große Bildelemente entsprechend ihrer Entfernung von der Kamera kleiner oder größer. Besonders bei Landschaftsaufnahmen, die als Bezugpunkt einen Menschen darstellen, können die Größenverhältnisse sehr imposant dargestellt werden (**Abb. 1.20**).

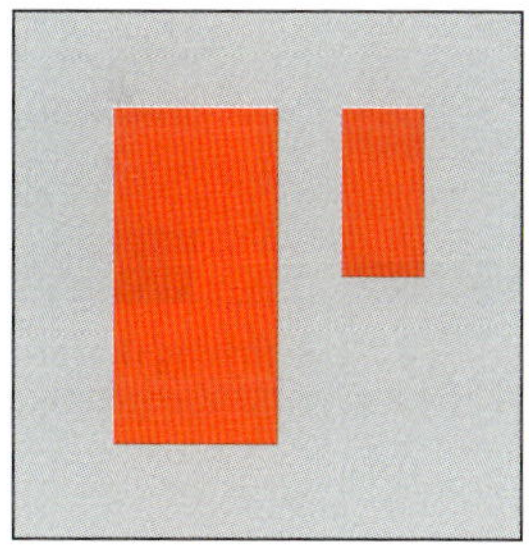

Abb. 1.20: Größenkontrast

Allgemein gilt der Grundsatz, dass große Objekte im Bild kleinere Objekte dominieren. In **Abb. 1.21** wird durch

Abb. 1.21: Größenkontrast

das Motiv der Hände darüber hinaus eine gewisse Symbolik vermittelt, die den Betrachter Schutzbedürftigkeit und Hilfe assoziieren lässt.

Richtungskontrast

Der Richtungskontrast bezieht sich auf die Ausrichtung von Linien oder Formen. Wenn Linien und Vektoren parallel zueinander verlaufen, rufen sie beim Betrachter Eindrücke wie Ausgeglichenheit und Ordnung hervor. Linien, die weniger zielgerichtet verlaufen und sich vielleicht sogar überschneiden, erzeugen beim Betrachter hingegen Spannung und Unruhe (**Abb. 1.22**).

Abb. 1.22: Richtungskontrast

Abb. 1.23: Richtungskontrast

Abb. 1.23 zeigt ein Beispiel dafür, dass Richtungskontraste die Aufmerksamkeit des Betrachters steigern: Die nach unten strömenden Wassermassen wirken als stärkster Richtungsvektor im Bild. Durch den in Gegenrichtung balancierenden Jungen allerdings bekommt das Bild seinen eigentlichen Reiz und die reißende Kraft des stürzenden Wassers wird erst richtig spürbar.

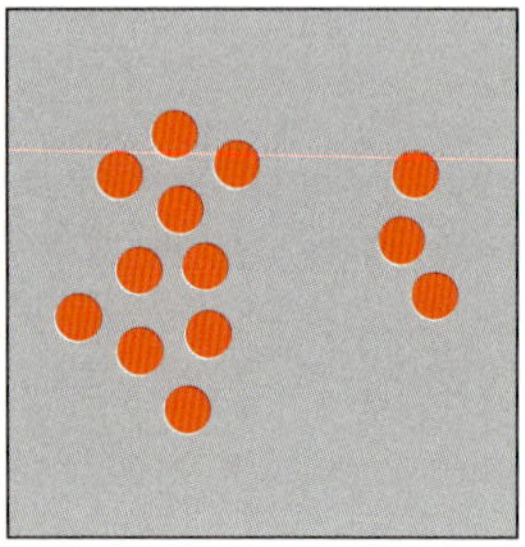

Mengenkontrast

Innerhalb eines Bildes lässt sich die Spannung durch eine mengenmäßig ungleiche Anordnung der Bildelemente erhöhen. Bei einer gleichmäßigen Verteilung der Elemente auf die Bildhälften entsteht ein einheitlicher Bildaufbau.

Abb. 1.24: Mengenkontrast

Wird die Verteilung dagegen ungleichmäßig vorgenommen, entsteht ein Mengenkontrast, der dem Bild eine Spannung verleiht. **Abb. 1.24** wirkt zusätzlich durch das Motiv der Schneemännergruppe kurios, zudem hebt sich der Junge farblich und durch seine geringe Größe deutlich von seiner Umgebung ab.

➲ **Für die Arbeit mit Kontrasten im Bild gilt unabhängig von der Art des Kontrastes: Das Objekt, das sich am meisten von den anderen unterscheidet, wird die größte Aufmerksamkeit erregen.**

Wie stark die hier beschriebenen Wirkungen von Kontrasten und Assoziationen des Betrachters tatsächlich sind, ist individuell sehr unterschiedlich. Daher sollten sie nicht überbewertet werden. Die Beachtung grafischer Grundelemente kann allerdings sehr hilfreich bei der Planung der Bildgestaltung sein. Ein professioneller Gestalter sieht hinter den konkreten Motiven, die abgebildet werden, immer auch deren abstrakte Erscheinungsformen. Er arbeitet mit ihnen, um die beabsichtigte Wirkung beim Betrachter zu erzielen.

Neben den bisher genannten Kontrasten, die sich auf formale und grafische Aspekte beziehen, können weitere Kontraste die Aufmerksamkeit des Zuschauers lenken:

Schärfekontrast

Bei der Arbeit mit der Kamera hat der Fotograf die Möglichkeit, die Aufmerksamkeit des Zuschauers durch selektive Schärfe zu beeinflussen. Je nach Blendeneinstellung und Lichteinfall, Entfernung vom Objekt und Brennweite (vgl. S. 39) der verwendeten Optik kann die Schärfeverteilung im Bild manipuliert werden.

Abb. 1.25: Schärfekontrast

Grundsätzlich gilt: Der Betrachter wird sich auf die scharf abgebildeten Bereiche des Bildes konzentrieren. Durch die Schärfeverteilung im Bild werden Bildebenen (Vorder-, Mittel- und Hintergrund) deutlich voneinander getrennt. In **Abb. 1.25** wird mit der Blickführung des Betrachters besonders geschickt gespielt. Das menschliche Auge ist üblicherweise der wichtigste Blickfang in einem Bild. Da die Schärfe im Bild aber auf den Ameisen liegt, wird man bei der Bildbetrachtung von hinten nach vorne „gezogen".

Motivischer Kontrast

In den abgebildeten Motiven werden gegensätzliche Inhalte, Objekte oder Personen miteinander kombiniert. Eine solche Gegenüberstellung erzeugt eine große Spannung, da durch gegensätzliche Motive ein Konflikt angedeutet oder konkret dargestellt wird. In **Abb. 1.26** kann durch den motivischen Kontrast beim Betrachter ein Denkprozess ausgelöst werden, indem er durch die gegensätzlichen Motive symbolische Bedeutungen in die abgebildeten Gegenstände interpretiert.

Bei der Arbeit mit Bildern, die starke symbolische Kraft haben, muss immer bedacht werden, ob die eventuell ausgelösten Assoziationen des Betrachters mit der Absicht des Projektes vereinbar sind. Die Illustration eines eher neutralen Sachverhaltes kann durch die missbräuchliche Verwendung symbolisch wirkender Bilder misslingen. Das wäre beispielsweise der Fall, wenn **Abb. 1.26** lediglich dazu verwendet würde, eine Statistik über Recycling von Metallabfällen zu bebildern. Der symbolische Gehalt von Patronenhülsen im Kontrast mit der Coladose (immer auch ein Symbol für den „American Way of Life") verhindert eine neutrale Betrachtung des Bildes.

Abb. 1.26: **Motivischer Kontrast**

1.2.4 Farben

Das menschliche Auge sieht keine absoluten Farben, sondern Farbeindrücke, die sich immer durch das Zusammenspiel mit anderen Farben ergeben.

➲ **Farben beeinflussen sich in ihrer Wirkung gegenseitig.**

Farben können die verschiedensten Reaktionen und Assoziationen beim Betrachter auslösen. Dabei sind die Empfindungen nicht nur abhängig von den individuellen Erfahrungen, sondern sie werden auch durch Traditionen bestimmt.

Bei der Gestaltung mit Farbe sollte zwischen Farbpsychologie und Farbsymbolik unterschieden werden:

- Farbpsychologie: Damit ist der gezielte Einsatz von Farben gemeint, mit dem Ziel, die Betrachter in ihrer Wahrnehmung zu beeinflussen. Hier geht es um die allgemein typische Wirkung von Farben, also beispielsweise um die Unterscheidung zwischen warmen und kalten Farben.

- Farbensymbolik: Damit ist die Bedeutung der Farbe gemeint. Farbsymbolik hängt mit gesellschaftlichen Konventionen zusammen. Manche Farben haben traditionelle Bedeutungen. Nur wenn man den Symbolgehalt einer Farbe oder einer Farbkombination kennt, kann man die Reaktion eines Betrachters darauf nachvollziehen. Beispiele hierfür sind die Verwendung von Nationalfarben oder auch die Bedeutung von Vereinsfarben beim Sport.

Farbkontraste

Allgemein gilt auch bei der Arbeit mit Farben, dass Kontraste die Aufmerksamkeit des Zuschauers auf sich ziehen. Farbkontraste erzeugen Spannung und können eine belebende oder frische Wirkung haben, sie können aber auch anspannend oder unangenehm auf den Betrachter wirken.

Die bekannteste Systematik der Farbkontraste stammt von Johannes Itten ❶, der sieben Arten von Farbkontrasten unterscheidet. Ittens Ansatz gilt in der Wissenschaft als überholt, weil er sich nicht auf physikalische oder chemische Eigenschaften der Farben stützt, sondern auf subjektive Wirkungen. Für die Gestaltungslehre ist seine Systematik aber nach wie vor wichtig und einflussreich.

❶ **Johannes Itten** (1888 – 1967), Schweizer Maler und Kunstpädagoge

Tabelle 1.1: Farbkontraste nach Itten

Art des Kontrastes	Erklärung	Bildbeispiel
Buntkontrast (auch: Farbe-an-sich-Kontrast)	Farben treffen intensiv als Grundfarben ohne Abtönung aufeinander.	
Hell-Dunkel-Kontrast	Farben unterschiedlicher Helligkeiten werden kombiniert.	

Art des Kontrastes	Erklärung	Bildbeispiel
Komplementärkontrast	Hierbei werden Farben verwendet, die sich im Farbkreis (vgl. S. 53) gegenüber stehen.	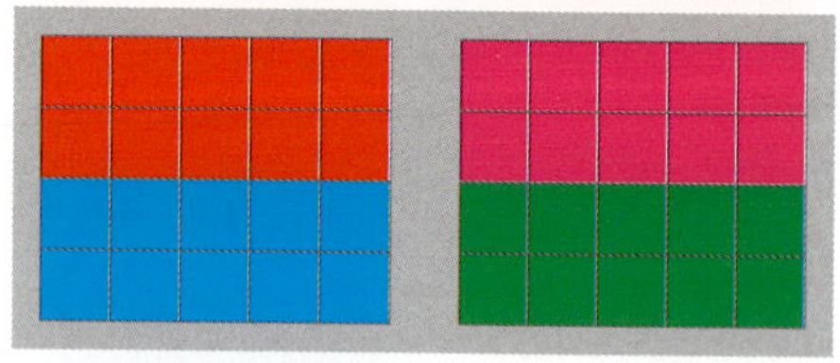
Simultankontrast	Dieselbe Farbe kann vor einem dunklen Hintergrund heller bzw. auf einem hellen Hintergrund dunkler wirken. Farben ändern ihren Charakter abhängig von der Umgebung.	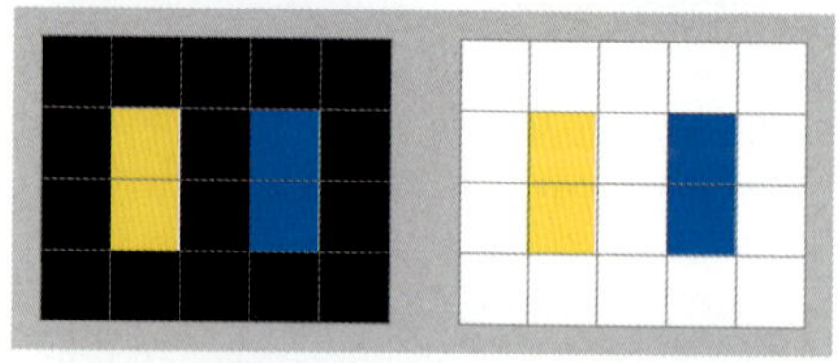
Kalt-Warm-Kontrast	Es werden Farben zusammengestellt, die unterschiedlich kalt oder warm wirken.	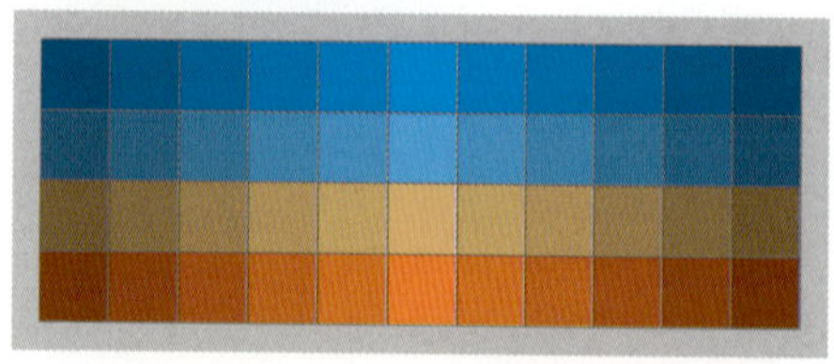
Qualitätskontrast	Hier treffen gesättigte, leuchtende Farben auf stumpfe Farben. Es ergibt sich eine Differenz in der Leuchtkraft, beispielsweise durch die Beimischung von Grau.	
Quantitätskontrast	Man kombiniert verschieden große Farbflächen miteinander. Dabei ist auch die Leuchtkraft (das Farbgewicht) einer Farbe von Bedeutung. Bei einer flächenmäßig gleichen Kombination von Gelb und Violett beispielsweise ist die gelbe Farbe stark dominierend.	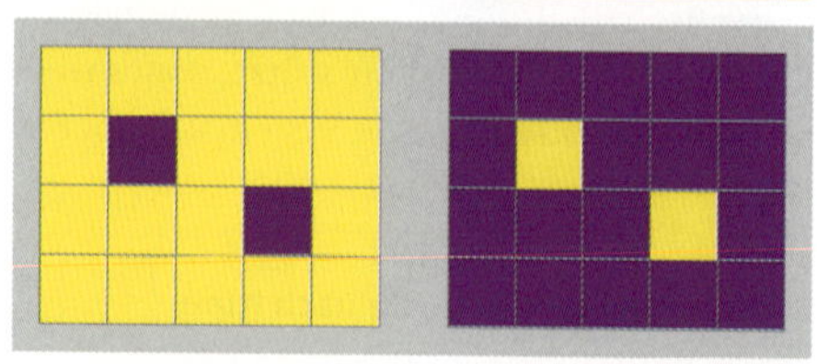

Abb. 1.27 zeigt ein Beispiel für einen weiteren Farbkontrast, der in den letzten Jahren sehr in Mode gekommen ist: der Bunt-Unbunt-Kontrast. Durch die Kombination von dominanten Schwarz- oder Weißtönen mit nur einer oder wenigen Farben werden diese besonders hervorgehoben.

Abb. 1.27: Bunt – Unbunt Kontrast

Harmonische Farbgestaltung

Harmonische Farbgestaltung wirkt angenehm auf den Betrachter. Eine Komposition von harmonierenden Farben führt zur Wahrnehmung einer Einheitlichkeit, beim Betrachter entsteht ein positives Gesamtbild.

Farbharmonie

Eine harmonische Farbgestaltung kann erzielt werden durch eine Kombination von:

- benachbarten Farbtönen des Farbkreises
- warmen Farben
- kalten Farben
- aufgehellten Farbtönen mit ihrer Vollfarbe
- Vollfarben mit den entsprechenden durch Grau entsättigten Farbtönen

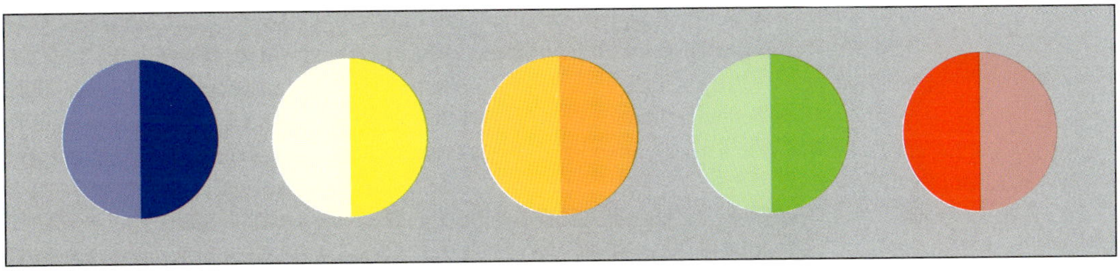

Abb. 1.28: Harmonische Farbgestaltung

Der Einsatz von harmonischen Farbkombinationen (**Abb. 1.28**) schafft eine ausgeglichene und meist angenehme Grundstimmung. Für die Bildgestaltung ist allerdings immer zu bedenken, dass allzu harmonische Stimmungen schnell langweilig werden und die Aufmerksamkeit der Betrachter dann deutlich nachlässt.

1.3 Aufteilung der Bildfläche

Neben den genannten grafischen Grundformen, auf die man eine konkrete Abbildung abstrahieren kann, spielt auch die Anordnung der Elemente auf der Bildfläche eine wichtige Rolle.

Symmetrie

Abb. 1.29: Symmetrischer Bildaufbau

Ob eine symmetrische oder eine asymmetrische Aufteilung der Bildfläche entsteht, hängt davon ab, wie die Teile des Motivs oder das Gesamtmotiv innerhalb des Bildes angeordnet werden.

Bildsymmetrie entsteht, wenn sich durch die Anordnung von Objekten oder Personen beiderseits der Mittelachse ein jeweils spiegelgleiches Bild ergibt. Ein asymmetrisches Bild entsteht durch ungleichmäßige Anordnung der Bildelemente.

Symmetrische Bildaufteilungen führen eher zu ruhigen, statischen und geordneten Bildwirkungen, die für den Betrachter zwar angenehm und beruhigend, gleichzeitig aber auch langweilig oder statisch erscheinen können. In **Abb. 1.29** unterstreicht die mittige Bildplatzierung der Hallgrimms Kirche in Reykjavik die Architektur des Gebäudes. Durch den Gegensatz zwischen den strengen Streben und deren geschwungener Anordnung entsteht ein Formkontrast, der durch die Positionierung der Kamera stark betont wird.

Der Betrachter findet in der Regel asymmetrische Aufteilungen ansprechender. Sie gelten als spannender, weil sie mehr Dynamik und Lebendigkeit ausstrahlen.

Asymmetrie

Abb. 1.30: Asymmetrischer Bildaufbau

In **Abb. 1.30** werden die Assoziationen beim Betrachten des Schrottwagens (Unfall, Kontrollverlust) durch den asymmetrischen Bildaufbau noch verstärkt.

Um die Bildfläche gezielt zu strukturieren und die Wirkungen der Anordnung von Bildelementen richtig einzuschätzen, gibt es einige Prinzipien, an denen man sich orientiert. Sie helfen bei der Gestaltung der Bildfläche und ermöglichen es, die Wirkung der entstehenden Bilder zu beurteilen. Diese Prinzipien sind:

- der goldene Schnitt als ein formales Gestaltungsprinzip, das in der bildenden Kunst und in der Architektur seit Jahrhunderten Beachtung findet,
- die Gestaltgesetze, die in der Gestaltpsychologie Anfang des 20. Jahrhunderts systematisch erforscht und formuliert wurden.

1.3.1 Der goldene Schnitt

Harmonie und Natürlichkeit einer Darstellung gelten generell als erstrebenswerte Ziele der Bildgestaltung. Eine wichtige Rolle bei der Aufteilung der Bildfläche spielt dabei der goldene Schnitt.

Prinzip der steten Teilung

Die Definition des goldenen Schnitts besagt, dass die Aufteilung einer Strecke stets so vorgenommen werden sollte, dass eine längere und eine kürzere Teilstrecke entstehen. Dabei soll folgendes Verhältnis der beiden Strecken zueinander gelten: Das Verhältnis der gesamten Strecke zum größeren Abschnitt soll dem Verhältnis des größeren Abschnitts zum kleineren Abschnitt entsprechen. Man spricht hier auch vom Prinzip der steten Teilung.

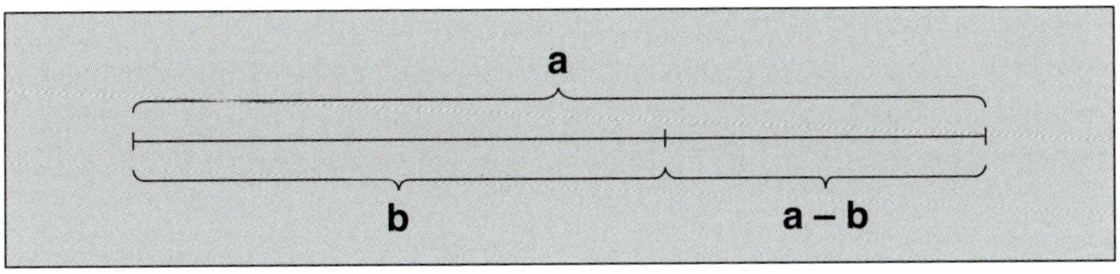

Abb. 1.31: **Prinzip der steten Teilung**

Beschreibt man den goldenen Schnitt mathematisch genau, so ergibt sich ein Verhältnis der Teilstrecken zueinander von 1 : 1,618. Vereinfacht in ganzen Zahlen ausgedrückt, gelten bei einer steten Teilung die Verhältnisse 5 : 3, 8 : 5, 13 : 8 usw. Solche asymmetrischen Proportionsverhältnisse findet man in der Natur weitaus häufiger wieder als strenge Symmetrien. Sie werden deshalb als besonders harmonisch empfunden.

➲ **Unter dem goldenen Schnitt versteht man die Gliederung einer Strecke nach dem Prinzip der steten Teilung. Die Gesamtstrecke (a) verhält sich zu ihrem größeren Teil (b) so, wie sich der größere Teil zum kleineren Teil (a - b) verhält.**

a : b = b : (a - b)

Es gibt mehrere Konstruktionsmethoden für den goldenen Schnitt. Ausgehend von einer Strecke AB errichtet man in Punkt B eine Senkrechte, die die Hälfte der Strecke AB beträgt. Der so entstandene Punkt C wird mit A verbunden. Ein Kreisbogen, den man von C aus zieht, bildet auf der Strecke AC einen Schnittpunkt D. Durch Abtragen des Abstandes AD mit einem weiteren Kreisbogen erhält man den Punkt E als goldenen Schnitt (**Abb. 1.32**).

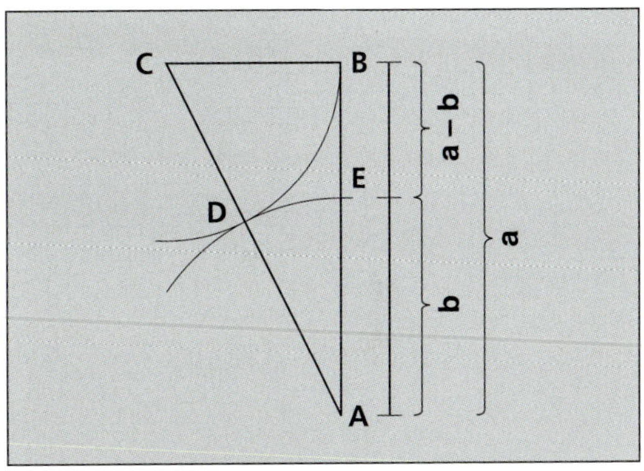

Abb. 1.32: **Konstruktion des goldenen Schnitts (I)**

Eine andere Methode bezieht sich auf einen quadratischen Rahmen: Man zeichnet ein gleichschenkliges Dreieck, in dem ein die Fläche füllender Kreis die Höhe des Rahmens im Verhältnis des goldenen Schnitts teilt (**Abb. 1.33**).

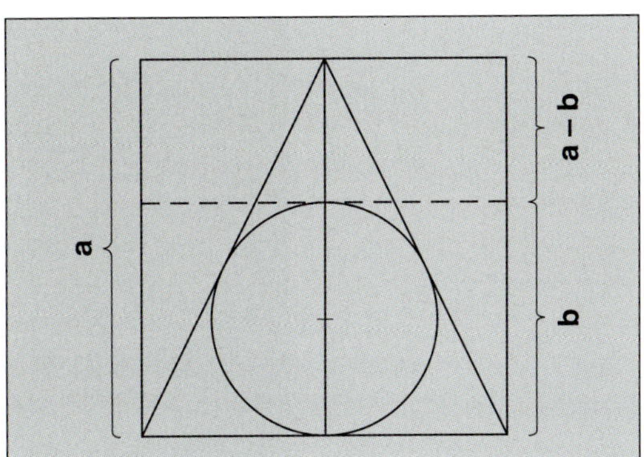

Abb. 1.33: **Konstruktion des goldenen Schnitts (II)**

Bezogen auf die Fläche eines Bildes wird die Teilung in der Vertikalen und in der Horizontalen vorgenommen. Dadurch entstehen zwei vertikale und zwei horizontale Linien im Bild mit insgesamt vier Schnittpunkten. Die wichtigen Bildobjekte sollten möglichst an diesen Schnittpunkten platziert werden. Je nach Bildformat verändern sich die Positionen der Schnittpunkte und damit auch die jeweils harmonisch wirkende Platzierung wichtiger Objekte.

Bedeutende Bildmotive sollten demnach nicht direkt in der Mitte, sondern mehr links bzw. rechts oder leicht oberhalb bzw. leicht unterhalb der Bildmitte liegen. Dadurch wirkt das Bild gefälliger, als wenn das Hauptmotiv direkt in der Bildmitte platziert würde. In diesem Fall wird also bewusst asymmetrisch gestaltet.

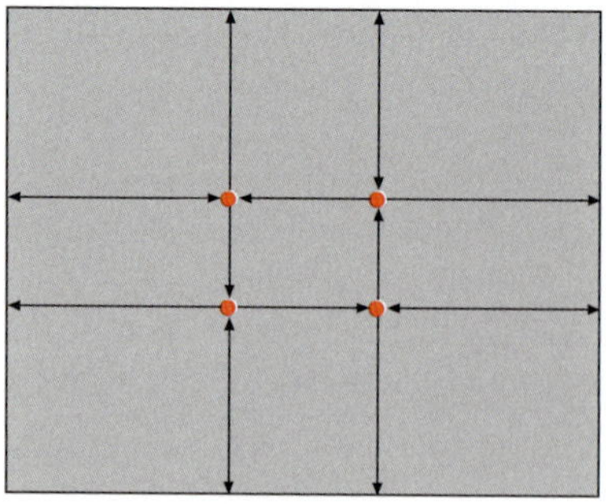

Abb. 1.34: **Unterteilung nach dem goldenen Schnitt**

Drittelregelung

Zwar kann der goldene Schnitt mathematisch sehr exakt bestimmt werden, für die Praxis der Bildgestaltung, vor allem für die Arbeit mit der Kamera, muss jedoch eine vereinfachte Variante der harmonischen Bildaufteilung genügen: die Drittelregelung. Hierzu werden in jeweils gleichem Abstand zwei horizontale und zwei vertikale Linien durch das Bild gezogen, das so in gleiche horizontale und vertikale Bereiche aufgeteilt wird (Abb. 1.35).

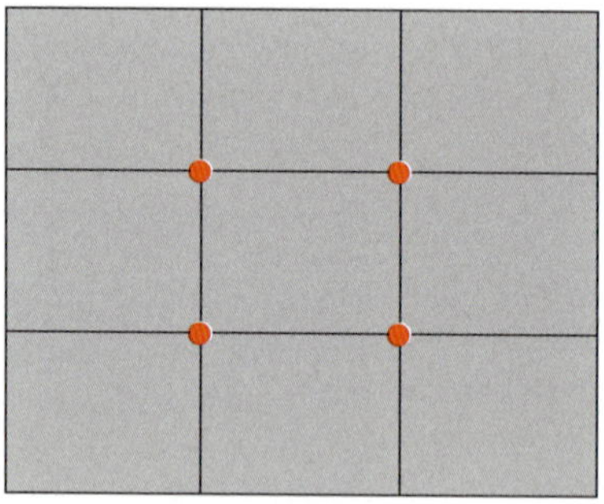

Abb. 1.35: **Drittelregelung**

Die horizontalen (gedachten) Hilfslinien können auch als Orientierung bei Landschaftsaufnahmen dienen: Die Horizontlinie sollte entweder eher auf der oberen oder auf der unteren Drittellinie liegen. Der so entstehende Bildeindruck wirkt natürlicher als eine strenge Teilung des Bildes in der Mitte. Die bildwichtigen Motive sollten dann auf den (gedachten) Linien platziert werden oder auf deren Schnittpunkten liegen.

Der Bildausschnitt in Abb. 1.36 ist so gewählt, dass das Blickzentrum (der Kopf des Kindes vor der Sonne) annähernd auf einem der gedachten Schnittpunkte liegt.

Abb. 1.36: **Beispiel für die Drittelregelung**

Eine asymmetrische Bildaufteilung in der Fotografie, die sich am goldenen Schnitt orientiert, hängt vom Gespür des Fotografen ab. Eine mathematisch genau errechnete Platzierung wäre bei der Arbeit mit einer Kamera unmöglich und unsinnig. Mit Hilfe des Rasters der Drittelregelung, das sich vom goldenen Schnitt ableitet, ist es allerdings möglich, Bilder bewusst attraktiver und lebendiger zu gestalten. Ebenso ist es wichtig, bei der Festlegung von Bildausschnitten die Leitlinien der Bildaufteilung zu kennen und zu beachten.

1.3.2 Gestaltgesetze

In der Gestaltpsychologie werden die Gesetzmäßigkeiten untersucht, die die Organisation von Teilen zu einem Ganzen erklären. Die Wissenschaft beschäftigt sich mit der Wahrnehmung des Betrachters und den Mechanismen, wie er sich Bilder erschließt, wie er Zusammengehörigkeiten entdeckt und Einheiten formiert. Die Anordnung von Linien, Flächen und Kontrasten im Bild steuert das Verständnis des Betrachters und die Führung seiner Aufmerksamkeit auf bestimmte Bildinhalte erheblich. Die Ergebnisse der Untersuchungen der Gestaltpsychologie sind in einigen grundlegenden Gestaltgesetzen formuliert:

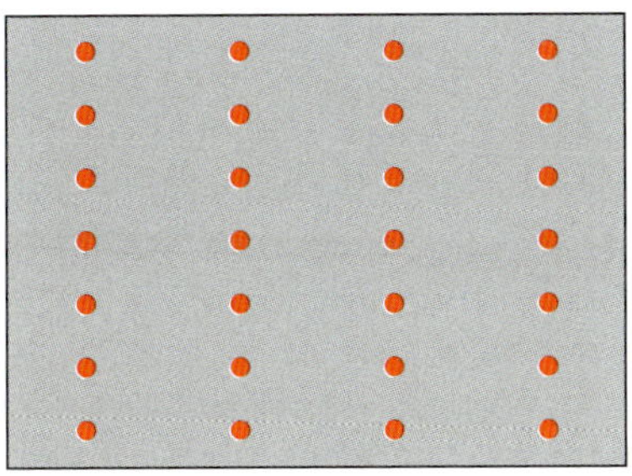

Abb. 1.37: **Gesetz der Nähe**

Gesetz der Nähe

Das Gesetz der Nähe besagt, dass Wahrnehmungselemente in räumlicher Nähe als zusammengehörig erlebt werden. In **Abb. 1.37** werden die Punkte als senkrecht angeordnete Reihen wahrgenommen, weil sie vertikal näher zusammen liegen als horizontal.

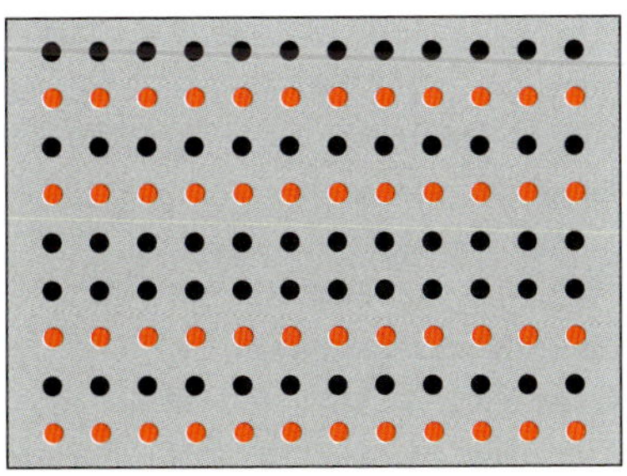

Abb. 1.38: **Gesetz der Ähnlichkeit**

Gesetz der Ähnlichkeit

Einander ähnlich sehende Elemente werden eher als zusammengehörig erlebt als Elemente, die einander nicht ähnlich sehen. Die Ähnlichkeit kann in der Helligkeit, der Farbe, der Orientierung, der Größe oder der Form liegen. In **Abb. 1.38** haben alle Punkte den gleichen Abstand. Dennoch nimmt man vor allem die waagerechten Punktreihen wahr, die durch ihre Tönung einheitlich erscheinen.

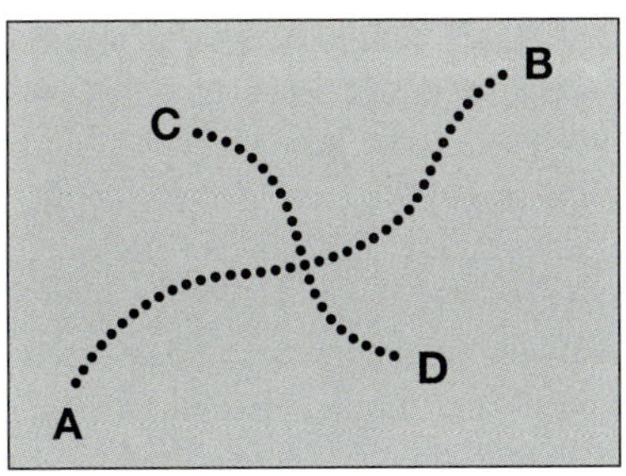

Abb. 1.39: **Gesetz der guten Fortsetzung**

Gesetz der guten Fortsetzung

Man neigt dazu, Elemente, die in einer geraden oder sanft geschwungenen Kurve angeordnet sind, in einem Zusammenhang zu sehen. Linien werden bevorzugt an Schnittpunkten im

Sinne einer Fortführung ihrer bisherigen Linienführung gesehen. In **Abb. 1.39** geht der Betrachter automatisch davon aus, dass die Linien dem einfachsten Weg folgen, also von A nach B und von C nach D.

Gesetz der Geschlossenheit

In der Wahrnehmung werden nicht vorhandene Teile einer Figur ergänzt. Das Gesetz der Geschlossenheit verweist auf die Tendenz, in geometrischen Gebilden diejenigen Strukturen als Figur wahrzunehmen, die geschlossen wirken. Dieser Eindruck der Geschlossenheit kann durch tatsächlich vorhandene geschlossene Linienzüge bewirkt werden. Man neigt aber auch dazu, offene Figuren durch imaginäre Linien zu schließen. Bei **Abb. 1.40** fällt es regelrecht schwer, lediglich drei offene Kreise zu sehen. Das bekanntere Muster des Dreiecks wird in der Vorstellung ergänzt und überlagert die Wahrnehmung von drei unvollständigen Kreisen.

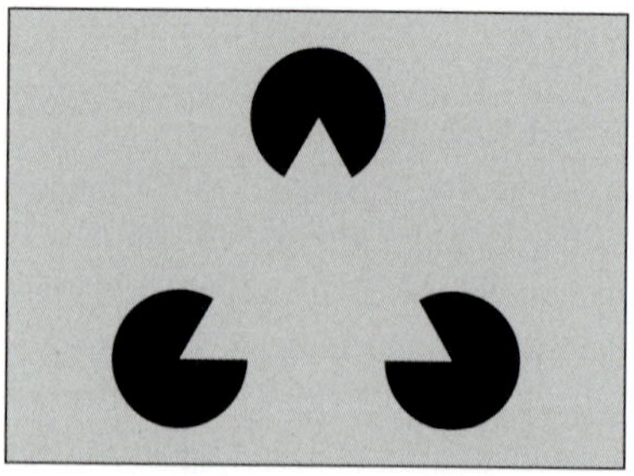

Abb. 1.40: Gesetz der Geschlossenheit

Gesetz des gemeinsamen Schicksals

Elemente oder Gegenstände, die sich gleichmäßig bewegen oder verändern, werden als zusammengehörig wahrgenommen. Objekte, die einer Bewegung oder einer kontinuierlichen Veränderung ihrer Form ausgesetzt sind, werden oft sogar als Einheit gesehen. Ein Beispiel für dieses Phänomen ist ein Vogelschwarm: Die Tiere werden durch ihre gemeinsamen Bewegungen nicht als einzelne Bildelemente, sondern eher als ein Objekt wahrgenommen (**Abb. 1.41**).

Abb. 1.41: Gesetz des gemeinsamen Schicksals

Gesetz der guten Gestalt

Prägnanzgesetz – Gesetz der guten Gestalt

Jedes einzelne Muster wird so gesehen, dass die resultierende Struktur möglichst einfach erscheint. Dieser Grundsatz wird auch als Gesetz der Einfachheit oder als Prägnanzgesetz bezeichnet. Lässt sich ein Bild auf wenige einfache geometrische Grundmuster zurückführen, richtet sich die Wahrnehmung nach dem Prägnanzgesetz. Das Bild wird mit erhöhter Aufmerksamkeit wahrgenommen. Bei der Gestaltung sollte immer beachtet werden, dass die entstehenden Bilder die Kriterien der Klarheit, Eindeutigkeit und damit auch der Einprägsamkeit erfüllen. Die Figur in **Abb. 1.42** wird als „Kreis mit Balken" wahrgenommen, also vom Betrachter in zwei einfache, bekannte Formen zerlegt. Die komplexere Figur, die sich aus den Umrissen eigentlich ergibt, folgt keinem so leicht einprägsamen Muster.

Abb. 1.42: Prägnanzgesetz

➲ **Im Prägnanzgesetz ist die allen Gestaltgesetzen zugrunde liegende Erkenntnis zusammengefasst: Einfache Dinge können besser wahrgenommen werden als komplizierte.**

1.3.3 Offene und geschlossene Bildformen

Den grundsätzlichen Charakter eines Bildes bestimmt der Gestalter auch, indem er den dargestellten Bildraum und dessen Begrenzungen in seine Überlegungen mit einbezieht. Hierbei geht es um die Frage, ob sich die dargestellte Situation tatsächlich innerhalb des Bildes, d. h. innerhalb des Bildrahmens abspielt. Möglicherweise kann der Bildinhalt auch auf Elemente verweisen, die außerhalb des Bildrahmens liegen. Man spricht in diesem Zusammenhang von einer offenen bzw. einer geschlossenen Bildform.

Offene Bildform

Bei der offenen Bildform verweisen die Vektoren und Linien im Bild auf den Raum außerhalb des Bildrahmens.

Abb. 1.43: Offene Bildform

Man sieht gewissermaßen nur einen Ausschnitt aus einer komplexeren Situation. Darstellungen mit einer dominanten offenen Bildform können dokumentarischen Charakter haben, weil sie dem Betrachter immer wieder bewusst machen, dass er nur einen Ausschnitt aus der Wirklichkeit zu sehen bekommt. Der Bildinhalt kann eher zufällig wirken und Zusammenhänge werden nicht unbedingt sofort deutlich. So entsteht durch die offene Bildkomposition eine gewisse Spannung. **Abb. 1.43** überlässt es der Phantasie des Betrachters, wie groß die Masse an Teilnehmern der Veranstaltung tatsächlich ist, weil keine Begrenzung im Bild einen Anhaltspunkt liefern kann.

➲ **Offene Form: Linien und Vektoren verweisen auf den Raum außerhalb des Bildrahmens.**

Geschlossene Bildform

Bei der geschlossenen Bildform sind Vektoren und Linienführung so gestaltet, dass sie innerhalb des Bildrahmens bleiben und dort ihr Ziel finden. Das Bild besitzt häufig eine klare Aussage, keine wichtige Frage bleibt offen. Der Bildcharakter der geschlossenen Form wirkt daher häufig inszeniert oder arrangiert. Im Extremfall hat jedes Element des Bildes seine Funktion innerhalb der Aussage, alles ist aufeinander bezogen und bildet so ein geschlossenes Zeichensystem oder Motiv. In **Abb. 1.44** steht eindeutig der Mann mit seinem Werk aus Sand im Mittelpunkt. Durch seinen Blick verweist er noch einmal zusätzlich auf den Sandbau. Mithilfe der Kameraperspektive (vgl. Kapitel 1.3.5) wird zudem eine reizvolle Verbindung zum Hintergrund geschaffen, indem die gebaute Stadtkulisse der echten als ebenbürtig erscheint.

Abb. 1.44: Geschlossene Bildform

➲ **Geschlossene Form: Linien und Vektoren verbleiben innerhalb des Bildrahmens und finden dort ihr Ziel.**

In der Praxis der Bildgestaltung wird nicht immer deutlich mit der einen oder anderen Bildform gearbeitet. Die beiden Extreme kann man als Pole auf einer Skala ansehen, auf der man sich allerdings bewusst in die eine oder die andere Richtung bewegen sollte. Wählt man beispielsweise einen Bildausschnitt für die weitere Bildverarbeitung aus, sollte man darauf achten, dass keine wesentlichen Vektoren auf Bereiche außerhalb des Bildrahmens weisen und keine Objekte oder Personen abgeschnitten werden, auf die durch Elemente im Bild hingewiesen wird. Der gewählte Bildausschnitt sollte natürlich so weit wie möglich den Regeln der Bildgestaltung entsprechen.

1.3.4 Bildebenen und Tiefenwirkung

Abb. 1.45: **Raumtiefe durch Vordergrund**

Ein häufig angestrebtes Ziel der Bildgestaltung besteht darin, die zweidimensionale Bildfläche so zu füllen, dass ein dreidimensionaler Eindruck beim Betrachter entsteht. Sowohl mit grafischen als auch mit kameratechnischen Grundkenntnissen lassen sich unterschiedliche Bildebenen schaffen, die den Eindruck von Tiefe erzeugen. Der Bildraum wird dabei so gestaltet, dass ein deutlich erkennbarer Bildvordergrund, ein Bildmittelgrund und ein Bildhintergrund entstehen. Durch die Einbeziehung des Vordergrundes wird ein Bezug zur Tiefe des Raumes hergestellt. Ein Ast, der ins Bild ragt oder der Blick durch einen Torbogen lassen für den Betrachter den Raum dahinter erst richtig spürbar werden. In **Abb. 1.45** wird durch die Eisformationen im Vordergrund die Weite der dargestellten Landschaft deutlich betont.

Bildebenen

Die wichtigsten Inhalte des Bildes müssen sich keinesfalls im Vordergrund befinden. Durch die Schaffung eines Vordergrunds wird der räumliche Bezug zum wichtigsten Teil eines Bildes aber oft erst richtig möglich.

Der Bildmittelgrund stellt die Verbindung von Vorder- und Hintergrund dar, die wichtigsten Bildelemente werden üblicherweise hierhin platziert. Der Hintergrund vervollständigt das Bild, das Hauptmotiv sollte sich davon aber deutlich absetzen. Dadurch wird wiederum der räumliche Eindruck unterstrichen. Die Unterteilung in verschiedene Bildebenen und die Schaffung eines Eindrucks von Raumtiefe kann durch unterschiedliche Gestaltungstechniken erreicht werden:

Raumtiefe

- Das Verdecken der weiter hinten liegenden Bildobjekte durch im Vordergrund platzierte Gegenstände oder Personen verdeutlicht die räumliche Anordnung. Bei Aufnahmen, die sich dieses Prinzips sehr stark bedienen, indem z. B. durch einen Zaun oder ein Fensterkreuz fotografiert wird, spricht man von einem verstellten Blick auf das Geschehen. Neben der Tiefenwirkung wird so auch eine voyeuristische Perspektive erzeugt. Der Betrachter wird zum heimlichen Beobachter des Geschehens.

Verstellter Blick

- Durch die Arbeit mit selektiver Schärfe (vgl. auch **Abb. 1.25** auf S. 23) können die Bildebenen herausgearbeitet werden: Beispielsweise liegen nur die Bildobjekte, die im Mittelgrund des Bildes zu sehen sind, im Schärfebereich der Kamera. Vorder- und Hintergrund sind dagegen unscharf.

Abb. 1.46: **Texturgradient**

- Je weiter Gegenstände vom Betrachter entfernt sind, desto kleiner erscheinen sie. Vor allem bei großer Schärfentiefe entsteht durch die Größenanordnung bekannter Objekte eine Tiefenstaffelung im Raum. Objekte, die gleich groß sind, werden mit zunehmender Entfernung scheinbar immer kleiner, z. B. eine Baumreihe am Straßenrand. Aufgrund seiner Erfahrungen ordnet der Betrachter Dingen einer bestimmten Größe eine gewisse Entfernung zu. Auch die Abstände zwischen zwei weit vom Betrachter entfernten Gegenständen scheinen geringer zu sein. Der Bildhintergrund sieht daher sehr viel komprimierter und dichter aus als der Vordergrund. Dieses Phänomen wird als Texturgradient bezeichnet. In **Abb. 1.46** ergibt sich der Eindruck, dass die Boote des schwimmenden Marktes im Hintergrund viel dichter beieinander sind als im Vordergrund. Während man vorne noch Details erkennen kann (Körbe mit Waren, einzelne Boote), erscheinen einzelne Objekte im Hintergrund zunehmend ununterscheidbar und chaotisch.

Texturgradient

- Parallele Linien, die in die Tiefe führen, nähern sich optisch mit wachsender Entfernung, bis sie sich scheinbar im Unendlichen treffen. Dieses Prinzip der perspektivischen Verkürzung wird ebenfalls in **Abb. 1.46** verdeutlicht. Bei **Abb. 1.47** laufen die Straßenbegrenzungen und die Fahrbahnstreifen auf einen imaginären Berührungspunkt, dem Fluchtpunkt, am Horizont zu. Durch die Position der Kamera entsteht so ein streng symmetrischer Bildaufbau.

Perspektivische Verkürzung

Abb. 1.47: **Fluchtpunktbildung**

- Objekte, von denen der Betrachter die Frontal- und Seitenansicht sieht, rufen den Eindruck einer größeren Tiefenwirkung hervor als nur frontal aufgenommene Motive.

- Durch Licht- und Farbgestaltung lässt sich die Raumtiefe ebenfalls betonen: Weiter entfernt erscheinende Bereiche werden in bläulichem Licht dargestellt, im Vordergrund herrschen wärmere Farbtöne vor. Bei Dunst, der mehr oder weniger immer vorhanden ist, erscheinen weiter entfernt gelegene Objekte weniger farbintensiv als näher gelegene (**Abb. 1.48**).

Abb. 1.48: Tiefenwirkung durch Verblassung

- Indem die verschiedenen Bildebenen unterschiedlich ausgeleuchtet werden, bewirkt man eine stärkere Betonung der einzelnen Ebenen. Ein heller ausgeleuchteter Hintergrund bei dunklem Vordergrund schafft eine Raumwirkung: Da der Blick stets von hellen Bildpartien angezogen wird, schaut man im Bild nach hinten (**Abb. 1.49**).

Abb. 1.49: Tiefenwirkung durch Ausleuchtung

1.3.5 Perspektiven

Neben den genannten Aspekten zur Erzeugung einer räumlichen Darstellung ist die Schaffung von perspektivischen Eindrücken vor allem auch abhängig vom Umgang mit der Kamera. In der Fotografie kann mit dem Begriff Perspektive zweierlei gemeint sein:

- Der Betrachtungswinkel auf das Geschehen beeinflusst die Wahrnehmung des Bildes stark.

- Die Kameraperspektive: Hierbei geht es um den Standpunkt der Kamera, von dem aus Objekte oder Personen aufgenommen werden.

- Die Bildperspektive: Durch die Wahl der Optik bzw. der Brennweite wird der abgebildete Bildraum entscheidend geprägt. Größenverhältnisse, räumliche Nähe oder Entfernung werden hierdurch stark beeinflusst.

Kameraperspektive

Bei der Wahl der Kameraperspektive unterscheidet man grob zwischen Normalsicht, Aufsicht und Untersicht. Normalsicht bzw. Normalperspektive bedeutet in diesem Zusammenhang eine Aufnahme auf der Augenhöhe der abgebildeten Personen. Auf den Betrachter wirkt diese Sicht natürlich und unauffällig. Dies bedeutet z. B. in der Praxis, dass der Fotograf, der ein Kind abbilden möchte, in die Knie gehen muss, um einen natürlichen Eindruck zu vermitteln. Dieses Prinzip wird vor allem im Amateurbereich häufig missachtet: Kinder oder auch Haustiere werden gerne fotografiert, allerdings zumeist aus der Augenhöhe eines Erwachsenen. Das Ergebnis ist bekannt: Die aufgenommenen Personen oder Tiere wirken „von oben herab“ gezeigt, sie erscheinen klein, sind wenig realistisch und eher unvorteilhaft wiedergegeben. Die Aufnahme zeigt eine Situation, die man so gar nicht wahrgenommen hat.

➲ **Die menschliche Wahrnehmung einer Situation unterscheidet sich wesentlich von dem Bild, das eine Kamera aufnimmt.**

Die Abweichungen von der Normalperspektive werden häufig als Vogelperspektive oder Froschperspektive bezeichnet. Die Begriffe sind zwar einprägsam und anschaulich, professionell spricht man allerdings eher von Aufsicht oder Untersicht.

Aufsicht

Untersicht

Der Begriff Aufsicht bezeichnet den Blick der Kamera von einem erhöhten Standpunkt aus. Abgebildete Personen wirken so eher klein, unscheinbar und hilflos. Als Untersicht bezeichnet man den Blick der Kamera von unten auf das Geschehen. Abgebildete Personen wirken stark, mächtig oder arrogant. Je nach Kontext können die einfachen Zuweisungen „Aufsicht = schwach“, „Untersicht = stark“ allerdings auch falsch oder irreführend sein. Bei effektvollen Bildern wird häufig mit extremen Perspektiven gearbeitet, um die Aufmerksamkeit des Betrachters zu erregen. **Abb. 1.50** zeigt die Läuferinnen aus einer extremen Aufsicht, einem sogenannten Top Shot. Ihren besonderen Reiz bezieht die Aufnahme aus dem ungewohnten Verhältnis der von oben gezeigten Läuferinnen und deren harten, großen Schattenprofilen. Eine Wertung ist mit der Perspektive auf das Geschehen nicht verbunden. **Abb. 1.51** allerdings vermittelt schon eine gewisse „Heldenperspektive“ auf den Marathonläufer.

Abb. 1.50: **Extreme Aufsicht**

Abb. 1.51: **Untersicht**

Bildperspektive

Die Art und Weise, wie die Kamera eine Situation sieht, ist neben ihrer räumlichen Positionierung auch durch die verwendete Optik bestimmt. Die Wahl der Brennweite ❶ ist entscheidend mitverantwortlich für die Gestaltung des Bildraums. Die Staffelung des Bildraums in die Tiefe und die Arbeit mit verschiedenen Bildebenen (Vorder-, Mittel- und Hintergrund) sind hierbei wichtige Aspekte.

❶ Die **Brennweite** ist die Bezeichnung für die Entfernung zwischen dem Mittelpunkt der Linse und dem Brennpunkt. Sie bezeichnet also die Entfernung, die das Licht im Objektiv zurücklegt. Sie wird in Millimetern angegeben. Bei einem Objektiv mit einer kurzen (oder kleinen) Brennweite ist der Abstand zwischen dem Linsenmittelpunkt und dem Brennpunkt gering. Entsprechend groß ist er bei einem Objektiv mit langer (großer) Brennweite.

Für das entstehende Bild ist die Brennweite von großer Bedeutung, denn folgende Faktoren werden dadurch bestimmt:

- Abbildungsgröße
- Bildwinkel
- Schärfentiefe

Zwischen Brennweite und Abbildungsgröße existiert eine proportionale Beziehung. Bei gleich bleibendem Abstand von der Kamera ist eine abgebildete Person oder ein Gegenstand im Bild umso kleiner, je kürzer die Brennweite ist und umgekehrt. Gleichzeitig zeigt das Bild mit der kurzen Brennweite eine größere Ansicht des Raumes, der aufgenommen wird, sowohl in der Breite als auch in der Höhe.

Abb. 1.52: Beispiel Weitwinkel

Mit dem Einsatz unterschiedlicher Brennweiten können die räumlichen Verhältnisse im Bild erheblich beeinflusst werden. Durch die Veränderung der Brennweite ergeben sich nämlich unterschiedliche Bildwinkel. Ein als „normal" empfundener Bildwinkel liegt bei etwa 45 bis 50° und erzeugt Bilder, die dem menschlichen Sehen nahe kommen. Objektive mit extrem kleiner Brennweite heißen Weitwinkel-Objektive (über 55°). Solche mit sehr großer Brennweite sind Tele-Objektive (kleiner als 40°). Das genaue Verhältnis von Brennweite und Bildwinkel ist jeweils vom Kameratyp abhängig. **Abb. 1.52** weist einen sehr weiten Bildwinkel und eine hohe Schärfentiefe auf. Zugleich fällt es schwer, die räumlichen Dimensionen auf dem Foto richtig einzuschätzen: die grafischen Linien wirken vor allem an den Bildrändern gekrümmt und geben damit keinen realistischen Eindruck wieder.

Weitwinkel-Optik

Tele-Optik

Die Arbeit mit einer Tele-Optik weist ebenfalls räumliche Verzerrungen auf. Hier ist kaum von einer Tiefe zu reden, die räumlichen Ebenen wirken eng aufeinander gepresst, sodass Abstände schwer einzuschätzen sind. Typisch ist der Einsatz einer solchen Optik bei Sportaufnahmen. Bei **Abb. 1.53** ist es schwer, die Abstände der Läufer zueinander einzuschätzen. Es ergibt sich der Eindruck von großem Gedränge auf engstem Raum. Zugleich bildet die Aufnahme das Geschehen nur in einem bestimmten Teil wirklich scharf ab.

➲ **Weitwinkel bedeutet:**
Kurze Brennweite
→ großer Bildwinkel
→ große Schärfentiefe

Tele-Optik bedeutet:
Lange Brennweite
→ kleiner Bildwinkel
→ geringe Schärfentiefe

Abb. 1.53: **Beispiel Tele-Optik**

1.4 Bildstil

Den professionellen Fotografen zeichnet vor allem eine analytische Sicht auf seine Motive aus. Der Blick durch den Sucher ist immer eine Erkundung der visuellen Möglichkeiten, die sich aus der vorgefundenen Situation ergeben. Das Hauptmotiv muss sich deutlich von seiner Umgebung abheben und der Blick des Zuschauers sollte auf das Wesentliche gelenkt werden. Hierzu ist es nötig, dass von den konkreten Motiven im Sucher der Kamera abstrahiert wird und die grafischen Möglichkeiten, die sich durch Linien, Formen und Kontraste ergeben, genutzt werden.

Stilisierung

Orientiert man sich bei der Bildgestaltung stark an grafischen Merkmalen und entfernt möglichst alle störenden Elemente aus dem Bild, entsteht eine sehr auffällige bildliche Darstellung. Man spricht in diesem Fall von Stilisierung.

Viele der in diesem Kapitel verwendeten Aufnahmen weisen solche Stilisierungsmerkmale auf. Ein weiterer Aspekt der Stilisierung ist das Herausarbeiten von auffälligen Mustern durch wiederkehrende Elemente im Bild.

Abb. 1.54: **Muster**

In **Abb. 1.54** wird durch die frontale Perspektive auf die Lampions ein starkes rhythmisches Muster geschaffen. Durch den (fast) nicht sichtbaren Hintergrund werden die roten Laternen besonders isoliert und wirken fast abstrakt. Die Strenge der Bildkomposition wird durch das Motiv des gähnenden Jungen originell gebrochen und macht das Bild zu einem Hingucker.

Abb. 1.55: Stilisierung

Bei **Abb. 1.55** wird durch die Wahl des Bildausschnittes (offene Form) vor allem das sich wiederholende, uniforme Muster der Architektur betont. Die Aufnahme der Wohnanlage unterstreicht die klaren grafischen Linien und Formen. Da hier weder grafische noch motivische Kontraste zu finden sind, weist das Bild kein klares Blickzentrum auf. Zudem fehlt ein räumlicher Bezug, es gibt weder eindeutige Bildebenen noch eine Tiefenwirkung. Dadurch erscheint die Abbildung mit ihren wenigen rhythmisch wiederholten Elementen stark stilisiert.

➲ **Wenn ein Bild von grafischen Elementen dominiert wird, spricht man von stilisierter Darstellung.**

1.5 Lichtgestaltung

Die Gestaltung des Lichts hat großen Einfluss auf die Wahrnehmung eines Bildes. Die Funktionen des Lichtes gehen weit über das bloße Schaffen von ausreichender Helligkeit für das Erkennen der Handlung hinaus. Mit Licht setzt man Akzente, schafft Stimmungen und manipuliert den Betrachter auf eine ihm oft unbewusste Weise. Ein einfacher Grundsatz der Lichtgestaltung besagt, dass der Zuschauer besondere Aufmerksamkeit auf die hellsten Bereiche im Bild richtet. Durch eine entsprechende Ausleuchtung kann der Blick daher auf zentrale Bildmotive gelenkt werden.

Für die Wirkung eines Bildes sind folgende Aspekte der Lichtgestaltung besonders maßgeblich:

- der Beleuchtungsstil
- die Lichtrichtung
- die Lichtqualität
- der Einsatz von Akzentlichtern

1.5.1 Beleuchtungsstil

Die Beleuchtung eines Motivs kann durch die eingesetzte Lichtmenge maßgeblich beeinflusst werden. Die Intensität des Lichts und der Kontrast zwischen hellen und dunklen Partien im Bild wirken sich auf die in einer Szene vorherrschende Stimmung deutlich aus. Man spricht hier auch von einem Beleuchtungsstil oder Lichtstil.

Lichtstil

Allgemein werden folgende Beleuchtungsstile voneinander unterschieden: der Normalstil, High-Key und Low-Key. Natürlich gibt es bei Beleuchtungsstilen auch fließende Übergänge.

Normalstil

Wenn Personen und Objekte im Bild so erscheinen, wie sie bei normalem Tageslicht gesehen werden, spricht man vom Normalstil. Helligkeitsunterschiede der Objekte untereinander sowie die Verteilung der Helligkeit innerhalb des Bildraumes halten sich in Grenzen. Dem Zuschauer fällt bei einer eher gleichmäßigen Ausleuchtung das Licht gar nicht auf. Er sieht alle wichtigen Personen und Objekte und macht sich dementsprechend keine Gedanken über die oft aufwändige Ausleuchtung.

Für den Normalstil ist eine weitgehend gleichmäßige Ausleuchtung charakteristisch. Die Lichtsituation kann aber auch von dieser unauffälligen Ausleuchtung deutlich abweichen und besonders helle oder dunkle Lichtstimmungen in einem Bild oder einer Szene erzeugen. Man spricht in diesen Fällen von High-Key und Low-Key. Der Lichtstil hat dann einen deutlich manipulierenden Charakter.

High-Key

Wenn eine Szene in ein sehr helles und gleichmäßiges Licht getaucht ist, spricht man vom High-Key-Stil. Hierbei sind Objekte bzw. Personen von starkem Licht umgeben. Die grundsätzliche Funktion dieses Beleuchtungsstils ist in den meisten Fällen, eine freundliche Grundstimmung zu erzeugen und eine positive Atmosphäre zu betonen. Typische Beispiele hierfür findet man in der Werbefotografie, wo eine solche Stimmung natürlich besonders erwünscht ist. Neben dem Einsatz entsprechender Farben ist die Lichtstimmung für Kampagnen z. B. für Hygieneartikel oder Light-Podukte von einem High-Key-Stil geprägt. Abb. 1.56 zeigt eine solche typische positive Situation.

Abb. 1.56: High-Key

Die Wirkung des High-Key-Stils ist allerdings von entsprechenden Bild- oder Szeneninhalten abhängig. Eine lichtintensive Situation, die eher negative Assoziationen auslöst, ist dagegen die Szenerie eines Krankenhauses. Die helle, aseptische Atmosphäre eines Operationssaales (bei Neon-Beleuchtung grünlich-kalt) weckt sicher eher unangenehme Empfindungen beim Zuschauer.

➲ **High-Key ist ein Beleuchtungsstil, der die Szenerie übermäßig hell erscheinen lässt.**

Low-Key

Beim Low-Key dominieren die dunklen Tonwerte im Bild. Durchgehende Schattenflächen sind für diesen Beleuchtungsstil charakteristisch. Der Gesamteindruck des Bildes bzw. der dargestellten Situation ist eher dunkel. Generell wird diesem Beleuchtungsstil eine entsprechend düstere oder bedrohliche Stimmung zugeordnet. Dabei ist auch hier wieder das Motiv für die konkrete Wirkung ausschlaggebend.

Low-Key ist ein Beleuchtungsstil, der die Schattenpartien einer Szenerie betont. Weist das Bild eine weitgehend gleichmäßige dunkle Lichtstimmung auf, dann spricht man auch von einem ausgeglichenen Low-Key. Der unausgeglichene Low-Key zeichnet sich hingegen besonders durch starke Hell-Dunkel-Kontraste aus, bei der Mitteltöne fast völlig fehlen. Durch den hohen Kontrastumfang entsteht ein interessantes Bild. **Abb. 1.57** zeigt eine kontrastreiche Low-Key-Aufnahme von einem nächtlichen Markt in Marrakesch. Durch die aufsichtige Perspektive und den starken Hell-Dunkel-Kontrast ergibt sich eine leicht stilisierte Darstellung, die eher das sich ergebende Muster im Bild hervorhebt als das konkrete Geschehen vor Ort beschreibt.

Abb. 1.57: **Low-Key**

➲ **Low-Key ist ein Beleuchtungsstil, der die Schattenpartien einer Szenerie betont.**

1.5.2 Lichtrichtung

Hauptlicht

In der Regel wird darauf geachtet, dass bei einer natürlich wirkenden Ausleuchtung das Hauptlicht (auch: Führungslicht) von der Seite kommt. Dieses Seitenlicht fällt aus einem Winkel von etwa 30 bis 50° auf die Objekte. Außerdem sollte es etwas von oben auf die Szene oder auf Personen geworfen werden. Es erscheint natürlich, weil dadurch das Sonnenlicht imitiert wird. Durch die entstehenden Schatten wird zusätzlich eine gewisse Struktur im Bild erzeugt und die abgebildeten Personen oder Objekte erhalten deutliche Konturen und Plastizität.

➲ **Seitlich einfallendes Licht erscheint am natürlichsten.**

Wird die Richtung des Hauptlichtes anders gesetzt, ergeben sich deutlich abweichende Wirkungen, die in der folgenden Tabelle kurz angegeben werden:

Tabelle 1.2

Art des Lichts	Entstehung	Wirkung
Frontallicht	Das Licht kommt direkt aus der Richtung der Kamera.	Es entstehen keine oder kaum Schatten in der Abbildung. Das Bild wirkt flach.
Streiflicht	Das Licht kommt in einem Winkel von 90° zur Kameraachse auf Personen oder Objekte.	Die Abgebildeten werden „zweigeteilt" in eine helle und eine dunkle Hälfte. Intensive, dramatisierende Wirkung.
Gegenlicht	Die Lichtquelle liegt gegenüber der Kamera.	Das Licht blendet den Betrachter, was oftmals eine unangenehme Wirkung hat. Abgebildete Objekte oder Personen bekommen eine geheimnisvolle, mystische Aura (**Abb. 1.58**).
Unterlicht	Die Hauptlichtquelle ist unterhalb des Objektes oder der Person platziert.	Unheimliche, bedrohliche Wirkung bei Personen, da die Schatten ungewöhnlich (nach oben) „fallen" und die Augenhöhlen dunkel erscheinen.

Abb. 1.58: **Gegenlicht**

1.5.3 Lichtqualität

Licht kann hart oder weich sein. An hellen, sonnigen Tagen mit einem wolkenlosen Himmel erzeugt das Licht harte scharf konturierte Schatten. An bewölkten Tagen hingegen sind einzelne definierte Schatten kaum auszumachen. Auch auf die Wahrnehmung von Farben hat die Lichtqualität einen starken Einfluss. An sonnigen Tagen erscheinen die Farben klarer und gesättigter als bei bewölktem Himmel.

Zwischen den extremen Lichtqualitäten gibt es natürlich ein großes Spektrum von Zwischenstufen. Alle Arten von Lichtqualitäten können in der Gestaltung imitiert und für die Erzeugung entsprechender Stimmungen genutzt werden.

Hartes Licht, gerichtetes Licht

Hartes Licht strahlt ein Objekt oder eine Person direkt an. Man spricht auch von gerichtetem Licht. In diesem Fall entsteht eine scharfe Schattenlinie. Durch hartes Licht werden die Oberflächenstrukturen eines ausgeleuchteten Objekts deutlich hervorgehoben und Unebenheiten werden sichtbar.

Weiches Licht, diffuses Licht

Bei weichem Licht dagegen wird häufig mit indirektem Lichteinfall gearbeitet. Hier spricht man auch von diffusem Licht. Weiches Licht glättet die Oberfläche von Objekten und Gegenständen.

➲ **Hartes Licht ist gerichtetes Licht. Es erzeugt harte Schatten und bringt Oberflächenstrukturen von Objekten klar hervor.**
Weiches Licht ist diffuses Licht. Es erzeugt einen weichen Schattenverlauf und glättet Objekte in ihrem Erscheinungsbild.

Abb. 1.59: **Hartes Licht**

Abb. 1.60: **Weiches Licht**

Durch die Wahl der Lichtqualität können gezielte Hinweise auf den Charakter des Abgebildeten gegeben werden. Indem man eine Person grundsätzlich eher hart ausleuchtet und damit auch harte Schatten in ihrem Gesicht erzeugt, wird sie entsprechend sachlich und kühl erscheinen. Die Darstellung Konrad Adenauers in **Abb. 1.59** zeigt eine typische Anwendung von hartem Licht bei Portraitaufnahmen: Es wird ein „Charakterkopf" durch das Licht modelliert, die Falten zeugen von einem langen, erfahrungsreichen Leben.

Weich ausgeleuchtete Szenen oder Portraitaufnahmen hingegen assoziieren beim Publikum im Allgemeinen eine sanfte Stimmung (**Abb. 1.60**).

1.5.4 Akzentlicht

Alle Lichtquellen, die einzelne Objekte oder einzelne Bildpartien aus der Gesamtansicht besonders hervorheben, sind Akzentlichter.

Augenlicht

Setzt man bei der Aufnahme von Personen ein Akzentlicht auf die Augenpartie, entsteht durch die Lichtreflexion in der Pupille des Aufgenommenen gewissermaßen ein Augenlicht. Das Augenlicht kann entweder durch die Lichtsituation vor Ort auf natürliche Weise entstehen, d. h., es sind ohnehin Reflexionen im Auge zu sehen, oder es wird extra durch eine kleine zusätzliche Lampe erzeugt. Das Augenlicht unterstreicht den Charakter der abgebildeten Person. Es verleiht ihrem Gesichtsausdruck Lebendigkeit und Intensität.

❶ Bei einem **Pack Shot** handelt es sich um eine Abbildung, die das beworbene Produkt gut erkennbar und attraktiv zeigt.

Andere Akzentlichter können auf für die Handlung wichtige Objekte hinweisen und sie durch eine Reflexion, eine leichte Überstrahlung oder eine Farbigkeit unterstreichen. Solche Lichtakzente finden sich häufig in der Werbung. Vor allem bei Pack Shots ❶ wird gerne mit dramatisierenden Lichteffekten gearbeitet, um dem Produkt, das im Supermarktregal weitaus nüchterner erscheint, eine entsprechend interessante Note zu verleihen. Im Falle von **Abb. 1.61** wird besonders viel Wert auf die Lichtreflexionen und die Kanten der Glastasse gelegt.

Abb. 1.61: Pack Shot

1.6 Aufgaben und Übungen

1. **Grafische Grundlagen der Bildsprache:**
   a) Welche grundsätzliche Bildwirkung wird horizontalen, vertikalen und diagonalen Linien jeweils zugesprochen?
   b) Welche Linien bzw. Vektoren erzeugen grundsätzlich die stärkste ästhetische Kraft im Bild?
   c) Beschreiben Sie mindestens vier verschiedene Varianten von Kontrasten im Bild. Suchen Sie in der Tagespresse jeweils nach Beispielen und erläutern Sie auch die anderen hier vorgestellten Aspekte der Bildgestaltung an den ausgewählten Fotos.
   d) Was versteht man unter Farbpsychologie, was unter Farbsymbolik?

2. **Aufteilung der Bildfläche:**
   a) Welche Wirkung ist häufig mit symmetrischen Bildaufteilungen verbunden?
   b) Was versteht man unter der Drittelregelung?
   c) Was besagt das Prägnanzgesetz?
   d) Worin unterscheiden sich offene und geschlossene Bildformen?
   e) Analysieren Sie die Werbeseiten einer Illustrierten hinsichtlich ihrer grafischen Grundmuster und ihres Bildaufbaus.
   Beschreiben Sie möglichst genau mit welchen Linien, Formen, Farben und Kontrasten gearbeitet wird und wie die wichtigsten Objekte im Bildrahmen platziert sind.

3. **Kamera und Gestaltung:**
   a) Was versteht man unter Kameraperspektive, was unter Bildperspektive?
   b) Was sind die Auswirkungen auf ein Bild, wenn es mit einer langen Brennweite aufgenommen wird? Nennen Sie mindestens drei Aspekte.
   c) Was versteht man unter einer stilisierten Darstellung?

4. **Lichtgestaltung:**
   a) Welche Wirkung hat ein Frontallicht? Welche ein Gegenlicht?
   b) Suchen Sie im Internet nach mindestens drei Aufnahmen, die einen Low-Key-Stil aufweisen. Welche Wirkung wird in den einzelnen Beispielen damit jeweils erreicht?
   c) Welche Wirkung ist üblicherweise bei Portraitaufnahmen mit hartem Licht verbunden?

5. **Analyseübung:**
   Analysieren Sie die folgenden Abbildungen nach den Ihnen bekannten Aspekten der Bildgestaltung.

Abb. 1.62

Abb. 1.63

Abb. 1.64

Abb. 1.65

Abb. 1.66

Abb. 1.67

B

Bilder erfassen

Wenn Mediengestalter und andere Fachleute in der Druck- und Medienbranche mit Bildern arbeiten, gehört mehr dazu als nur die Integration eines Bildes in ein Layout. Die Digitalisierung eines Motivs in Form einer fotografischen Aufnahme oder eines Scans erfordert viel Know-How über die richtige Datenerfassung. Hat man eine technisch einwandfreie Bilddatei, erspart man sich im Anschluss möglicherweise viele Korrekturen und Veränderungen.

Im Teil B dieses Buches: „Bilder erfassen“ werden die Fach- und Grundbegriffe der Bildreproduktion erklärt und Kenntnisse über den technischen Umgang mit Scannern und Digitalkameras vermittelt, die man braucht, um dieses Ziel zu erreichen.

2 Grundlagen der Bildreproduktion

Fachbegriffe und Fachsprache

Wie in jedem Fachgebiet gibt es auch in der Bildreproduktion Fachbegriffe, die wichtige Sachverhalte exakter und kürzer beschreiben als die Umgangssprache. Um dem Leser, der diese Fachsprache nicht bereits aus dem beruflichen Alltag kennt, die Verständigung zu erleichtern, werden in diesem Kapitel die wichtigsten technischen Grundlagen erklärt die beim technischen Umgang mit Bildern eine Rolle spielen:

- Kapitel 2.1 beschreibt die verschiedenen Farbmodelle, die in der Farbbilderfassung und -verarbeitung Verwendung finden.
- Kapitel 2.2 stellt die Bildtypen vor, in die man verschiedene Motive unterteilen kann und die bei der Bearbeitung jeweils andere Herangehensweisen erfordern.
- Kapitel 2.3 zeigt, welche technischen Parameter bei der Digitalisierung zu beachten sind, um Bilder optimal zur Geltung zu bringen.

2.1 Farbmodelle

Farbmischsysteme, Farbmaßsysteme, Farbpaletten

Farbmodelle ordnen Farben in ein schlüssiges System ein. Jedes Farbmodell hat seinen speziellen Anwendungsbereich in der Bilderfassung, -bearbeitung oder -ausgabe bzw. in der Farbkontrolle. Dabei werden drei Kategorien unterschieden: Farbmischsysteme, Farbmaßsysteme und Farbpaletten. Die Bezeichnungen deuten bereits den jeweiligen Verwendungszweck an. Mit Hilfe von Farbmischsystemen kann man das Mischungsverhältnis der verwendeten Grundfarben ablesen. Farbmaßsysteme erfassen das Aussehen von Farben messtechnisch. Sie ermöglichen es, auch feine Farbunterschiede exakt und eindeutig zu beschreiben. Farbpaletten bieten eine Auswahl von Farben, die wie ein Farbmusterbuch gehandhabt werden.

➲ **Farbmodelle ordnen Farben nach unterschiedlichen Kriterien. Farbmischsysteme bezeichnen Mischverhältnisse vorhandener Grundfarben. Farbmaßsysteme beschreiben das Aussehen von Farben eindeutig. Farbpaletten stellen, ähnlich wie ein Farbmusterbuch, eine Auswahl von Farben zur Verfügung.**

2.1.1 Farbmischsysteme

Farbmischsysteme definieren Farben aufgrund des Mischungsverhältnisses der Grundfarben, durch die sie erzeugt wurden. Für die Reproduktion von Bildern sind zwei Farbmischsysteme besonders wichtig: RGB und CMYK. Daneben hat auch das HSB-Modell eine gewisse Relevanz für die Bildbearbeitung.

Das RGB-Modell

Additive Farbmischung

RGB steht für Rot (●), Grün (●) und Blau (●). Diese Farben sind die Grund- oder Primärfarben der sogenannten additive Farbmischung. Damit bezeichnet man die Farberzeugung durch Mischung von Licht. Dieses Prinzip findet

z. B. bei Computer- und Fernsehbildschirmen Anwendung. Wenn man diese mit einer Lupe betrachtet, kann man kleinste Bildpunkte erkennen, die Rot, Grün bzw. Blau leuchten. Da das Auge diese nicht mehr getrennt voneinander wahrnehmen kann, ergänzen sie sich aus Sicht des Betrachters zu einer neuen Farbe. Durch unterschiedliche Gewichtung der drei Grundfarben können alle am Monitor darstellbaren Farben erzeugt werden.

Abb. 2.1: Additive Farbmischung

Additive Farbmischung im RGB-Modell

➲ **Additive Farbmischung ist Lichtfarbenmischung. Ihre Grundfarben sind Rot, Grün und Blau.**

Abb. 2.1 zeigt, welche Farben sich ergeben, wenn man rotes, grünes und blaues Licht jeweils zu gleichen Teilen mischt. Rot und Grün ergänzen sich zu Gelb, Blau und Grün mischen sich zu Cyan und Rot und Blau ergeben Magenta. Mischt man alle drei Grundfarben zu gleichen Teilen, ergibt sich Weiß.

Das CMYK-Modell

CMYK steht für Cyan (●), Magenta (●), Gelb (● Y für Yellow) und Schwarz (● K für „Key-Color" oder „Kontrast"). Diese Farben sind die Primärfarben für die meisten Druck- und Ausgabeprozesse. Dabei werden im Gegensatz zur Lichtmischung Farbmaterialien, wie z. B. Pigmente, verarbeitet. Daher nennt man diese Mischung auch Körperfarben- oder subtraktive Farbmischung. Sie findet z. B. bei der Belichtung von Fotoabzügen oder beim Übereinanderdruck von Farben statt.

Abb. 2.2: Subtraktive Farbmischung

Subtraktive Farbmischung im CMYK-Modell

Abb. 2.2 zeigt, welche Mischungsergebnisse sich ergeben, wenn man zwei der CMY-Farben jeweils zu gleichen Teilen subtraktiv mischt. Cyan und Magenta ergänzen sich zu Blau, Magenta und Gelb (Yellow) ergeben Rot und Gelb und Cyan mischen sich zu Grün. Dass alle drei Farben zusammen Schwarz ergeben, wie Abb. 2.2 zeigt, stimmt leider nur im Idealfall. In der Praxis erhält man eher ein dunkles Braun. Deshalb braucht man im Druck Schwarz (K) als vierte Farbe. Sie sorgt dafür, die dunklen Bildbereiche tiefer zu schwärzen.

➲ **Subtraktive Farbmischung ist Körperfarbenmischung. Ihre Grundfarben sind Cyan, Magenta und Gelb.**

Autotypische Farbmischung im Druck

Abb. 2.3: Autotypische Farbmischung

Im Druck mischen sich die Farben jedoch nicht nur durch Übereinanderdruck. Betrachtet man ein Farbbild, z. B. aus einer Zeitung, unter der Lupe, erkennt man kleine Rasterpunkte in den genannten Grundfarben. Beim Übereinanderdruck der Punkte mischt sich die Farbe subtraktiv. Aber auch die Farben nebeneinander gedruckter Punkte mischen sich: nicht subtraktiv als Körperfarben, sondern additiv. Da das Auge die kleinen Farbflächen nicht mehr getrennt voneinander wahrnehmen kann, mischen sie sich beim Betrachten zu einer einzigen Farbe. Beim Rasterdruck wirken also beide Mischungsarten zusammen, die subtraktive und die additive. Dabei spricht man von autotypischer Farbmischung (**Abb. 2.3**).

➲ **Die Autotypische Farbmischung ist eine Kombination aus additiver und subtraktiver Farbmischung im Druck.**

Rastertonwerte

Im Vierfarbdruck werden die Farbanteile der Grundfarben in Prozentwerten angegeben. Diese stehen für Rastertonwerte und geben an, wieviel Fläche durch die jeweilige Farbe bedeckt wird. 0 % entspricht dabei Papierweiß, 100 % einem vollflächigen Druck. Bei einem 20 %igen Tonwert beispielsweise sind 20 % der Fläche durch Rasterpunkte bedeckt, 80 % sind unbedruckt.

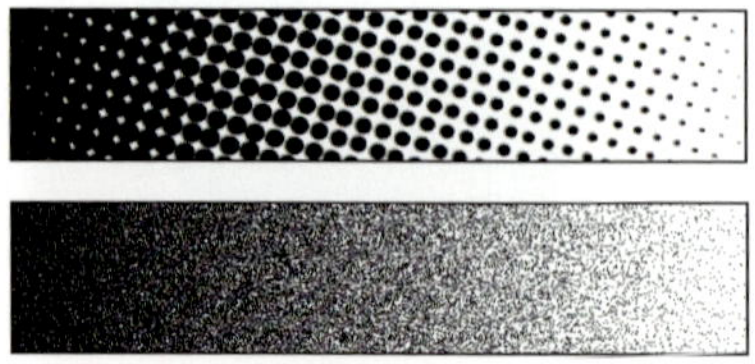

Abb. 2.4: autotypischer (oben) und frequenzmodulierter Raster (unten)

Im Druck bedient man sich verschiedener Raster-Technologien. Verändert man die Punktgröße, um den Tonwert zu variieren, handelt es sich um den sogenannten autotypischen oder amplitudenmodulierten Raster. Diese Rasterungsart wurde bislang am häufigsten verwendet. Daneben wird heute aber auch die frequenzmodulierte Rasterung eingesetzt. Sie beruht auf Variation der Häufigkeit kleiner Punkte (**Abb. 2.4**). Geringe Rastertonwerte werden durch wenige gleich große Punkte erzeugt, hohe Tonwerte erfordern viele Punkte. Beim sogenannten Hybridraster werden beide Techniken kombiniert. In sehr dunklen und sehr hellen Bildbereichen werden Feinheiten frequenzmoduliert gerastert, alle übrigen sind amplitudenmoduliert gerastert.

Der Farbkreis

Der sechsteilige Farbkreis veranschaulicht die Mischungsergebnisse beider Farbmodelle. Das eingezeichnete Dreieck in **Abb. 2.5** zeigt auf die Primärfarben Rot, Grün und Blau. Die Grundfarben werden auch Primärfarben genannt. Mischfarben, an denen zwei Grundfarben beteiligt sind, heißen Mischfarben erster Ordnung oder Sekundärfarben. Sie liegen im Farbkreis zwischen den

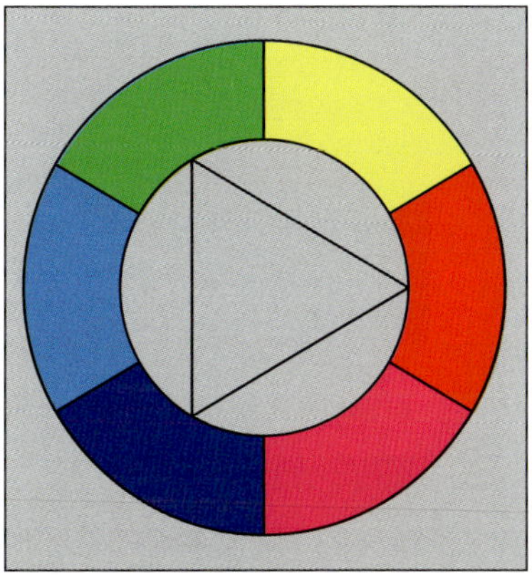

Abb. 2.5: **Farbkreis**

Primär-, Sekundär- und Tertiärfarben

Primärfarben. Das gilt sowohl für die additive als auch für die subtraktive Farbmischung: Magenta beispielsweise ergibt sich durch additive Mischung gleicher Anteile von Rot und Blau, darum liegt es zwischen diesen beiden Farben. Blau erzeugt man durch subtraktive Mischung gleicher Teile von Magenta und Cyan. Farben, die durch Mischung aller drei Grundfarben hergestellt werden, heißen Mischfarben zweiter Ordnung oder Tertiärfarben. Diese sind im Farbkreis nicht abbildbar.

Komplementärfarben

Neben den Sekundärfarben sind die Komplementärfarben im Farbkreis gut ablesbar. Das sind Farben, die sich additiv gemischt zu Weiß und subtraktiv zu Schwarz ergänzen. Sie liegen sich im Farbkreis gegenüber. Magenta und Grün sind also z. B. zueinander komplementär. Mischt man sie additiv, indem man magentafarbiges und grünes Licht übereinander projiziert, ergänzen sie sich zu Weiß. Subtraktiv gemischt, z. B. indem man sie übereinander druckt, ergeben sie (annähernd) Schwarz.

➲ **Der Farbkreis veranschaulicht die Ergebnisse von subtraktiver bzw. additiver Farbmischung. Die Mischfarben erster Ordnung (Sekundärfarben) befinden sich jeweils zwischen den Primärfarben, aus denen sie entstehen. Komplementärfarben liegen sich gegenüber.**

Umdenken beim Wechsel der Farbsysteme

Der Farbkreis hilft auch beim Umdenken zwischen den Farbmischsystemen. Anwender, die das CMYK-System gewohnt sind, würden z. B. den Rotstich in Abb. 2.6 dadurch ausgleichen, dass sie Cyan zugeben. Im RGB-System würde man statt dessen den Rotanteil verringern.

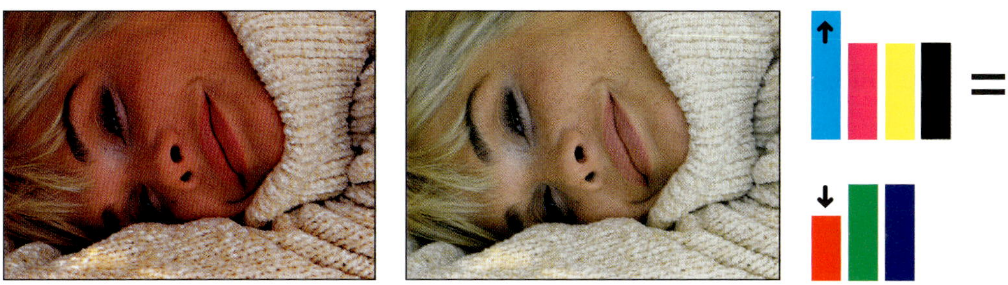

Abb. 2.6: **Reduzierung des Rotanteils im CMYK- und im RGB-Modell**

Tabelle 2.1 (vgl. S. 54) veranschaulicht diese Zusammenhänge.

➲ **Wechselt man bei der Bildbearbeitung zwischen dem RGB- und dem CMYK-System, muss man komplementär denken.**

Tabelle 2.1: Farbkorrekturen im CMYK- und im RGB-System

CMYK-System		RGB-System
Cyan-Anteil erhöhen	entspricht	Rot-Anteil verringern
Magenta-Anteil erhöhen	entspricht	Grün-Anteil verringern
Gelb-Anteil erhöhen	entspricht	Blau-Anteil verringern

Das HSB-Modell

Ein weiteres Farbmischsystem, das in Bildbearbeitungsprogrammen vorkommt, ist das HSB-Modell. Der Farbwähler in Photoshop beispielsweise verwendet es als Standard für die Farbanzeige (**Abb. 2.7**). Das HSB-Modell ist vom RGB-Modell abgeleitet, verwendet jedoch andere Ordnungsgrößen: H steht für Hue (deutsch Farbton), S für Saturation (deutsch Sättigung) und B für Brightness (deutsch Helligkeit).

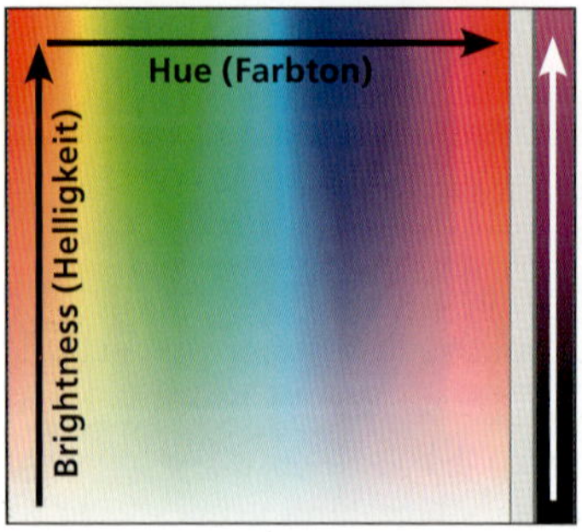

Abb. 2.7: HSB-Farbwähler in Photoshop

➲ **Das HSB-Modell ist vom RGB-Modell abgeleitet. Es ordnet die Farben nach Farbton (H für Hue), Sättigung (S für Saturation) und Helligkeit (B für Brightness).**

Die Anordnung der Farbtöne (H) ähnelt der im Farbkreis: Zwischen zwei Primärfarben liegen jeweils die Mischfarben erster Ordnung. In kreisförmiger Darstellung liegen sich damit auch im HSB-System komplementäre Farben gegenüber.

Aufbau des HSB-Systems

Die Farbtöne (H) werden durch Gradzahlen [°] bezeichnet. 0° entspricht Rot, bei 120° liegt Grün und bei 240° Blau. Die Sättigung (S) gibt die Reinheit einer Farbe an. Je weniger eine Farbe durch Schwarz oder Weiß (also einen Unbunt- bzw. Komplementäranteil) verunreinigt wird, desto höher ist ihre Sättigung. Sie wird in Prozent angegeben. Die unbunten Farben (Weiß, Grau oder Schwarz) erhalten den Sättigungswert 0 %, maximal gesättigte Farben den Wert 100 %. Die Skala für die Helligkeit (B) reicht ebenfalls von 0 % bis 100 %. Sie ist ein relativer Wert im Vergleich zur Maximalhelligkeit einer gewählten Farbe und nicht auf das Hellempfinden des Menschen bezogen. Erreicht einer der drei Grundfarb-Kanäle seinen Maximalwert (255), wird automatisch die Helligkeit auf 100 % gesetzt.

Praktische Relevanz

Praktische Relevanz erlangt das HBS-System dadurch, dass man damit Farbkorrekturen intuitiver vornehmen kann als im RGB-System. Will man z. B. die Helligkeit eines Farbtons verändern, so muss man im RGB-System alle drei Kanäle verändern, im HBS-System genügt es, den Helligkeitskanal (B = Brightness) zu korrigieren.

2.1.2 Farbmaßsysteme

Probleme mit Farbmischsystemen

Die bisher vorgestellten Modelle der Farbmischsysteme haben einen großen Nachteil für die Beurteilung von Farben: Sie berücksichtigen nicht, wie die Grundfarben jeweils genau aussehen. Darum kann man mit ihnen auch Mischfarben in ihrem Erscheinungsbild nicht eindeutig beschreiben. Es wird z. B. nicht berücksichtigt, dass die CMYK-Grundfarben eines Inkjet-Druckers anders aussehen als diejenigen, die beim Offsetdruck verwendet werden, und diese wieder anders als die, die im Zeitungsdruck üblich sind. Gleiches gilt für das RGB-System. Auch hier sind die Grundfarben unzureichend definiert. Je nach Monitor, Benutzereinstellungen, Betriebsdauer usw. erscheint eine Farbe mit exakt den gleichen RGB-Werten völlig unterschiedlich.

Daran wird deutlich: Beschreibt man Farben mit Hilfe eines Farbmischsystems, so ist deren Aussehen noch nicht exakt definiert. Dieses hängt stark vom verwendeten Gerät bzw. von den Betrachtungsbedingungen ab. Um exakt beschreiben zu können, wie eine Farbe aussieht, braucht man Farbmaßsysteme. Die Lichtstrahlung, die eine Körperfarbe remittiert (zurückwirft), bzw. die eine Lichtfarbe emittiert (ausstrahlt), wird im Hinblick auf die Wahrnehmung durch das menschliche Auge ausgewertet.

➲ **Farbmischsysteme bestimmen Mischungsanteile von Grundfarben, die auf einem Gerät erzeugt werden. Farbmaßsysteme beschreiben das Aussehen einer Farbe eindeutig.**

Das Lab-System

Das gebräuchlichste Farbmaßsystem ist das CIE-Lab-System ❶ oder kurz, das Lab-System. Häufig wird es grafisch vereinfacht als karthesisches (rechtwinkliges, gleichmaßstäbiges) Koordinatensystem dargestellt (**Abb. 2.8**). Der L-Wert gibt an, wie hell eine Farbe vom Menschen empfunden wird. Die in der Abbildung senkrecht verlaufende L-Achse umfasst Werte von 0 (für Schwarz) bis 100 (für Weiß). Die a-Achse verläuft von Grün (–a) nach Rot (+a). Tatsächlich entspricht das Rot eher einem Magenta-Ton. Trotzdem spricht man nicht von der Grün-Magenta- sondern von der Grün-Rot-Achse. Die b-Achse verläuft von Blau (–b) nach Gelb (+b). In der Computertechnik werden der a-Achse Werte von –127 (Grün) bis 128 (Rot) zugewiesen und der b-Achse Werte von –127 (Blau) bis 128 (Gelb). Aus dieser Definition ergeben sich die Koordinaten aller anderen Farbtöne. Der a- und der b-Wert aller unbunten Farben (Weiß, Grau oder Schwarz) ist gleich 0. Je kleiner die Beträge der a- und b-Werte sind, desto näher liegt die damit bezeichnete Farbe an der Unbunt-Achse (L-Achse). Je weiter ein Farbort von dieser Achse entfernt liegt, desto bunter ist die damit bezeichnete Farbe.

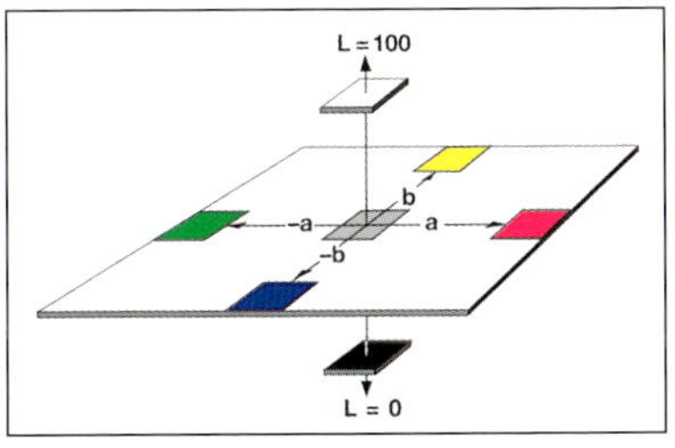

Abb. 2.8: **Lab-System**

❶ CIE steht für „Commission internationale de l'éclairage" (internationale Beleuchtungskommission). Dies ist das Gremium, auf dessen Initiative die Entwicklung des Lab-Systems zurückgeht.

Aufbau des Lab-Systems

➲ **Im Lab-System steht die L-Achse für die Helligkeit. Die a-Achse verläuft von Grün nach Rot (Magenta) und die b-Achse von Blau nach Gelb.**

❶ Wenn ein Papierbogen in der Druckmaschine bedruckt wird, spricht man von einem **Druckgang**. Dabei durchläuft ein Papier für jede Farbe ein sogenanntes Druckwerk mit eigenem Farbwerk. Die Farbe wird aus einem Farbkasten über verschiedene Walzen verteilt und schließlich auf das Papier aufgetragen. Möchte man zusätzlich zu CMYK eine weitere Farbe drucken, so muss man entweder eine Druckmaschine mit einem fünften Druckwerk verwenden oder einen neuen Druckgang in Kauf nehmen. Der Druck einer fünften Farbe erzeugt also erheblichen Mehraufwand.

Farbschwankungen beim Auflagendruck führen dazu, dass die Mischungsverhältnisse der Grundfarben sich geringfügig ändern und die Farben auf dem Papier mal in die eine, mal in die andere Richtung abweichen. Um dieses Risiko zu vermeiden, setzt man Sonderfarben ein, die keinen Farbschwankungen innerhalb einer Auflage unterliegen. Sehr exakt muss z. B. in der Regel die Reproduktion von Hausfarben sein. Das sind Farben, an denen man eine Firma oder deren Produkte schnell wiedererkennen soll. Auch sollen Verpackungen, die in einem Verkaufsregal angeordnet sind, alle identisch gefärbt sein.

Außerdem setzt man Sonderfarben zur Reproduktion von Farben ein, die im CMYK-System nicht herstellbar sind, wie z. B. Gold oder Silber. Diese Farben müssen dann in einem fünften Druckgang ❶, zusätzlich zu den Farben CMYK, gedruckt werden.

2.2 Bildtypen

Bei der Bildbearbeitung wird jedes Bild individuell korrigiert und optimiert. Die Einteilung in unterschiedliche Bildtypen liefert einen ersten Hinweis darauf, welche Bildqualitäten überhaupt wichtig sind. Hier werden diese Typen vorgestellt. Gleichzeitig werden ästhetische Ansprüche formuliert, die häufig an ihre Bildaufbereitung gestellt werden.

Abb. 2.12: Farbiges Halbtonbild

Abb. 2.13: Graustufenbild

Abb. 2.14: Strichbild

Halbtonbilder

Halbtonbilder sind Bilder, die viele verschiedene Farb- bzw. Helligkeitsnuancen besitzen, die in der Regel ausdrucksstark reproduziert werden sollen. Oft möchte man auch möglichst hoch gesättigte Farben erzeugen. Farbige Halbtonbilder sind mittlerweile mit Abstand die am häufigsten verwendeten Bilder. Fast immer handelt es sich dabei um Farbfotos (**Abb. 2.12**). Schwarz-Weiß-Fotos werden in der Fachsprache als Graustufenbilder bezeichnet (**Abb. 2.13**).

Graustufenbilder

Dieser Name verrät bereits, dass zwischen Schwarz und Weiß die verschiedensten Helligkeitsstufen von Grautönen vorkommen. Meistens möchte man, dass Graustufenbilder hohe Kontraste aufweisen, sodass das Bild dynamisch und spannungsreich wirkt.

Neben diesen Bildtypen gibt es einen weiteren, der jedoch grafischen Charakter hat: Strichbilder, wie das in **Abb. 2.14**, haben keine Farb- oder Helligkeitsabstufungen. Oft werden nur wenige Farben eingesetzt. Comics, Diagramme,

Strichbilder

Logos oder andere grafische Zeichen sind normalerweise Strichbilder. Auch Kupferstiche und Radierungen gehören dazu. Im Druck kommen dabei oft nur Schwarz und vollflächig gedruckte Grundfarben (CMYK) oder Sonderfarben zum Einsatz.

➲ **Die Einteilung von Bildern in verschiedene Typen richtet sich danach, welche Farben im Motiv vorkommen. Farbige Halbtonbilder weisen viele verschiedene Farbnuancen auf und Graustufenbilder verschiedene Helligkeitsnuancen. Strichbilder besitzen keine Abstufungen. Sie bestehen aus nicht abgestuften Farbflächen und Linien.**

2.3 Digitalisierung

Die Digitalisierung von Bildern entspricht deren Übertragung in gespeicherte Daten. Heutzutage geschieht diese in den meisten Fällen bereits direkt bei der Bildaufnahme mit der Digitalkamera. Oft werden Fotos aus Bilddatenbanken verwendet oder solche, die ein professioneller Fotograf erstellt hat. Bilder werden auch mit Hilfe von Scannern erfasst.

Überprüfung der Bildqualität

Bei der Prüfung, ob ein Bild für einen vorgesehenen Verwendungszweck (z. B. Archivierung, Webauftritt oder Druck) geeignet ist, achtet man darauf, dass

- das Motiv optimal zur Geltung kommt
- die Speicherung effektiv ist und
- Besonderheiten des vorgesehenen Verwendungszwecks berücksichtigt sind.

Die grundlegenden technischen Eigenschaften der Datei, die dabei berücksichtigt werden, sind Farbmodus, Auflösung und Bittiefe. Wie man diese optimiert, wird in den folgenden Kapiteln 2.3.1 bis 2.3.3 vorgestellt.

2.3.1 Farbmodus

Der Farbmodus bestimmt darüber, wie die Farbinformationen digital beschrieben werden. Er ist für jede Datei individuell zu wählen. Häufig sind es die Farbmodelle (RGB, CMYK und Lab), die den Farbmodus definieren. Es gibt aber auch solche, die sich an anderen Kriterien orientieren. Insgesamt bietet Photoshop acht verschiedene Farbmodi an (**Abb. 2.15**), die sich dadurch unterscheiden, welches Farbmodell bzw. welche Grundfarben ihnen zugrunde liegen.

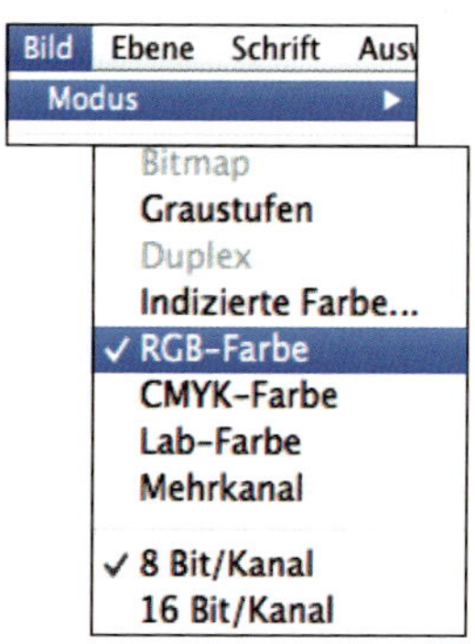

Abb. 2.15: Farbmodi

➲ **Der Farbmodus einer Bilddatei bestimmt darüber, wie die Farbinformationen der einzelnen Pixel beschrieben werden.**

Liegt einem Farbmodus eines der gängigen Systeme wie z. B. RGB oder CMYK zugrunde, wird jeder Grundfarb-Anteil in einem eigenen sogenannten (Farb)-Kanal gespeichert. Dabei richtet es sich nach dem Farbmodus, aus wie vielen Kanälen eine Datei aufgebaut ist. Im RGB- und im Lab-Modus werden drei Kanäle benötigt, im CMYK-Modus vier und im Graustufen-Modus nur einer.

Die Farbmodi RGB und CMYK

Abb. 2.16a bis Abb. 2.16d zeigen, wie ein Originalbild im RGB-Modus zerlegt wird. Es gibt einen Rot-, einen Grün- und einen Blaukanal. Entsprechend dem RGB-Modell werden alle Bildfarben aus diesen drei Grundfarben durch additive Farbmischung erzeugt. In Abb. 2.17a bis 2.17d sieht man die vier Farbkanäle des gleichen Bildes im CMYK-Modus. Hier wird das Bild aus den drei Grundfarben der subtraktiven Farbmischung aufgebaut. Schwarz wird aus Qualitätsgründen als vierte Farbe eingesetzt (vgl. Kapitel 2.1, S. 51).

Farbkanäle

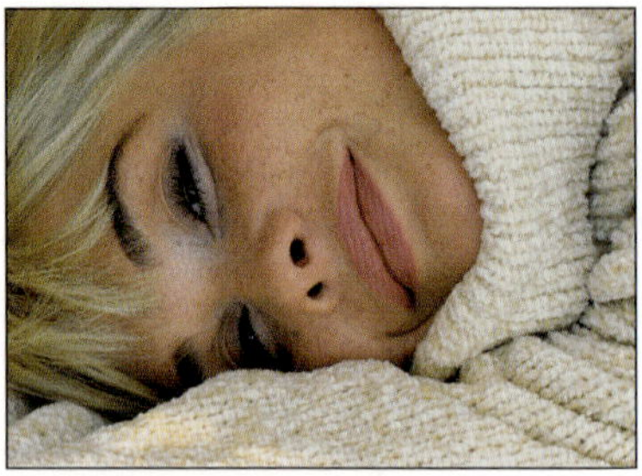

Abb. 2.16a: Bild im Original

Abb. 2.16b: Rot-Kanal des Bildes

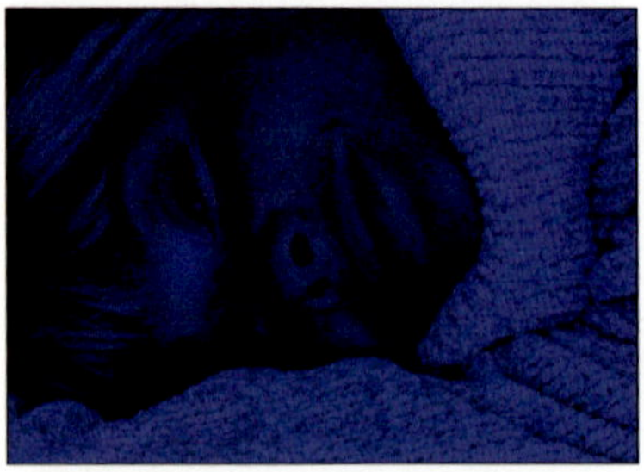

Abb. 2.16c: Blau-Kanal des Bildes

Abb. 2.16d: Grün-Kanal des Bildes

Früher hat man Bilder für den Druck ausschließlich im CMYK-Modus bearbeitet, da dieser auf den Grundfarben des Drucks beruht. Immer mehr Anwender nutzen jedoch dafür den RGB-Modus und konvertieren erst im Verlaufe des Ausgabeprozesses in CMYK, denn RGB-Abbildungen sind in der Regel hochwertiger.

Um das nachvollziehen zu können, muss man sich bewusst machen, dass die Darstellungsqualität von CMYK- und RGB-Dateien vom Gerät abhängig ist, auf dem sie ausgegeben werden, dem sogenannten Gerätefarbraum ❶. Fast alle RGB-Ausgabegeräte können mehr und vor allem gesättigtere Farben reproduzieren als CMYK-Ausgabegeräte. Das kommt daher, weil sie die Farben durch Lichtmischung erzeugen. Die Pigmente bei Körperfarbenmischungen haben dagegen weniger gute Eigenschaften. Bearbeitet man Bilder im RGB-Modus, bleibt die höhere Darstellungsqualität länger erhalten. Außerdem legt man sich dabei noch nicht auf ein bestimmtes CMYK-Ausgabemedium fest. Das ist sehr wichtig, wenn man noch nicht weiß, wo bzw. in welchem Verfahren ein Produkt gedruckt wird. Bei jeder Farbraumänderung, sei es von RGB zu CMYK oder auch von einem CMYK-Farbraum in einen anderen, sind Qualitätsverluste zu erwarten, wenn dabei z. B. gesättigte Farben verblassen oder sich Farbverschiebungen ergeben.

❶ Als **Farbraum** bezeichnet man die Menge aller darstellbarer Farben eines Gerätes. Hochwertige Ausgabegeräte haben einen größeren Farbraum als einfache Geräte, da sie feinere Nuancen und gesättigtere Farben darstellen können.

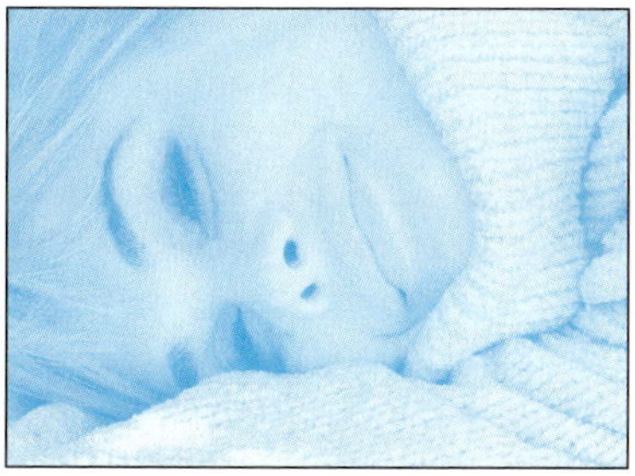

Abb. 2.17 a: Cyan-Kanal des Bildes

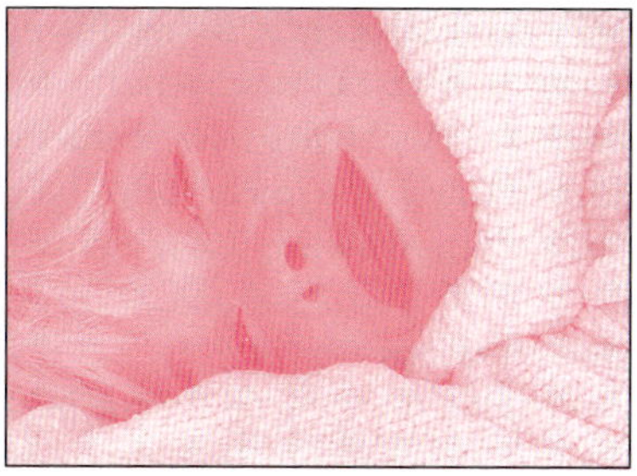

Abb. 2.17 b: Magenta-Kanal des Bildes

Abb. 2.17 c: Yellow-Kanal des Bildes

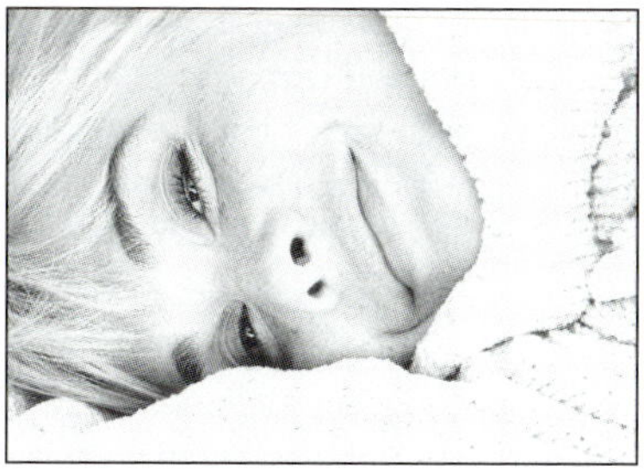

Abb. 2.17 d: Schwarz-Kanal des Bildes

Wird ein Bild z. B. für Produkte verwendet, die in unterschiedlichen Druckverfahren hergestellt werden, können die CMYK-Farbraumeinschränkungen im Hinblick auf das jeweilige Verfahren minimiert werden. Für den Offsetdruck erhält es dann z. B. andere Einstellungen für die Umrechnung nach CMYK als für den Zeitungsdruck oder den Tiefdruck.

➲ **Auch Bilder, die für den Druck aufbereitet werden, sollten in der Regel im RGB-Modus bearbeitet und erst bei der Ausgabe in CMYK umgewandelt werden.**

Ausgabefarbräume und Profile

Seit der Einführung von Colormanagement werden die Eigenschaften jedes Farbausgabegerätes bzw. -prozesses in sogenannten Farbprofilen beschrieben. In Bildbearbeitungsprogrammen, wie z. B. Photoshop wird das jeweils passende Profil als sogenannter Arbeitsfarbraum (Abb. 2.18) in den Farbeinstellungen des Programms festgehalten. Der im Beispiel eingestellte CMYK-Farbraum „Europe ISO Coated FOGRA 27" steht für einen typischen Offsetdruck auf gestrichenem Papier. Daneben gibt es eine Menge weiterer Profile, beispielsweise für Zeitungsdruck, Tiefdruck oder auch den Offsetdruck mit anderen Separationseinstellungen. Mit Separation bezeichnet man die Umwandlung in den CMYK-Modus. Dabei wird unter anderem das Verhältnis der Buntfarben (CMY) zu Schwarz (K) festgelegt (Abb. 2.19).

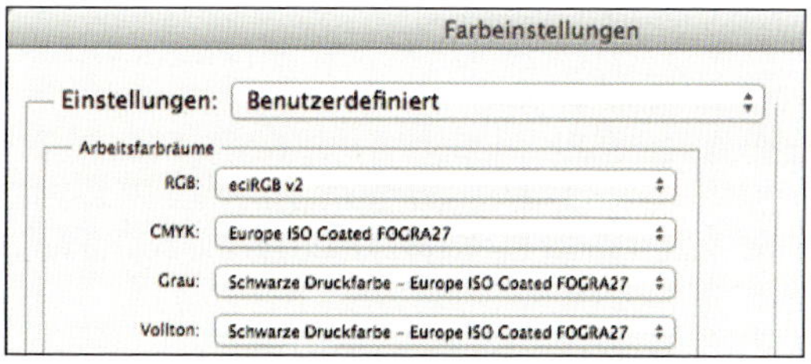

Abb. 2.18: Einstellung der Arbeitsfarbräume

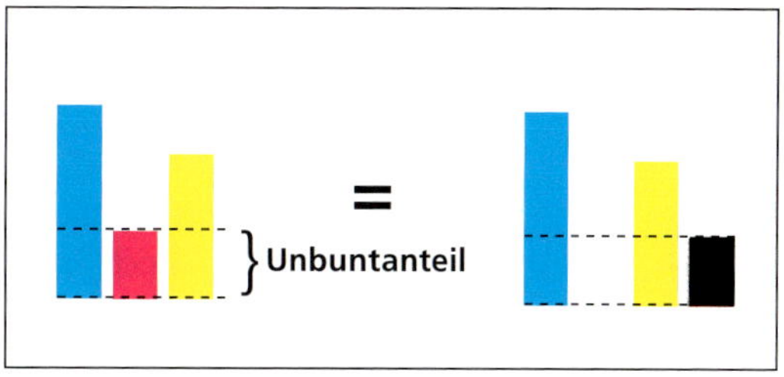

Abb. 2.19: Unbuntanteil durch Schwarz ersetzen

Man kann Schwarz z. B. nur für die dunklen Bildstellen einsetzen (kurzes Schwarz oder Skelettschwarz) oder aber auch für helle Grautöne (langes Schwarz). Als breites oder schmales Schwarz bezeichnet man es, wenn der Unbuntanteil von mehr oder weniger stark ungesättigten Farben durch Schwarz ersetzt wird, wie es in **Abb. 2.19** schematisch dargestellt wird.

Der Lab-Modus

Lab- als Referenzsystem für die Farbbeurteilung

Der Lab-Modus tut gute Dienste bei der Definition und im Vergleich von Farben. Er ist aber für die Bildbearbeitung meist nicht zu empfehlen. Da das zugrunde liegende Lab-System alle sichtbaren Farben umfasst, ist dieser Farbraum sehr groß und enthält viele Farben, die kein Ausgabegerät technisch reproduzieren kann. Als Referenz für die Farbdefinition ist das Lab-System jedoch unverzichtbar. **Abb. 2.20** veranschaulicht das. Die beiden Farbfelder unterscheiden sich für unser Auge deutlich. Dennoch sind die zugehörigen RGB-Werte gleich. Das kommt daher, weil beide in unterschiedlichen RGB-Farbräumen erzeugt wurden. Will man also eine Farbe eindeutig identifizieren, muss man sich auf deren Lab-Werte beziehen.

Auch für einige spezielle Korrektur-Eingriffe eignet sich das Lab-System gut. Soll z. B. die Helligkeit eines Bildes unabhängig vom Farbton verändert werden, kann man den L-Kanal gesondert bearbeiten und die Farbkanäle unberührt lassen. Im RGB-Modus müssen Helligkeitsänderungen über Veränderungen in den drei Grundfarbkanälen realisiert werden.

➲ **Bilder werden nur in Ausnahmefällen im Lab-Modus bearbeitet. Das Lab-System dient als Referenzsystem zur Farbbeurteilung.**

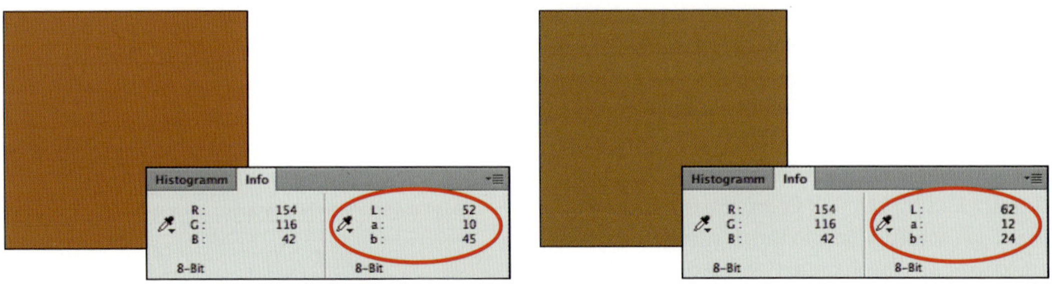

Abb. 2.20: **Lab als Referenzsystem für die Beurteilung des Aussehens von Farben**

Weitere Farbmodi

Die Modi „Duplex", „indizierte Farben" und „Mehrkanal" sind Sondermodi für bestimmte Verwendungszwecke. Duplex-Bilder haben häufig einen künstlerischen Anspruch oder effektvollen Charakter. Sie werden aus nur zwei Farben aufgebaut; in der Regel Schwarz und einer Sonderfarbe. Damit wirken sie wie colorierte Schwarz-Weiß-Fotos. **Abb. 2.21** zeigt ein Graustufenbild und dessen Umwandlung in ein Duplex. Werden neben Schwarz zwei Sonderfarben verwendet, spricht man auch von „Triplex", ein „Quadruplex" besteht aus Schwarz und drei Sonderfarben. Diese aufwändigen Techniken werden jedoch eher selten verwendet.

Duplex

Abb. 2.21: Umwandlung in ein Duplex

Indizierte Farben

Der Modus „indizierte Farben“ wird fast ausschließlich für Grafiken im Internet verwendet. Er stellt eine bestimmte Anzahl Farben zur Verfügung (bis zu 256), die im Bild verwendet werden können. Hierfür stehen verschiedene Farbpaletten zur Auswahl. In **Abb 2.22** wurde eine individuell auf das Bild abgestimmte Palette aus insgesamt 64 Farben erstellt. Jede Farbnuance der Farbverläufe wird dabei als eigene Farbe codiert.

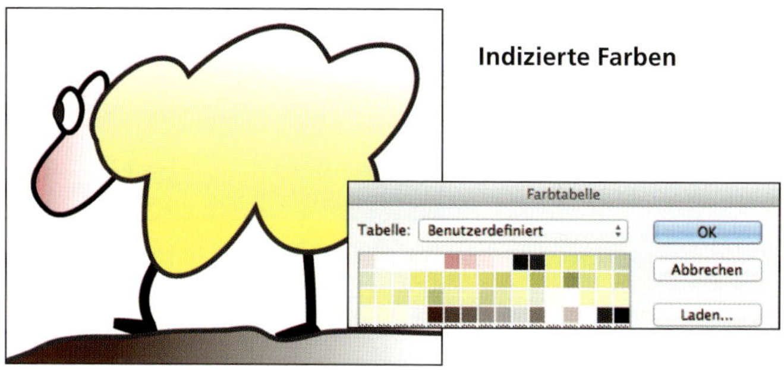

Abb. 2.22: Grafik mit indizierten Farben

Mehrkanal-Modus

Der „Mehrkanal“-Modus wird für spezielle Sonderfälle verwendet, bei denen die Anzahl der Grundfarbkanäle von der Norm abweicht. Auch Duplexbilder können als Mehrkanalbilder gespeichert werden. Welchen Farbmodus man für welchen Verwendungszweck einsetzen kann, zeigt **Tabelle 2.2** in der Übersicht.

Tabelle 2.2: Farbmodi und ihre Verwendungszwecke

Farbmodus	Verwendungszweck
RGB-Modus	Farbige Halbtonbilder für die Bildschirmausgabe, Arbeitsfarbraum vor der CMYK-Konvertierung
CMYK-Modus	Farbige Halbtonbilder für den Druck
Lab-Modus	Referenzsystem zur Beurteilung von Farben, in Ausnahmefällen für die Bildbearbeitung
Bitmap-Modus	Schwarz-Weiß-Strichbilder
Graustufen-Modus	Graustufenbilder
Duplex-Modus	Colorierte Graustufenbilder
Indizierte Farben	Grafiken mit wenigen Farben
Mehrkanal	Dateien mit vom Anwender bestimmter Anzahl von Grundfarbkanälen

2.3.2 Auflösung

Pixel = „picture" + „element"

Wenn man ein Digitalbild vergrößert, stellt man fest, dass es aus vielen kleinen Bildelementen aufgebaut ist, den sogenannten Pixeln. Das Wort Pixel ist ein englisches Kunstwort, das aus zwei Begriffen zusammengesetzt ist: „picture“ (dtsch. „Bild“) und „element“ (dtsch. „Element“). Wie bei einem Mosaik entsteht das digitale Bild aus der Summe dieser kleinsten Bildelemente. Abb. 2.23a und 2.23b veranschaulichen das. Je kleiner die Pixel sind, desto exakter können Details einer Abbildung erfasst werden. Die Feinheit, mit der ein Bild in Pixel unterteilt ist, nennt man Auflösung.

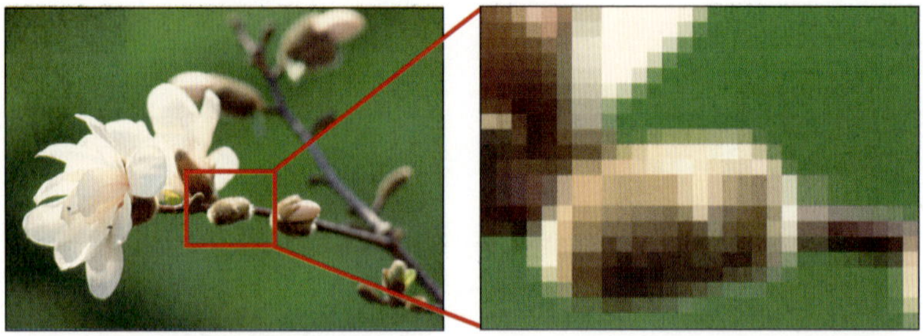

Abb. 2.23a: Digitalbild in Originalgröße **Abb. 2.23b: Digitalbild stark vergrößert**

Eingabe- und Ausgabeauflösung

Man unterscheidet die Eingabe- von der Ausgabeauflösung. Mit einer hohen Eingabeauflösung werden Details und Farbnuancen sehr genau erfasst. Mit einer hohen Ausgabeauflösung werden diese Feinheiten bei der Anzeige am Monitor oder beim Druck auf Papier oder andere Materialien differenziert wiedergegeben. Um die Erfassung und die Darstellung der Bildpunkte begrifflich voneinander abzugrenzen, spricht man bei der Eingabe von Pixeln, bei der Ausgabe von Dots (engl. Punkt). Die einzige Ausnahme dabei bildet der Monitor. Obwohl es sich um ein Ausgabegerät handelt, wird seine Auflösung in Pixeln und nicht in Dots angegeben. Scannerhersteller kennzeichnen die Auflösung oft fälschlich durch Dots, richtiger wäre die Bezeichnung Pixel.

Pixel und Dots

➲ **Die kleinsten Bildelemente heißen in der Daten-Eingabe Pixel, in der Ausgabe Dots.**

Je mehr Pixel für die Erfassung und Darstellung eines Bildes zur Verfügung stehen, desto kleiner ist das einzelne Pixel und desto genauer wird ein Motiv digitalisiert. Man kann das gut am Beispiel verschiedener Scanauflösungen erkennen. Die Bilder in Abb. 2.24a bis 2.24d wurden in vier verschiedenen Auflösungsstufen eingescannt. Besonders an den kontrastreichen Kanten zwischen Blüte und Hintergrund erkennt man bei geringer Auflösung die einzelnen Pixel sehr deutlich. Im Fachjargon sagt man: Das Bild wird pixelig.

➲ **Je höher die Auflösung ist, desto feiner wird das Bild in Pixel unterteilt und desto besser ist seine Detaildarstellung.**

Abb. 2.24a: Auflösung 50 ppi

Abb. 2.24b: Auflösung 100 ppi

Abb. 2.24c: Auflösung 200 ppi

Abb. 2.24d: Auflösung 300 ppi

Relative und absolute Auflösung

Relative Auflösung

Die relative Auflösung besagt, wie viele Pixel auf einer bestimmten Strecke nebeneinander liegen. Die absolute Auflösung gibt die Gesamtzahl der Pixel an. Abb. 2.25a und Abb. 2.25b stellen das gleiche Motiv dar, dessen Auflösung einmal relativ (Abb. 2.25a) und einmal absolut (Abb. 2.25b) angegeben wird. In Abb. 2.25a ist eine Linie mit einem Zoll Länge eingetragen. Da die Auflösung des Bildes so grob ist, dass man die verschiedenfarbigen Pixel mit bloßem Auge erkennen kann, ist die relative Auflösung leicht feststellbar: Es kommen 14 Pixel auf ein Zoll, die relative Auflösung beträgt also 14 Pixel pro Inch [ppi]. Das Bild in Abb. 2.25b besteht aus 28 Pixeln in der Breite und 21 in der Höhe.

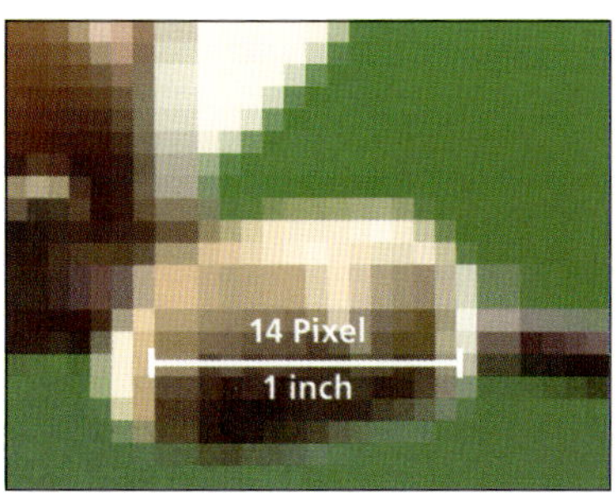

Abb. 2.25a: Relative Auflösung (14 ppi)

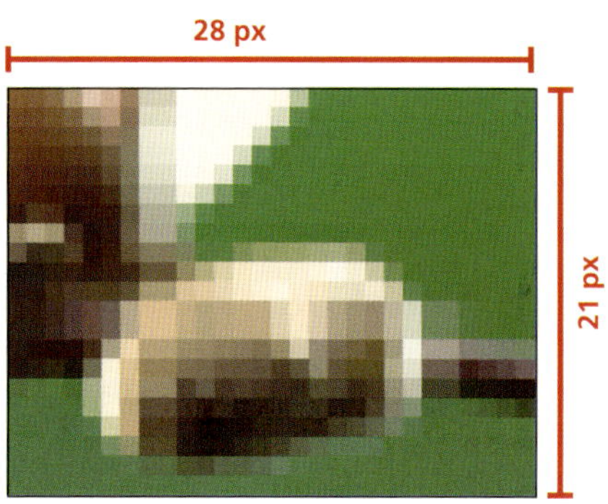

Abb. 2.25b: Absolute Auflösung (28 px · 21 px)

Die geläufigste Einheit für die relative Auflösung ist ppi (Pixel pro Inch; Inch: engl. Zoll) bzw. dpi (Dots pro Inch). Aber auch der Ausdruck ppcm (Pixel pro Zentimeter) bzw. dpcm (Dots pro Zentimeter) wird verwendet.

$$\text{Es gilt: (Relative) Auflösung} = \frac{\text{Pixelanzahl}}{\text{Länge}}$$

Absolute Auflösung

Manchmal ist es nicht möglich oder sinnvoll, die Pixelanzahl in Bezug zu einer bestimmten Breite oder Höhe zu setzen, beispielsweise bei der Aufnahme eines Digitalfotos. Hier ist die absolute Anzahl der Pixel ausschlaggebend dafür, wie fein ein Motiv erfasst wird. Die Auflösung wird absolut als Gesamtssumme aller Bildpixel angegeben. Einfache Kameras haben heute schon bis zu 9 Megapixel (9.000.000 Pixel). Ein Bezug zu Bildmaßen wird erst bei der Ausgabe, z. B. auf einem Ausdruck oder einem Fotoabzug hergestellt.

➲ **Die relative Auflösung gibt man in „Pixel pro Längeneinheit" [ppi] oder [ppcm] an, die absolute als Gesamtsumme aller Pixel.**

Auch die Monitorauflösung wird absolut angegeben. Hier ist es üblich, die Pixelanzahl (Breite) · Pixelanzahl (Höhe) zu benennen. Eine typische Monitorauflösung beträgt z. B. 1024 · 768 px. Es ist ein weit verbreiteter Irrtum, dass Bildschirme stets eine relative Auflösung von 72 dpi haben. Tatsächlich muss die relative Monitorauflösung in ppi für jede Bildschirmeinstellung individuell berechnet werden. Je größer die absolute Auflösung eines Monitors ist, desto kleiner ist das einzelne Pixel. Es gilt:

$$\begin{array}{c}\text{Relative Monitorauflösung}\\ \text{[ppi] bzw. [ppcm]}\end{array} = \frac{\text{Pixelanzahl (in der Breite)}}{\text{Monitorbreite [cm] oder [inch]}}$$

Umrechnung zwischen cm und inch

Da die relative Auflösung oft auf Inch bezogen wird, die Bildmaße jedoch meistens in Zentimetern angegeben werden, muss man die Umrechnung zwischen den beiden Maßeinheiten Zoll und Zentimeter beherrschen.

Es gilt: 1 inch = 2,54 cm
1 cm = 1/2,54 inch ≈ 0,39 inch

Ein Beispiel für die Umrechnung:

$$600\ \text{px/inch} = \frac{600\ \text{px/inch}}{2{,}54\ \text{cm/inch}} \approx 236\ \text{px/cm}$$

bzw.: $600\ \text{px/cm} = 600\ \text{px/cm} \cdot 2{,}54\ \text{cm/inch} \approx 1524\ \text{px/inch}$

Optische und interpolierte Auflösung

Optische Auflösung

Optisch oder auch physikalisch nennt man die relative Auflösung, die man mit den tatsächlich erfassten Bildpixeln eines Gerätes erreichen kann. Erhöht man jedoch diese Auflösung noch weiter, so werden dem Bild weitere Pixel hinzugefügt, deren Farbinformationen nicht dem Original entsprechend definiert, sondern aus den vorhandenen Pixeln errechnet werden. Diesen Vorgang nennt man Interpolation. Ganz allgemein gesprochen bedeutet Interpolation „Zwischenwertberechnung". Im Falle von Digitalbildern werden also die Farbwerte für neue Bildpixel errechnet, die zwischen bereits vorhandenen liegen.

➲ **Interpolation bedeutet „Zwischenwertberechnung". Bei der Interpolation in Digitalbildern werden die Farbwerte neuer Pixel errechnet, die zwischen bereits vorhandenen liegen.**

Interpolierte Auflösung

Eine tatsächliche Qualitätsverbesserung ergibt sich durch eine Erhöhung der interpolierten Auflösung nicht. Dafür wäre keine Neuberechnung, sondern ein feinerer Scan nötig. Viele Scannerhersteller haben früher auf den Verpackungen ausschließlich die maximale interpolierte Auflösung des Gerätes angegeben, weil diese naturgemäß sehr viel höher liegt als die physikalische. Mittlerweile sind die Angaben für Käufer jedoch meist seriöser und beziehen sich auf die optische Auflösung. Schon Billigscanner bieten heute optische Auflösungen von z. B. 2400 · 4800 ppi an, die interpolierte liegt bis zu viermal höher.

➲ **Die optische bzw. physikalische Auflösung gibt an, welche relative Auflösung ein Eingabegerät tatsächlich erfassen kann, die interpolierte ist eine softwareseitig erhöhte Auflösung.**

Abb. 2.26a: Auflösung 300 ppi

Abb. 2.26b: Auflösung von 50 ppi auf 300 ppi interpoliert

Interpolation bei der Neuberechnung von Bildpixeln

Interpolation findet nicht nur bei der Bildeingabe statt, sondern immer dann, wenn vorhandene Bildpixel neu berechnet werden, z. B., wenn man die relative Auflösung eines Bildes erhöhen möchte ohne es zu verkleinern. Dieser Fall ist in **Abb. 2.26b** dargestellt. Hier wurde die Auflösung nachträglich von 50 ppi auf 300 ppi erhöht. Dabei wurden dem Bild weitere Pixel hinzugefügt, deren Farbinformationen jedoch nicht dem Original entsprechend definiert, sondern aus den vorhandenen Pixeln errechnet wurden. Das ist typisch für Interpolationen und dabei entsteht immer eine gewisse Unschärfe. Die Abbildungen **Abb. 2.26a** und **2.26b** machen das deutlich. Beide Bilder besitzen eine Auflösung von 300 ppi. Die linke (**Abb. 2.26a**) wurde direkt mit dieser Auflösung eingescannt. Die rechte (**Abb. 2.26b**) nur mit 50 ppi. Hier wurde die Auflösung von 300 ppi erst durch Interpolation nach dem Scan erreicht. Dadurch entstand die deutlich wahrnehmbare Unschärfe im Bild.

➲ **Interpolation erzeugt Unschärfe im Bild.**

In Photoshop kann man wählen, ob bzw. wie man bei Änderungen der Bildgröße interpolieren möchte. Man vermeidet Interpolation nur dann, wenn man die Option „Interpolationsverfahren“ ausschaltet (**Abb. 2.27**). Vergrößert man dann das Bild, verringert sich seine Auflösung und es kann pixelig werden.

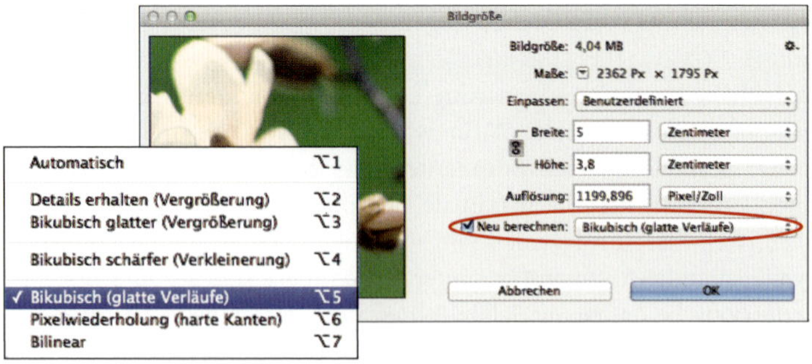

Abb. 2.27: Interpolationsverfahren bei Änderung der Bildgröße

Interpolationsmethoden

Insgesamt gibt es fünf Interpolationsverfahren (**Abb. 2.27**). „Pixelwiederholung“ ist streng genommen gar keine Interpolationsvorschrift, denn es findet keine Pixel-Neuberechnung statt. Statt dessen wird ein bereits vorhandenes Bildpixel dupliziert. Darum stellt sich auch keine Unschärfe ein, aber bei Vergrößerungen wird die Bilddarstellung pixelig. Die bilineare und die bikubischen Methoden errechnen einen Farbmittelwert aus umliegenden Pixeln, die bilineare verwendet dabei weniger Pixel als die bikubische als Referenz. Bei den bikubischen Interpolationsmethoden kann man den Grad der Unschärfe beeinflussen. Bei Halbtonbildern erzeugt man mit der Option „bikubisch“ oft die besten Ergebnisse.

Interpolation findet übrigens nicht nur bei Vergrößerungen statt. Auch das Verkleinern von Bildern macht eine Neuberechnung der Pixelanzahl und damit Interpolation nötig. Ebenso bei Bilddrehungen um andere Winkel als 90° oder 180°. In allen diesen Fällen wird das Bild mit der geometrischen Änderung auch unschärfer.

➲ **Nachträgliche Änderungen der Bildgröße sollte man vermeiden. Ansonsten entsteht aufgrund von Interpolation eine unscharfe Darstellung. Vergrößert man ohne zu interpolieren, wird das Bild pixelig.**

2.3.4 Bittiefe

Digitalisierung bedeutet Verlust an Farbgenauigkeit

Bei jeder Bildreproduktion wird versucht, die Farb- und Helligkeitsnuancen des abgebildeten Objekts so originalgetreu wie möglich wiederzugeben. Analog arbeitende Bildmedien, wie z. B. Dias oder Kleinbildnegative, bilden dabei stufenlos die Farbvariationen des Originals ab. Die digitale Bilddatenerfassung über Scanner oder Digitalkameras hat demgegenüber wegen der Zerlegung in Pixel einen Nachteil: Farbunterschiede müssen immer in mehr oder weniger feine Abstufungen eingeteilt werden. Mit der Digitalisierung stellt sich also streng genommen immer auch ein Qualitätsverlust ein, denn die Farbnuancen in der Natur sind stets feiner als sie jemals durch eine festgelegte

Anzahl von Farben codiert werden könnten. Bei der Stufenbildung müssen daher zwangsläufig Zwischentöne wegfallen.

Speicherplatz und Anzahl der Tonwertstufen

Die Bittiefe oder auch Farbtiefe eines digitalen Bildes gibt an, wieviel Speicherplatz (gemessen in Bit) zur Verfügung steht, um die Farbinformation eines Pixels zu codieren. Davon hängt es ab, wie viele Helligkeits- oder Farbabstufungen unterschieden werden können. In der Fachsprache nennt man diese Abstufungen Tonwertstufen oder kurz Tonwerte. In Bezug auf Farbbilder ist auch der Begriff Farbwerte gebräuchlich. Je höher die Bittiefe ist, desto feiner können die Farbnuancen abgestuft werden und desto originalgetreuer wirkt die Abbildung.

➲ **Die Bittiefe (Farbtiefe) bestimmt, wie viele Tonwertstufen für die Darstellung eines digitalen Bildes zur Verfügung stehen. Sie wird in Bit angegeben. Je höher die Bittiefe ist, desto farbgenauer ist die Abbildung.**

Abb. 2.28a: Verlauf ohne sichtbare Stufen

Abb. 2.28b: Digitalisierter Verlauf mit 64 Tonwertstufen

Abb. 2.28c: Digitalisierter Verlauf mit 32 Tonwertstufen

Posterisierung

In **Abb. 2.28a** bis **2.28c** ist dieser Effekt am Beispiel eines Graustufenverlaufs dargestellt. **Abb. 2.28a** repräsentiert einen analogen Verlauf aus weichen Übergängen. In **Abb. 2.28b** stehen 64 Tonwerte zur Verfügung, um den Übergang von Weiß zu Schwarz darzustellen. Dafür werden 5 Bit benötigt. In **Abb. 2.29c** sind es nur noch 32 Stufen bzw. 4 Bit. Der Vergleich der Abbildungen zeigt: Je weniger Tonwerte zur Verfügung stehen, desto stufiger werden die Übergänge. Dieses Phänomen wird Posterisierung bzw. Tontrennung oder Banding genannt und muss in der Bildbearbeitung stark beobachtet werden, vor allem auch bei Kontrast- und Helligkeitskorrekturen im Bild (vgl. Kapitel 7.2).

➲ **Mit Posterisierung (auch Tontrennung oder Banding) bezeichnet man den störenden Effekt, dass weiche Tonwertverläufe durch Streifenbildung bzw. Tonwertsprünge unterbrochen werden. Je geringer die Bittiefe ist, desto größer ist die Gefahr, dass Posterisierung im Bild auftritt.**

Farbmodi und ihre Bittiefen

Strichbilder

Für die Codierung eines Schwarz-Weiß-Strichbildes genügen 2 Helligkeitsstufen, nämlich Schwarz und Weiß. Solche Bilder werden in Photoshop auch Bitmap-Bilder genannt, weil für ihre Farbcodierung nur ein Bit nötig ist. 1 Bit ist die kleinste zur Verfügung stehende Speichereinheit im Computer. Es kann entweder den Wert 0 oder 1 annehmen. Dadurch ermöglicht es die Unterscheidung zweier Zustände. Bei Bitmap-Bildern steht die 0 für Schwarz und die 1 für Weiß.

Graustufenbilder Für Graustufenbilder verwendet man in der Regel eine Bittiefe von 8 Bit (1 Byte). Damit können 256 Tonwertstufen unterschieden werden. Diese verhältnismäßig geringe Zahl an Grauwerten reicht aus, um unserem Auge einen gleichmäßigen Verlauf vorzutäuschen. Es kann die Abstufung zwischen benachbarten Tonwerten nicht mehr wahrnehmen. Für die Codierung von farbigen Halbtonbildern braucht man aber eine höhere Bittiefe.

Es gilt: 2^{Bittiefe} = Anzahl darstellbarer Tonwertstufen

Der Zusammenhang zwischen Farbmodus, Bittiefe und unterscheidbaren Tonwertstufen ist in **Tabelle 2.3** dargestellt.

Tabelle 2.3: Farbmodi und ihre Bittiefen

Farbmodus	Bittiefe	Anzahl verfügbarer Tonwertstufen
Standard-Bittiefe (8 Bit pro Kanal)		
Bitmap-Modus	1	$1 \cdot 2 = 2^1 = 2$
Graustufen-Modus	8	$2 \cdot 2 \cdot 2 \cdot 2 \cdot 2 \cdot 2 \cdot 2 \cdot 2 = 2^8 = 2$
Farbige Halbtonbilder im RGB-Modus	$3 \cdot 8 = 24$	$2^{24} = 16.777.216 \approx 16{,}7$ Mio.
Farbige Halbtonbilder im CMYK-Modus	$4 \cdot 8 = 32$	$2^{32} = 4.294.967.296 \approx 4{,}3$ Mrd.
Erhöhte Bittiefe (16 Bit pro Kanal)		
Graustufen-Modus	16	$2^{16} = 65.536$
Farbige Halbtonbilder im RGB-Modus	$3 \cdot 16 = 48$	2^{48} ≈ 281 Billionen
Farbige Halbtonbilder im CMYK-Modus	$4 \cdot 16 = 64$	2^{64} ≈ 18,4 Trillionen
Sondermodi		
Duplex, Triplex, Quadruplex	8	je Farbe 256
Indizierte Farben	bis zu 8	je nach Palette bis zu 256
Mehrkanalbilder	8 Bit pro Kanal	bei 2 Kanälen z. B. $2^8 \cdot 2^8 = 65.536$

Farbige Halbtonbilder

Der Anteil jeder Grundfarbe im Bild wird üblicherweise mit 8 Bit codiert und in einem eigenen (Farb)-Kanal abgespeichert. Damit stehen je Grundfarbe $2^8 = 256$ Tonwerte zur Verfügung. Farbbilder benötigen also eine Bittiefe von 24 Bit im RGB- bzw. Lab-Modus und 32 Bit im CMYK-Modus. Mit dieser Bittiefe lässt sich eine genügend hohe Qualität für die Ausgabe im Druck erreichen. Während der Bildbearbeitung kann es jedoch sinnvoll sein, Bilder mit 16 statt mit 8 Bit pro Kanal zu verwenden. Dadurch vermeidet man, dass es durch Tonwertkorrekturen zu deutlich sichtbaren Abstufungen bei Farbübergängen und -verläufen kommt (vgl. auch Kapitel 7.2.1, besonders S. 171).

➲ **Für die Datenausgabe reicht es, wenn ein Bild eine Bittiefe von 8 Bit hat. Während der Bildbearbeitung ist es aber sinnvoll, mehr Farb- und Helligkeitsabstufungen zur Verfügung zu haben.**

Farbmodi und ihre Tonwertbereiche

Zur computerinternen Berechnung der verfügbaren Tonwertstufen ist die Bittiefe ausschlaggebend. Die zahlenmäßige Beschreibung der Tonwerte unterscheidet sich jedoch je nach Farbmodus (Abb. 29a bis Abb. 29c).

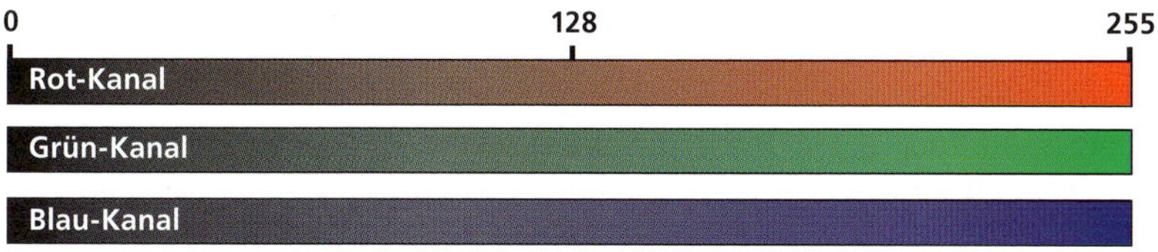

Abb. 2.29a: Tonwertbereich der RGB-Kanäle

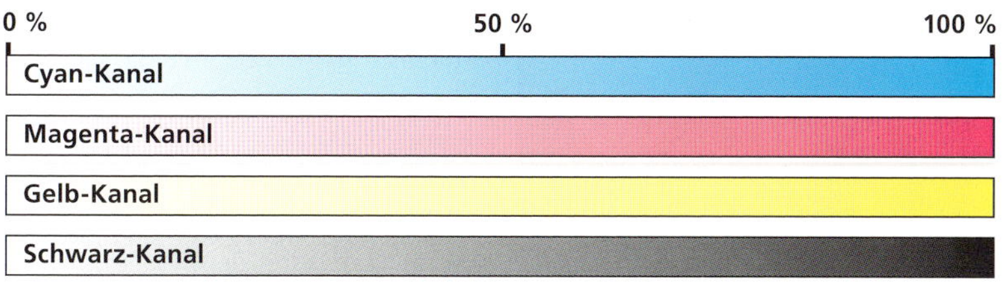

Abb. 2.29b: Tonwertbereich der CMYK-Kanäle

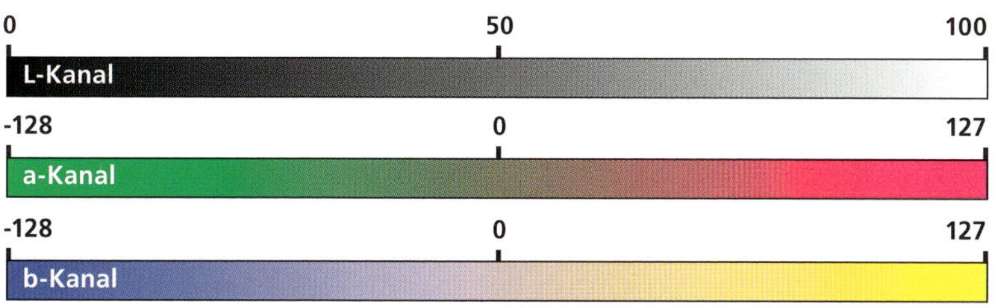

Abb. 2.29c: Tonwertbereich der Lab-Kanäle

RGB-Modus

Im RGB-Modus reicht die Skala von 0 bis 255. Diese Zahlenangaben sind Digitalwerte, die sich an der computerinternen Farbcodierung orientieren. Damit wird jeder Kanal in das Spektrum zwischen Schwarz (0) des unbeleuchteten Monitors und der voll gesättigten Grundfarbe (255) eingeteilt (Abb. 2.29a). Dieser Wertebereich ändert sich auch bei einer höheren Bittiefe nicht. Obwohl bei einer Bittiefe von 16 pro Kanal $2^{16} = 65.536$ Tonwerte intern unterschieden werden, sind für den Anwender nur 256 Zahlenwerte anwählbar. Das hat den Vorteil, dass er sich bei einer Umstellung der Bittiefe nicht umgewöhnen muss. Der Computer nutzt jedoch bei der Neuberechnung der Farbwerte die viel genauere Einteilung (65.536 statt 256 Stufen pro Kanal).

CMYK- und Graustufenmodus

CMYK-Werte und Graustufen werden auf einer Skala von 0 % (Papierweiß) bis 100 % angegeben (**Abb. 2.29b**). Man bezeichnet diese Prozentwerte im Druck als Rastertonwerte. Sie geben an, wie groß der bedruckte Flächenanteil im Verhältnis zum Papierweiß ist. Bei einer Farbe, die durch die CMYK-Werte (80% / 70% / 15% / 10%) erzeugt wird, werden also 80% der Fläche cyanfarbig bedruckt, 70% magentafarbig, 15% der Fläche werden gelb bedruckt und 10% schwarz. Der Gesamtfarbauftrag beträgt also 80% + 70% + 15% + 10% = 175%.

Lab-Modus

Im Lab-Modus reicht die a-Achse von Grün (-128) bis Rot (127). Die b-Achse verläuft von Blau (-128) nach Gelb (127). Die L-Achse wird in 100 Helligkeitsstufen zwischen Schwarz (0) und Weiß (100) eingeteilt (**Abb. 2.29c**). Auch dieser Wertebereich ist für den Anwender unabhängig von der Bittiefe gleich.

Als Bildbearbeiter sollte man die Wertebereiche aller drei Modi kennen, da man häufig zwischen ihnen wechseln muss. Wichtig ist zu beachten, dass die RGB-, CMYK- und Lab-Werte nicht durch eine Umrechnungsformel ineinander überführbar sind (vgl. S. 62). Das Aussehen der Mischfarben hängt von der Beschaffenheit der Farbsubstanzen und anderen Produktionsparametern ab. Je nach verwendetem Farbraum ergibt die gleiche RGB- oder CMYK-Kombination daher eine anders aussehende Farbe und damit andere Lab-Werte.

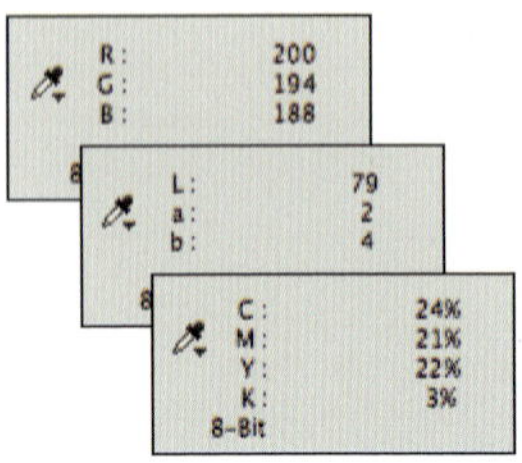

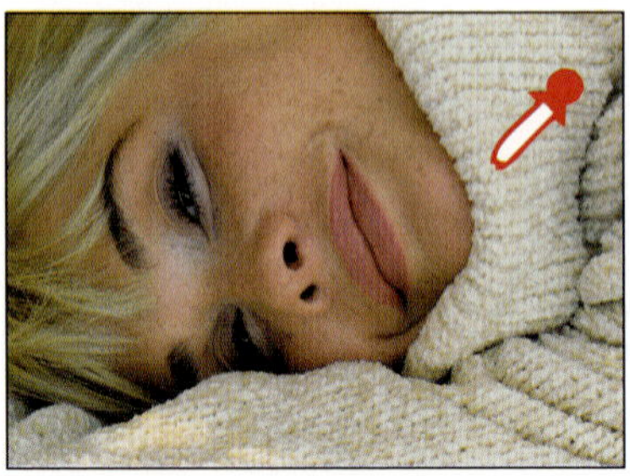

Abb. 2.30: Farbaufnehmer mit „Informationen"-Palette

Möchte man die Farbinformationen eines Bildes in den verschiedenen Modi analysieren, ist die „Informationen"-Palette (Photoshop) hilfreich. In **Abb. 2.30** zeigt sie die Werte an, die mit dem Pipettenwerkzeug im Bild aufgenommen wurden. Mit einem Klick auf die kleine Pipette neben der Zahlenkolonne kann man zwischen den verschiedenen Farbmodi wechseln.

➲ **Jeder Farbmodus verwendet andere Zahlenwerte für die Codierung von Tonwerten. Die Zahlenangaben der Farbmodi sind mathematisch nicht ineinander überführbar. Will man die exakte Entsprechung der Werte ermitteln, geht das mit Hilfe der „Informationen"-Palette.**

2.4 Aufgaben und Übungen

1. **Farbmisch- und Farbmaßsysteme:**
   Erläutern Sie die Begriffe "Farbmischsystem" und "Farbmaßsystem". Welches der beiden Farbsysteme ist geeignet, Unterschiede in der Farbdarstellung verschiedener Geräte (z. B. eines Monitors und eines Proofdruckers) zu beschreiben? Begründen Sie.

2. **Additive und subtraktive Farbmischung:**
   a) Simulieren Sie die additive Farbmischung im Bildbearbeitungsprogramm wie in **Abb. 2.31** geschehen (hier Photoshop). Erzeugen Sie eine RGB-Datei mit drei schwarzen Ebenen (z. B. 1000 px · 1000 px). Auf jeder Ebene platzieren Sie je einen Kreis, der mit einer der drei Primärfarben (Rot, Grün, Blau) gefüllt ist. Achten Sie darauf, dass die Kreise sich jeweils überlappen. Wählen Sie nun für die oberen Ebenen den Ebenenmodus „Negativ multiplizieren". Dieser simuliert die additive Farbmischung. Verfolgen Sie die Resultate der Mischungen und erläutern Sie diese.
   b) Simulieren Sie die subtraktive Farbmischung auf ähnliche Weise. Erstellen sie eine CMYK-Datei und erzeugen Sie drei weiße Ebenen. Auf jeder Ebene platzieren Sie je einen Kreis, der mit einer der drei Primärfarben (Cyan, Magenta, Yellow) gefüllt ist, wie in **Abb. 2.32** geschehen. Wählen Sie nun den Ebenenmodus „Multiplizieren". Dieser simuliert die subtraktive Farbmischung. Verfolgen Sie auch hier die Resultate der Mischung und erläutern Sie diese. Simulieren Sie unterschiedliche Mischungsverhältnisse der Grundfarben, indem Sie die Deckkraft der Ebenen variieren.
   c) Benennen Sie für die folgenden Beispiele das jeweils wirksame Prinzip der Farbmischung: additiv, subtraktiv, autotypisch.
      1. Farbdarstellung am Monitor
      2. Offsetdruck
      3. Rotierender Farbkreisel
      4. Hintereinanderschalten von Farbfiltern im Strahlengang eines Diaprojektors

      Erläutern Sie, warum die an der Mischung beteiligten Farben nicht mehr getrennt voneinander wahrgenommen werden.

Abb. 2.31: Additive Farbmischung

Abb. 2.32: Subtraktive Farbmischung

3. **Farbmodelle in Computerprogrammen:**
   Prüfen Sie in den von Ihnen genutzten Computerprogrammen, welche Farbsysteme zur Verfügung stehen.
   a) Benennen Sie die zugrunde liegenden Kenngrößen.
   b) Beschreiben Sie deren Ordnung mit eigenen Worten.
   c) Beurteilen Sie die Bedienerfreundlichkeit der Systeme. Begründen Sie Ihr Urteil.

Abb. 2.33: BIld zu Aufgabe 4b)

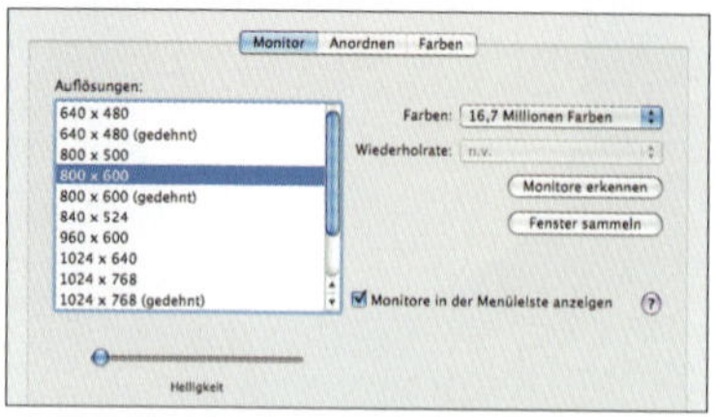

Abb. 2.34: Bild zu Aufgabe 5

4. **Farbmodus:**
   a) Es wird oft empfohlen, Bilder für den Druck zunächst im RGB-Modus zu bearbeiten und erst im Anschluss nach CMYK zu konvertieren. Begründen Sie diese Empfehlung.
   b) Legen Sie für das Bild in **Abb. 2.33** ein Duplex an. Wählen Sie dazu den Duplexmodus und testen Sie die Auswirkungen verschiedene Sonderfarben und Kurveneinstellungen. Sie finden die Datei zum Bild auf der CD unter dem Namen „2.33_Aufg_Blume.tif".

5. **Monitorauflösung:**
   Die in **Abb. 2.34** gezeigten Einstellungen wurde an einem 19-Zoll-Monitor vorgenommen. Mit dieser Größe wird die Länge der Monitordiagonale bezeichnet. Berechnen Sie die Größe eines Pixels in mm.

6. **Bildauflösung:**
   Ein Kunde liefert ein Bild in der Größe 15 cm · 18 cm mit einer Auflösung von 72 ppi. Das Bild soll mit einer Breite von 280 Pixeln proportional auf einer Webseite erscheinen.
   a) Aus wie vielen Pixeln in der Breite und Höhe besteht das Bild bei der Anlieferung?
   b) Welche Bildhöhe [in px] ergibt sich, wenn die Bildbreite 280 Pixel umfassen soll?
   c) Wieviel Speicherplatz benötigt das Bild im RGB-Modus?

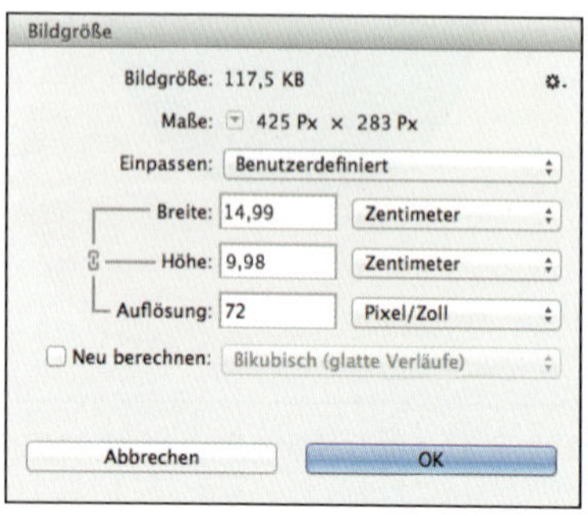

Abb. 2.35: Bild zu Aufgabe 7

7. **Bildauflösung:**
   Abb. 2.35 zeigt die Kennwerte einer Bilddatei.
   a) Berechnen Sie die Größe eines Pixels in mm.
   b) Berechnen Sie die Bildmaße in cm, wenn die Auflösung ohne Interpolation auf 300 ppi geändert wird.
   c) Welche Farbtiefe [Bit/Pixel] besitzt das Bild?

8. **Bittiefe:**
   a) In welcher Bittiefe werden Graustufen- und farbige Halbtonbilder für den Druck und für die Ausgabe auf Bildschirmen ausgegeben? Wie viele verschiedene Farben können damit codiert werden?
   b) Welche Gründe sprechen dafür, die Bittiefe, die für die Ausgabe gewählt wird, während der Bildbearbeitung zu überschreiten?

3 Scanner

Ausgangspunkt der digitalen Bildverarbeitung ist häufig das Digitalisieren einer Bildvorlage mit einem Scanner (to scan = engl. abtasten, suchen) und der dazugehörigen Scannersoftware. Als optisches Eingabegerät tasten Scanner zwei- oder dreidimensionale Vorlagen mit Licht ab und erzeugt aus diesen Lichtinformationen digitale Bilddaten zur Weiterleitung mit dem Computer. Auf dieser Basis arbeiten auch 3D-Scanner, die die Druckvorlagen für 3D-Drucker liefern (**Abb. 3.1**).

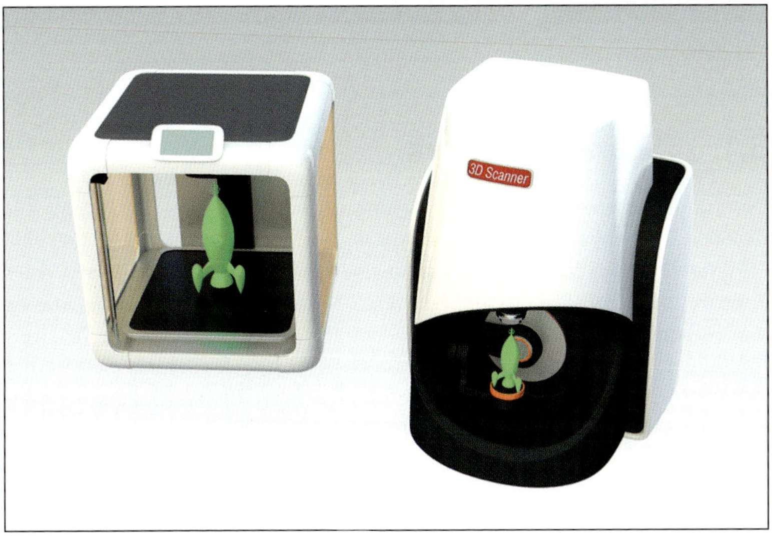

Abb. 3.1: 3D-Drucker und 3D-Scanner

Durch die bedienerfreundliche Ausstattung von Scannern in Kombination mit den herstellerseitig voreingestellten Defaultwerten (default = engl. Voreinstellung, ein herstellerseitiger Defaultwert ist beispielsweise ein voreingestellter Farbmodus) der Scansoftware gelingen einfach und schnell. Allerdings entsprechen sie oft nicht den geforderten Standards in der professionellen Bildbearbeitung.

Qualitätsverlust beim Scannen

Der Einsatz eines hochwertigen Scanners mit professioneller Scansoftware (z. B. Silverfast) garantiert allerdings nicht zwangsläufig gute Ergebnisse. Beim Scannen gibt es eine Vielzahl möglicher Fehlerquellen, die in der Folge zu Qualitätsverlusten führen können. Diese Qualitätsverluste sind entweder nicht mehr korrigierbar oder lassen sich nur mit großem zeitlichem Aufwand in der Bildnachbearbeitung beheben (**Abb. 3.2**). Deshalb ist das Ziel der Arbeit mit einem Scanner, ein möglichst optimales Scanergebnis als Ausgangspunkt für die nachfolgende Bildbearbeitung zu bekommen.

➲ **Fehler beim Scannen und Fehleinstellungen des Scanners oder der Scannersoftware führen zu Qualitätsverlusten, die sich im Nachhinein nicht oder nur mit großem Zeitaufwand in der Bildnachbearbeitung beheben lassen.**

Abb. 3.2: Qualitätsverlust beim Scannen

3.1 Scannertechnik

Scannerarbeitsplatz

Der Scanner arbeitet in der Regel als Eingabegerät eines Computersystems zur digitalen Bearbeitung von Bildern (**Abb. 3.3**). Zum Datenaustausch ist er über eine Schnittstelle mit hoher Datenübertragungsgeschwindigkeit, beispielsweise einer Firewire- oder USB-Schnittstelle (Universal Serial Bus), mit dem Computersystem verbunden. Ein TWAIN-Schnittstellentreiber (Twain: altenglisch für zwei) für Scanner und Digitalkameras, der zum Lieferumfang des Scanners gehört und oft bereits auf dem Computer installiert ist, organisiert die Übertragung der Bilddaten vom Scanner zum Computer über diese Schnittstelle.

Die Steuerung des Scanners und die Einstellung der Parameter für den Scanprozess erfolgt über die Benutzeroberfläche der Scannersoftware auf dem Computer.

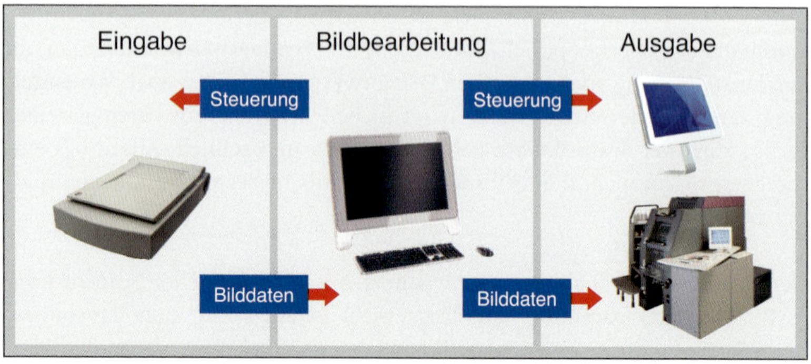

Abb. 3.3: Scanner als Teil der digitalen Bildverarbeitung

❶ Die Abkürzung **CMS** wird auch mit anderer Bedeutung im Zusammenhang mit Farbprofilen verwendet (Color Management System).

Bei einer Reihe von Anwendersoftwarepaketen zur Bildbearbeitung, wie beispielsweise Photoshop, aber auch bei verschiedenen Content-Management-Systemen (CMS ❶) lässt sich diese Scannersoftware als Plug-In so integrieren, dass direkt in die laufende Anwendung hinein gescannt werden kann.

Die OCR-Mustererkennung (optical character recognition), die oft in der Scannersoftware integriert ist, kann innerhalb gescannter Bilder Texte, Zahlen und Buchstabenfolgen erkennen und so gescannte Texte direkt in Textdokumente umwandeln.

3.1.1 Scannertypen

Scanner sind in den unterschiedlichsten Bauformen verfügbar. Sie unterscheiden sich beispielsweise in der maximal erzielbaren Scanqualität, dem angewendeten Scanverfahren und in der Vorlagenart, die gescannt werden kann.

Den weit verbreiteten Flachbettscanner gibt es in verschiedenen Ausführungen mit oder ohne Vorlageneinzugvorrichtung. Um transparente ❶ oder transluzente ❷ Vorlagen scannen zu können, muss der Flachbettscanner zusätzlich mit einer Durchlichteinrichtung ausgestattet sein.

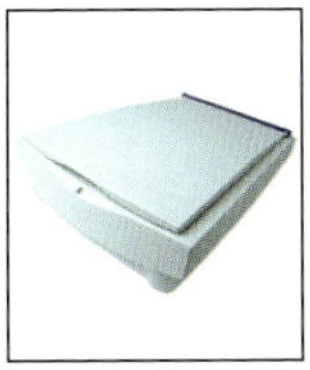

Flachbettscanner

❶ transparent = durchsichtig, wie z. B. Glas

❷ transluzent = durchscheinend, wie z. B. Haut oder Wachs

Der vergleichsweise kostspielige Trommelscanner kommt in der Regel nur noch vereinzelt im professionellen Bereich zum Einsatz. Die Vorlagen müssen in diesem Fall biegbar sein, da sie auf die Wand einer transparenten Trommel gespannt werden. Beim Scannen wird die Vorlage auf der Trommel abgetastet, während diese rotiert. Im Vergleich zu den anderen Scannertypen erreicht der Trommelscanner die höchste Scanqualität, obwohl diese Technologie die älteste der drei Scanverfahren ist.

Trommelscanner

Spezielle Filmscanner können zum Scannen von Positiv- oder Negativdias bzw. –filmen verwendet werden. Filmscanner tasten die gerahmten oder nicht gerahmten Bilder bzw. Filmstreifen mit ausreichend hoher Qualität ab. Zusätzlich können einige dieser Geräte mithilfe von Oberflächenscans Kratzer auf dem Filmmaterial erkennen, um so die daraus resultierenden Bildstörungen zu eliminieren.

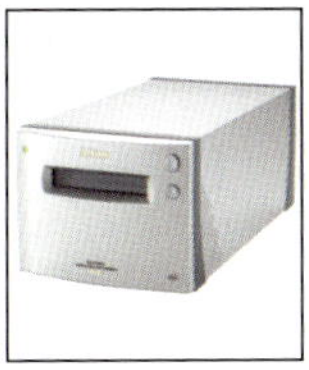

Filmscanner

Nicht jeder dieser Scanner ist für jeden Vorlagentyp gleichermaßen gut geeignet. Daher ist der Vorlagentyp das entscheidende Kriterium für die Auswahl des Scanners.

➲ **Das maßgebliche Kriterium für die Auswahl des Scannertyps ist der Vorlagentyp, denn nicht jeder Scanner ist für jeden Vorlagentyp geeignet.**

Tabelle 3.1: Eignung von Scannern für bestimmte Vorlagentypen

Vorlagentyp:	Textdruck	Bilddruck	Fotografie	Film / Dia	3D-Objekt
Flachbettscanner	ja	ja	ja	ja *	bedingt
Trommelscanner	ja	ja	ja	ja	nein
Filmscanner	nein	nein	bedingt	ja	nein

* = mit Durchlichteinrichtung

3.1.2 Scannertechnologie

Ein Scanner besteht, wie in **Abb. 3.4** dargestellt, aus den folgenden drei Baugruppen:

- [1] Vorlagenzufuhr als Einzug, Flachbett oder Trommel
- [2] Bildsensormodul in PMT-, CCD- oder CIS-Technologie
- [3] Wandlungselektronik zur Erzeugung digitaler Bilddaten

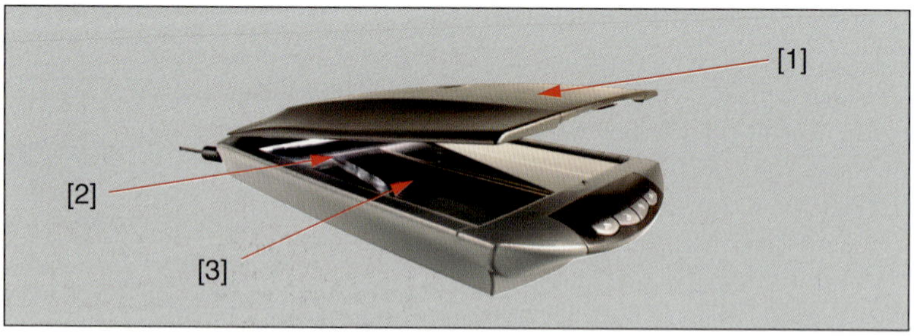

Abb. 3.4: **Baugruppen eines Scanners**

Vorlagenzufuhr

Vorlageneinzug

Einzugscanner besitzen einen mechanischen Vorlageneinzug, der die Vorlage am fixierten Bildsensormodul vorbeibewegt. Bei Flachbettscannern bewegt sich das Bildsensormodul entlang der aufgelegten Vorlage. Beim Trommelscanner bewegen sich die Vorlage und Teile des Bildsensormoduls gleichzeitig. Die Vorlage wird hier Zeile für Zeile abgetastet, weil sie auf der Trommel rotiert, während der Abtastpunkt entlang der Trommelachse, also senkrecht zur Rotationsrichtung bewegt wird (**Abb. 3.5**).

Bildsensormodultypen

Bildsensormodul

Das Bildsensormodul ist das Herzstück des Scanners. Es erzeugt aus den empfangenen Lichtsignalen der Vorlagenbildpunkte elektrische Signale, die die Bildinformation beinhalten. Im Wesentlichen werden hier drei verschiedene Bildsensoren eingesetzt: PMT-, CCD- und CIS-Bildsensoren.

Scannen mit Photomultiplierröhren

Das PMT-Bildsensormodul (photo multiplier tube) kommt vorwiegend bei Trommelscannern zum Einsatz (**Abb. 3.5**). Das neutralweiße Licht einer integrierten Lichtquelle [1] wird von der Vorlage [2] nach dem Prinzip der subtraktiven Farbmischung remittiert oder transmittiert. Transparente Vorlagen werden dabei von innen durchleuchtet, während nicht transparente Vorlagen von außen beleuchtet werden müssen.

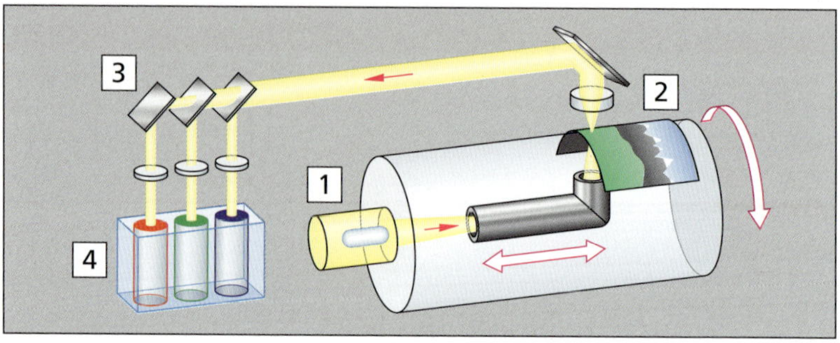

Abb. 3.5: **Funktionsprinzip des PMT-Bildsensormoduls**

Von drei Farbfiltern [3] wird das Licht, das von der Vorlage kommt, in seine RGB-Farbanteile zerlegt und jeweils einer Photomultiplierröhre zugeführt. An ihrem Eingang erzeugt das Licht entsprechend seiner Intensität ein schwaches elektrisches Signal, das dann innerhalb der Röhre hoch verstärkt wird.

Scannen mit CCD-Bildsensormodulen

Das CCD-Bildsensormodul wird vorwiegend in Flachbettscannern eingesetzt (**Abb. 3.6**). Es handelt sich dabei um ein mikroelektronisches Bauteil, das bei Lichteinstrahlung ein Spannungssignal erzeugt. Ein Bildsensormodul (charge coupled device) besteht aus zeilenförmig oder flächig angeordneten CCDs. Ähnlich wie beim PMT-Bildsensormodul wird auch hier das neutralweiße Licht der integrierten Lichtquelle [1] von einem Bildpunkt der Vorlage [2] nach dem Prinzip der subtraktiven Farbmischung reflektiert. Bei transparenten Vorlagen muss ein Durchlichtaufsatz mit einer neutralweißen Lichtquelle verwendet werden, mit dem die Vorlage durchleuchtet wird. Das Licht, das von der Vorlage kommt, wird nun über ein bewegliches Spiegelsystem [3] zu einem Prisma [4] geleitet, wo es in seine RGB-Farbanteile zerlegt wird, bevor es auf den Bildsensor [5] trifft.

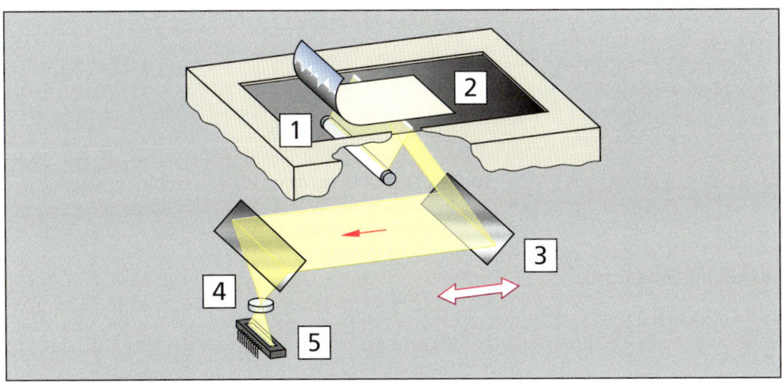

Abb. 3.6: Funktionsprinzip des CCD-Bildsensormoduls

Eine hochwertige Abbildungsoptik [5] projiziert die einzelnen RGB-Farbanteile jeweils auf eine eigene CCD-Zeile [6]. Die schwachen Ausgangssignale der CCD-Zeilen werden verstärkt, bevor sie weiterverarbeitet werden können.

Scannen mit CIS-Bildsensormodulen

Das CIS-Bildsensormodul wird in den meisten Consumer-Flachbettscannern mit sehr flachem Gehäuse eingesetzt (**Abb. 3.7**). Im Gegensatz zum PMT- und CCD-Bildsensormodul besteht die Lichtquelle des CIS-Scanners aus einzeln schaltbaren Zeilen von roten, grünen und blauen Leuchtdioden LED (light emitting diode) [1].

Beim Abtasten einer Vorlagenzeile gelangt das Licht der drei RGB-LED-Zeilen über eine Lichtführung [2] direkt auf die Vorlage. Das Licht, das von der Vorlage [3] nach dem Prinzip der subtraktiven Farbmischung reflektiert wird, gelangt über eine aus einfachen Stablinsen bestehende Linsenzeile [4] direkt auf eine Sensorzeile [5]. Sowohl das Bildsensormodul als auch die LED-Lichtquellen werden gemeinsam bewegt und befinden sich dabei in unmittelbarer Nähe zur Vorlagenoberfläche, woraus sich auch die Technologiebezeichnung CIS (contact image sensor) ableitet. Da Leuchtdioden einen vergleichsweise

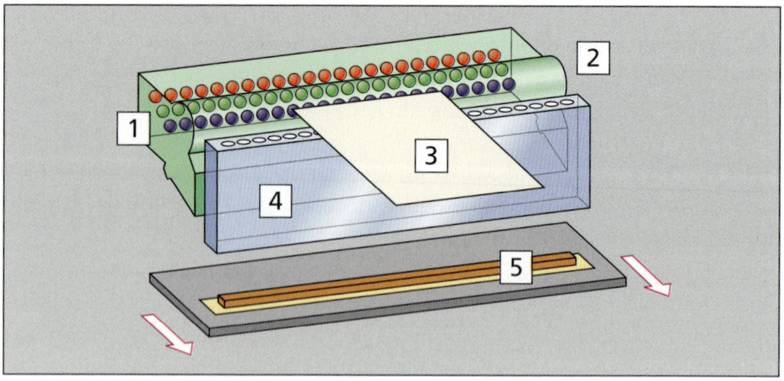

Abb. 3.7: **Funktionsprinzip des CCD-Bildsensormoduls**

geringen Energiebedarf haben, benötigen CIS-Scanner zum Teil kein eigenes Netzteil, sondern sie können direkt über die USB-Schnittstelle des angeschlossenen Computers versorgt werden.

Wenn Sensor und Lichtquelle eine Einheit bilden (z. B. beim LIDE™-System, light in direct exposure), arbeitet die Scannermechanik genauer als die bewegten Spiegelsysteme bei den CCD-Bildsensormodulen, allerdings ist die Farbtreue durch die LED-Lichtquelle nicht optimal.

➲ **Im Gegensatz zu PMT- und CCD-Bildsensormodulen arbeitet die CIS-Technologie mit farbigen LEDs als Lichtquellen.**

Wandlungselektronik

Analog-Digital-Wandlung

Am Ausgang der Bildwandlermodule liegen die Bildinformationen zu jedem Pixel als analoge Strom- bzw. Spannungswerte vor. Damit diese mit einem Bildbearbeitungsprogramm verarbeitet werden können, müssen sie mit einem elektronischen A/D-Wandler in digitale Signale, also Zahlenwerte, gewandelt werden (**Abb. 3.8**).

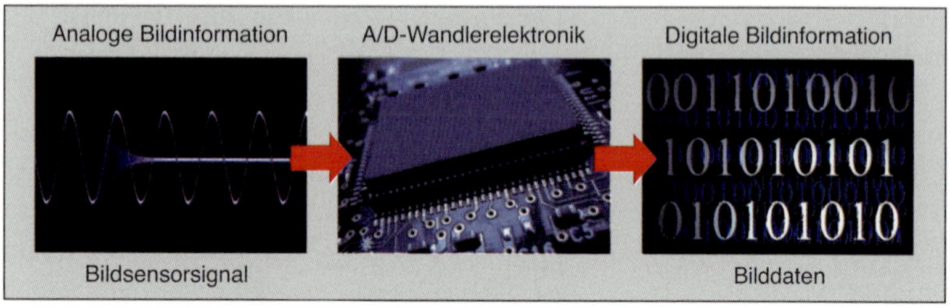

Abb. 3.8: **A/D-Wandlung von Bildinformationen**

3.1.3 Scanmodi

Durch die Einstellung des Scanmodus in der Scannersoftware wird festgelegt, wie der Scanner arbeitet:

- Schwarz/Weiß-Modus (für Strichzeichnungsvorlagen)
- Graustufenmodus (für unbunte Halbtonvorlagen)
- Farbmodus (für bunte Halbtonvorlagen)

Schwarz/Weiß-Modus

Der Scanmodus „Schwarz/Weiß" (**Abb. 3.9**) ist für Vorlagen optimal, in denen nur schwarze und weiße Bildbereiche vorhanden sind, jedoch keine Grauwerte. Zu beachten ist, dass ein Schwarz-Weiß-Foto keine Schwarz-Weiß-Vorlage ist, sondern eine Halbtonvorlage (Graustufenbild). Im Modus „Schwarz-Weiß" erzeugt der A/D Wandler bei einem dunklen Pixel eine 0 und anderenfalls eine 1. Jedes Pixel benötigt so die Datenmenge von 1 Bit, die auch als Bittiefe bezeichnet wird.

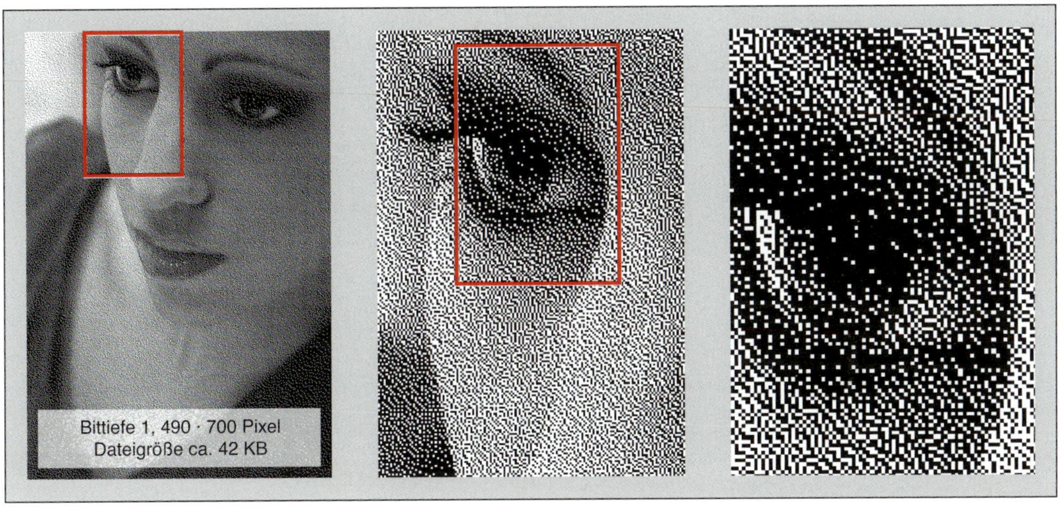

Abb. 3.9: Schwarz-Weiß-Scan mit einer Bittiefe von 1 Bit

Graustufenmodus

Der Scanmodus „Graustufen" (**Abb. 3.10**) verarbeitet Vorlagen wie beispielsweise Schwarz-Weiß-Fotos, in denen neben schwarzen und weißen Bildbereichen auch Grauwerte, also Zwischenwerte, vorkommen. Im Modus Graustufen löst der A/D-Wandler die Helligkeit der Pixel in bis zu 256 Helligkeitsstufen (Graustufen) auf. Jedes Pixel benötigt daher eine Bittiefe von 8 Bit ($2^8 = 256$).

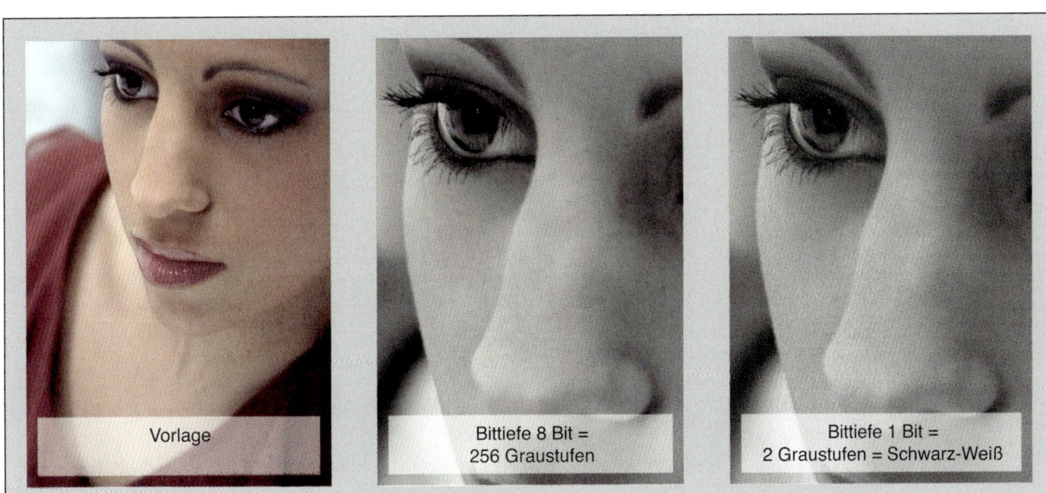

Abb. 3.10: Graustufen-Scans bei verschiedenen Bittiefen

Farbmodus

Im Scanmodus „Farbe" (**Abb. 3.11**) verarbeitet der Scanner farbige Vorlagen. Für jedes Pixel löst der A/D-Wandler dabei die drei RGB-Farbanteile normalerweise in 256 Farbstufen auf. Jedes Pixel benötigt so pro Farbanteil eine Datenmenge von 8 Bit, also insgesamt 24 Bit als RGB-Scan. Dieser Wert wird als 24 Bit Farbtiefe und auch True Color-System bezeichnet. 24 Bit Farbtiefe ergeben 256 · 256 · 256 = 16,7 Mio. darstellbare Farben.

Abb. 3.11: Farb-Scans bei verschiedenen Farbtiefen

Das Scannen mit höheren Farbtiefen von bis zu 48 Bit ist nur dann sinnvoll, wenn der Scan anschließend noch aufwändig nachbearbeitet werden und auch die Ausgabe ähnlich hochqualitativ erfolgen soll. Eine deutlich geringere Farbtiefe als 24 Bit führt dagegen zu sichtbaren Qualitätseinbußen.

➲ **Die Farbtiefe ist die Anzahl der Binärstellen, die benötigt werden, um die Farbe eines Pixels darzustellen. Eine Farbtiefe von 24 Bit (True Color) kann 16,7 Mio. verschiedene Farben darstellen.**

3.1.4 Scanauflösung

Auflösung von Scans
Beispiel: Ein Bild hat das Format
1 inch · 1 inch = 1 $inch^2$
Pixelzahl in Abhängigkeit von der Auflösung:
5.625 Pixel bei 75 dpi
22.500 Pixel bei 150 dpi
90.000 Pixel bei 300 dpi
1,44 Mio. Pixel bei 1200 dpi

Um eine optimale Abbildungsqualität im Bild zu erhalten, sollte die Auflösung sowohl der Eingabegeräte, wie Scanner und Digitalkameras, als auch der Ausgabegeräte, wie Bildschirme und Drucker, vorab richtig gewählt werden. Eine nachträgliche Verkleinerung der Auflösung erzeugt ein pixeliges Bild, während eine nachträgliche Vergrößerung der Auflösung durch Interpolation ein unscharfes Bild zur Folge hat. Die erforderliche Eingabe- und Ausgabeauflösung hängt dabei entscheidend von der gewünschten Bildgröße und dem Ausgabeverfahren (Print oder Digital) ab. Das am linken Rand abgebildete Beispiel zeigt, wie sich die Bildauflösung auf die Pixelzahl auswirkt.

➲ **Vor dem Scannen wird die Eingabeauflösung in Abhängigkeit von der gewünschten Ausgabeauflösung festgelegt. Nachträgliche Veränderungen führen in der Regel zu einer Verschlechterung der Bildqualität.**

Die Bildauflösung wird in verschiedenen Bereichen der Medienproduktion durch verschiedene Maßeinheiten angegeben, die allerdings alle auf dem Längenmaß „inch" (1 inch = 1 Zoll = 2,54 cm) basieren. Unter der Voraussetzung, dass es sich hier stets um runde oder quadratische Bildpunkte handelt, lassen sich diese Größen direkt ineinander überführen:

Tabelle 3.2: Maßeinheiten für die Auflösung bei verschiedenen Ein- und Ausgabemedien

Bezeichnung	Anwendung	Einheit	Bedeutung
Druckauflösung	Drucker, Druckfilmbelichter	dpi (dots per inch)	Bildpunkte pro 2,54 cm
Bildauflösung	Scanner, Monitor, Kamera	ppi (pixel per inch)	Pixel pro 2,54 cm
Rasterweite	Druckmaschinen, Printmedien	lpi (lines per inch)	Linien pro 2,54 cm

lpi und lpcm

In Deutschland wird die Druckauflösung statt in lpi auch in lpcm (Linien/cm) angegeben. Die Umrechnung zwischen lpi und lpcm ist einfach:

Linien/cm · 2,54 = lpi
lpi/2,54 = Linien/cm

Auflösung, Dateigröße und Ladezeiten

Da die doppelte Bildauflösung viermal so viele Bildpunkte und damit eine viermal so große Bilddatei und entsprechend höhere Lade- und Bearbeitungszeiten zur Folge hat, sollte die Scannerauflösung optimal und nicht unnötig groß eingestellt werden. Ab 1200 dpi kann das menschliche Auge ohnehin keine weitere Verbesserung der Bildauflösung wahrnehmen.

➲ **Eine Veränderung der Bildauflösung um den Faktor x führt zu einer Veränderung der Bilddateigröße um den Faktor x^2. Bei Vergrößerungen ist x größer als 1, bei Verkleinerungen kleiner als 1.**

Auflösung für Bildschirmausgabe

Ausschlaggebend für die optimale Scanauflösung ist daher neben der erforderlichen Auflösung des Ausgabemediums auch die technisch maximal erreichbare. Die Ausgabeauflösung bei der Bildschirmausgabe (Onlinemedien) ist beispielsweise begrenzt durch die technische Pixelgröße des Bildschirmrasters gemessen in ppi (pixel per inch).

Auflösung für Printausgabe

Bei Printmedien hängt die technisch erreichbare Feinheit der Rasterung, die bei der autotypischen Rastertechnologie in lpi (lines per inch) gemessen wird, auch vom Bedruckstoff ab. So werden im Offsetdruck auf gestrichenem Papier beispielsweise Rasterweiten zwischen 150 und maximal 200 lpi erreicht, während im Zeitungs- und Siebdruck die Rasterweite in der Regel bei 70 bis 100 lpi oder sogar darunter liegen.

➲ **Die tatsächlich erreichbare Auflösung eines Mediums hängt von technischen Faktoren wie Bedruckstoff, Bildschirmpixelgröße oder Ähnlichem ab. Sie kann nicht pauschal abgeschätzt werden.**

Die folgende Tabelle gibt typische, in den Printmedien verwendeten Rasterweiten wieder und zeigt in einer Gegenüberstellung die technisch maximal erreichbare relative Auflösung bei handelsüblichen Bildschirmen:

❶ 17" bzw. 19" sind die jeweiligen Bildschirmdiagonalen

❷ **XGA** = Extended Grapics Array

❸ **UXGA** = Ultra Extended Graphics Array

Tabelle 3.3: Typische Druckrasterweiten und Bildschirmauflösungen

typ. Druckrasterweite			typ. Bildschirmauflösung	
Zeitung 30-50 lpcm	35 lpcm	85 lpi	17" ❶, 4:3, XGA ❷, 1024 · 768 Pixel	75 ppi
Zeitschrift 40-55 lpcm	50 lpcm	120 lpi	19", 4:3, XGA, 1024 · 768 Pixel	67 ppi
Magazin 55-70 lpcm	60 lpcm	150 lpi	17", 4:3, UXGA 1600 · 1200 Pixel	118 ppi
Kunstdruck 70-90 lpcm	80 lpcm	200 lpi	19", 4:3, UXGA ❸ 1600 · 1200 Pixel	105 ppi

Qualitätsfaktor, Q-Faktor

Zur Festlegung der Eingabeauflösung wird ein Qualitätsfaktor (Q-Faktor) gewählt, um den die Eingabeauflösung größer eingestellt wird als die erforderliche Auflösung des Ausgabemediums. Damit Ausgabe und Vorlage exakt übereinstimmen, muss nach dem Nyquist-Shannon-Theorem die Eingabeauflösung mindestens doppelt so groß sein (Q-Faktor größer 2,0) wie die Ausgabe- bzw. Vorlagenauflösung (**Abb. 3.12**).

Abb. 3.12: Scans bei verschiedenen Auflösungen

Üblicher Q-Faktor

In der professionellen Bildbearbeitung werden je nach Anwendungsfall Qualitätsfaktoren zwischen 1,5, besser jedoch 2,0 verwendet. Bei einem Qualitätsfaktor von 2,0 werden so pro Ausgabebildpunkt vier Eingabebildpunkte benötigt, d. h. die Bilddatei beinhaltet viermal so viele Bildpunkte wie das ausgegebene Bild.

Tabelle 3.4: Rasterweiten und Bildauflösungen bei verschiedenen Q-Faktoren

Ausgabemedium	Rasterweite	Bildauflösung bei Q-Faktor 1,5	Q-Faktor 2
Zeitung	85 lpi	128 dpi	170 dpi
Zeitschrift	120 lpi	180 dpi	240 dpi
Magazin	150 lpi	225 dpi	300 dpi
Kunstdruck	200 lpi	300 dpi	400 dpi

Q-Faktor bei Bildschirmausgabe

Eine Ausnahme bildet hier die Bildschirmausgabe, bei der in der Regel ein Q-Faktor von 1,0 erwünscht ist. Dadurch werden optimale Ergebnisse erzielt, wenn jedes Pixel des Digitalbildes durch genau ein Monitorpixel dargestellt wird. Die Ausgabeauflösung sollte deshalb so gewählt werden, dass die verwendete Bilddatei den jeweils benötigten Pixelmaßen in Breite und Höhe des Bildes entspricht.

➲ **Für die Druckausgabe verwendet man einen Q-Faktor von 2,0. Für die Bildschirmausgabe ist ein Q-Faktor von 1,0 optimal, weil dann jedes Bildschirmpixel exakt einem Bildpixel zugeordnet ist.**

Q-Faktor bei Strichzeichnungsvorlagen

Eine weitere Ausnahme bilden Stichzeichnungsvorlagen, wie beispielsweise Texte. Bei diesen Vorlagen sollte der Q-Faktor erheblich höher (z. B. 4,0 bis 6,0) angesetzt werden, damit die Buchstabenränder nicht „ausgefranst" wirken. Besonders bei schrägen Linien wird durch den hohen Q-Faktor eine deutliche Glättung der Linienränder erreicht.

Vergrößerungsfaktor, V-Faktor

Soll das Bild später vergrößert ausgegeben werden, muss die Eingabeauflösung auch um den Vergrößerungsfaktor (V-Faktor) erweitert werden, da das vergrößerte Bild sonst grobkörnig wird (**Abb. 3.13**, mittleres Bild):

$$\text{Eingabeauflösung} = \text{Rasterweite} \cdot \text{Q-faktor} \cdot \text{V-Faktor}$$

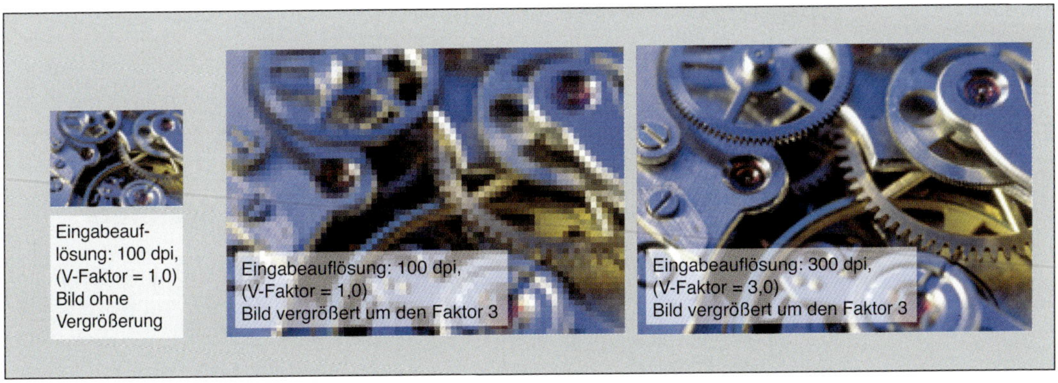

Abb. 3.13: Scans bei verschiedenen Auflösungen

Auflösung und Interpolation

Bei vielen Scannern besteht die Möglichkeit, Auflösungen einzustellen, die über die maximale optische Sensorauflösung hinausgehen. Hierbei wird das gescannte Bild um zusätzliche Bildpunkte, die durch Interpolation aus real gescannten Bildpunkten errechnet werden, erweitert. Während diese Interpolation ❶ normalerweise als unerwünschte Bildverfälschung vermieden wird, führt sie bei Strichzeichnungsvorlagen oft zu einer erwünschten Glättung der Buchstabenkanten.

❶ **Interpolation** = Abschätzung unbekannter Werte zwischen bekannten Datenpunkten

➲ **Soll die Ausgabe vergrößert erfolgen, muss auch die Eingabeauflösung beim Scannen um den V-Faktor vergrößert werden.**

3.1.5 Anwendungsbereiche der Scannertypen

Vergleich der Scannertechnologien

Die Anwendungsbereiche verschiedener Scannertypen hängen von deren technischen Daten ab (**Tabelle 3.5**). So können kostspielige Trommelscanner mit PMT-Bildsensormodul bis zu 24.000 dpi Auflösung erreichen, erfordern aber ein aufwändiges Vorlagenhandling und biegbare Vorlagen. Die Trommelabmessungen des Trommelscanners begrenzen sein maximales Vorlagenformat. Der klare Vorteil der weit verbreiteten Flachbettscanner mit CCD-Bildsensormodul ist die einfache Handhabung nahezu ohne Einschränkungen bei den Vorlagen. Dafür ist die erreichbare Auflösung geringer als bei der PMT-Technologie.

Bildunschärfe bei CIS-Scannern

Die vergleichsweise preisgünstigen CIS-Scanner ermöglichen durch ihre reduzierte Mechanik und ihre extrem geringe Energieaufnahme sehr kompakte Scanner, die ohne Netzteil direkt an einem USB-Port betrieben werden können. Nachteilig an dieser Technologie ist die im Vergleich zu CCD-Bildsensormodulen sehr geringe Tiefenschärfe, was dazu führt, das Vorlagenbereiche, die nicht genau auf dem Scanfenster aufliegen, unscharf abgebildet werden. Schwierigkeiten macht beim CIS-Scanner z. B. der Scan eines aufgeschlagenen Buches. Weil die Seiten zur Buchmitte hin nicht richtig aufliegen, werden sie unscharf gescannt.

Tabelle 3.5: Technische Daten von Scannern und Einsatzgebiete

	Vorlagengröße	Farbtiefe	Auflösung	typ. Anwendungsbereiche
Flachbettscanner	bis DIN A3	bis 96 Bit	bis 4800 dpi	Multimedia, Druckvorstufe
Filmscanner	bis Großformat	bis 48 Bit	bis 7200 dpi	Multimedia, Bilddatenbanken
Trommelscanner	bis. 2,5 m Breite	bis 48 Bit	bis 24000 dpi	High-End, Kunstdruck

3.1.6 Kalibrieren und Profilieren des Scanners

Wird eine eingescannte Vorlage über ein einfaches Bildbetrachtungsprogramm am Monitor dargestellt und dann unbearbeitet über ein Proofsystem oder einen Drucker aus- oder wiedergegeben, entstehen in der Regel – auch wenn teure Profigeräte verwendet wurden – Farbabweichungen zwischen Vorlage, Monitorbild, Proof und Ausdruck.

Grundfarben von Geräten

❶ geräteabhängiger Farbraum = alle Farben, die ein Gerät mit seinen Grundfarben darstellen bzw. verarbeiten kann

Die Ursache dieser Farbabweichungen besteht darin, dass alle an der Produktionskette beteiligten Geräte nicht mit identischen RGB- bzw. CMYK-Grundfarben arbeiten, sondern mit ihren eigenen, die jeweils von der Gerätehardware abhängig sind. Daher besitzt jedes Gerät seinen eigenen geräteabhängigen RGB- bzw. CMYK-Farbraum ❶, basierend auf den jeweiligen unterschiedlichen Grundfarben.

➲ **Farbabweichungen entstehen unter anderem deshalb, weil alle Geräte der Produktionskette mit Grundfarben arbeiten, die nicht exakt gleich sind.**

So erzeugt ein Scanner bei einem gelben Bildpunkt der Vorlage einen RGB-Wert (beispielsweise 115/129/000) als Beschreibung des Mischungsverhältnisses auf der Basis seiner RGB-Grundfarben (**Abb. 3.14**).

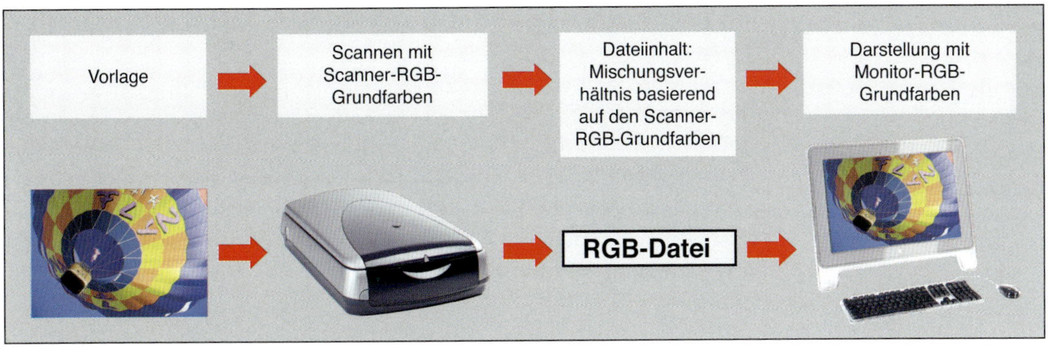

Abb. 3.14: **Farbabweichungen zwischen Scanner und Monitor**

Farbdarstellung auf dem Monitor

Für die anschließende Farbdarstellung des Monitorbildes mischt der Monitor seine eigenen RGB-Grundfarben genau nach diesem Mischungsverhältnis (115/129/000). Allerdings stimmen die Monitorgrundfarben in der Regel nicht mit den Scannergrundfarben überein, wodurch das Monitorbild farblich von der Scanvorlage abweicht.

Farbfehler in der Prozesskette

Derartige Farbabweichungen können sich über die gesamte Prozesskette im ungünstigsten Fall zu einem gut sichtbaren Bildfehler aufsummieren oder im günstigsten Fall auslöschen. Wie das Beispiel in **Abb. 3.15** zeigt, hilft selbst eine aufwändige manuelle Korrektur der Bildschirmdarstellung mit einem Bildbearbeitungsprogramm hier nicht.

➲ **Kleine Farbabweichungen einzelner Geräte der Produktionskette können sich zu einem größeren Gesamtfehler aufsummieren.**

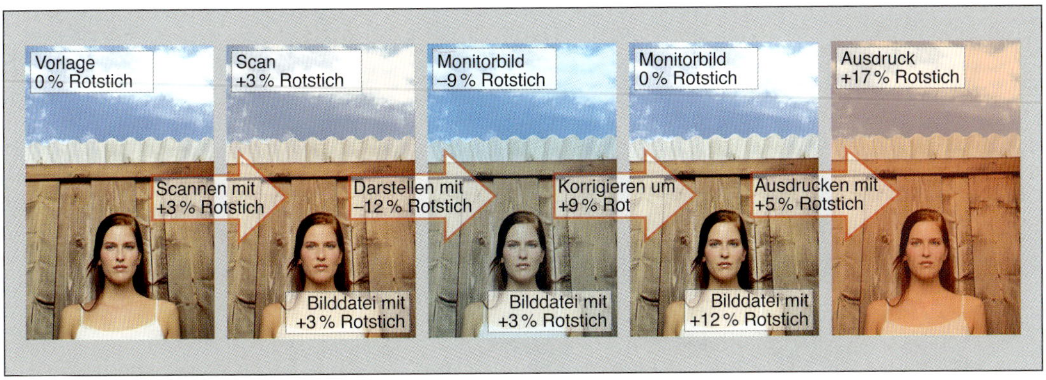

Abb. 3.15: **Beispiel für Farbabweichungen bei den Rotwerten in einer Prozesskette**

Im dargestellten Beispiel erzeugt der Scanner einen leichten Rotstich von etwa +3 %. Auf dem Monitor, der seinerseits Rot um etwa –12 % reduziert darstellt, sieht der Betrachter aufgrund des Rotstichs des Scanners in der Summe nur eine Rotreduktion von etwa –9 %. Um diese zu korrigieren, nimmt er im Bildbearbeitungsprogramm eine manuelle Rotanhebung um +9 % vor. Der Drucker, der seinerseits Rot um +5 % überhöht ausgibt, erhält aus der Bildbearbeitung eine Bilddatei mit Rotwerten, die durch die manuelle Korrektur nun um insgesamt +12 % im Vergleich zur Scanvorlage überhöht sind, sodass der Ausdruck am Ende der Prozesskette einen überhöhten Rotwert von etwa +17% aufweist.

Farbabweichungen in der Produktionskette entstehen, weil alle Geräte mit gerätespezifischen und dadurch unterschiedlichen Farbräumen arbeiten. Um dieses Problem zu lösen, wird ein Farbmanagement-System (color management system, Abk. CMS) in der Prozesskette eingerichtet, das einen geräteunabhängigen Farbraum, z. B. den CIE-Lab-Farbraum als gemeinsamen Austauschfarbraum zur Farbkommunikation für alle Geräte der Prozesskette benutzt.

➲ **Das Farbmanagement-System etabliert einen gemeinsamen geräteunabhängigen CIE-Lab-Austauschfarbraum in der Prozesskette.**

Beim Farbmanagement-System muss für jedes Eingabe-, Darstellungs- und Ausgabegerät innerhalb der Prozesskette ein ICC-Profil (ICC = International Color Consortium) erstellt und als ICC-Profildatei gespeichert werden. Bevor ein Gerät profiliert werden kann, muss es zuerst kalibriert werden (**Abb. 3.16** links). Ein ICC-Geräteprofil „übersetzt" den gerätespezifischen Farbraum in den CIE-Lab-Farbraum (**Abb. 3.16** rechts). Es enthält umfangreiche Referenztabellen, in denen festgehalten ist, welche CIE-Lab-Farbe mit einer bestimmten Farbe des Gerätefarbraums „gemeint" ist.

➲ **ICC-Profile „übersetzen" den gerätspezifischen Farbraum mit Hilfe von Referenztabellen in den gemeinsamen CIE-Lab-Austauschfarbraum.**

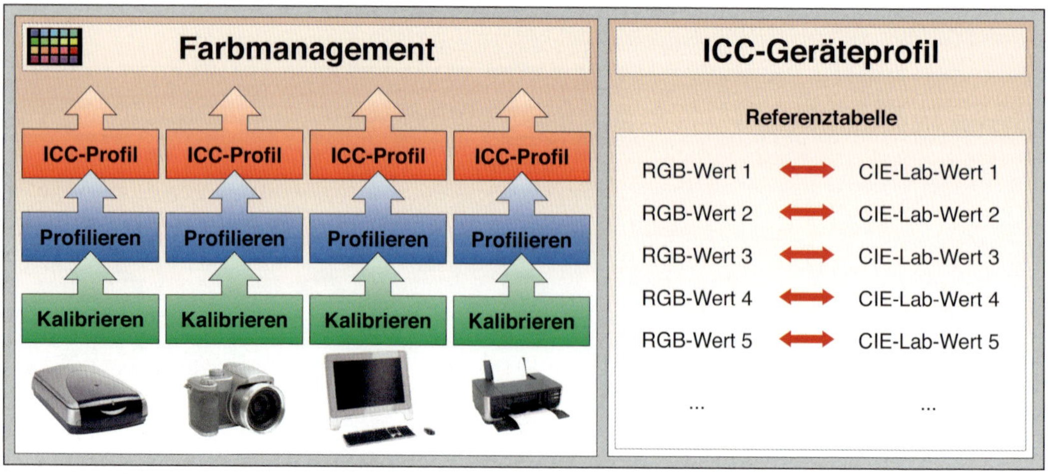

Abb. 3.16: **Farbmanagement mit ICC-Geräteprofilen**

Kalibration des Scanners

Im diesem ersten Schritt, der Kalibration, wird der Scanner auf den vom Hersteller bei der Auslieferung festgelegten technischen Normalzustand zurückgesetzt. Dabei werden alle Bildoptimierungsfunktionen deaktiviert.

Scanner profilieren

Jetzt kann im zweiten Schritt die Profilierung erfolgen, bei der das Farbverhalten des Scanners in einem ICC-Profil charakterisiert und festgehalten wird. Dazu wird ein aus 264 Farbfeldern und einer 24-stufigen Grauskala bestehendes IT8.7/2-Target ❶ (bei Durchlichtscannern das IT6.7/1-Target) aufgelegt, gescannt und als RGB-Datei abgespeichert. Eine spezielle Profilierungssoftware (z. B. in Silverfast integriert) ordnet dann die gescannten RGB-Daten den als Datensatz zum IT8-Target mitgelieferten CIE-Lab-Werten in einer Referenztabelle zu und speichert diese Tabelle innerhalb der ICC-Profildatei ab.

❶ **IT8** = Information Technology; Committee 8 des American Standardisation Institute (ANSI)

Sind alle Geräte der Prozesskette profiliert, kann im Rahmen des Farbmanagements eine Farbe über den Austauschfarbraum CIE-Lab von Gerät zu Gerät so weitergegeben werden, dass es zwischen Eingabe, Bildschirmdarstellung und Printausgabe zu keinen nennenswerten Farbabweichungen kommt (**Abb. 3.17**).

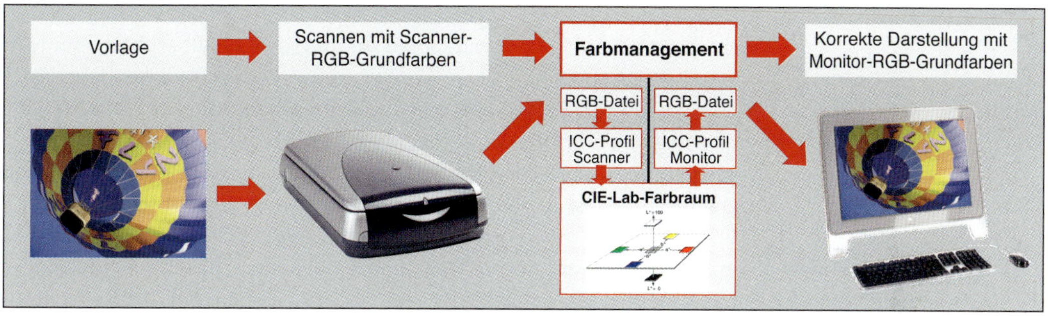

Abb. 3.17: Farbmanagement zwischen Scanner und Monitor

Im dargestellten Beispiel stimmen die Bildschirmfarben des ICC-profilierten Monitors durch das Farbmanagement-System tatsächlich dann mit den Vorlagenfarben überein, wenn ein ICC-profilierter Scanner und ein ICC-profilierter Monitor benutzt wurde.

ICC-Profil mit Referenztabelle

Der Scanner erzeugt, genau wie beim Verfahren ohne Farbmanagement, bei der gelben Vorlage einen RGB-Wert (beispielsweise 115/129/000) als Beschreibung des Mischungsverhältnisses auf der Basis seiner RGB-Grundfarben. Über die Referenztabelle im ICC-Scannerprofil ermittelt das Farbmanagementsystem nun die CIE-Lab-Farbe, die der Scanner tatsächlich „gemeint" hatte, nämlich die der Vorlage. Diese CIE-Lab-Farbe wird jetzt über die Referenztabelle im ICC-Monitorprofil in einen geeigneten RGB-Wert und damit in eine Mischvorschrift gewandelt (beispielsweise 102/156/000), sodass der Monitor jetzt tatsächlich die CIE-Lab-Farbe und damit die tatsächliche Vorlagenfarbe darstellt. Die RGB-Datei des Scanners wird also nicht korrigiert, sondern mithilfe des ICC-Profils neu interpretiert.

Regelmäßige Profilierung

Die Alterung der Scannerelektronik und der Scannerlampe sowie Temperaturschwankungen machen eine erneute ICC-Profilierung in regelmäßigen Abständen erforderlich. So ändert sich durch die Alterung der Scannerlampe deren Helligkeit und Strahlungsfarbe, was in der Folge die Helligkeit und die Farben des Scans beeinflusst. Die Wiederholung der ICC-Profilierung ist aber auch dann nötig, wenn am profilierten Gerät Änderungen vorgenommen werden, wie beispielsweise ein Austausch der Scannerlampe.

➲ **Eine ICC-Profilierung muss wegen der Alterung des Geräts in regelmäßigen Abständen wiederholt werden und auch immer dann, wenn an dem Gerät Änderungen vorgenommen wurden.**

3.2 Scannen von Vorlagen

Ein gutes Scanergebnis ist das Produkt sorgfältiger Vorlagenpräparation, korrekter Scannereinstellungen und eines gut strukturierten Workflows beim Scannen. Bereits beim Handling der Scanvorlagen werden hier die Weichen gestellt.

3.2.1 Präparation von Scanvorlagen

Alle Verunreinigungen der Vorlage, aber auch des Vorlagenglases, die mitgescannt werden, erfordern nachträglich aufwändige und zeitraubende Retuschearbeiten. Sorgfältige Vorarbeiten mit speziellen Utensilien ersparen deshalb viele unnötige und zeitraubende Arbeitsschritte in der Bildnachbearbeitung.

Kontrollieren der Vorlage

Mithilfe einer Standlupe oder einer Leuchtlupe mit 10- bis 15-facher Vergrößerung sind Verunreinigungen, aber auch Kratzer, gut zu erkennen. Für die Arbeit mit Durchsichtvorlagen, die mit Vorlagenträgern in Form gehalten werden können, ist zusätzlich die Verwendung eines Leuchttisches sinnvoll.

Säubern von Vorlage und Scanner

Das Vorlagenglas des Scanners lässt sich mit einem fusselfreien Tuch und reinem Alkohol leicht von Staub und Flecken befreien. Von Vorlagen lassen sich mit einem Blasebalg oder Druckluftspray lose Verunreinigungen wie Staub, Haare, Fusseln oder Fasern berührungslos entfernen. Die Druckluftspraydose muss beim Sprühen immer senkrecht gehalten werden, da sonst Treibmittel auf die Vorlage spritzen kann. Anhaftende Verunreinigungen, wie beispielsweise elektrostatisch aufgeladener Staub, können mit einem weichen Blasepinsel unter sanftem Druck abgewischt werden. Bei Film- bzw. Diavorlagen dürfen die Haare des Blasepinsels keinesfalls härter sein als das Filmmaterial, da diese sonst Kratzer verursachen können.

Fingerabdrücke

Fingerabdrücke, die in der Regel aus Hautfett und Schweiß bestehen, ziehen schnell in bestimmte Vorlagen wie Dias ein und lassen sich trotz der Verwendung spezieller Lösungsmittel nicht immer entfernen. Bei der Arbeit mit den Vorlagen ist generell die Benutzung von Baumwollhandschuhen dringend angeraten, um Fingerabdrücke von vornherein zu vermeiden.

➲ **Sorgfältige Vorarbeiten und sauberes Arbeiten ersparen oft zeitraubende Nachbearbeitungsschritte.**

3.2.2 Handling von Scanvorlagen

Tritt in dunklen Bildbereichen des Scans ein sichtbares Bildrauschen (Schnee) auf, schafft die Multi-Sample-Scanning-Funktion Abhilfe. Dabei wird die Vorlage mehrfach (2- bis 16-fach) gescannt und die Scanergebnisse werden zu einem Bild zusammengerechnet. Im Multi-Sample-Scan ist das Bildrauschen dann erheblich reduziert.

➲ **Der Einsatz der Multisampling-Funktion reduziert das Bildrauschen in den dunklen Bildbereichen. Allerdings dauert der Scanprozess dadurch erheblich länger.**

Ob ein Scanner für einen bestimmten Vorlagentyp geeignet ist, entscheidet sich aufgrund der physikalischen Eigenschaften der Vorlage:

- flexible oder nicht flexible Vorlagen
- glatte, wellige oder dreidimensionale Vorlagen

Wenn eine Vorlage so flexibel ist, dass sie zum Einspannen in einen Trommelscanner zerstörungsfrei gebogen werden kann, ist der Trommelscanner mit PMT-Bildsensor die erste Wahl, falls es um höchste Auflösung geht. Für nicht flexible Vorlagen kommt nur der Flachbettscanner in Frage.

Flache und wellige Vorlagen

Flache Vorlagen lassen sich mit Flachbett- oder Trommelscannern (bei letzterem Flexibilität vorausgesetzt) gleichermaßen gut verarbeiten. Bei welligen Vorlagen (Abb. 3.18) ist dagegen der Abstand zwischen Vorlagenoberfläche und Bildsensor nicht überall konstant. Liegt eine Vorlage nicht auf der Vorlagenscheibe auf, besteht die Gefahr, dass partielle Bildunschärfen entstehen. Wellige Vorlagen sollten daher möglichst flächig beschwert werden, um sie zu glätten.

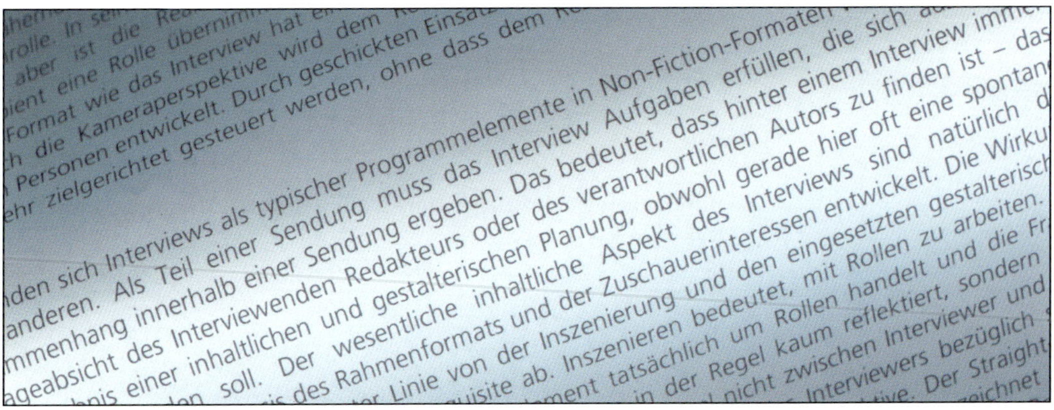

Abb. 3.18: **Scannen von welligen Vorlagen**

Schärfentiefe von Scannern

Bei einer verbleibenden Restwelligkeit von wenigen Millimetern Tiefe erzielen Scanner mit PMT- oder CCD-Bildsensormodulen aufgrund ihres Schärfentiefebereichs hier noch akzeptable Ergebnisse, denn wellige Vorlagen können scharf gescannt werden, solange die Welligkeit kleiner ist als der Schärfentiefebereich des Scanners. Scanner mit CIS-Bildsensormodulen scheiden dabei aus, da sie an den Stellen Bildunschärfen erzeugen, an denen die Vorlage nicht am Vorlagenglas aufliegt.

Aufgrund des Schärfentiefebereichs von Scannern mit CCD-Bildsensormodulen ist das Einscannen von dreidimensionalen Objekten in begrenztem Umfang möglich (Abb. 3.19).

➲ **Durch ihren verhältnismäßig kleinen Schärfentiefebereich sind CIS-Scanner für wellige Vorlagen ungeeignet.**

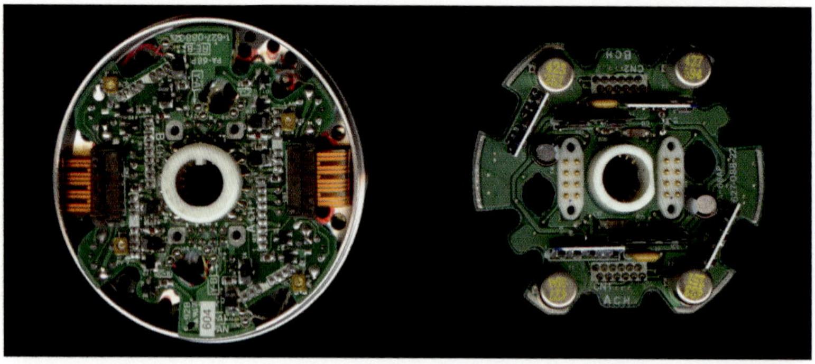

Abb. 3.19: **Scannen von dreidimensionalen Vorlagen (hier Videokopftrommel)**

Bei problematischen Vorlagen sind spezielle Vorarbeiten erforderlich, mit denen ein deutlich besseres Scanergebnis erreicht werden kann. Problematisch sind beispielsweise:

- durchscheinende Vorlagen
- verkratzte Vorlagen
- gerasterte Vorlagen

Durchscheinende Vorlagen

Bei durchscheinenden Vorlagen, wie beispielsweise dünnem Papier, kann beim Scannen die bedruckte Rückseite sichtbar werden, was sich in der späteren Bildbearbeitung nur sehr schwierig beheben lässt (**Abb. 3.20**). Deshalb sollte die Vorlage beim Scannen mit schwarzem Tonpapier hinterlegt werden. Die daraus resultierende Kontrast- und Helligkeitsreduktion ist später leicht zu korrigieren.

➲ **Durchscheinende Vorlagen sollten mit schwarzem Tonpapier hinterlegt werden.**

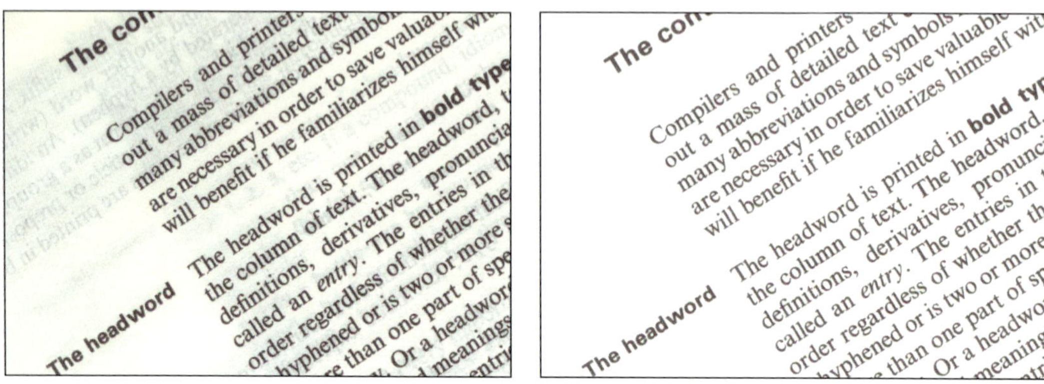

Abb. 3.20: **Scannen von durchscheinenden Vorlagen**

Verkratzte Vorlagen

Für verkratzte Vorlagenoberflächen (**Abb. 3.21a**), wie sie oft bei Dias anzutreffen sind, bieten einige Scanner eine Oberflächenkorrekturfunktion. Dabei wird die Vorlagenoberfläche mit Infrarotlicht auf Kratzer oder Verschmutzungen hin abgetastet. Mit diesen Informationen kann das Bild je nach Größe des Kratzers größtenteils (**Abb. 3.21b**) oder vollständig korrigiert werden (**Abb. 3.21c**).

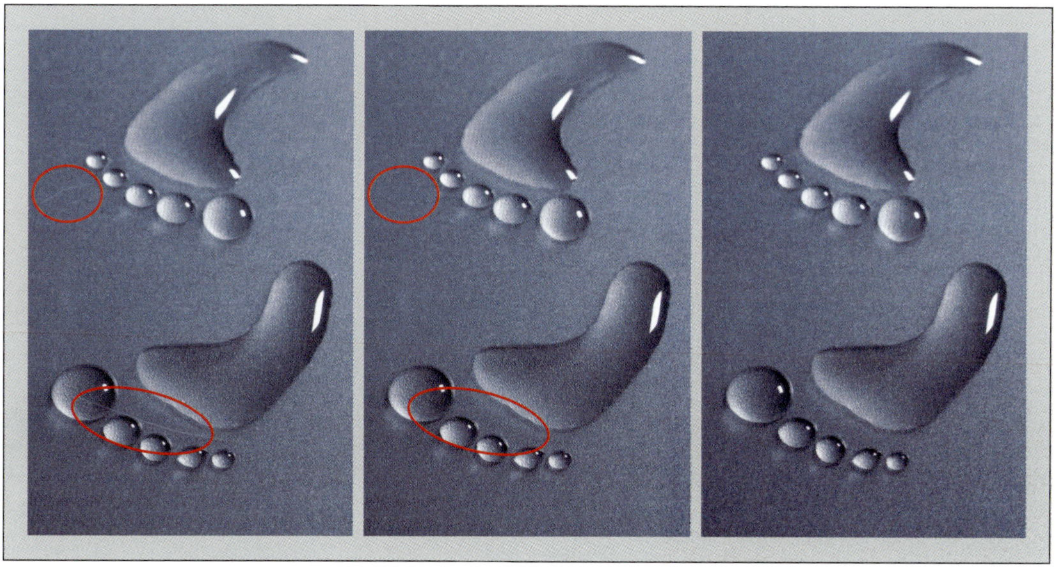

Abb. 3.21a: Verkratzte Vorlage

Abb. 3.21b: Größtenteils korrigiertes Bild

Abb. 3.21c: Vollständig korrigiertes Bild

➲ **Das Scanergebnis von verkratzten Vorlagen kann eventuell durch den Einsatz einer Oberflächenkorrekturfunktion verbessert werden.**

Entrasterung bzw. Descreening

Gedruckte Vorlagen sind in der Regel gerastert. Da Scanner auch mit einem Bildraster arbeiten, kann es zu Moirémustern (Störmustern) im gescannten Bild kommen. Diese entstehen, wenn das Vorlagenraster leicht gegen das Bildraster des Scanners verschoben ist. Abhilfe schafft hier die Entrasterungsfunktion (Descreening oder Defocus) des Scanners, die das Bild beim Scannen in Abhängigkeit von der Rasterweite der Vorlage unscharf macht. Um die Entrasterung optimal einzustellen, d. h. die erforderliche Bildunschärfe so gering wie möglich zu halten, muss die Rasterweite der Vorlage mithilfe eines Fadenzählers ❶ oder eines Rasterzählers ermittelt werden (**Abb. 3.22**).

❶ **Fadenzähler** = stammt aus der Textilindustrie und wird dort zur Messung der Webdichten (Fäden pro cm) verwendet

Nachdem der Fadenzähler am Rasterwinkel ausgerichtet ist, werden die Rasterpunkte innerhalb eines Millimeters gezählt und daraus die Rasterweite berechnet:

$$\text{Rasterweite in l/cm} = \text{Rasterpunkte pro mm} \cdot 10$$
$$\text{Rasterweite in lpi} = \text{Rasterpunkte pro mm} \cdot 25{,}4$$

Nachdem der Rasterzähler am Rasterwinkel ausgerichtet ist, zeigt die Spitze des rautenförmigen Musters auf die Rasterweite, die dann an der Skala direkt in lpi oder l/cm abgelesen werden kann.

In der Entrasterungsfunktion des Scanners wird dann eine Rasterweite eingetragen, die in etwa dem gemessenen Wert entspricht.

Abb. 3.22: **Fadenzähler**

3.2.3 Workflow beim Scannen

Beleuchtung am Scanarbeitsplatz

Der Scanner sollte so aufgestellt werden, dass er störenden Einflüssen nicht ausgesetzt ist, wie sie beispielsweise durch Fensternähe oder durch das Anstrahlen einer starken Lichtquelle entstehen. Die Farbtemperatur der Beleuchtung des Scannerarbeitsplatzes sollte etwa 5000 K betragen, damit Bildfarben realistisch aussehen und korrekt beurteilt werden können.

Der folgende Workflow in sechs Schritten ist eine allgemeine Arbeitsanleitung zum Scannen von Vorlagen. Mit einem profilierten Scanner sollte so ein effizientes Arbeiten mit optimalen Arbeitsergebnissen möglich sein.

Schritt 1: Vorlagetyp und Scanmodus (Abb. 3.23)
Die saubere, staubfreie Vorlage wird auf dem gesäuberten Vorlagenglas an der Positionsmarke korrekt ausgerichtet. Dias oder Filme werden in einem Halterahmen in den Film-/Diascanner eingeschoben.

Abb. 3.23: **Auflegen der Vorlagen**

Bei Verwendung der Durchlichteinrichtung müssen die nicht zu scannenden Bereiche abgedeckt werden, um Lichteinstreuungen in das Sensormodul zu reduzieren. Der einzustellende Vorlagentyp (Aufsicht oder Durchsicht) muss bei Durchsichtvorlagen oft weiter spezifiziert werden: Farbpositivdia, Farbnegativdia, SW-Positivdia oder SW-Negativdia.

Der Scanmodus wird entsprechend der Vorlage eingestellt: Schwarz-Weiß-Modus für Strichzeichnungsvorlagen, Graustufenmodus für Halbtonvorlagen oder Farbmodus für Farbvorlagen.

Schritt 2: Übersichtsscan und Bildausschnitt (Abb. 3.24)

Der Übersichtsscan (Preview oder Overview), der vom Scanner mit höherer Geschwindigkeit und in geringer Auflösung durchgeführt wird, sollte gestartet werden, wenn die Aufwärmzeit der Scannerlampe beendet ist. Erst dann hat die Lichtquelle eine konstante Farbtemperatur erreicht.

Abb. 3.24: Bildausschnitt wählen

Anhand des Übersichtsscans wird der Bildausschnitt für den endgültigen Scan festgelegt. Separate Bildränder der Vorlage, egal ob schwarz, weiß oder in einer anderen Farbe, sollten nicht innerhalb des Bildausschnitts liegen, da sie später die automatische Tonwertkorrektur verfälschen.

Schritt 3: V-Faktor, Q-Faktor und Auflösung (Abb. 3.25)

Aus der Vorlagengröße und der Ausgabegröße lässt sich der Vergrößerungsfaktor ableiten. Die Rasterweite ergibt sich aus dem Ausgabemedium und der Qualitätsfaktor sollte in der Regel bei 2 liegen. Die Scanauflösung errechnet sich dann folgendermaßen:

Abb. 3.25: Auflösung einstellen

$$\text{Scanauflösung} = \text{Rasterweite} \cdot \text{Q-Faktor} \cdot \text{Vergrößerungsfaktor}$$

Höhere Scanauflösungen als die physikalisch mögliche sind durch Interpolation erreichbar, was allerdings oft mit Unschärfe verbunden ist.

Schritt 4: Prescan und Tonwertkorrektur (Abb. 3.26)

Der Prescan (Vorabscan) wird mit der jetzt festgelegten Auflösung durchgeführt, um dann für die folgenden Arbeitsschritte eine aussagekräftige Bearbeitungsgrundlage zu haben. Die Korrektur der Tonwerte erfolgt auf der Basis dieses Prescans. Viele Scanprogramme bieten hierfür Automatismen an. Eine sorgfältige und umfangreiche Tonwertkorrektur erfolgt in professionellen Bildbearbeitungsprogrammen wie sie in den Kapiteln 7 und 8 vorgestellt werden.

Abb. 3.26: Tonwertkorrektur

Der Tonwertumfang wird festgelegt, indem man dem hellsten Punkt der Vorlage den Weißpunkt zuordnet und dem dunkelsten den Schwarzpunkt. Der Tonwertbereich wird nun so gespreizt, dass der hellste Punkt der Vorlage auch tatsächlich weiß dargestellt wird und der dunkelste schwarz. Das gescannte Bild ist jetzt deutlich kontrastreicher, da es nun den vollen Tonwertumfang nutzt. Bei der Tonwertkorrektur besteht allerdings die Gefahr, dass sich ein unnatürlich wirkender Bildkontrast einstellt.

Schritt 5: Bildkontrast (Abb. 3.27)

Im Gegensatz zur Tonwertkorrektur, die über den Schwarz- und Weißpunkt den Tonwertumfang (Kontrastumfang) des Scans maximiert, werden jetzt die mittleren Bildhelligkeiten so verändert, dass sich eine optimale Detaildarstellung ergibt. Optimal bedeutet in diesem Zusammenhang, dass dunkle Bilddetails auch in dunkler Bildumgebung (z. B. Faltenwurf eines dunklen Vorhangs) und helle Bilddetails auch in heller Umgebung (z. B. Wolkenstruktur am Himmel) gut zu erkennen sind. Je nach Scansoftware kann die Helligkeitsverlaufskurve direkt durch Anfassen und Ziehen mit der Maus in nahezu beliebige Formen gebracht werden. So wird eine optimale Zeichnung der Bilddetails erreicht, ohne dabei den Gesamt-Tonwertumfang zu verändern.

Abb. 3.27: Bildkontrastkorrektur

Abb. 3.28: **Farbmanagement**

Schritt 6: Feinscan und Abspeichern mit ICC-Profil (**Abb. 3.28**)

Durch die Einstellung „Mit Profil speichern" (o. Ä.) wird das im Rahmen der Profilierung des Scanners mit der IT8.7/2-Vorlage erstellte, möglichst aktuelle ICC-Profil des Scanners aktiviert.

Sind alle Geräte der Produktionskette im Rahmen des Farbmanagements aktuell profiliert, kann sichergestellt werden, dass es innerhalb des Produktionsprozesses nicht zu Farbabweichungen kommt.

Der Feinscan wird nun mit allen bisher vorgenommenen Einstellungen durchgeführt. Nach der Sichtkontrolle des Scanergebnisses wird der Scan als Rohdatei in einem verlustfreien Bilddateiformat mit dem aktuellen ICC-Profil abgespeichert.

3.2.4 Bilddateiformate für digitale Scans

Das Ergebnis des Scans kann in vielen verschiedenen Bilddateiformaten abgespeichert werden. Damit Bilddateien in handhabbare Größenordnungen gelangen, muss die Datenmenge bei der Erstellung der Bilddatei geschickt verkleinert werden. Möglich wird das durch Bilddatenkompressions- und Bilddatenreduktionsverfahren.

Bei der Bilddatenkompression, auch als verlustfreie Kompression bezeichnet, bleiben alle Bildinformationen trotz der Verkleinerung der Datenmenge erhalten ❶.

❶ Beispiel: **Verlustfreie Kompression**. Ein Sack mit 100 Euro in Münzgeld soll leichter gemacht werden. Deshalb werden die Münzen verlustfrei in einen 100 Euro-Schein getauscht.

Bei der Bilddatenreduktion, fälschlicherweise auch als verlustbehaftete Kompression bezeichnet, werden unwichtige Bildinfomationen oder solche, deren Fehlen nicht auffällig ist, weggelassen. Diese Informationen sind dann dauerhaft verloren, denn sie können nicht mehr aus der Bilddatei rekonstruiert werden ❷.

❷ Beispiel: **Verlustbehaftete Reduktion**. Ein Sack mit 100 Euro in Münzgeld soll leichter gemacht werden. Deshalb werden die 1ct-, 2ct- und 5ct-Münzen ersatzlos aus dem Sack entfernt.

Die gebräuchlichsten Bilddateiformate in der professionellen Bildbearbeitung und ihre Eigenschaften sind in folgender Tabelle zusammengestellt:

Tabelle 3.6: **Bilddateiformate und deren Eigenschaften**

Bilddateiformat	Kürzel	Anwendung	Besonderheiten	verlustfrei
Photo**s**hop **D**ocument	*.PSD *.PDD	Photoshop Illustrator InDesign	mehrere Ebenen mehrere Kanäle Masken	ja
Tagged **I**mage **F**ile **F**ormat	*.TIFF	Quark XPress Pagemaker Layoutprogramme Zeichenprogramme	mehrere Ebenen mehrere Kanäle Masken universelles Austauschformat	ja
Bit**m**a**p**	*.BMP	Paint CorelDraw	keine Ebenen keine Kanäle keine Masken	ja

Bilddateiformat	Kürzel	Anwendung	Besonderheiten	verlustfrei
Joint **P**hotographic Expert **G**roup	*.JPG *.JPE	Internet Multimedia CD-ROM	keine Ebenen keine Kanäle keine Masken starke Reduzierung der Datenmenge sichtbare Qualitätsdefizite	nein
Graphics Interchange Format	*.GIF	Internet Multimedia CD-ROM	keine Ebenen keine Kanäle keine Masken starke Reduzierung der Datenmenge sichtbare Qualitätsdefizite maximal 256 verschiedene Farben	nein

3.3 Aufgaben und Übungen

1. **Scannertechnik:**
   a) Für einen Kunstauktionskatalog sollen diverse kleinformatige Ölgemälde eingescannt werden. Begründen Sie, welcher Scannertyp Ihrer Meinung nach der geeignete ist.
   b) Erläutern Sie, warum ein CIS-Scanner bei dieser Vorlage keine optimalen Ergebnisse erzielen kann.

2. **Farbzerlegung und Digitalisierung:**
   In allen Scannern erfolgt die Farbzerlegung mit RGB-Filtern und die Digitalisierung mit A/D-Wandlern.
   a) Begründen Sie, wieso sich in allen Scannern RGB-Filter und keine CMY-Filter befinden.
   b) Erläutern Sie, welche Farbtiefen sich mit einem 16-Bit-A/D-Wandler und mit einem 8-Bit-A/D-Wandler realisieren lassen.

3. **Farbmodus beim Scannen:**
   Bestimmen Sie den geeigneten Farbmodus für das Einscannen folgender Vorlagen:
   a) S/W-Fotos
   b) Farbfotos
   c) Zeitungsartikel ohne Bildanteil.

4. **Scanauflösung, Q-Faktor und V-Faktor:**
   Für einen Fotobildband soll eine Fotovorlage im Format 9 cm · 13 cm eingescannt werden. Der Abdruck erfolgt vergrößert im Format 13,5 cm · 19,5 cm.
   a) Bestimmen Sie den erforderlichen V-Faktor und den Q-Faktor sowie die Scanauflösung.
   b) Erläutern Sie, um welchen Faktor die Bilddatei durch den vergrößerten Abdruck anwächst.

5. **Bildschirmauflösung:**
Für eine Multimedia-Anwendung sollen Bilder im Format 9 cm · 16 cm eingescannt und dann im Vollbildmodus auf einem UXGA-Bildschirm (21“, 16:9) dargestellt werden. Bestimmen Sie die optimale Scanauflösung und begründen Sie, weshalb diese optimal ist.

6. **Farbmanagement:**
   a) Erläutern Sie die Bedeutung des Farbmanagements in der professionellen Bildbearbeitung.
   b) Erklären Sie, welche Gegebenheiten ein Farbmanagement in der Produktionskette der Bildbearbeitung erforderlich machen.

7. **ICC-Profile:**
Eräutern Sie, welche Rolle der CIE-Lab-Farbraum bei der ICC-Profilierung spielt und weshalb dafür kein RGB-Farbraum benutzt wird.

8. **Durchscheinende Vorlagen:**
Messen Sie die Zeit, die Sie jeweils für die Bildnachbearbeitung des Scans von durchscheinenden Buchseiten (z. B. Bibelseiten o. Ä) benötigen, wenn Sie
   a) beim Scannen schwarzes Tonpapier hinterlegen.
   b) beim Scannen kein schwarzes Tonpapier hinterlegen.

4 Digitalkamera

Digitalfotografie und Analogfotografie

Die Digitalkamera gehört wie der Scanner zum Standard der optischen Eingabegeräte in der digitalen Bildbearbeitung. Im Gegensatz zu herkömmlichen analogen Kameras, die mit lichtempfindlichem Filmmaterial arbeiten, belichten Digitalkameras ihren elektronischen Bildsensor und erzeugen so digitale Bilddaten, die dann an einem Computerarbeitsplatz weiterbearbeitet werden. Der Workflow der digitalen Bildbearbeitung wurde durch Digitalkameras erheblich effizienter. So kann das Digitalbild sofort am Kameradisplay kontrolliert werden und per Funkschnittstelle der Kamera zur Weiterbearbeitung versendet werden.

❶ Kontrastumfang = Helligkeitsunterschied zwischen dem hellsten und dunkelsten Punkt des Bildes

Professionelle Digitalkameras erreichen heute bezüglich Bildauflösung, Kontrastumfang ❶ und Lichtempfindlichkeit ein ähnlich hohes Niveau wie analoge Kameras. Da die Bildsensoren der Digitalkameras in der Regel (noch) kleinflächiger sind als das entsprechende Filmmaterial, haben Digitalkameras eine größere Schärfentiefe. So werden in der Mittel- und Großformatfotografie für Fotos mit höchstem Qualitätsanspruch, z. B. für die Verwendung in Bildbänden oder für großflächige Drucke, nach wie vor auch analoge Kameras verwendet. Der Preisvorteil in Kombination mit hoher optischer Bildqualität macht digitale Spiegelreflexkameras mittlerweile zu einem beliebten Arbeitsgerät bei Filmdrehs (**Abb. 4.1**).

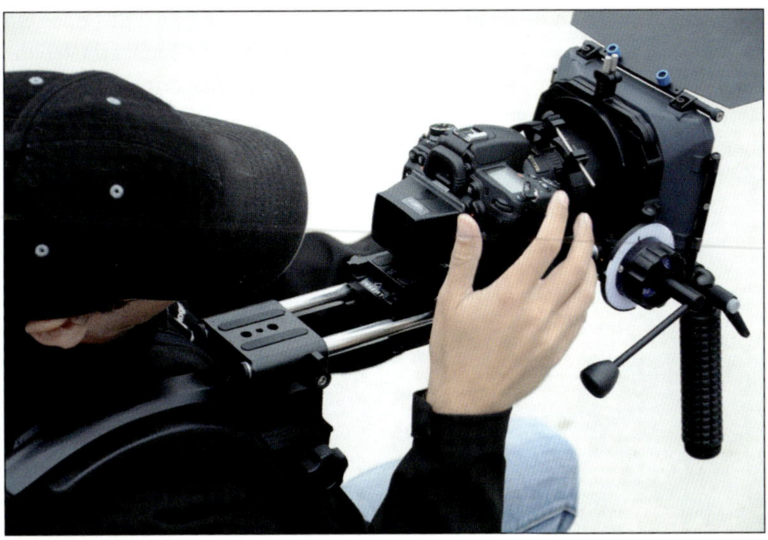

Abb. 4.1: Filmdreh mit einer digitalen Spiegelreflexkamera

Eine teure Digitalkamera mit hoher Pixelzahl führt nicht zwangsläufig zu guten Bildern. Tatsächlich hängt die Qualität der Fotos in erster Linie vom bildgestalterischen Geschick und der Erfahrung des Fotografen und erst in zweiter Linie von der verwendeten Kameratechnik ab.

Automatikfunktionen

In der Regel besitzen Digitalkameras eine Fülle von Automatikfunktionen. Wenn jedoch Fotos erstellt werden sollen, die professionellen Anforderungen genügen, stoßen die Automatikfunktionen schnell an ihre Grenzen. Hier ist dann fundiertes handwerkliches Können gefragt, vor allem im Bezug auf die Handhabung des Kameraobjektivs.

➲ **Die Automatikfunktionen von Digitalkameras sind so ausgelegt, damit in Standardsituationen akzeptable Ergebnisse erzielt werden können. Bei der professionellen Arbeit sind die Automatikfunktionen eher kontraproduktiv, da sie die Einflussmöglichkeiten des Nutzers auf das Bildergebnis einschränken.**

4.1 Digitalkameratechnik

Digitalkameras in der digitalen Bildbearbeitung

Im einfachsten Fall kann eine Digitalkamera direkt mit einem Fotodrucker oder einem anderen Ausgabegerät per Wifi oder Kabel verbunden werden. Kamera und Ausgabegerät müssen dafür beide den PictBridge-Standard unterstützen. Dies ist ein 2003 von der CIPA (Camera & Imaging Products Association) entwickelter Standard zum Direktdruck aus einer Digitalkamera. Andererseits können die auf dem Speicherchip der Digitalkamera gespeicherten Bilddaten über einen Cardreader in den Computer eingelesen werden und dann mit einer entsprechenden Bildbearbeitungssoftware weiter bearbeitet werden (**Abb. 4.2**).

Alternativ dazu kann die Digitalkamera auch direkt über ein USB- oder ein Firewire-Kabel mit dem Computer verbunden werden. Dann arbeitet die Digitalkamera wie ein Cardreader. Genau wie beim Scannerbetrieb organisiert der auf dem Computer installierte TWAIN-Schnittstellentreiber auch hier die Übertragung der Bilddaten von der Digitalkamera zum Computer. Die Bilder der Digitalkamera können auch direkt über ein Software-Plugin in die laufende Anwendung der Bildbearbeitungssoftware oder eines Contentmanagementsystems importiert werden.

Abb. 4.2: Datentransfer zwischen Digitalkameras und Ausgabegeräten

4.1.1 Digitalkameratypen

Außer in ihrer Bauform unterscheiden sich die verschiedenen Digitalkameras in der Qualität von Objektiv, Sucher und Bildsensor sowie in der Pixelzahl des Bildsensors.

Kompaktdigitalkamera

Die kostengünstige Kompaktdigitalkamera arbeitet mit kleinflächigen Bildsensoren mit einer Sensorflächendiagonale von 0,4" (Zoll) oder kleiner. Die Auflösung des Bildsensors beträgt dabei 40 Megapixel (40 Millionen Pixel) oder mehr. Die fest eingebauten Zoomobjektive haben einen 3- bis 30-fachen optischen Zoom, der zusätzlich noch um einen großen Digitalzoombereich erweitert werden kann. Bei letzterem erfolgt eine rechnerisch erzeugte Bildausschnittvergrößerung minderer Qualität.

Zur Standardausstattung einer Kompaktdigitalkamera gehört als Sucherdisplay ein LCD-Monitor, der teilweise herausgeklappt und gedreht werden kann. Zusätzlich zu diesem elektronischen Sucherdisplay, das die Akkubetriebsdauer maßgeblich beeinflusst, ist oft noch ein optischer Sucher vorhanden, der allerdings prinzipbedingt einen Parallaxenfehler aufweist. Ein Parallaxenfehler entsteht, weil sich der optische Sucher nicht wie bei der Spiegelreflexkamera innerhalb der optischen Achse der Kamera befindet. Dadurch ist die Perspektive des Kameraobjektivs eine andere als die des Suchers.

Smartphone

Smartphones mit integrierter Kamera verdrängen die Kompaktkameras zunehmend. Smartphones haben ebenfalls bis zu 40 Megapixel, allerdings bei begrenzten optischen Möglichkeiten. Lediglich ein elektronischer Zoom ist normalerweise möglich.

Digitale Spiegelreflexkamera

Die digitale Spiegelreflexkamera (DSLR = Digital Single Lens Reflex) im Kleinbildformat, die mittlerweile in der Fotopresse und der journalistischen Praxis zum Standardarbeitsgerät geworden ist, arbeitet mit Bildsensorauflösungen zwischen 15 und 50 Megapixel. Die Bildsensordiagonalen reichen dabei vom 1"-Format bis hin zum 1,7"-Kleinbildformat (36 mm × 24 mm). An DSLR-Kameras können verschiedene Wechselobjektive montiert werden. Dazu gehören sowohl Zoomobjektive, Makroobjektive, Spezialobjektive als auch Festbrennweitenobjektive.

Aufgrund des Spiegelreflexsystems arbeitet der optische Sucher ohne Parallaxenfehler. Zusätzlich verfügt der Kamerabody häufig über einen, zum Teil herausklappbaren und drehbaren LCD-Monitor mit guter Bildauflösung. Bei manchen Kameraherstellern ist im Display zur sofortigen Analyse der Bildparameter eine Histogramm-Darstellung des Bildes aktivierbar. Zur Standardausstattung gehört die Anschlussmöglichkeit für ein externes Blitzgerät und zum Teil ein ausklappbares zusätzliches Blitzlicht. Trotz der vielen hochwertigeren Automatikfunktionen lässt sich die Kamera vollständig auf manuellen Betrieb umstellen.

Mittelformatspiegelreflexkamera mit Digitalrückteil

Die Mittelformatspiegelreflexkamera mit Digitalrückteil wird für Fotostudioaufnahmen, aber auch für professionelle Außenaufnahmen eingesetzt. Sie arbeitet mit Bildsensorauflösungen von über 50 Megapixel bei Sensorgrößen von 2,4" (48 mm × 36 mm) und größer. Wie bei der DSLR-Kleinbildkamera können verschiedene Wechselobjektive, sowohl Zoomobjektive, Makroobjektive, Spezialobjektive als auch Festbrennweiten montiert werden. Durch die, im Vergleich zum analogen Mittelformat kleinere Bildsensorfläche ist der Weitwinkelbereich der Kamera beschränkt. Zusätzlich zum exakt arbeitenden optischen Sucher ohne Parallaxenfehler verfügt das Digitalrückteil in der Regel über einen LCD-Monitor mit guter Bildauflösung.

Großformatspiegelreflexkamera mit Digitalrückteil

Die Großformatspiegelreflexkamera mit Digitalrückteil, die auch als Fachkamera bezeichnet wird, kommt bei professionellen Aufnahmen mit höchsten Qualitätsansprüchen und in Spezialgebieten wie beispielsweise Luftaufnahmen zum Einsatz. Die links abgebildete Bauform der Fachkamera wird „optische Bank" genannt. Fachkameras arbeiten mit Bildsensoren von 50 bis 80 Megapixel bei Sensorgrößen von 4,5" (81 mm × 81 mm) und größer. Auch bei der Großformatkamera ist der Weitwinkelbereich bei der Verwendung der verschiedenen Objektive durch die im Vergleich zum analogen Pendant etwas kleinere Sensorfläche eingeschränkt. Neben einem exakt arbeitenden optischen Sucher ist im Digitalrückteil der Großformatkamera oft noch ein LCD-Monitor mit guter Bildauflösung zur sofortigen Bildkontrolle integriert.

➲ **Die Digitalkameras werden aufgrund der Größe ihrer Sensorfläche in die Typkategorien Kompakt-, Kleinbild-, Mittel- und Großformat eingeteilt.**

Aufgrund ihrer technischen Eigenschaften und ihres Handlings ergeben sich für die Digitalkameratypen jeweils typische Einsatzgebiete, die in **Tabelle 4.1** dargestellt sind.

Tabelle 4.1: Einsatzbereiche der verschiedenen Kameratypen

Einsatzbereich	Low Quality: Schnappschuss, Web, Hobby, Urlaub,...	Reportage: TV, Sport, News, Doku, Onlinemedien,...	Studio: Mode, Katalog, Portrait, Still, Pack-Shot,...	High Quality: Werbung, Kunst, Architektur, Repro, Katalog,...
Kompakt	ja	bedingt	nein	nein
Kleinbild	ja	ja	ja	nein
Mittelformat	nein	nein	ja	bedingt
Großformat	nein	nein	bedingt	ja

4.1.2 Digitalkameratechnologie

Baugruppen der Digitalkamera

Eine Digitalkamera besteht wie eine Kamera mit Digitalrückteil aus den in **Abb. 4.3** dargestellten Baugruppen.

- [1] Kameraobjektiv
- [2] Eingangsfilter
- [3] Bildsensormodul
- [4] Wandlungs- und Speicherelektronik

Kameraobjektiv [1]

Das Kameraobjektiv bestimmt die Abbildungseigenschaften der Digitalkamera maßgeblich. Festbrennweitenobjektive werden prinzipiell anhand ihrer Brennweiten in drei Haupttypen unterteilt:

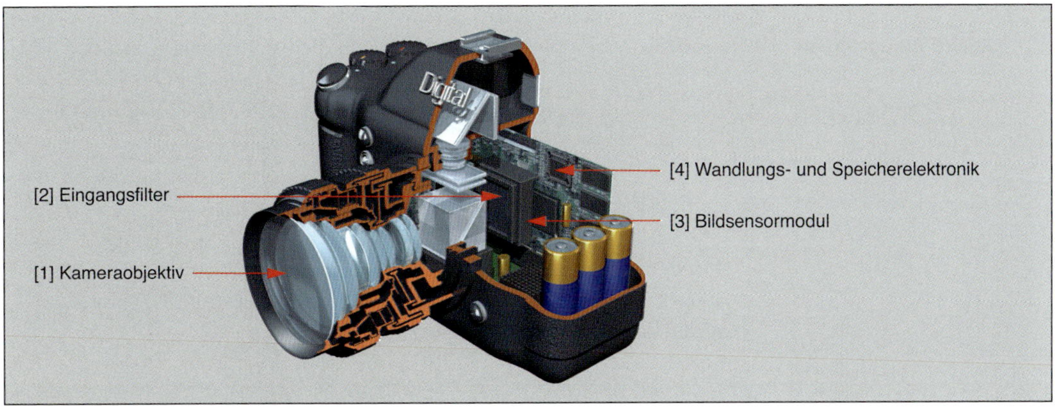

Abb. 4.3: Baugruppen einer Digitalkamera

Objektivtypen

- Weitwinkelobjektiv (kurze Brennweite, großer Bildwinkel)
- Normalobjektiv (mittlere Brennweite, zwischen 40° und 55° Bildwinkel)
- Teleobjektiv (lange Brennweite, kleiner Bildwinkel)

Zoomobjektiv

Das Zoomobjektiv vereint alle drei Objektivtypen in sich. Es besitzt eine variable Brennweite und damit einen variablen Bildwinkel, mit der sowohl Weitwinkel- als auch Teleaufnahmen möglich sind. Zoomobjektive sind weit verbreitet, da sie universeller einsetzbar sind als Festbrennweitenobjektive.

Normalobjektiv

Weitwinkel- und Teleobjektiv

Ob ein Objektiv als Weitwinkel-, Normal- oder Teleobjektiv arbeitet, kann nicht pauschal durch die Angabe der Brennweite bestimmt werden, sondern hängt vom Verhältnis der Brennweite zur Bildsensordiagonalen der Kamera ab (**Tabelle 4.2**). Ist die Objektivbrennweite etwa gleich groß wie die Sensordiagonale, handelt es sich um ein Normalobjektiv. Die Aufnahme mit einem Normalobjektiv entspricht bezüglich der Tiefenstaffelung, der Abstände, der Größenverhältnisse und der Raumdarstellung in etwa der Wahrnehmung des Menschen. Bei einer kleineren Brennweite arbeitet das Objektiv als Weitwinkelobjektiv und bei einer größeren Brennweite als Teleobjektiv.

Tabelle 4.2: Objektive bei verschiedenen Bildsensordiagonalen

Objektivbrennweite in mm Objektivbrennweite in inch	5,1 mm 0,2"	10,2 mm 0,4"	43,2 mm 1,7"	61,0 mm 2,4"
0,4"-Kompaktkamera	Weitwinkel	Normal	Tele	Tele
1,7"-Kleinbildkamera	Weitwinkel	Weitwinkel	Normal	Tele
2,4"-Mittelformatkamera	Weitwinkel	Weitwinkel	Weitwinkel	Normal
4,5"-Großformatkamera	Weitwinkel	Weitwinkel	Weitwinkel	Weitwinkel

Makroobjektiv

Neben diesen Standardobjektiven gibt es noch eine Reihe von Spezialobjektiven, wie beispielsweise das Makroobjektiv für extreme Nahfeldaufnahmen mit kleinem Objektabstand oder das Fisheye-Objektiv für Superweitwinkelaufnahmen bei Brennweiten zwischen 5 mm und 16 mm für Bildwandler im Kleinbildformat.

Objektivbaugruppen Ein Festbrennweitenobjektiv besteht aus den Baugruppen Schärfe und Blende, während ein Zoomobjektiv zusätzlich noch die Baugruppe Zoom aufweist.

Schärfegruppe Mithilfe der Entfernungsskala der Schärfegruppe kann eine bestimmte Objektentfernung vor der Kamera scharf eingestellt werden. Nur diese Ebene wird dann scharf abgebildet, während die Objekte davor und dahinter mit zunehmendem Abstand immer unschärfer werden (**Abb. 4.4**).

➲ **Mit dem Schärfering des Objektivs wird der Abstand zwischen der scharf abgebildeten Ebene und der Kamera eingestellt. Objekte davor und dahinter werden unscharf abgebildet.**

Abb. 4.4: Funktionsprinzip der Schärfegruppe

Zoomgruppe Mithilfe der Zoomgruppe kann die Brennweite und damit ein bestimmter Bildwinkel eingestellt werden. Da beim Zoomen weder Kamerastandort noch Kameraperspektive geändert werden, bleiben die Größenverhältnisse der Objekte untereinander trotz Änderung des Bildwinkels gleich (**Abb. 4.5**). Ein Zoom in den Telebereich vergrößert daher nur einen Bildausschnitt.

➲ **Mit dem Zoomring des Objektivs wird die Brennweite und damit der Bildwinkel eingestellt. Beim Zoomen ändern sich die Kameraperspektive und die Größenverhältnisse der Objekte untereinander nicht.**

Abb. 4.5: Funktionsprinzip der Zoomgruppe

Blendengruppe Mithilfe der Blende wird der Lichteinfall auf den Bildsensor reguliert. Die Blendenstellung und die gewählte Belichtungszeit bestimmen so die Bildhelligkeit. Die Blende ist mit Blendenzahlen (auch Blendenstops genannt) der sogenannten Blendenreihe 1 – 1,4 – 2 – 2,8 – 4 – 5,6 – 8 – 11 – 16 – 22 – 32 beschriftet. Die Blendenzahl ist ein Maß für die Abblendwirkung. Eine große Blendenzahl steht für eine starke Abdunklung des Bildes.

Die kleinste Blendenzahl „1“ entspricht der größtmöglichen Blendenöffnung. Bei jedem Wechsel zur nächst höheren Blendenzahl halbiert sich die Fläche der Blendenöffnung und damit auch die Lichtmenge, die den Sensor trifft (Tabelle 4.3 und Abb. 4.6).

➲ **Mit dem Blendenring des Objektivs wird die Blendenöffnung und damit der Lichteinfall in die Kamera eingestellt.**

Die Bildwirkung verschiedener Schärfe-, Brennweiten- und Blendeneinstellungen kann mit Hilfe der interaktiven Anwendung "understanding photography" getestet werden, die sich auf der CD zum Buch befindet.

Tabelle 4.3: **Lichteinfall bei verschiedenen Blendenöffnungen**

Blendenzahl	1	1,4	2	2,8	4	5,6	8	11	16	22	32
Blendenöffnung	1/1	1/2	1/4	1/8	1/16	1/32	1/64	1/128	1/256	1/512	1/1024
Lichtmenge in %	100	50	25	12,5	6,25	3,13	1,56	0,78	0,39	0,20	0,10

Abb. 4.6: **Funktionsprinzip der Blende**

Eingangsfilter [2]

Kameraeingangsfilter

Ein Infrarot-Sperrfilter im Eingangsbereich des Digitalrückteils reduziert das Eindringen von Wärmestrahlung und schützt dadurch das Bildsensormodul vor thermischer Beschädigung. Da das Bildsensormodul der Kamera anders als das menschliche Auge auch auf Infrarotstrahlung reagiert, würde sich zu dem „normalen“, gesehenen Bild zusätzlich ein Wärmebild addieren. Das führt zu unerwünschten Aufhellungen im Bild, die vor allem in dunklen Bildbereichen auffallen.

Bildsensormodul [3]

Bei Digitalkameras gibt es prinzipiell zwei technologisch unterschiedliche Bildsensormodulvarianten:

Bildsensormodultypen

- 3-shot-Bildsensor
- 1-shot-Bildsensor

Funktionsprinzip des Chip-Bildsensors

Chip-Bildsensormodule besitzen auf ihrer Oberfläche ein rechteckiges Array (schachbrettartige Struktur) aus mehreren Millionen Lichtsensoren. Bei Belichtung des Bildsensormoduls stellt sich analog zu der jeweiligen Belichtungsstärke an jedem einzelnen Lichtsensor ein bestimmter Ladungszustand ein. Dieser analoge Spannungswert wird dann durch einem A/D-Wandler in eine Digitalzahl umgewandelt. Ein Lichtsensor reagiert dabei grundsätzlich auf jede Lichtfarbe. Daher kann aus dem Bildsensor nur ein digitales Schwarzweißbild ohne Farbinformation ausgelesen werden, das der Helligkeitsverteilung auf der Sensoroberfläche entspricht, jedoch kein Farbbild. Um mit diesen Sensoren auch Farbbilder aufnehmen zu können, kommen zusätzlich verschiedene Farbfilterverfahren zum Einsatz.

➲ **Lichtsensoren von Bildsensormodulen reagieren auf alle Lichtfarben. Um die Farbinformation zu gewinnen, muss das „Lichtbild" in seine RGB-Anteile zerlegt werden.**

3-Shot-Bildsensor

Beim 3-Shot-Bildsensor wird das Licht vor dem Bildsensormodul mit einem rotierenden RGB-Filterrad gefiltert (**Abb. 4.7**). Dann werden die Bildfarben (RGB) nacheinander mit dem gleichen Bildsensormodul aufgenommen und nachträglich zu einem Farbbild zusammengesetzt. Da die Bildfarben nacheinander aufgenommen werden, eignet sich das 3-shot-Prinzip nur für unbewegte Objekte (Still-Shots). Durch den zeitlichen Versatz der drei Farbbilder entstehen bei bewegten Objekten im Bild an den Objekträndern Farbsäume in Richtung der Bewegung. Der Vorteil des Verfahrens besteht darin, dass die volle Auflösung des Bildwandlers ohne Verluste zur Verfügung steht. Weil das Verfahren technisch sehr aufwändig ist, kommt es allerdings nur bei wenigen Kameramodellen im Profibereich zum Einsatz.

➲ **3-Shot Bildsensoren sind nur für unbewegte Objekte d. h. Still-Shots geeignet.**

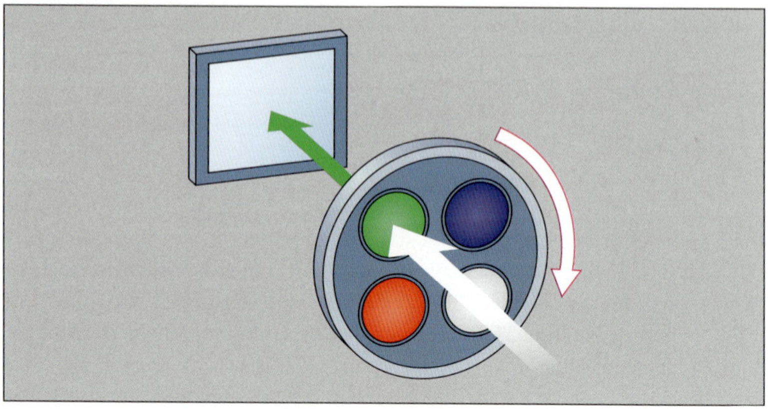

Abb. 4.7: Funktionsprinzip des 3-Shot-Bildsensors

1-Shot-Bildsensor

Beim 1-Shot-Bildwandler werden die Bildfarben (RGB) gleichzeitig als Farbbild aufgenommen. Hier werden verschiedene Typen von Bildsensormodulen eingesetzt:

- 1-Chip-Bayer-Mosaikfilter
- 1-Chip-Foveon®-X3
- 3-Chip-Prismenteiler

Bayer-Bildsensor

Beim 1-Chip-Bayer-Mosaikfilter-Bildsensor wird das Licht vor dem Bildsensor mit einem Mosaikfilter (Bayer-Pattern) so gefiltert, dass jedes Pixel nur eine der RGB-Grundfarben registriert (Abb. 4.8a). Zur Berechnung der tatsächlichen Pixelfarbe müssen dann zusätzlich drei benachbarte Pixel herangezogen werden. Dadurch ist die tatsächlich nutzbare Bildauflösung bei Farbbildern deutlich kleiner als die Anzahl der Sensorzellen auf dem Chip. Selbst bei hochwertigen Kameras dieses Typs liegt die nutzbare Bildauflösung maximal bei 70 % bis 80 % der Sensorauflösung. Diese Tatsache wird von Herstellern im „Megapixelkrieg" gern unterschlagen. Mit über 90 % Marktanteil ist dieser Bildsensortyp der am weitesten verbreitete.

Auflösungsverlust bei Bayer-Bildsensoren

➲ **Die nutzbare Bildauflösung von Bildsensoren mit Bayer-Filter beträgt maximal 70 % bis 80 % der Herstellerangabe.**

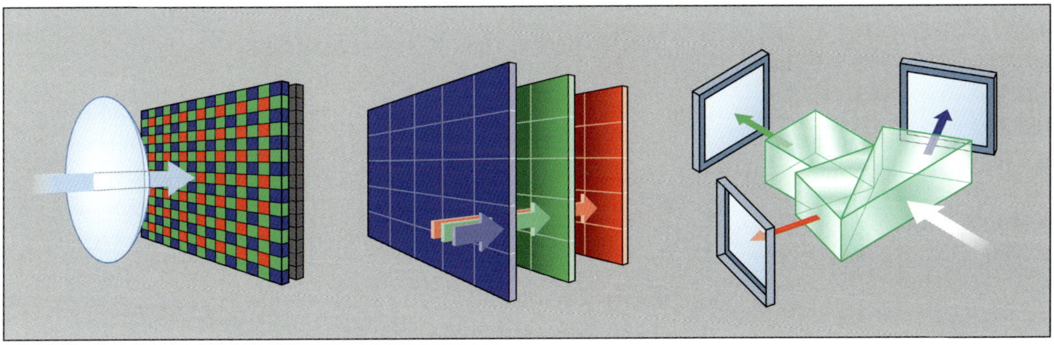

Abb. 4.8a: **1-Shot Bayer-Sensor** Abb. 4.8b: **1-Shot Foveon-Sensor** Abb. 4.8c: **1-Shot 3-Chip-Sensor**

Bei dem 1-Chip-Foveon®-X3-Bildsensor oder beim Fujitsu-LSI-Bildsensor liegen drei Sensorschichten exakt untereinander (Abb. 4.8b). Hier wird der physikalische Effekt ausgenutzt, dass das langwellige rote Licht bis in die unterste Sensorschicht vordringt, während das grüne Licht von der mittleren und das blaue kurzwellige Licht von der obersten Sensorschicht absorbiert werden. Dadurch entspricht die Bildauflösung dieses Sensortyps exakt der Anzahl der Sensorzellen.

1-Chip-Foveon®-X3-Bildsensor

➲ **Der 1-Chip-Foveon®-X3-Bildsensoren und der Fujitsu-LSI-Bildsensor können Farbbilder mit voller Sensorauflösung im 1-Shot-Prinzip erzeugen.**

Beim 3-Chip-Prismenteiler-Bildsensor wird das Licht durch eine Prismenanordnung in die drei Grundfarben RGB zerlegt und jeweils einem CCD-Chip zugeleitet. Dabei muss die zurückgelegte optische Wegstrecke bei allen drei Farben genau gleich lang sein (Abb. 4.8c). Auch hier entspricht die Bildauflösung dieses Sensortyps exakt der Anzahl der Sensorzellen. Diese sehr teure Lösung des Farbproblems wird nur bei einigen wenigen Highend-Kameras vorrangig im Videobereich genutzt.

3-Chip-Bildsensor

➲ **3-Chip-Prismenteiler-Bildsensoren erzeugen Farbbilder mit voller Sensorauflösung im 1-Shot-Prinzip, benötigen dafür aber drei Bildsensoren.**

Wandlungs- und Speicherelektronik [4]

Mit dem A/D-Wandler in der Digitalkamera wird jeder Pixelwert, der als elektrischer Strom- bzw. Spannungswert vom Bildsensormodul kommt, in eine

Speichern von Digitalbildern

Digitalzahl umgewandelt. Für jedes Pixel liegen somit drei Farbinformationen vor, die mit einer Farbtiefe von bis zu 16 Bit pro Farbkanal codiert werden.

➲ **Die Herstellerangabe 48 Bit Farbtiefe bedeutet 16 Bit Bittiefe pro RGB-Kanal.**

Diese Bilddaten können nun entweder auf einem kamerainternen Speicher oder auf Wechsel-Speichermedien, wie beispielsweise Flash-Memory-Speicherkarten gespeichert werden. Kameras, die im professionellen Bereich oder in Studios eingesetzt werden, verfügen zusätzlich über schnelle echtzeitfähige Datenschnittstellen, sodass sie direkt am Computer betrieben und dabei über eine Aufnahmesoftware gesteuert werden können.

4.1.3 Auflösung des Kamerabildes

Auflösung des Digitalfotos

Die spätere Ausgabe des Digitalfotos, beispielsweise die Veröffentlichung in Digital- oder Printmedien, stellt Mindestanforderungen an die Bildauflösung bei der Herstellung der Bilder. So benötigt ein größeres Ausgabeformat bei gleicher Bildqualität mehr Bildpunkte. Die Größe des Ausgabeformates ist daher durch die maximale Pixelzahl des Bildsensormoduls begrenzt.

➲ **Je großformatiger das Bild später ausgegeben werden soll, umso mehr Megapixel braucht die Digitalkamera.**

Die maximale Ausgabebreite B_{MAX} kann aus der tatsächlich verwertbaren Pixelzahl einer Bildzeile P_{Zeile} des Kamerachips berechnet werden, wenn die erforderlichen Ausgabeauflösung $A_{erf.}$ feststeht:

Berechung des maximalen Ausgabeformats

$$B_{MAX}\ [\text{in cm}] = (P_{Zeile}\ /\ A_{erf.}\ [\text{in dpi}]) \cdot 2{,}54\ \text{cm}$$

Die maximale Ausgabehöhe H_{MAX} errechnet sich entsprechend aus der tatsächlich verwertbaren Pixelzahl der Bildspalte des Kamerachips P_{Spalte} und der erforderlichen Ausgabeauflösung A_{erf}:

$$H_{MAX}\ [\text{in cm}] = (P_{Spalte}\ /\ A_{erf.}\ [\text{in dpi}]) \cdot 2{,}54\ \text{cm}$$

Berechung der erforderlichen Auflösung

Die notwendige, tatsächlich verwertbare Pixelzahl einer Bildzeile des Kamerachips P_{Zeile} kann aus der erforderlichen Ausgabebreite B_{MAX} berechnet werden, wenn die erforderlichen Ausgabeauflösung $A_{erf.}$ feststeht:

$$P_{Zeile} = (B_{MAX}\ [\text{in cm}]/2{,}54\ \text{cm}) \cdot A_{erf.}\ [\text{in dpi}]$$

Die notwendige, tatsächlich verwertbare Pixelzahl einer Bildspalte des Kamerachips P_{Spalte} errechnet sich entsprechend aus der Ausgabehöhe H_{MAX} und der erforderlichen Ausgabeauflösung A_{erf}:

$$P_{Spalte} = (H_{MAX}\ [\text{in cm}]/2{,}54\ \text{cm}) \cdot A_{erf.}\ [\text{in dpi}]$$

Beispiel: Die digitale Spiegelreflexkamera Canon EOS-1DsMark III verfügt über einen 21,1-Megapixel-Bildwandlerchip mit einem Breiten-Höhen-

Verhältnis von 3 : 2 und ca. 5626 · 3750 Pixel. Durch die Auflösungsverluste aufgrund der Farbbilderstellung beträgt die tatsächlich verwertbare Pixelzahl nur etwa 16,3 Megapixel, also ca. 4952 · 3300 Pixel. Daraus ergeben sich folgende maximale Bildformate für die Ausgabe:

Tabelle 4.4: Maximale Ausgabeformate bei einem 16,3 Megapixelsensor mit 4952 · 3300 Pixeln

Printausgabe	max. Bildformat	Bildschirmausgabe 4:3	max. Bildformat
Zeitung 85 dpi Q-Fkt 1,5 => 128 dpi	B = 98,26 cm, H = 64,48 cm	17" XGA, 1024 · 768 Pixel Q-Fkt 1,0 => 75 ppi	B = 167,7 cm, H = 111,7 cm (>> Bildschirm)
Zeitschrift 120 dpi Q-Fkt 1,5 => 180 dpi	B =69,87 cm, H = 46,56 cm	19" XGA,1024 · 768 Pixel Q-Fkt 1,0 => 67 ppi	B = 187,7 cm, H = 125,10 cm (>> Bildschirm)
Magazin 150 dpi Q-Fkt 1,5 => 225 dpi	B =59,90 cm, H = 37,25 cm	17" UXGA,1600 · 1200 Pixel Q-Fkt 1,0 => 118 ppi	B = 106,6 cm, H = 71,1 cm (>> Bildschirm)
Kunstdruck 200 dpi Q-Fkt 1,5 => 300 dpi	B =41,92 cm, H = 27,94 cm	19" UXGA,1600 · 1200 Pixel Q-Fkt 1,0 => 105 ppi	B = 119,8 cm, H = 79,8 cm (>> Bildschirm)

Elektronische Bildstabilisierung

Wie die Tabelle zudem zeigt, müssen Bilder, die eine größere Auflösung als der Bildschirm haben, bei der Bildschirmausgabe gescrollt werden. Die tatsächlich verwertbare Pixelzahl des Bildwandlerchips steht ohnehin nur dann zur Verfügung, wenn die Aufnahme ohne elektronische Bildstabilisierung oder elektronischen Zoom erfolgt.

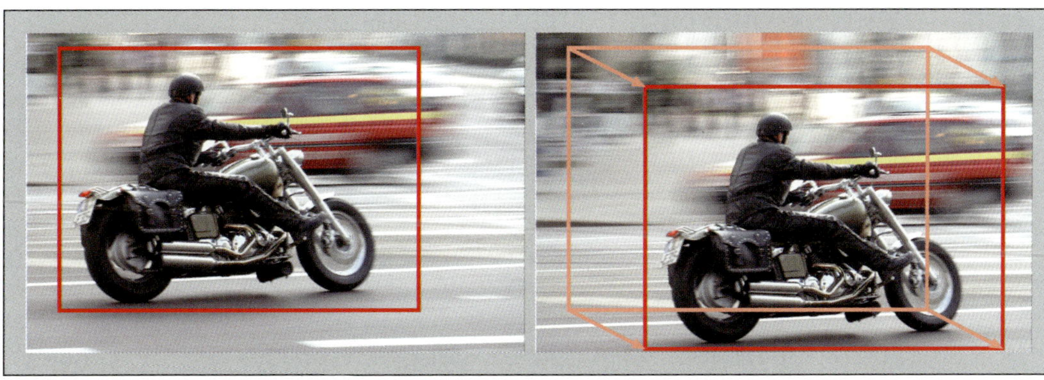

Abb. 4.9: Funktionsprinzip der elektronischen Bildstabilisierung

Bei der elektronischen Bildstabilisierung wird der genutzte Aufnahmebereich noch zusätzlich verkleinert, sodass ungenutzte Randbereiche auf der Chipoberfläche entstehen. Um das Bild bei Wackelbewegungen zu stabilisieren, kann der verkleinerte Aufnahmebereich innerhalb dieser Ränder verschoben werden (**Abb. 4.9**). Im Gegensatz zur elektronischen Bildstabilisierung erzeugt die langsamere und teurere optische Bildstabilisierung, bei der optische Elemente wie Linsen und Glaskeile im Strahlengang verschoben werden, keine Auflösungsverluste.

Elektronischer Zoom

Beim elektronischen Zoom, auch Digitalzoom genannt, wird ein kleinerer Bildausschnitt durch Umrechnung auf Vollbildgröße hochgerechnet. Dadurch steigen allerdings die Detaillierung und damit die Auflösung des Bildes nicht an. Im Gegensatz zum optischen Zoom, bei dem maximale Auflösung erhalten

❶ **Artefakte** = lat. Kunstgegenstand, Bildfleck, der nicht vom Motiv herrührt, z. B. Unschärfe, Blockbildung etc.

bleibt, weil der Bildwinkel optisch verkleinert wird, enthält das elektronisch gezoomte Vollbild in der Regel Artefakte und Unschärfen ❶. Derartige Artefakte sind beispielsweise Moireemuster oder helle Ränder an Objektkanten.

➲ **Bildstabilisierung und elektronischer Zoom reduzieren die Bildauflösung.**

4.1.4 Kalibrieren und Profilieren der Kamera

Farbabweichungen bei Digitalfotos

Auch bei Digitalfotos kommt es auf Farbtreue an. So besteht z. B. bei Modefotos für Kataloge, Kunstreproduktionen, Produktfotos und insbesondere bei Portraitfotos der Anspruch der exakten Farbtreue. Wird ein Portrait mit einer nicht profilierten Digitalkamera fotografiert und dann an einem profilierten Monitor oder Drucker wieder- bzw. ausgegeben, fallen Farbabweichungen zwischen der Ausgabe und dem Motiv besonders bei den Hauttönen auf (**Abb. 4.10**). Diese Farbabweichungen hängen von verschiedenen Faktoren ab und können sogar dann unterschiedlich sein, wenn zwei identische Kameras desselben Herstellers verwendet werden.

➲ **Farbabweichungen zwischen Foto und Motiv fallen insbesondere bei Hauttönen auf.**

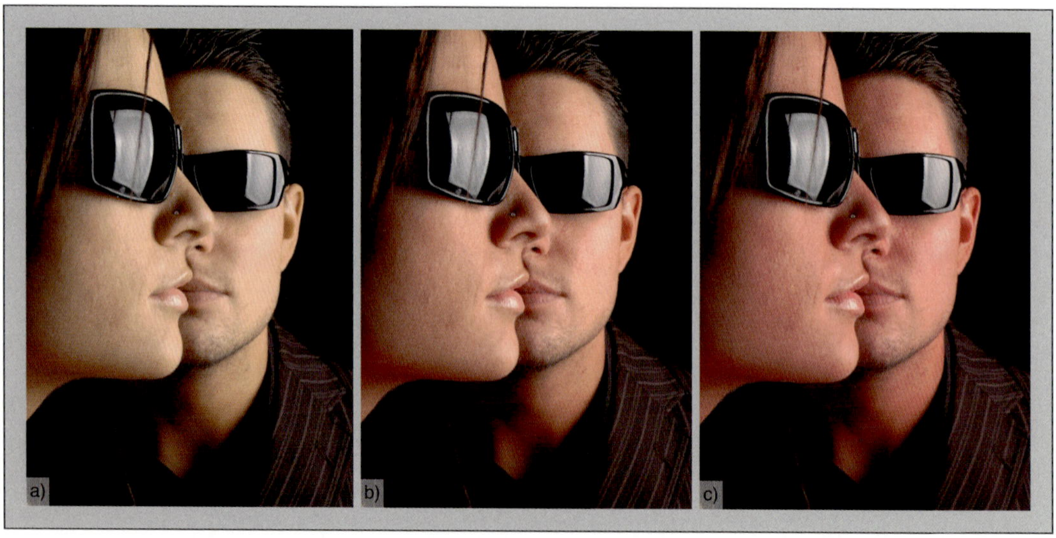

Abb. 4.10: Farbabweichungen bei Hauttönen, a) Rotwert zu gering, b) Rotwert korrekt, c) Rotwert zu hoch

Geräteabhängiger Farbraum

Die Ursache für diese Farbabweichungen ist dieselbe wie beim Scanner. Auch die Digitalkamera arbeitet mit ihren eigenen geräteabhängigen RGB-Grundfarben und operiert daher auch in ihrem eigenen geräteabhängigen RGB-Farbraum.

➲ **Eine Digitalkamera arbeitet mit geräteabhängigen RGB-Grundfarben in einem geräteabhängigen RGB-Farbraum.**

Um das Problem im Rahmen des Farbmanagements zu lösen, muss für die Digitalkamera, genau wie für jedes Eingabe-, Darstellungs- und Ausgabegerät innerhalb der Prozesskette, ein ICC-Profil erstellt und als ICC-Profildatei gespeichert werden. Das ICC-Kameraprofil „übersetzt" dann den kameraspezifischen Farbraum mithilfe von Referenztabellen in einen gemeinsamen Austauschfarbraum, z. B. den CIE-Lab-Farbraum. Bevor ein ICC-Kameraprofil erstellt werden kann, muss die Kamera zuerst kalibriert werden (Abb. 4.11).

ICC-Kameraprofil

➲ **Das ICC-Kameraprofil „übersetzt" den kameraspezifischen RGB-Farbraum mit Hilfe von Referenztabellen in den gemeinsamen CIE-Lab-Austauschfarbraum.**

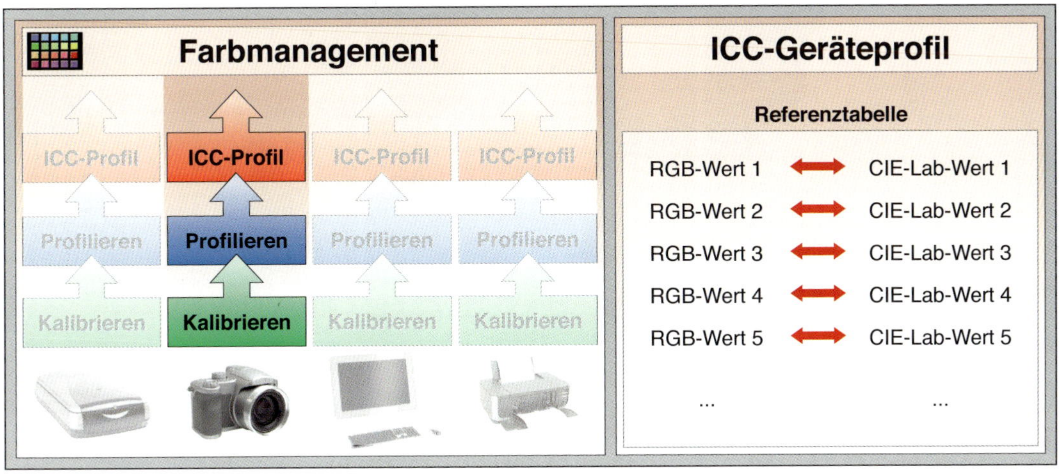

Abb. 4.11: Funktionsweise und Erstellung eines ICC-Geräteprofils

In diesem ersten Schritt, der Kalibration, wird die Digitalkamera, genau wie bei der Scanner-Kalibration, auf den vom Hersteller bei der Auslieferung festgelegten technischen Normalzustand bzw. auf die Defaultwerte zurückgesetzt. Dabei werden alle Bildoptimierungsfunktionen deaktiviert.

Kalibration der Digitalkamera

Dennoch reichten diese Kalibrierungsschritte für die Digitalkamera noch nicht aus. Im Gegensatz zum Scanner, bei dem die Vorlage stets mit der gleichen Lichtquelle, nämlich der eingebauten Scannerlampe, beleuchtet wird, kann die Lichtquelle für die Motivbeleuchtung bei jeder Digitalaufnahme variieren. Durch regelmäßiges Profilieren des Scanners werden alterungsbedingte Farbschwankungen der Scannerlampe in aktuellen ICC-Profilen des Scanners mit erfasst. Die Farbdarstellung der Digitalkamera hängt dagegen auch von der Lichtsituation bei der Aufnahme bzw. von den verwendeten Lichtquellen ab. So erzeugen unterschiedliche Lichtquellen, wie Leuchtstofflampen, Halogenlampen oder Blitzlampen jeweils unterschiedliche Lichtfarben. Selbst die Lichtfarbe des Tageslichts ist im Tagesverlauf nicht konstant.

Motivbeleuchtung

➲ **Die Farbdarstellung der Digitalkamera hängt von der Lichtfarbe der Motivbeleuchtung ab. Während sich eine Lampe aufheizt, ändert sich deren Lichtfarbe kontinuierlich. Auch das Tageslicht ändert seine Lichtfarbe im Tagesverlauf.**

Lichtquellen, die kein neutralweißes Licht erzeugen, verändern die Bildfarben des Digitalfotos. So wird beispielsweise ein neutralweißes Papierblatt bei rötlichem Kunstlicht einer Halogenlampe mit erhöhtem Rotwert abgebildet, während das Bild desselben Blatts bei bläulichem Tageslicht einen erhöhten Blauwert aufweist (**Abb. 4.12**).

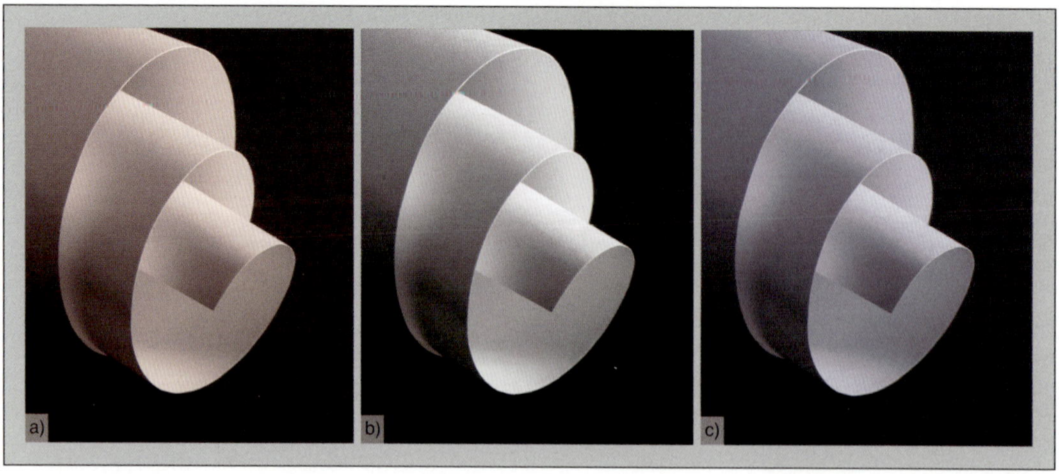

Abb. 4.12: Auswirkung der Beleuchtungsfarbe, a) rötliches Licht, b) unfarbiges (weißes) Licht, c) bläuliches Licht

Bevor ein ICC-Profil erstellt werden kann, muss die Digitalkamera auf die jeweilige Lichtsituation kalibriert werden, sodass die Veränderungen der Bildfarben durch die Lichtquelle minimiert werden.

Weißabgleich der Digitalkamera

Diese Kalibration der Digitalkamera auf die Lichtsituation ist der Weißabgleich. Das Ziel des Weißabgleichs ist es, dass neutralgraue Motivbereiche auch neutralgrau im Kamerabild dargestellt werden, d. h., dass die R-, G- und B-Werte dieser Bildbereiche übereinstimmen. Da die Augen permanent die Lichtfarben adaptieren und so für ein farbneutrales Bild sorgen, bemerken wir beispielsweise die allmähliche Lichtfarbänderung im Tagesverlauf nicht. Das Auge führt faktisch permanent einen Weißabgleich durch.

➲ **Im Rahmen der Kalibration muss die Digitalkamera mit einem Weißabgleich auf die jeweilige Lichtsituation kalibriert werden.**
Nach jeder Änderung der Lichtfarbe muss der Weißabgleich erneut durchgeführt werden.

Graukarte

Während der Durchführung des Weißabgleichs wird eine Graukarte mit ausreichendem Reflexionsvermögen möglichst formatfüllend fotografiert. Diese Karte muss metameriefrei sein. Das bedeutet, dass sie bei unterschiedlicher Beleuchtung gleiche Färbung zeigt. Beleuchtet wird die Graukarte dabei genau mit den Lichtquellen, die später für die Profilierung und auch für die Digitalaufnahmen eingesetzt werden.

Eine normale Graukarte, wie z. B. die Whitebalance Card von Gretag-MacBeth, hat 18 % Reflexionsvermögen. für den Weißabgleich ist jedoch ein höheres

Abb. 4.13: Auswirkungen des Weißabgleichs

Reflexionsvermögen von 25 % oder mehr sinnvoll. Weißes Papier sollte allerdings nicht verwendet werden, da die optischen Aufheller für zusätzliche Farbabweichungen sorgen können.

So wird beispielsweise die neutralgraue Karte (**Abb. 4.13**) vor dem Weißabgleich mit einem zu hohen Rotwert abgebildet. Der überhöhte Rotwert deutet auf eine rötliche Lichtquelle hin. Durch den Weißabgleich wird in der Kamera der Rotwert für alle nun folgenden Aufnahmen rechnerisch reduziert, wodurch die rötliche Bildfärbung kompensiert wird. Deshalb hat das Bild der neutralgrauen Motivfläche nun auch tatsächlich ein neutralgraues Bild zur Folge.

➲ **Für den Weißabgleich muss eine geeignete Graukarte verwendet werden. Ein weißes Papierblatt ist ungeeignet.**

Automatischer Weißabgleich

Preset White

Der Weißabgleich kann automatisch oder manuell durchgeführt werden. Alternativ kann für bestimmte Standardsituationen wie beispielsweise Kunstlicht (rötlich) und Tageslicht (bläulich) ein herstellerseitig vordefinierter Weißabgleich als Preset-Wert aufgerufen werden. Die besten Ergebnisse sind jedoch in der Regel mit einem manuellen Weißabgleich zu erzielen, da der automatische Weißabgleich nicht immer zuverlässig arbeitet und Preset-Werte meist nicht exakt passen. Damit ist die Kalibration der Digitalkamera vollständig abgeschlossen.

Profilierung der Digitalkamera

Digitalkamera Target

Jetzt kann im zweiten Schritt die Profilierung der Digitalkamera erfolgen, bei der das Farbverhalten in einem ICC-Profil charakterisiert und festgehalten wird. Dazu wird ein spezielles Profilierungs-Target, beispielsweise das Target „Digital ColorChecker SG“ von X-Rite (**Abb. 4.14**), aufgestellt und gleichmäßig diffus von links und rechts unter einem Winkel von 45° mit den Lichtquellen beleuchtet, mit denen auch die Digitalfotos erstellt werden sollen. Zu dem Profilierungs-Target gehört ein Datensatz mit den korrekten CIE-Lab-Werten der jeweiligen Farbfelder, wie sie vom Target-Hersteller vermessen worden sind.

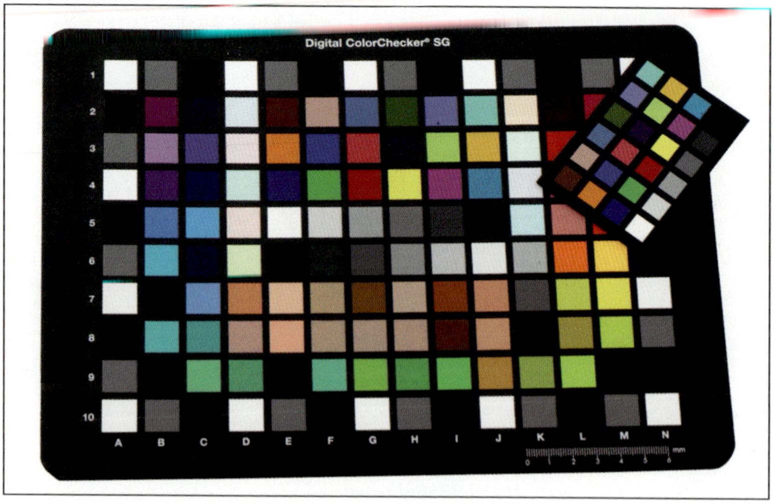

Abb. 4.14: **Digital ColorChecker SG von X-Rite**

ICC-Kameraprofildatei

Schließlich wird das Profilierungstarget nun korrekt belichtet fotografiert. Das entstandene Digitalfoto wird dann als RGB-Datei abgespeichert. Eine spezielle Profilierungssoftware (z. B. in Silverfast integriert) ordnet die gescannten RGB-Daten den vorher bereits bekannten CIE-Lab-Werten des Profilierungstargets in einer Referenztabelle zu und speichert diese Tabelle innerhalb der ICC-Profildatei für die Digitalkamera ab.

Die Alterung der Digitalkamera macht eine erneute ICC-Profilierung in regelmäßigen Abständen erforderlich. Viel häufiger ist die Wiederholung der ICC-Profilierung und der Kalibrierung jedoch nötig, weil sich die Beleuchtungssituation geändert hat. So gehört zu jeder Digitalkamera nicht nur eines, sondern eine Vielzahl von ICC-Kameraprofilen, nämlich jeweils ein frisch für jede aktuell benutzte Lichtsituation erstelltes Kameraprofil.

➲ **Die Kalibration und ICC-Profilierung einer Kamera muss bei jeder Veränderung der Lichtsituation wiederholt werden und auch immer dann, wenn an der Kamera Änderungen vorgenommen wurden.**

4.2 Aufnahmetechnik

Um bei der Digitalfotografie professionelle Ergebnisse zu erzielen, muss das Motiv für die Aufnahme sorgfältig vorbereitet, beleuchtet und die Kamera geeignet eingestellt werden.

4.2.1 Vorbereiten von Fotomotiven

Motiv säubern

Gegenstände sollten vor der Aufnahme mit Hilfsmitteln wie Mikrofasertüchern, Pinsel, Druckluftspray, Blasepinseln und geeigneten Reinigungsmitteln von Verunreinigungen, Fingerabdrücken und Staub gesäubert werden, um zeitaufwändige nachträgliche Retuschearbeiten am Foto zu vermeiden. Insbesondere bei glatten Gegenstandsoberflächen verhindert das Tragen von Baumwollhandschuhen während der Arbeit Fingerabdrücke.

Kamerazubehör

Wichtig für gute Digitalaufnahmen ist ein variabel ein- und feststellbares Kamerastativ, mit dem sich die Kameraperspektive exakt einrichten lässt. Mithilfe einer Graukarte wird der Weißabgleich durchgeführt und mit dem Profilierungstarget das Farbprofil der Kamera erstellt. Farb- und Effektfilter erweitern die Möglichkeiten der Bildgestaltung, während Polarisationsfilter zur Beseitigung störender Reflexionen glatter Oberflächen oder Glasscheiben dienen. Mit einem Hintergrundsystem können neutrale, schattenfreie Bildhintergründe realisiert werden, wie sie insbesondere bei Produkt-, Werbe- und Modefotos verwendet werden.

Beleuchtungstechnik

Zur Beleuchtung des Motivs werden Studioblitzsysteme eingesetzt, deren Licht mit Softboxen weicher und gleichmäßiger gemacht werden kann. Über (Falt-) Reflektoren können Motive auch indirekt beleuchtet werden. Für die Einstellung der Kamerabelichtungszeit wird das Beleuchtungsergebnis anschließend mit einem Blitzbelichtungsmesser gemessen.

ISO-Empfindlichkeit

Bei der Beurteilung der Motivbeleuchtung muss auch die Einstellung der ISO-Empfindlichkeit berücksichtigt werden. Damit wird die Sensibilität bezeichnet, mit der der Bildwandler einer Kamera auf Lichteinfall reagiert.

4.2.2 Schärfentiefe

Schärfentiefe und Tiefenschärfe

Digitalkameras können – genau wie analoge Kameras – gleichzeitig nur Objekte scharf abbilden, die sich im gleichen Abstand vor der Kamera befinden. Objekte weiter vorn oder dahinter werden umso unschärfer abgebildet, je weiter sie von dieser Position entfernt sind (**Abb. 4.15**). Als Schärfentiefe wird der Bereich um die Schärfeentfernung herum bezeichnet, in dem die Bildunschärfe noch so gering ist, dass sie nicht wahrnehmbar ist. Objekte in diesem Schärfentiefebereich werden etwa gleich scharf wahrgenommen. Statt des Begriffs Schärfentiefe ist auch der Begriff Tiefenschärfe gebräuchlich, der dasselbe meint.

Selektive Schärfe

In der Fotografie ist eine möglichst geringe Tiefenschärfe ein beliebtes Gestaltungsmittel, um ein Objekt zu betonen, indem es im Bild aus einem unscharfen Vorder- und Hintergrund hervorgehoben wird. Dieses bildgestalterische Element wird auch als „selektive Schärfe“ bezeichnet.

Schärfentiefebereich

Die Ausdehnung des Schärfentiefebereichs hängt von der Blendenöffnung, der Brennweite, der Entfernung zwischen Kamera und Objekt und von der Größe der Bildsensordiagonalen ab.

Kleiner Schärfentiefebereich

Ein kleiner Schärfentiefebereich entsteht unter folgenden Bedingungen (nach Wirksamkeit absteigend sortiert):

- große Blendenöffnung (kleine Blendenzahl)
- lange Brennweite (Tele, kleiner Bildwinkel)
- kleine Aufnahmedistanz (nahes Objekt, Einfluss ist vergleichsweise gering)
- großformatiger Bildwandler

Abb. 4.15: Kleine und große Schärfentiefe mit dem Scharfpunkt jeweils auf der Tasse

➲ **Um die Blende für einen kleinen Schärfentiefebereich weiter öffnen zu können, muss entweder das Motiv weniger hell ausgeleuchtet, eine kürzere Belichtungszeit eingestellt oder eine geringere ISO-Empfindlichkeit gewählt werden.**

Großer Schärfentiefebereich

Ein großer Schärfentiefebereich entsteht unter folgenden Bedingungen (nach Wirksamkeit absteigend sortiert):

- kleine Blendenöffnung (große Blendenzahl)
- kurze Brennweite (Weitwinkel, großer Bildwinkel)
- große Aufnahmedistanz (fernes Objekt)
- kleinformatiger Bildwandler

Genau deshalb ist das **Fotografieren mit Smartphones** eine dankbare Sache: Ein kleiner Bildwandler gepaart mit einer kurzen Brennweite erzeugt fast immer scharfe Bilder, weil der Schärfetiefebereich extrem groß ist.

➲ **Um die Blende für einen größeren Schärfentiefebereich weiter schließen zu können, muss entweder das Motiv heller ausgeleuchtet, eine längere Belichtungszeit eingestellt oder eine höhere ISO-Empfindlichkeit ❶ gewählt werden.**

❶ **ISO** = international standardization organization

Bildwandlergröße

Der Nachteil von preisgünstigen Digitalkameras besteht (noch) darin, dass sie im Vergleich zu entsprechenden Analogkameras einen aufgrund des vergleichsweise kleinen Bildwandlers vergrößerten Schärfentiefebereich aufweisen.

➲ **Mit einem größeren Bildwandler kann bei dem gleichen Objektiv ein kleinerer Schärfentiefebereich erzielt werden.**

Die Bildwirkung bei unterschiedlichen Blenden, Belichtungszeiten und ISO-Empfindlichkeiten kann mit Hilfe der interaktiven Anwendung "understanding photography" getestet werden, die sich auf der CD zum Buch befindet.

4.2.3 Workflow bei der Digitalfotografie

Bei professionellen Aufnahmen sollten alle störenden Automatikfunktionen deaktiviert sein. Einfache und damit günstige Bedingungen für die Digitalfotografie herrschen im Fotostudio. Beleuchtung und Bildaufbau können hier völlig unabhängig von äußeren Einflüssen wie beispielsweise störenden Lichtquellen erfolgen, während sie sich bei Außenaufnahmen an den vorgefundenen Licht- und Motivverhältnissen orientieren müssen.

Wichtig ist jedoch in beiden Fällen, dass keine Lichtquelle ungewollt direkt in das Kameraobjektiv einstrahlen kann, da es sonst zu Kontrastverlust, Belichtungsproblemen und unnatürlichen bunten Flecken (Artefakten) im Bild kommen kann (**Abb. 4.16**).

Abb. 4.16: Effekte bei direkter Lichteinstrahlung in das Objektiv

Die folgenden Schritte stellen den Workflow zum Digitalfoto anhand einer Studioaufnahme kurz dar. Dabei ist die Kamera bereits für die aktuelle Beleuchtungssituation kalibriert und profiliert.

➲ **Vor Beginn der Aufnahmen muss die Kamera auf die Lichtsituation kalibriert und profiliert werden.**

Als wichtiger Orientierungspunkt für die Einrichtung der Digitalkamera dient dabei die geplante Schärfentiefe mit den sich daraus ergebenden Vorgaben für Blende, Brennweite und Aufnahmedistanz.

➲ **Der Ausgangspunkt für die Einrichtung der Aufnahmesituation ist die geplante Schärfentiefe.**

Schritt 1: Bildausschnitt einrichten und scharf stellen (**Abb. 4.17**)
Nachdem das Motiv vor dem Hintergrund bzw. auf dem Hintergrundsystem korrekt ausgerichtet wurde, wird die Kameraperspektive eingerichtet. Dazu wird die Kamera mit einem passenden Festbrennweitenobjektiv bzw. einem Zoomobjektiv mit entsprechend eingestellter Brennweite auf dem Stativ in der beabsichtigte Aufnahmedistanz zum Motiv aufgebaut.

Anschließend wird die Kamerablende korrekt eingestellt und die gewünschte Tiefenebene des Bildes scharf gestellt.

Bei der Planung der Kameraperspektive ist zu beachten, dass Aufnahmen mit kleinem Bildwinkel (Tele) aus größerer Distanz zum Motiv eine geringe Tiefenwirkung („flaches Bild“) haben, da die Größenunterschiede im Bild bei hintereinander angeordneten Objekten klein sind. Weitwinkelaufnahmen aus

Abb. 4.17: Motiv einrichten

kurzer Aufnahmedistanz haben dagegen eine starke Tiefenwirkung mit einer entsprechend stark ausgeprägten Größenstaffelung der Objekte.

Abb. 4.18: **Studiolichttechnik**

Schritt 2: Blende und Belichtung festlegen (Abb. 4.18)
Die Lichtempfindlichkeit des Kamerasensors wird an der Kamera über die Einstellung der ISO-Empfindlichkeit festgelegt. Dabei ist zu beachten, dass die Bildqualität bei höheren ISO-Werten als 200 durch Bildrauschen leiden kann.

Wird für die Aufnahme weiches oder farbiges Licht gewünscht, kommen in Verbindung mit der Studioblitzanlage Softboxen bzw. Lampenfarbfilter zum Einsatz. Die fertig eingerichtete Blitzanlage muss nun ausgelöst werden, um währenddessen mit einem Blitzbelichtungsmesser die erforderliche Verschlusszeit auf der Basis der vorher an der Kamera eingestellten ISO-Empfindlichkeit zu bestimmen.

Die Blende wird so eingestellt, dass es im Bild nicht zu Überbelichtungen (Ausfressen) kommt. Bildinformationen in überbelichteten Bereichen sind verloren und können nicht rekonstruiert werden.

Schritt 3: Auflösung wählen, fotografieren und Bild speichern (Abb. 4.19)
Über das Menü der Digitalkamera kann die gewünschte Auflösung des Bildes eingestellt werden. Die maximale Bildauflösung ist durch die physikalische Auflösung des Bildwandlerchips limitiert. Größere Auflösungen lassen sich durch Interpolation erzeugen, wobei allerdings Bildfehler (Artefakte) entstehen.

Abb. 4.19: **Bild speichern**

Handelsübliche Digitalkameras bieten die Speicherung in der Regel als verlustbehaftete, komprimierte JPG-Datei oder als verlustfreie, in der Regel unkomprimierte RAW-Datei an. Beide Dateitypen beinhalten das mit dem Weißabgleich korrigierte Bild. In der RAW-Datei wird jeder Wert jedes Bildsensorpixels mit 12 bis 14 bit Auflösung abgespeichert.

➲ **Die Speicherung auf dem Kamerachip erfolgt ohne ICC-Profil. Wird das Bild direkt in eine Bildbearbeitungssoftware geladen, kann es mit dem ICC-Kameraprofil abgespeichert werden.**

4.2.4 Speicherchip-Formate für Digitalfotos

Die Speicherung erfolgt entweder auf einen Speicherchip in der Digitalkamera oder über das Datenkabel auf dem angeschlossenen Computer. Die gebräuchlichsten Speicherchipformate für Digitalkameras und ihre wichtigsten Eigenschaften sind in folgender Tabelle zusammengestellt:

Tabelle 4.5: **Speicherchips für Digitalkameras**

Speicherchipformat	Kürzel	Besonderheiten
Compact-**F**lash	CF	bis 256 GB, seit 1994 (SanDisk Corporation) Einsatz als mobile Festplatte (Microdrive)
Memory-**S**tick	MS	bis 2 TB, seit 1998 (Sony) Kompatibilität problematisch

Speicherchipformat	Kürzel	Besonderheiten
Secure-**D**igital	SD	bis 2 TB, seit 2001 (SanDisk Corporation) erhältlich als mini-SD und micro-SD
e**X**treme-**D**igital	XD	bis 2 TB, seit 2003 (Olympus, Fujifilm) Kompatibilität problematisch

4.3 Aufgaben und Übungen

1. **Digitalkameratypen:**
   Für einen Kunstdruck im Posterformat soll ein zeitgenössisches Gemälde abgelichtet werden.
   a) Begründen Sie, welcher Digitalkameratyp Ihrer Meinung nach der dafür geeignete ist.
   b) Kommen dafür auch 3-shot-Bildsensoren in Frage? Begründen Sie Ihre Antwort.

2. **Digitalkameratechnik:**
   Aus Gründen der Schärfentiefe möchten Sie statt mit Blende 8 nun mit Blende 2,8 arbeiten. Um welchen Faktor müssen Sie die Belichtungszeit ändern, um das gleiche Belichtungsergebnis zu erzielen?

3. **Bildsensoren:**
   a) Begründen Sie, warum Sie bei der Verwendung von 3-Shot-Kameras und Scan-Sensor-Kameras stets mit Stativ arbeiten sollten.
   b) Erklären Sie ausführlich, auf welche drei Arten Sie mit einem Scan-Sensor eine höhere Bildauflösung erzielen können.

4. **Auflösung des Kamerabildes:**
   Erläutern Sie, warum Bildstabilisierung und elektronischer Zoom die Bildauflösung einer Digitalkamera beeinflussen.

5. **Auflösung des Kamerabildes:**
   Ihr Arbeitsgerät ist eine 1-Chip-Kamera mit 10 Megapixeln, Bayer-Filter und 48 Bit Farbtiefe.
   a) Berechnen Sie, welche maximale Bildauflösung Sie mit dieser Kamera erreichen können.
   b) Welches maximale Ausgabeformat ergibt sich daraus für einen gedruckten Bildband?
   c) Erläutern Sie, in wie viele Stufen jeder Farbkanal aufgelöst wird und wie viele Farben die Kamera insgesamt darstellen kann.

6. **Auflösung des Kamerabildes:**
   Ein Digitalfoto soll als hochqualitativer Kunstdruck mit einem Q-Faktor von 2,0 vollformatig in DIN A4 gedruckt werden.
   a) Berechnen Sie, wie viel Megapixel der Bildsensor einer 1-Chip-Kamera mit Bayer-Filter bei diesen Anforderungen haben muss.

b) Berechnen Sie, wie groß dieses Digitalfoto auf einem 19"-UXGA-Bildschirm dargestellt würde, wenn Sie es auf 100 % Größe skalieren.

7. ICC-Profilierung:
Erläutern Sie, warum die Kalibration einer Digitalkamera einen Weißabgleich umfasst. Erklären Sie in diesem Zusammenhang, wieso dieser Weißabgleich bei einer Änderung der Lichtverhältnisse wiederholt werden muss.

8. Aufnahmetechnik:
Erklären Sie, welche Einstellungen an der Digitalkamera zu einer geringen Schärfentiefe führen. Begründen Sie, wieso in diesem Zusammenhang der großflächigere Bildsensor die bessere Wahl ist.

C

Bilder bearbeiten

Ist ein Digitalfoto erstellt oder eine Vorlage eingescannt, ist die kreative Arbeit am Bild noch nicht abgeschlossen. Je nach Qualitätsanspruch können Motive durch eine Bearbeitung von Helligkeit, Kontrast und Farbe deutlich besser in Szene gesetzt werden.

Eine Voraussetzung für die sensible Bildbeurteilung ist ein geeigneter Arbeitsplatz. Selbst wenn man keine teuren Geräte verwendet und die Raumgestaltung nicht optimal ist, kann man sich um sinnvolle Umgebungsbedingungen und Software-Einstellungen bemühen (Kapitel 5).

In den Kapiteln 6 bis 9 geht es um grundlegende und fortgeschrittene Techniken der Ton- und Farbwertkorrektur. Will man diese professionell und zielführend anwenden, ist teilweise sehr tiefgehendes Wissen um die Ursache für die Eingriffe und deren Wirkung nötig. Hier wird dieses Wissen praxisnah und problemorientiert an Beispielen vermittelt. Das Kapitel ist entsprechend der Arbeitssystematik aufgebaut, die im Workflow der Bildbearbeitung angewendet wird.

5 Farbdarstellung kontrollieren

Abb. 5.1: Arbeitsplatz für die Bildbearbeitung

Professionelle Bildbearbeitung beginnt nicht erst bei der Handhabung der Software, sondern bereits bei der überlegten Einrichtung des Bildschirm-Arbeitsplatzes. Es sind vor allem drei Faktoren, die Einfluss auf die Monitordarstellung haben:

- Die Umgebungsbeleuchtung
- Die Qualität des Monitors
- Die regelmäßige Kalibration des Monitors

Diese Faktoren werden im Kapitel 5.1 „Bildschirm-Arbeitsplatz einrichten" erläutert. In Kapitel 5.2 „Dateieigenschaften und Colormanagement-Einstellungen" geht es um die Aufbereitung der Daten im Hinblick auf die Vermeidung von Farbabweichungen und -fehlern während der Verarbeitung.

5.1 Bildschirm-Arbeitsplatz einrichten

Bildbearbeiter stellen an ihren Arbeitsplatz die Anforderung, dass alle Farb- und Helligkeitsmerkmale des Originals auch in der Monitordarstellung abgebildet werden. Darum gilt:

➲ **Ein gut eingerichteter Bildschirmarbeitsplatz erlaubt es, auch extrem helle, stark gesättigte und sehr dunkle Farben darzustellen.
Feine Farb- und Helligkeitsnuancen des Originals sind erkennbar.**

Qualitätskriterien der Monitordarstellung

Für eine gute Monitordarstellung ist zunächst die Qualität des Gerätes ausschlaggebend. Doch auch ohne professionelle Ausstattung kann man die Farbwiedergabe von Bildern deutlich verbessern. Wie man dabei vorgeht und was dabei beachtet werden muss, wird in diesem Kapitel genauer erläutert.

5.1.1 Umgebungsbeleuchtung

Die Umgebungsbeleuchtung hat einen großen Einfluss auf die Farbwahrnehmung des Betrachters. Neben der Tatsache, dass das Auge sich an die Helligkeitsverhältnisse anpassen muss, spielt besonders die Farbtemperatur des Lichtes eine wichtige Rolle. Die Farbtemperatur ist ein Maß für die Eigenfärbung des Lichts, denn dieses ist niemals wirklich farblos. Sie wird in Kelvin (kurz K) ❶ angegeben. Niedrige K-Zahlen stehen für gelblich/rötliches Licht, hohe Zahlen für bläuliches. Anhand der Tabelle 5.1 kann man einschätzen, wie dieses Licht im Vergleich zu anderem in etwa wirkt. Mit Hilfe der Kelvin-Maßzahlen werden auch Normlichtarten klassifiziert. In der Druckindustrie wird mittlerweile in allen Fällen farbkritischer Beurteilung das Normlicht D50 (5000 K) verwendet. Tabelle 5.2 gibt Empfehlungen für die Umgebungsbedingungen des Arbeitsplatzes.

❶ Kelvin [K] ist eine Temperaturangabe, ähnlich der Einheit °C. Im Unterschied dazu beginnt die Kelvin-Skala jedoch im absoluten Nullpunkt (bei -273 °C), unter den die Temperatur nicht sinken kann. 0 K entsprechen demnach -273 °C.

Tabelle 5.1: Lichtarten und ihre Farbtemperatur

Farbtemperatur	Lichtarten
2856 K	Normlicht A (entspricht etwa Glühlampenlicht)
5000 K	**Normlicht D50 (entspricht etwa mittlerem Tageslicht), Standardlicht in der Druckindustrie**
6500 K	Normlicht D65 (entspricht etwa dem Mittagslicht)
7000 K	
	Häufige Werkseinstellung von Monitoren liegen zwischen 6000 K und 9000 K
9000 K	

Tabelle 5.2: Empfehlungen zur Umgebungsbeleuchtung bei der Bildbearbeitung

Empfehlung	Erläuterung
Gegen Tageslicht abschotten	Standardisierte Lichtbedingungen schaffen: Da das natürliche Licht sich im Verlauf des Tages und unter dem Einfluss von Wetter und Jahreszeit verändert, ist es nicht als Umgebungsbeleuchtung geeignet.
Zur Beurteilung von Farbreferenzen einen Normlichtkasten (D50) verwenden	Standardisierte Lichtbedingungen schaffen
Neutralgraue Wände, keine Oberbekleidung mit hoch gesättigten Farben tragen	Standardisierte Lichtbedingungen schaffen: Die Eigenfärbung von Licht wird verändert, wenn es vor dem Auftreffen auf den Monitor durch Wände, Einrichtungsgegenstände oder Kleidung reflektiert wird.
Nur wenn der Monitor hohe Leuchtdichten (Helligkeit) erzeugen kann, schadet gedämpftes Raumlicht nicht. Ansonsten Umgebungslicht ausschalten	Je dunkler die Umgebung des Arbeitsplatzes ist und je heller der Monitor, desto feiner können Kontraste am Bildschirm wahrgenommen werden. CRT-Monitore erreichen zu geringe Leuchtdichten (Helligkeitswerte).
Blendungen des Betrachters sowie Lichtquellen im Sichtfeld und zu starke Monitorhelligkeit vermeiden	Auch durch Blendungen leidet die Fähigkeit des Auges, Kontraste wahrzunehmen.
Keine Lichtreflexe, Staub oder Fingerabdrücke auf dem Bildschirm	Störungen verfälschen die Farbdarstellung an der betroffenen Stelle des Monitors.
Monitorhintergrund mit neutralem Grau mittlerer Helligkeit füllen	Simultankontraste vermeiden: Ein zugleich (simultan) mit dem Bild wahrgenommener Hintergrund verändert die Farbempfindung. Das menschliche Gehirn verstärkt die wahrgenommenen Unterschiede zwischen Vorder- und Hintergrund.

➲ **Die Farbtemperatur (in K) ist ein Maß für die Eigenfärbung des Lichts. In der Druckindustrie wird Normlicht D50 mit einer Farbtemperatur von 5000 K verwendet.**

Standardisierte Lichtbedingungen

Um die Betrachtungsbedingungen zu standardisieren, ist es am konsequentesten, überhaupt kein Umgebungslicht zu verwenden. Da diese Forderung jedoch in vielen Fällen nicht praktizierbar ist, sollte man sich zumindest um standardisierte Lichtbedingungen und eine optimale Aufstellung des Monitors in Bezug auf die Lichtquelle bemühen. Wichtig ist in solchen Fällen auch die Verwendung einer Lichtschutzblende, die um den Monitor angebracht wird (**Abb. 5.1** auf S. 122), um diesen vor direkter Einstrahlung von Fremdlicht zu schützen.

Farbabmusterung

Wenn ein Kunde ein bestimmtes Referenzbild oder ein Farbmuster vorlegt, an das ein Digitalbild angeglichen werden muss, sind für diese Angleichung standardisierte Betrachtungsbedingungen zu schaffen. Man benutzt im Idealfall einen Normlichtkasten, der neben dem Monitor aufgestellt wird, wie er auch in **Abb. 5.1** auf S. 122 zu sehen ist. Auf das Licht dieses Leuchtkastens muss auch die Helligkeit und die Farbtemperatur des Monitorweiß angepasst werden (vgl. Kapitel 5.1.3 Kalibration).

5.1.2 Qualität des Monitors

Professionelle Bildbearbeitung findet an hochwertigen Monitoren statt, die Farben in möglichst vielen Helligkeitsstufen und Farbtönen darstellen können. Das ist gewährleistet, wenn das Gerät einen großen Farbraum besitzt.

➲ **Der Begriff Farbraum steht für die Menge darstellbarer Farben eines Gerätes. Oft wird dafür auch der englische Begriff Gamut verwendet.**

Proof-Monitor

Man bezeichnet hochwertige, in der Druckvorstufe eingesetzte Monitore auch als Proof-Monitore. Der Begriff Proof bedeutet aus dem Englischen übersetzt etwa „Probeabzug". In der Drucktechnik steht er für eine Darstellung, die auf dem Papier (Hardproof) oder am Bildschirm (Softproof) die Vorwegnahme des Druckergebnisses zum Ziel hat. Dafür muss der Monitor insbesondere einen größeren Farbraum besitzen als das später verwendete Druckverfahren. Nur dadurch ist sichergestellt, dass der Monitor alle druckbaren Farben auch anzeigen kann. **Abb. 5.2** vergleicht den Farbraum eines Monitors (farbige Darstellung) mit denen eines standardisierten Offsetdrucks (Gitternetz). In dieser Darstellung befindet sich die L-Achse (Hell-Dunkel-Achse, vgl. Kapitel 2.1.2, S. 55 ff) parallel zur Bildhöhe, die a-Achse (Grün-Magenta) verläuft annähernd von links nach rechts und die b-Achse (Blau-Gelb) von vorne nach hinten. Überall dort, wo der Monitorfarbraum in a- bzw. b-Richtung weiter ausgedehnt ist, kann dieser gesättigtere

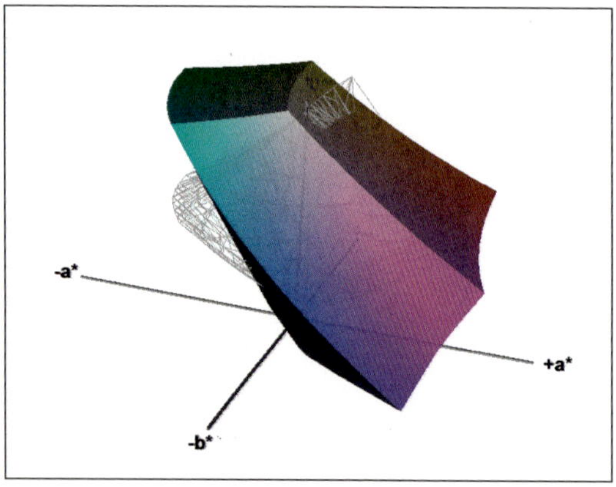

Abb. 5.2: Vergleich der Farbräume von Monitor (Farbkörper) und Offsetdruck (Gitternetz)

Farben als der Offsetdruck erzeugen. Sehr intensive Gelb- und Cyanbereiche sind jedoch problematisch, da hier der Druck- den Monitorfarbraum übersteigt. In der Grafik erkennt man das daran, dass das Gitternetz (Abbildung des Offsetdruckfarbraums) in diesen Bereichen den farbigen Körper (Abbildung des Monitorfarbraums) überragt. Die dadurch gekennzeichneten Farben sind zwar druckbar, aber nicht am Bildschirm darstellbar. Eine farbkritische Beurteilung dieser Bereiche ist also am Bildschirm nicht möglich.

➲ **Die farbliche Simulation des Druckergebnisses am Bildschirm nennt man Softproof. Für dessen Darstellung werden hochwertige Monitore mit großem Farbraum verwendet.**

TFT- und CRT-Monitore

Abb. 5.3 a: TFT-Monitor

Abb. 5.3 b: CRT-Monitor

Heute werden in der Druckindustrie vor allem TFT-Monitore verwendet (Flachbildschirme wie z. B. in **Abb. 5.3 a**). Deren Darstellungseigenschaften sind mittlerweile deutlich besser als die von herkömmlichen CRT- (Cathode-Ray-Tube) bzw. Röhrenmonitoren (**Abb. 5.3 b**). Neben vielen Vorteilen, die TFT- gegenüber CRT-Monitoren haben, gibt es auch einige Nachteile (**Tabelle 5.3**).

Tabelle 5.3: Vor- und Nachteile von TFT- gegenüber CRT-Monitoren

Vorteile von TFT-Monitoren	Nachteile von TFT-Monitoren
Häufig bessere Farbwiedergabe (größere Farbräume)	Abhängigkeit der Bildhelligkeit und Farbe vom Blickwinkel des Betrachters
Häufig höheres Kontrastverhältnis zwischen Schwarz und Weiß	Scharfe Bilddarstellung nur bei Einhaltung der gerätespezifischen Auflösung (ansonsten Interpolationsunschärfe ❶)
Einheitlichere Bilddarstellung über die Anzeigefläche	
Häufig höhere Auflösungen	
Häufig leuchtstärker	
Geringerer Stromverbrauch	
Flimmerfreiheit	
Geringerer Platzbedarf und geringeres Gewicht	

❶ **Interpolation** bedeutet Zwischenwertberechnung. Wird an einem TFT-Monitor eine andere als die gerätespezifische Auflösung verwendet, wird die Pixelanzahl der softwareseitig eingestellten Auflösung auf die der physikalisch vorgegebenen Anzahl der gerätespezifischen projiziert. Auch dabei müssen Zwischenwerte berechnet werden, was Unschärfe in der Darstellung zur Folge hat (vgl. auch Kapitel 2.3.2, S. 66 f und auf Seite 132).

5.1.3 Kalibration

❶ **Farbverbindlichkeit** bedeutet in etwa „Farbtreue". Die Darstellung muss innerhalb enger Toleranzen einer Vergleichsfarbe, wie z. B. einem Referenzdruck oder einem Original, entsprechen.

Jeder Monitor verändert im Laufe der Zeit seine Farbdarstellung. Um trotzdem farbverbindliches Arbeiten ❶ zu ermöglichen, muss ein Monitor regelmäßig, z. B. einmal monatlich, kalibriert werden. Dabei reguliert und standardisiert man seine Farbwiedergabe-Eigenschaften. Die daraus resultierende Farbdarstellung wird in Form eines sogenannten Monitorprofils protokolliert und vom Computer gespeichert. Es ist also sehr wichtig, nach der Profilerstellung keine Veränderungen der Monitordarstellung mehr vorzunehmen, ansonsten muss das Profil aktualisiert werden.

➲ **Bei der Kalibration reguliert man die Farbwiedergabe-Eigenschaften eines Monitors. Diese werden im Anschluss daran in Form eines Monitorprofils beschrieben und gespeichert.**

Voraussetzungen für die Kalibration

Bevor man mit der Kalibration beginnt, müssen folgende Voraussetzungen erfüllt sein:

1. Die Umgebungsbeleuchtung entspricht den Standardbedingungen oder sie ist ausgeschaltet.
2. Da die Temperatur der Monitorbauteile Auswirkungen auf die Farbdarstellung hat, sollte das Gerät bereits ca. eine Stunde vor der Kalibration in Betrieb sein, danach bleibt sein Farbverhalten relativ stabil.

Empfehlungen für die Einstellung der Monitorkalibration

Beim Kalibrieren werden die unten stehenden Eigenschaften beeinflusst. Die Werteangaben sind Empfehlungen, die die Fogra (deutsches Forschungsinstitut der Druckindustrie) für die Kalibration von TFT-Monitoren gibt (vgl. www.fogra.de: Fogra Softproof Handbuch Version 1, Februar 2008, S. 5 und S. 21). Sie werden im Anschluss im Einzelnen erläutert:

➲ **Maximalhelligkeit (-leuchtdichte) des Monitorweißpunktes: ca. 160 cd/m²**
➲ **Kontrast-Verhältnis Weiß- zu Schwarzpunkt: mindestens 200 : 1**
➲ **Farbtemperatur des Weißpunktes: 5000 - 6000 K**
➲ **Gammawert (Helligkeitsabstufung zwischen Schwarz und Weiß): bei Arbeiten für RGB-Ausgabegeräte dem Arbeitsfarbraum entsprechend (fast immer 2.2), bei Arbeiten für CMYK-Ausgabe: „eciRGB_v2"**

Helligkeit

❷ In einem **Normlichtkasten** herrschen standardisierte Beleuchtungsbedingungen. Insbesondere die Farbtemperatur ist genau definiert. In **Abb. 5.1** auf S. 122 ist ein Normlichtkasten abgebildet.

Mit der Helligkeit wird die Intensität der Monitoremission (des vom Monitor erzeugten Lichts) eingestellt. Physikalisch handelt es sich dabei um die sogenannte Leuchtdichte, die in cd/m² (Candela pro Quadratmeter) gemessen wird. Diese Einheit berücksichtigt die Hellempfindung des Menschen und bezieht sich auf eine selbst leuchtende oder beleuchtete Fläche. Die Fogra-Empfehlung von 160 cd/m² beruht auf einer Angleichung der Bildschirmhelligkeit an die Helligkeit eines Auflagenpapiers, das in einem Normlichtkasten ❷ angebracht wurde.

➲ **Die Helligkeitseinstellung bestimmt die maximale Intensität des Monitorweiß. Die Fogra empfiehlt eine Einstellung von 160 cd/m².**

Bei der Kalibration mit professioneller Software wird die Leuchtdichte der Monitoremission gemessen und auf den Sollwert eingestellt, bei einfacheren Tools muss man sie subjektiv durch Vergleiche mit Testbildern einschätzen.

Kontrast

Der Kontrast, oder genauer das Kontrastverhältnis, beschreibt das Helligkeitsverhältnis zwischen Weiß- und Schwarzpunkt eines Monitors, also der hellsten und der dunkelsten darstellbaren Farbe. Laut Fogra-Empfehlung sollte der Monitor in der Lage sein, ein Kontrastverhältnis von mindestens 200 : 1 abzubilden. Bei einer Maximalhelligkeit von 160 cd/m^2 ergäbe sich daher eine Soll-Leuchtdichte von 160 : 200 = 0,8 cd/m^2 für den Monitorschwarzpunkt. TFT-Monitore haben jedoch aufgrund ihrer technischen Funktionsweise einen nicht veränderbaren Schwarzpunkt. Dieser entspricht dem nicht beleuchteten Monitordisplay mit den Werten RGB = 0/0/0. Hat man also die Monitorhelligkeit eingestellt, ist damit auch das Kontrastverhältnis gegeben.

➲ **Unter Kontrast versteht man das Verhältnis zwischen den Leuchtdichten der maximalen Monitorhelligkeit und des dunkelsten darstellbaren Punktes.**

Differenzierung in den Tiefen

Bei der Einstellung des Kontrastverhältnisses eines Monitors taucht häufig das Problem auf, dass feine Differenzierungen in dunklen Bereichen nicht mehr gut genug unterscheidbar sind. Ist dies der Fall, so sollte die Kalibration wiederholt werden. Ist jedoch die Darstellungsqualität des Monitors ausgereizt, so kann man sich nicht auf den visuellen Eindruck verlassen, sondern kontrolliert die Farbwerte der Bildstellen (vgl. Kapitel 7.1.3).

Farbtemperatur

Einen großen Einfluss auf die Farbwahrnehmung hat auch die Farbtemperatur, auf die der Monitor eingestellt ist. Damit bezeichnet man die Eigenfärbung des Lichts, in diesem Fall also die der Monitoremission bei weißem Bildschirm (**Tabelle 5.1**, S. 123). Wie in der Druckindustrie üblich, sollte auch das Monitorweiß dem Normlicht D50 entsprechen. Die Fogra-Empfehlung wirkt also zunächst unverständlich großzügig, das Monitorweiß auf einen Wert zwischen 5000 und 6000 K einzustellen. Die Begründung für die vergleichsweise höhere Farbtemperatur liegt darin, dass das Auge des Betrachters sich anders auf eine selbst leuchtende Bildansicht einstellt als bei der Betrachtung eines gedruckten Bildes unter diffusem Umgebungslicht (vgl. Fogra Softproof Handbuch Version 1, Februar 2008, S. 30).

Monitorweiß

➲ **Die Farbtemperatur des Monitors muss meistens etwas höher als 5000 K gewählt werden, damit das Auge die Eigenfärbung von Papierweiß und Monitoremission als übereinstimmend empfindet.**

Viele Monitore sind werkseitig auf eine deutlich höhere Farbtemperatur eingestellt als die hier empfohlene. In diesem Fall ist es nötig, die Farbtemperatur manuell zu korrigieren. Am genauesten geht dies mit Hilfe geeigneter Messgeräte.

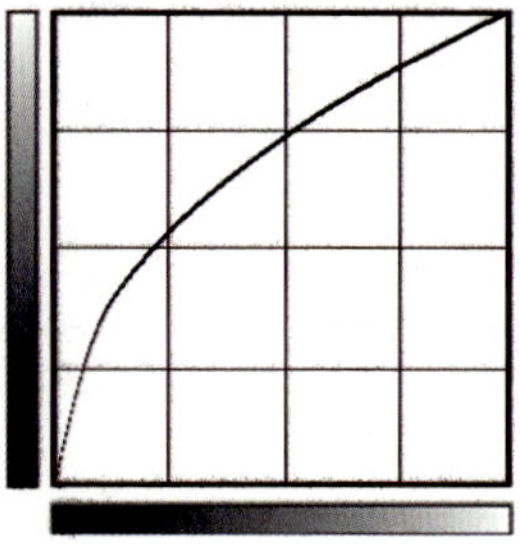

Abb. 5.4a: Gamma 2,2

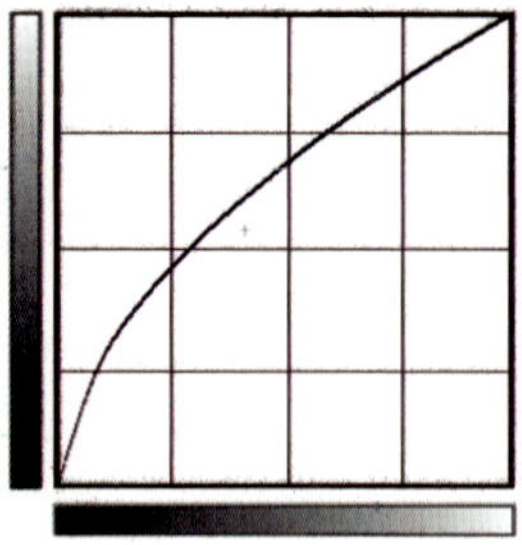

Abb. 5.4b: Gamma 1,8

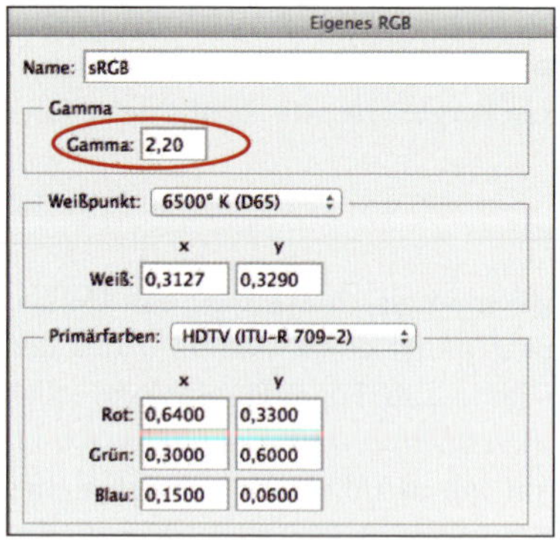

Abb. 5.4c: Angaben zum sRGB-Arbeitsfarbraum

Gammawert

Der Gammawert bestimmt, in welchen Abstufungen der Monitor den Übergang von Schwarz nach Weiß darstellt. Er charakterisiert eine Tonwertübertragungskurve, ähnlich einer Gradationskurve ein (vgl. Kapitel 6.3, S. 149). Dadurch wird die Beziehung zwischen den Digitalwerten der Bildpixel und der Leuchtdichte der Monitoranzeige beschrieben. Die Einstellung des Gammawertes normiert dieses Verhältnis auf eine bestimmte Wiedergabefunktion (**Abb. 5.4a** und **Abb. 5.4b**). Da es sich hierbei um eine Korrektur handelt ist es richtiger, nicht vom Gamma-, sondern vom Gammakorrekturwert zu sprechen. Dabei ging das Macintosh-System traditionell von einem Gammakorrekturwert von 1,8 aus, der PC von 2,2. Heute findet man auf allen gängigen Geräten die Voreinstellung 2,2. Sie ist der menschlichen Wahrnehmung besser angepasst.

➲ **Der Gammawert beschreibt das Verhältnis von Digitalwerten zur Leuchtdichte des Monitors.**

Monitor- und Arbeitsfarbraum

Meistens wird die Bildschirmdarstellung einer Datei durch ein angehängtes Profil oder den voreingestellten Arbeitsfarbraum bestimmt. Das ist der im Programm für einen bestimmten Farbmodus voreingestellte Farbraum. **Abb. 5.4c** zeigt dies am Beispiel des sRGB-Farbraums, der einen typischen Monitor charakterisiert. Diese Angaben werden in Photoshop angezeigt, wenn man in den Farbeinstellungen unter „RGB-Farbraum" den Punkt „Eigenes RGB" anwählt. Ist die Farbdarstellung durch ein Profil oder einen Arbeitsfarbraum definiert, werden die Daten des Monitorprofils so verrechnet, dass sie die dadurch vorgegebene Farbdarstellung simulieren.

➲ **In der Regel simuliert der Monitor Farbräume, die durch Profile bzw. Arbeitsfarbräume definiert sind.**

Die Empfehlung der Fogra sieht vor, das Monitorgamma dem aktuellen Arbeitsfarbraum anzupassen. Der Grund dafür ist, dass der Bildschirm dann bei der Anzeige von RGB-Dateien im Arbeitsfarbraum nur wenig von seinen Voreinstellungen abweichen muss. Dadurch wird eine höherwertige Darstellung ermöglicht. Bilder, die für Bildschirmmedien aufbereitet werden, werden in sRGB bearbeitet. Dieser Farbraum besitzt ein Gamma von 2,2. Dieser Wert sollte also auch bei der Kalibration verwendet werden.

L*-Funktion

Bei Arbeiten für CMYK-Ausgabegeräte wird unter professionellen Anwendern die Kalibration auf die Wiedergabekurve der sogenannten L*-Funktion favorisiert, wie sie sich auch im Lab-System in Form der L-Achse wiederfindet. Die Abstufungen der Digitalwerte entsprechen dabei denjenigen der menschlichen Hellempfindung. Der Tonwert 128 entspricht darin beispielsweise L = 50.

(Bei einer Kalibration auf ein Gamma von 1,8 liegt L = 50 dagegen beim Digitalwert 100, bei einer Gammafunktion von 2,2 bei 116.) Der Arbeitsfarbraum sRGB benutzt beispielsweise ein Gamma von 2,2. eciRGB verwendet die L*-Funktion.

➲ **Das Monitorgamma sollte möglichst dem Gammawert des Ausgabefarbraums entsprechen, damit die Bildschirmanzeige möglichst wenig verändert werden muss.**

Profilerstellung

Die Erstellung eines Profils geschieht im Anschluss an die Kalibration eines Monitors. Trotzdem ist es sinnvoll, beide Vorgänge zumindest begrifflich voneinander zu trennen. Während die Kalibration die Regulierung des Farbverhaltens meint, ist die Profilierung dessen Beschreibung. Ein Profil beschreibt, wie groß der Farbraum ist, den ein Gerät wiedergeben kann. Außerdem beschreibt es, welchen Farbeindruck eine bestimmte Mischung seiner Grundfarben jeweils hervorruft. Diese Informationen können entweder textlich abgerufen oder aber grafisch dargestellt werden. **Abb. 5.5a** und **Abb. 5.5b** zeigen dies am Beispiel eines Monitorprofils, einmal als tabellarische Gegenüberstellung der Farbwerte (RGB und Lab), einmal als Abbildung des Farbraums im Lab-System.

Kalibration und Profilierung

SAMPLE ID	SAMPLE Name	RGB_R	RGB_G	RGB_B	LAB_L	LAB_A	LAB_B
1	A1	0	0	0	0,45	-3,36	-10,90
2	A2	0	0	85	13,67	23,38	-62,97
3	A3	0	0	170	27,44	36,25	-92,01
4	A4	0	0	255	39,87	46,89	-117,58
5	A5	0	85	0	42,47	-53,63	38,83
6	A6	0	85	85	45,55		
7	A7	0	85	170	50,42		
8	A8	0	85	255	56,87		

Abb. 5.5a: Beschreibung eines Monitorfarbraums durch Zuordnung von RGB- und Lab-Werten

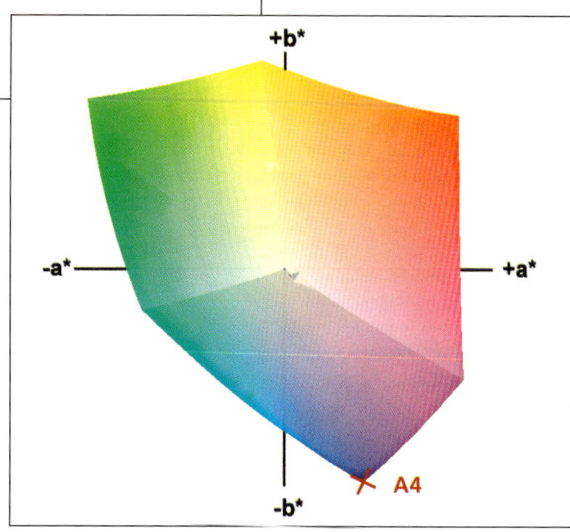

Abb. 5.5b: Grafische Veranschaulichung eines Monitorfarbraums

Der Lab-Farbraum, in dem alle für den Menschen sichtbaren Farben enthalten sind, dient als Orientierungsgröße. Die Darstellung in **Abb. 5.5b** bietet eine Aufsicht auf die a- und die b-Achse, die L-Achse befindet sich im Kreuzungspunkt und würde in einer dreidimensionalen Ansicht senkrecht auf dem Papier stehen. In der Abbildung erkennt man, dass die Ausdehnung des Monitorfarbraums im Cyanbereich geringer ist als in den anderen Farbbereichen.

Die Zahlenkolonnen in **Abb. 5.5a** ordnen RGB- und Lab-Werte einander zu. Das Farbmischungsverhältnis der Grundfarben wird dabei in RGB-Werten angegeben, das Aussehen der dadurch erzeugten Farben in Lab-Werten. Durch die markierte Zeile in **Abb. 5.5a** wird das RGB-Tripel 0/0/255 hervorgehoben. Die Werte sind in den Spalten mit den Titeln RGB_R, RGB_G und RGB_B ablesbar. Die letzten drei

❶ RGB- bzw. CMYK-Werte geben Mischungsverhältnisse der Gerätegrundfarben an, Lab- oder die Werte eines anderen Farbmaßsystems beschreiben das Aussehen einer Farbe eindeutig (vgl. Kapitel 2.1.2, S. 55).

Spalten zeigen an, welche Lab-Werte daraus resultieren. Es sind die Werte L = 39,87, a = 46,89 und b = –117,58 ❶. Der damit bezeichnet Farbort wurde in der dreidimensionalen Darstellung in **Abb. 5.5b** angekreuzt.

➲ **Ein Profil definiert den Farbraum eines Gerätes. Jedem gerätespezifischen RGB- bzw. CMYK-Wert wird darin ein geräteneutraler Lab-Farbwert zugeordnet und umgekehrt.**

5.2 Dateieigenschaften und Colormanagement-Einstellungen

Nachdem die Arbeitsumgebung und der Monitor eingerichtet wurden, müssen die Bilddaten und die Programmeinstellungen kontrolliert werden. Die Dateieigenschaften Farbmodus, Auflösung und Bittiefe bestimmen dabei die Qualität der Digitalisierung. Die Colormanagement-Einstellungen sind verantwortlich für die Farbtreue der Abbildungen.

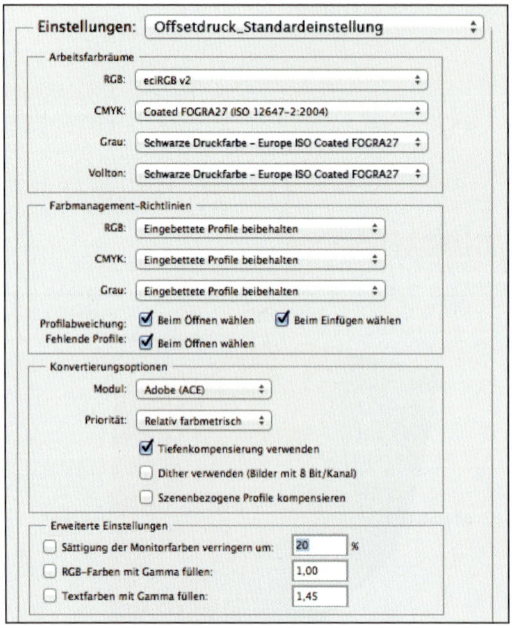

Abb. 5.6: Farbeinstellungen

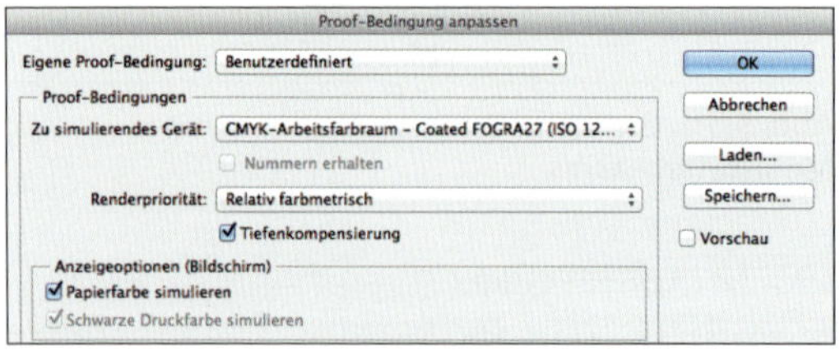

Abb. 5.7: Softproof-Einstellungen

Im Folgenden werden Empfehlungen für die Offsetdruck-Erzeugnisse ausgesprochen. In den Kapiteln 5.2.1 und 5.2.2 werden diese im Einzelnen erläutert und begründet. Wenn andere Verfahrenswege davon abweichende Einstellungen benötigen, wird das angemerkt.

Empfehlungen für Dateieigenschaften:

- **Farbmodus:** RGB für Grundkorrekturen, CMYK für Feinkorrekturen bei der Aufbereitung für den Ausgabeprozess im Druck
- **Auflösung**: 300 ppi in Bezug auf das Endformat im Druck
- **Bittiefe:** 16 Bit

Empfehlungen für Colormanagement-Einstellungen:

- **Farbeinstellungen:** Die Voreinstellungen, die in **Abb. 5.6** gezeigt werden, sind empfehlenswert. Konvertierungsoptionen werden jedoch motivabhängig gewählt.
- **Softproof:** Für die Einrichtung des Softproofs (Simulation des Ausgabeergebnisses am Bildschirm) sollte der Arbeitsfarbraum und die Konvertierungsoptionen den Einstellungen entsprechen, wie sie für die Separation und Ausgabe der Datei vorgesehen sind. Die Simulation von Papierfärbung und schwarzer Druckfarbe sorgt für eine Darstellung, die dem Druckergebnis so nah wie möglich kommt (**Abb. 5.7**).

5.2.1 Dateieigenschaften

Die drei wesentlichen Eigenschaften einer Bilddatei sind Farbmodus, Auflösung und Bittiefe (vgl auch Kapitel 2.3, S. 59 ff). Werden sie bei der Digitalisierung nicht richtig gewählt, kann das Bild nur noch eingeschränkt verwendet werden.

Farbmodus
Bilder, die für RGB-Ausgabegeräte vorgesehen sind, werden ausschließlich im RGB-Modus bearbeitet. Dies ist z. B. bei Bildern für das Internet der Fall.

➲ **Bilder für das Internet oder für andere RGB-Ausgabegeräte werden im RGB-Modus bearbeitet.**

Bei Bildern, die gedruckt und damit im CMYK-Modus ausgegeben werden sollen, wird heute immer häufiger empfohlen, Korrekturen ebenfalls im RGB-Modus vorzunehmen. Die Umwandlung von RGB nach CMYK geschieht dann erst nach der Grundkorrektur des Bildes. Nur bei Arbeiten im RGB-Modus ist es nämlich möglich, die motivspezifische Optimierung von der Aufbereitung für ein bestimmtes Druckverfahren zu trennen. Man spricht hier von medienneutraler Bildbearbeitung. Soll ein Bild für verschiedene Druckmedien zur Verfügung stehen oder ist noch nicht bekannt, unter welchen technischen Voraussetzungen es gedruckt werden soll, kann man auf ein gut inszeniertes Bildmotiv zurückgreifen, dessen Darstellung nur noch mediengerecht optimiert werden muss (vgl. Kapitel 9).

Motivspezifische Optimierung

Medienneutrale Aufbereitung

Neben diesen produktionstechnisch bedeutsamen Argumenten spricht ein weiterer Vorteil für die Verwendung des RGB-Modus als Standard für die Bildbearbeitung: Anders als CMYK- sind RGB-Farbräume so konzipiert, dass ein neutrales Grau dadurch erzeugt wird, dass die einzelnen Farbanteile gleichermaßen aktiviert werden, wie z. B. im Falle RGB = 128/128/128. Das ist für die Festlegung der Graubalance ❶ hilfreich.

❶ Die **Graubalance** in einem Bild ist dann hergestellt, wenn neutralgraue Objektfarben auch in der Abbildung ohne farbige Tönung erscheinen (vgl. auch Kapitel 8.2, S. 218).

➲ **Die motivspezifische Optimierung von Bildern für den Druck wird medienneutral im RGB-Modus durchgeführt.**

Man könnte all die Gründe, die für den RGB-Modus sprechen, auch für den Lab-Modus geltend machen. Und tatsächlich ist es nicht unwahrscheinlich, dass in Zukunft die Bildbearbeitung im Lab-Farbraum empfohlen wird. Dieser Farbraum ist im Vergleich zu RGB- und CMYK-Farbräumen vollkommen von Geräten unabhängig und er enthält alle vom Menschen wahrnehmbaren Farben. Trotzdem ist derzeit der Lab-Modus als Standard für die Bildbearbeitung nicht empfehlenswert. Gerade seine Größe ist es, die ihn momentan noch ungeeignet für Digitalbilder macht, denn sie benötigt eine sehr hohe Bittiefe. Außerdem empfinden viele Bildbearbeiter das Korrigieren im Lab-Modus als ungewohnt und besonders bei Farbkorrekturen haben feine Einstellungsänderungen oft starke Auswirkungen zur Folge. Sollte sich die 16-Bit-Codierung langfristig durchsetzen, wird möglicherweise auch Lab als Bearbeitungsmodus an Bedeutung gewinnen.

Bildbearbeitung im Lab-Modus

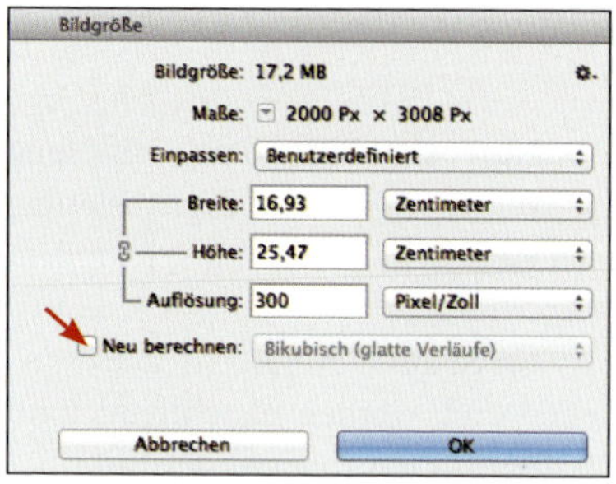

Abb. 5.8: Bildgröße und Auflösung

Auflösung

Entsprechend den Empfehlungen in Kapitel 3.14 (S. 84) ist die Auflösung bei Druckprodukten doppelt so hoch wie die Rasterweite zu wählen. Da die Vergrößerungen von Motiven bei gleich bleibender Anzahl von Pixeln dazu führt, dass die relative Auflösung [ppi oder ppcm] eines Digitalbildes abnimmt, ist die Maximalgröße, in der dieses veröffentlicht werden kann, begrenzt. Speichert man z. B. ein Bild mit 2000 · 3008 Pixeln (**Abb. 5.8**), ist es ohne Interpolation im Offsetdruck bei einer Auflösung von 300 ppi bis zu einer Größe von 16,93 cm · 25,47 cm druckbar (2000 px : 300 ppi · 2,54 cm/inch = 16,93 cm). Im Photoshop-Menü „Bildgröße" kann man die Maximalgröße ermitteln, indem die Option „Interpolationsverfahren" deaktiviert wird (vgl. Markierung in **Abb. 5.8**).

➲ **Die Auflösung der Bilddatei muss doppelt so hoch sein wie die Rasterweite im Druck.**

Native Monitorauflösung

Für Bilder im Internet und andere Bildschirmmedien wird die Auflösung absolut angegeben, nämlich als Pixelanzahl in Breite und Höhe. Die Größe der Bildschirmdarstellung ist dabei abhängig von der Auflösung, die der Betrachter eingestellt hat. Diese Einstellung ist bei TFT-Monitoren nicht unwichtig. Aufgrund ihrer Bauweise haben sie eine sogenannte native Auflösung, d. h. eine gerätespezifisch vorgegebene Anzahl von Pixeln in Breite und Höhe. Weicht man bei der Monitordarstellung von dieser Einstellung ab, muss interpoliert werden und das Bild erscheint unscharf. Ähnliches kann auch passieren, wenn man im Bildbearbeitungsprogramm falsche Anzeigeoptionen eingestellt hat. Um hier Interpolationsunschärfe zu vermeiden, muss jedes Bildpixel durch ein Pixel des Monitors dargestellt werden. In Photoshop erreicht man das durch eine 100%-Darstellung. Diese Bezeichnung steht also nicht für eine Anzeige in Originalgröße, sondern für eine ohne Interpolation. Die Größe der Darstellung richtet sich demnach nach der Monitorauflösung (vgl. Kapitel 2.3.2, S. 66).

➲ **Bei der Beurteilung eines Bildes darf die Monitordarstellung nicht durch Interpolationsunschärfe beeinträchtigt sein. Darum muss bei TFT-Monitoren die gerätespezifische Bildschirmauflösung des Gerätes eingestellt sein und im Bearbeitungsprogramm sollte jedes Bildpixel durch ein Bildschirmpixel dargestellt werden (100%-Darstellung).**

Bittiefe

Feinheit der Tonwertstufen

Bei der Ausgabe über Drucker und Belichter wird heutzutage normalerweise eine Bittiefe der Bilddateien von 8 Bit verlangt. Trotzdem ist es sinnvoll, bei der Bearbeitung eine Bittiefe von 16 Bit zu verwenden. Das Problem bei einer relativ geringen Bittiefe liegt nämlich darin, dass weniger Abstufungen zur Verfügung stehen, um Helligkeits- und Farbunterschiede zu codieren. Bei 8 Bit sind es 2^8 = 256 Abstufungen, bei 16 Bit bereits 2^{16} = 16,7 Mio. Verstärkt man durch Kontrast- oder Farbkorrekturen Unterschiede zwischen ähnlichen Farben, besteht bei geringer Bittiefe die Gefahr der Posterisierung. Verläufe und Übergänge zwischen Farben werden stufig (vgl. Kapitel 2.3.4, S. 69). Aus einem ähnlichen Grund sollte man bei geringer Bittiefe nur in kleinen Farbräumen arbeiten.

➲ **Eine Bittiefe von 16 Bit erlaubt es, auch stärkere Korrekturen vorzunehmen und größere Farbräume zu verwenden, ohne dass Verläufe stufig aussehen.**

5.2.2 Colormanagement-Einstellungen

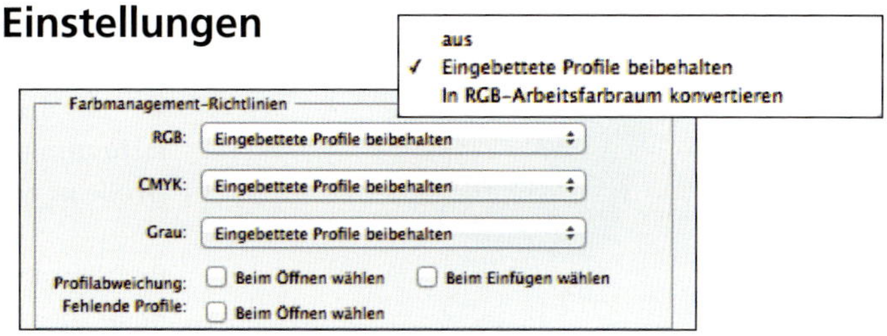

Abb. 5.9: Farbmanagement-Richtlinien

Da beim Öffnen von Dateien in Photoshop auch die Option „kein Farbmanagement“ bzw. „aus“ angeboten wird (**Abb. 5.9**), liegt die Vermutung nahe, man könne auch ganz auf Farbmanagement verzichten. Diese Schlussfolgerung ist jedoch falsch, da alle aktuellen professionellen DTP-Programme immer einen sogenannten Arbeitsfarbraum und Colormanagement-Eigenschaften voreinstellen. Dafür sind in Photoshop die Farbeinstellungen (**Abb. 5.6**, S. 130) maßgeblich. Alle darin vorgenommenen Einträge werden im Folgenden erklärt.

Arbeitsfarbräume:
Als Arbeitsfarbraum bezeichnet man den Farbraum (das Profil / den Gamut), der im jeweiligen Modus das Aussehen der Farben einer Datei definiert. Nach ihm richtet sich die jeweils verwendete Zuordnung von Lab-Werten zu den Werten des aktuellen Farbmischsystems der Datei (z. B. RGB oder CMYK).

Bei der Wahl des RGB-Arbeitsfarbraums ist insbesondere dessen Größe ausschlaggebend dafür, wie geeignet er für einen bestimmten Ausgabeprozess ist. Für fast alle Verwendungszwecke außerhalb der Druckindustrie hat sich sRGB als Standardfarbraum durchgesetzt. Es handelt sich dabei um einen virtuellen Farbraum. Dieser beschreibt also kein ganz bestimmtes Gerät, sondern versucht, das Farbverhalten eines durchschnittlichen Monitors abzubilden. Daher ist er insbesondere für Publikationen im Internet und andere Screenpräsentationen geeignet. Auch die meisten Digitalkameras liefern Bilder mit angehängtem sRGB-Farbprofil.

sRGB

➲ **Für die Ausgabe im Internet und in anderen Bildschirmmedien sollte der RGB-Farbraum sRGB eingestellt werden. Seine Größe ist auf durchschnittliche Farbeigenschaften handelsüblicher Monitore abgestimmt.**

Bei Bildern, die für den Offsetdruck aufbereitet werden, wird eciRGB empfohlen. Dieser Farbraum ist eigens zu diesem Zweck entwickelt worden. In der ersten Version von eciRGB besitzt er ein Gamma von 1,8. Die späteren Versionen verwenden eine Gradation, die dem Hellempfinden des Menschen nachempfunden ist und der L-Achse im Lab-Farbraum entspricht.

eciRGB

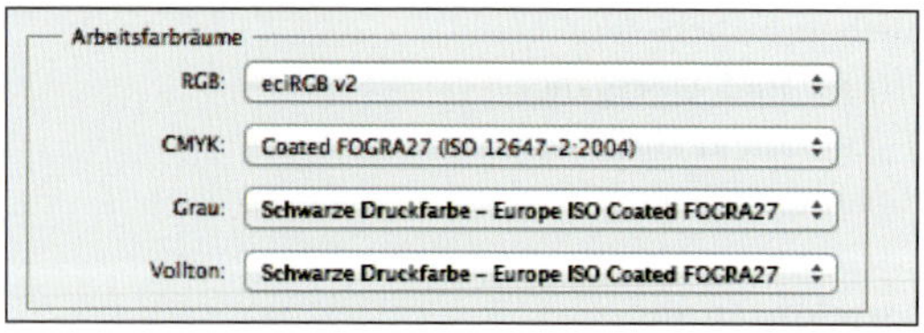

Abb. 5.10: Arbeitsfarbräume, Einstellungsempfehlung

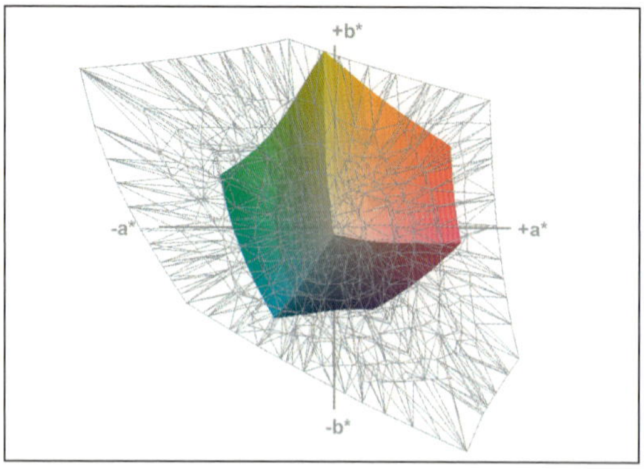

Abb. 5.11: Größenvergleich der Farbräume eciRGB_v2 (Gitternetz) und ISOcoated-CMYK (farbig)

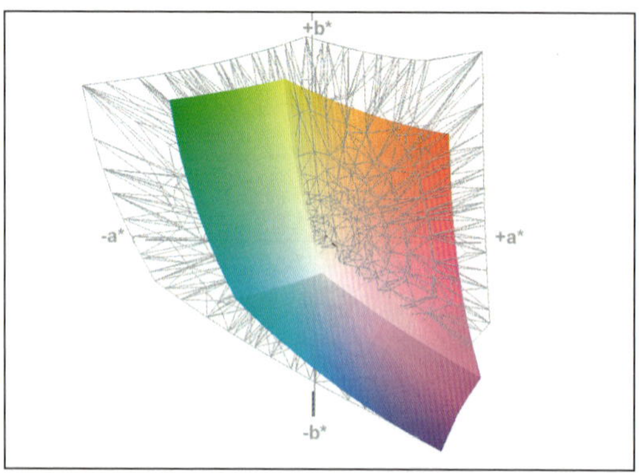

Abb. 5.12: Größenvergleich der Farbräume eciRGB_v2 (Gitternetz) und sRGB (farbig)

Abb. 5.10 zeigt eciRGB_v2 als Arbeitsfarbraum in den Farbeinstellungen von Photoshop.

Abb. 5.11 und **Abb. 5.12** zeigen Größenvergleiche von eciRGB mit einem typischen Offsetdruck-Farbraum und mit sRGB. Die Blickrichtung auf den Farbkörper erfolgt jeweils von oben in Richtung der L-Achse. Der Farbraum ISOcoated (farbiges Gebilde in **Abb. 5.11**) geht ganz in eciRGB auf. Der sRGB-Farbraum (farbiges Gebilde in **Abb. 5.12**) überragt ihn jedoch in einigen Farbbereichen (besonders im Cyan / Magenta).

➲ **Für die Druckausgabe sollte der RGB-Arbeitsfarbraum eciRGB_v2 eingestellt werden. Seine Größe ist auf Offsetdruck-Farbräume abgestimmt.**

Da Graustufen und Volltonfarben (Sonderfarben) unter den gleichen Druckbedingungen verarbeitet werden wie CMYK-Farben, sollte man für die Einstellungen unter „Grau" und „Vollton" das Profil des Vierfarbdrucks übernehmen. In der Anzeige erscheint dann „Schwarze Druckfarbe ..." (**Abb. 5.9**).

Farbmanagement-Richtlinien

Wenn das eingebettete Profil von dem im Programm voreingestellten Arbeitsfarbraum abweicht, muss entschieden werden, welches Profil das Aussehen der Datei bestimmen soll. Ähnlich können sich auch bei Composings (Bildmontagen aus zwei oder mehr Quelldateien) die Profile der verwendeten Dateien unterscheiden. In solchen Fällen spricht man von Profilabweichungen. Beim Öffnen einer Datei regeln die Farbmanagement-Richtlinien den Umgang damit. In **Abb. 5.13a** wurde die Voreinstellung „Beim Öffnen / Einfügen wählen" aktiviert. Darum öffnet sich bei jeder Profilabweichung ein Dialogfeld wie in **Abb. 5.13b** mit drei Wahloptionen: „Eingebettetes Profil verwenden" (anstelle des Arbeitsfarbraums), „Dokumentfarben in den Arbeitsfarbraum konvertieren" und „Eingebettetes Profil verwerfen" (kein Farbmanagement).

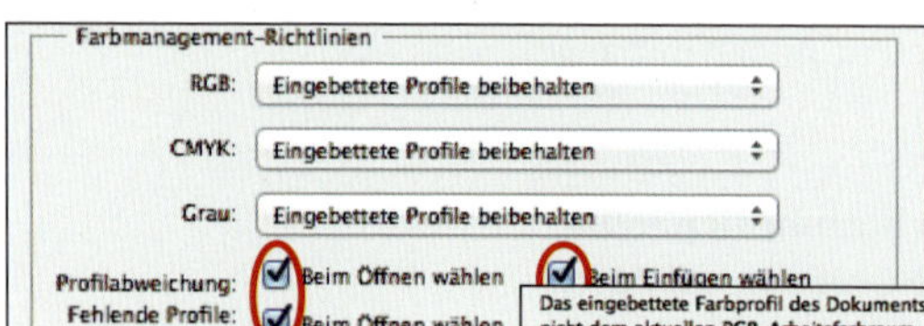

Abb. 5.13a: Farbmanagement-Richtlinien, Einstellungsempfehlungen

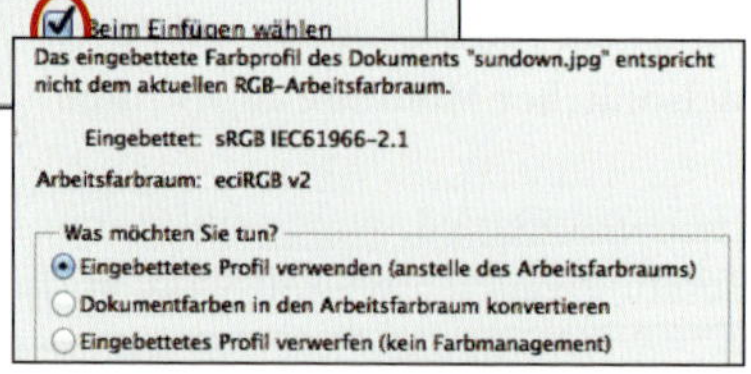

Abb. 5.13b: Dialogfeld für die Entscheidung von Profilkonflikten

Die Meldung, die in **Abb. 5.13b** abgebildet ist, weist darauf hin, dass das sRGB-Profil in die Datei eingebettet, im Programm jedoch der Arbeitsfarbraum eciRGB_v2 voreingestellt ist. In einem solchen Konfliktfall muss der Anwender sich beim Öffnen der Datei für eine der genannten Optionen entscheiden.

➲ **Durch die Farbmanagement-Richtlinien wird festgelegt, welche Routinen bei Profilkonflikten angewendet werden, wenn also z. B. das angehängte Profil einer Datei vom Arbeitsfarbraum des Programms abweicht.**

Eingebettetes Profil verwenden anstelle des Arbeitsfarbraums

Diese Option (**Abb. 5.14**) bewirkt, dass der im Programm voreingestellte Arbeitsfarbraum ignoriert wird. Die RGB-Daten und das Erscheinungsbild (Lab-Werte) richten sich nach dem eingebetteten Profil der Datei.

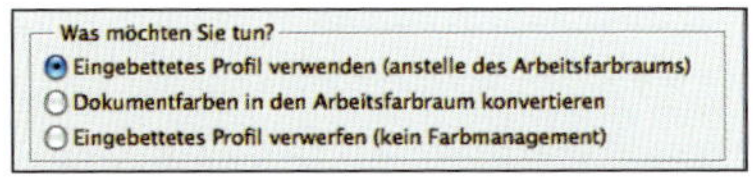

Abb. 5.14: Eingebettetes Profil verwenden

Datei bleibt unverändert

Man wendet dieses Vorgehen an, wenn man die Daten zunächst unverändert belassen möchte. Das ist in den meisten Fällen sinnvoll, da so unnötige Konvertierungen vermieden werden. Denn überall dort, wo der Zielfarbraum kleiner als der Quellfarbraum ist, gehen ansonsten durch die Konvertierung Farbinformationen verloren.

Dokumentfarben in den Arbeitsfarbraum konvertieren

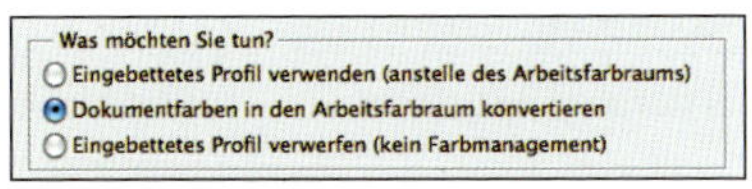

Abb. 5.15: In den Arbeitsfarbraum konvertieren

Aussehen bleibt trotz Farbraumwechsels gleich

Diese Option (**Abb. 5.15**) wählt man mit dem Ziel, das Erscheinungsbild der Datei (die Lab-Werte) beim Öffnen der Datei trotz Geräte- bzw. Farbraumwechsels nicht zu verändern. Immer wenn ein Wechsel vom eingebetteten Profil zum Arbeitsfarbraum vorgenommen wird, ändern sich die zugeordneten RGB-Werte. Die Lab-Werte bleiben möglichst gleich, um den Farbeindruck beizubehalten.

Konvertierungen werden immer dann nötig, wenn das Quellprofil bewusst gewählt wurde und ein Profilwechsel vorgenommen werden muss. Das ist z. B. der Fall, wenn vom Arbeitsfarbraum einer Kamera (in der Regel. sRGB) in den Standard-RGB-Farbraum gewechselt wird, der in den Farbeinstellungen voreingestellt ist (z. B. eciRGB_v2).

Eingebettetes Profil verwerfen (kein Farbmanagement)

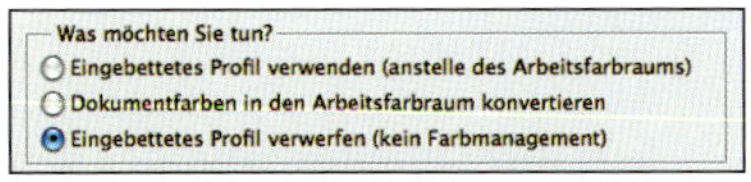

Abb. 5.16: Eingebettetes Profil verwerfen

Aussehen verändert sich bei Farbraumwechsel

Diese Option (**Abb. 5.16**) bewirkt das Gegenteil der erstgenannten: Das eingebettete Profil der Datei wird ignoriert. Die RGB-Daten der Datei werden übernommen und die Lab-Daten richten sich nach dem voreingestellten Arbeitsfarbraum. Das Aussehen der Datei ändert sich dabei.

Das eingebettete Profil kann man verwerfen, wenn ein Bild nicht originalgetreu, sondern ohne Bindung an eine bestimmte Farbvorlage nach subjektivem Empfinden des Bearbeiters so „schön" wie möglich produziert werden soll. Da Abbildungen in größeren Farbräume gesättigtere Farben haben und solche in kleinen Farbräumen machmal als natürlicher empfunden werden, sollte

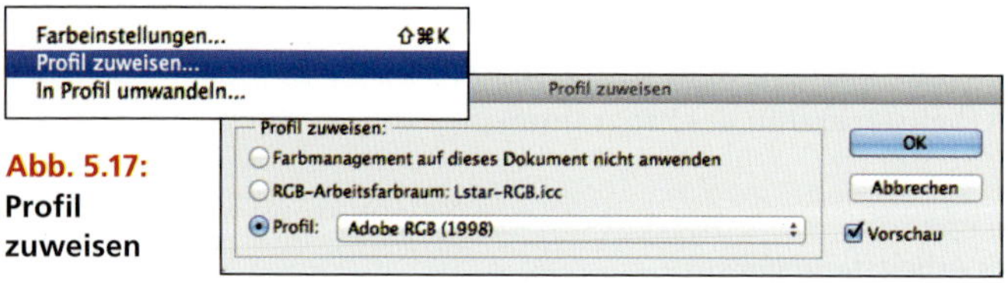

Abb. 5.17: **Profil zuweisen**

man auch testen, wie das Bild sich verändert, wenn man der Datei ein anderes Profile zuweist (**Abb. 5.17**). Man spart möglicherweise Bildbearbeitungsschritte, wenn man einen Farbraum wählt, in dem das Bild bereits gut wirkt. Unabhängig davon, wie man das Profil einer Datei handhabt, muss nach der Bearbeitung beim Speichern die Option „Farbprofil einbetten (...)" angewählt werden (vgl. Markierung in **Abb. 5.18**). Nur so wird das farbliche Aussehen einer Datei verbindlich beibehalten, wenn diese an einem Arbeitsplatz geöffnet wird, bei dem ein anderer Arbeitsfarbraum voreingestellt ist.

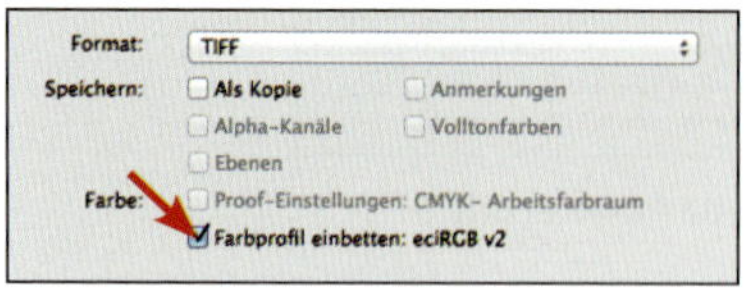

Abb. 5.18: **Beim Speichern Profil einbetten**

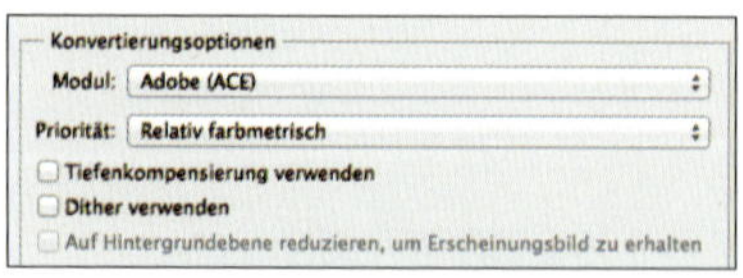

Abb. 5.19: **Konvertierungsoptionen**

Konvertierungsoptionen

Die Konvertierung von einem Farbraum in einen anderen hat das Ziel, das farbliche Aussehen einer Abbildung möglichst so zu erhalten, wie es die Quelle zeigt. Leider gleichen sich die Ergebnisse trotzdem häufig nicht, selbst wenn Quellfarbraum und Zielfarbraum jeweils gleich sind. Das liegt vor allem an den Konvertierungsoptionen (**Abb. 5.19**). Sie regeln den Umgang mit Farben, die der Quellfarbraum zwar wiedergeben kann, nicht aber der Zielfarbraum, weil sie z. B. zu gesättigt sind. Diese Farben nennt man Out-of-Gamut-Farben. In **Abb. 5.20** sind die Farben im Out-of-Gamut-Bereich für die Konvertierung von eciRGB_v2 nach sRGB grau dargestellt. Sie gehen bei der Konvertierung unwiederbringlich verloren. Daher sollte man jede unnötige Farbraumkonvertierung vermeiden.

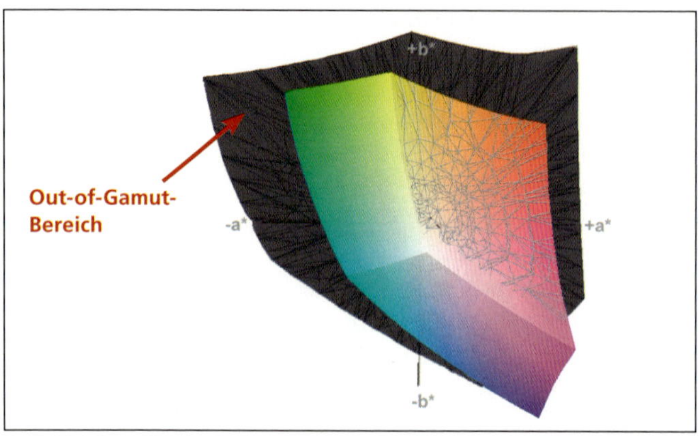

Abb. 5.20: **Out-of-Gamut-Bereich (grau) bei der Konvertierung von eciRGB_v2 (Gitternetz) nach sRGB (farbig)**

➲ **Jede Farbraumumwandlung bringt Verluste mit sich. Darum sollte man so selten wie möglich konvertieren.**

Das Konvertierungsergebnis hängt von folgenden Optionen ab:

- Modul
- Priorität (Renderpriorität)
- Tiefenkompensierung
- Dither verwenden

Außerdem gibt es seit Photoshop CS5 die Konvertierungsoption „Szenebezogene Profile beibehalten", die jedoch ausschließlich für Importe aus „Adobe After Effects" eine Rolle spielt.

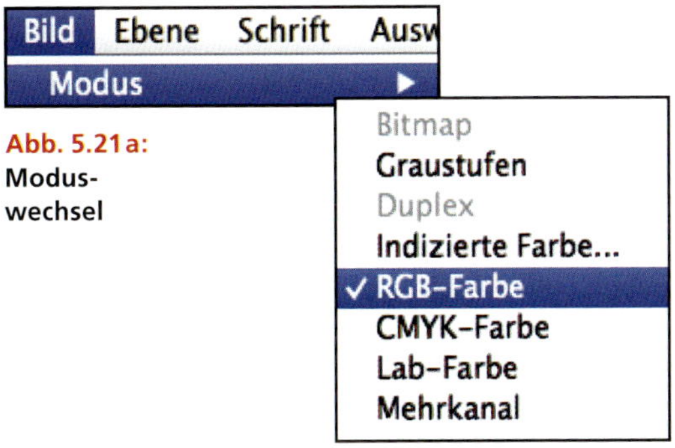

Abb. 5.21 a: Moduswechsel

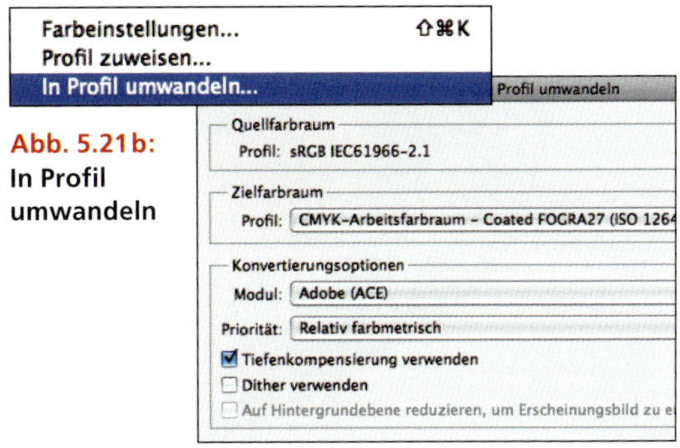

Abb. 5.21 b: In Profil umwandeln

Für automatische Konvertierungen bei Profilkonflikten und für einfache Moduswechsel (**Abb. 5.21 a**) gelten die Farbvoreinstellungen des Programms. Für manuelle Konvertierungen wählt man das Menü „In Profil umwandeln" (**Abb. 5.21 b**). Beide bieten die gleichen Einstellmöglichkeiten. Das manuelle Konvertieren ist dem automatisierten jedoch vorzuziehen, da man hier das Ergebnis über eine Vorschau visuell kontrollieren und motivspezifisch variieren kann.

➲ **Farbraumkonvertierungen sollten über die Funktion „In Profil umwandeln" vorgenommen werden. Sie sollten weder beim Öffnen automatisiert, noch über Moduswechsel realisiert werden.**

Renderprioritäten

Die Renderpriorität (auf Deutsch etwa „Übersetzungspriorität" oder „Umrechnungsabsicht") ist vor allem dafür ausschlaggebend, wie mit gesättigten Farben umgegangen wird, die der Zielfarbraum nicht darstellen kann. Die wählbaren Renderprioritäten sind „perzeptiv", „Sättigung" und „relativ" bzw. „absolut farbmetrisch" (**Abb. 5.22**). Out-of-Gamut-Farben, die gesättigter sind als sie der Zielfarbraum darstellen kann, werden mit Hilfe der Renderpriorität in den Zielfarbraum verschoben. Umgekehrt findet aber keine Farbraumausweitung statt, wenn der Zielfarbraum in bestimmten Farbbereichen größer ist als die Quelle.

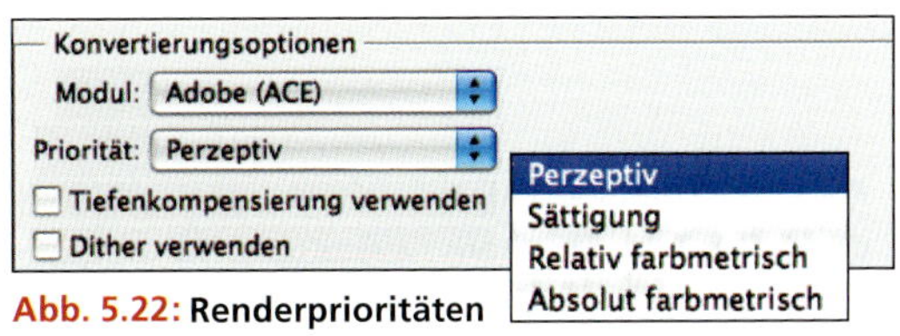

Abb. 5.22: Renderprioritäten

Beim perzeptiven Rendering werden die Out-of-Gamut-Farben in den Zielfarbraum gestaucht. Die **Abb. 5.23** veranschaulicht das.

➲ **Beim perzeptiven Rendern werden Out-of-Gamut-Farben eines größeren Quellfarbraums in einen kleineren Zielfarbraum gestaucht.**

Diese Renderpriorität wurde mit dem Ziel entwickelt, den Gesamteindruck, d. h. die Beziehung der Farben zueinander, möglichst nicht zu verändern. (Sättigungs-)Nuancen im Out-of-Gamut-Bereich bleiben daher auch nach der Konvertierung

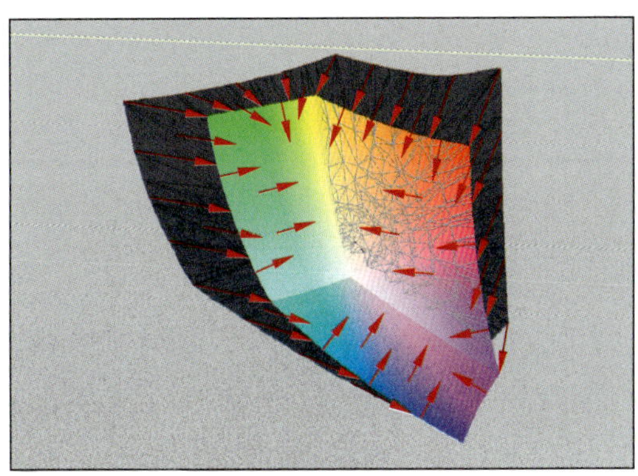

Abb. 5.23: Perzeptives Rendern

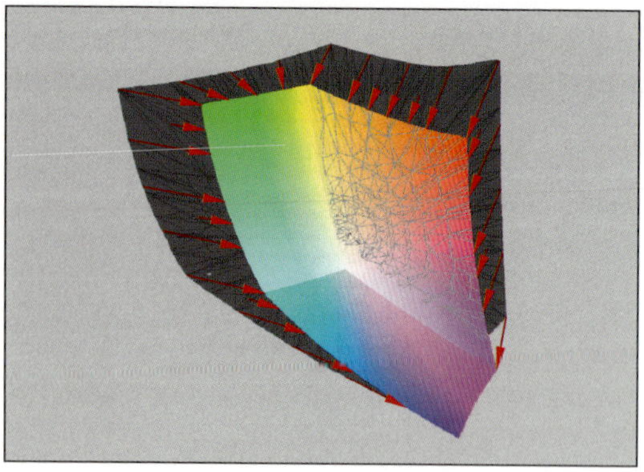

Abb. 5.24: Farbmetrisches Rendern

erhalten. Das geschieht jedoch um den Preis, dass sich alle Farben im Vergleich zur Darstellung im Quellfarbraum verschieben, auch solche, die von beiden Farbräumen darstellbar sind. Eine originalgetreue Farbreproduktion ist daher für keine Bildfarbe möglich, wenn der Quellfarbraum kleiner als der Zielfarbraum ist.

Die Renderpriorität „perzeptiv" sollte nur bei Bildern verwendet werden, die viele bildwichtige Farben im Out-of-Gamut-Bereich besitzen. Ob das in einem bestimmten Einzelfall so ist, kann am besten durch Probieren ausgetestet werden: z. B. in einer Softproof-Darstellung.

Die farbmetrischen Renderprioritäten (absolut und relativ farbmetrisch) stanzen einen kleineren Zielfarbraum aus einem größeren Quellfarbraum aus (**Abb. 5.24**). Out-of-Gamut-Farben werden dabei auf den Rand des Zielfarbraums verschoben. Farben, die von beiden Farbräumen darstellbar sind, werden exakt reproduziert. Sie behalten ihr ursprüngliches Aussehen.

➲ **Beim farbmetrischen Rendern wird ein kleinerer Zielfarbraum aus einem größeren Quellfarbraum ausgestanzt.**

Auswirkungen verschiedener Renderprioritäten

Dies geschieht jedoch um den Preis, dass (Sättigungs-)Nuancen im Out-of-Gamut-Bereich verloren gehen. Unter Umständen ergeben sich statt feiner Farbverläufe nach der Konvertierung monochrom wirkende Flächen. Das ist z. B. in einem Vergleich der Render-Ergebnisse in **Abb. 5.25 a** und **5.25 b** erkennbar. In diesen beiden Abbildungen werden zwei verschiedene Konvertierungsergebnisse des gleichen Motivs gegenübergestellt. Beide Bilder wurden aus dem eciRGB-Farbraum in einen typischen Offsetdruck-Farbraum (ISOCoated) konvertiert, das eine mit relativ farbmetrischer, das andere mit perzeptiver Renderpriorität. Die Ergebnisse weisen einige wahrnehmbare Unterschiede auf. Nach der Konvertierung hat das Bild mit farbmetrischem Rendering (**Abb. 5.25 a**) zwar insgesamt leuchtendere Farben behalten, die Konvertierung mit perzeptivem Rendering (**Abb. 5.25 b**) erhält jedoch in einigen Bereichen mehr Farbdifferenzierungen, wie sie z. B. die Markierung hervorhebt.

Farbverschiebungen

Der Grund für diese Darstellungsunterschiede liegt in dem unterschiedlichen Umgang mit Out-of-Gamut-Farben. Der Vergleich der beiden verwendeten Farbräume in **Abb. 5.25 c** zeigt, dass der eciRGB-Farbraum (Gitternetz) in allen Farbbereichen größer ist als der Offsetdruck-Farbraum (farbig). Diejenigen Motivfarben, die in diesem Bereich lagen, wurden durch das relativ farbmetrische Rendern auf den Farbraumrand verschoben, wohingegen sie durch das perzeptive Rendern in den Zielfarbraum gestaucht wurden. Sollen aber Nuancen verschiedener Sättigungsstufen erhalten bleiben, muss die perzeptive Renderingpriorität gewählt werden. Möchte man hingegen möglichst wenige Farbverschiebungen im Vergleich zum Original, ist das relativ farbmetrische Rendern zu bevorzugen. Da die meisten Fotos keine so stark gesättigten Farben enthalten wie im gezeigten Beispiel, kann als Faustregel gelten, dass Fotos mit

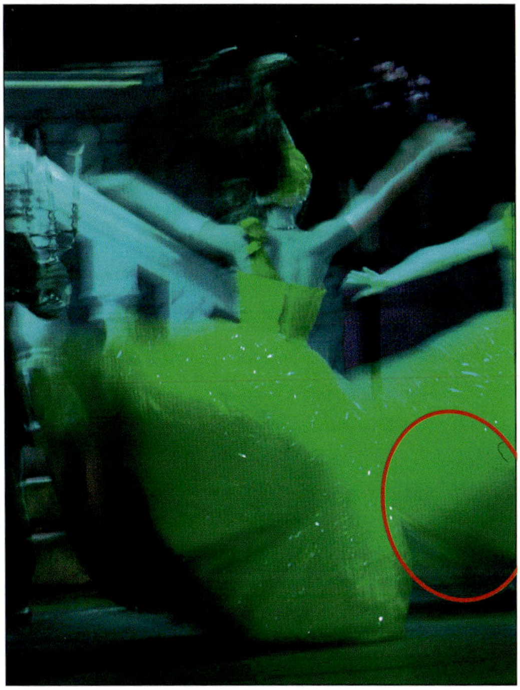

Abb. 5.25 a: Relativ farbmetrisches Rendering (Konvertierung von eciRGB_v2 nach Coated FOGRA27)

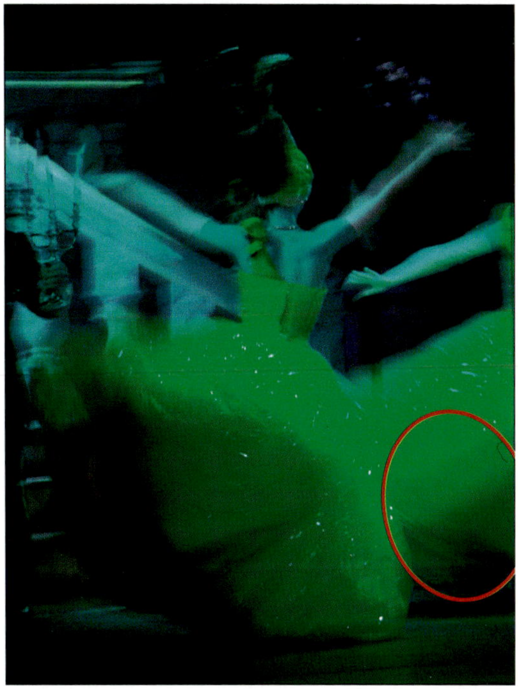

Abb. 5.25 b: Perzeptives Rendering (Konvertierung von eciRGB_v2 nach Coated FOGRA27)

relativ farbmetrischem Rendering konvertiert werden sollten. Am sichersten ist es, wenn für jedes Bild individuell getestet wird, bei welcher Renderingpriorität sein Charakter am besten erhalten bleibt.

➲ **Die meisten Fotos werden mit relativ farbmetrischer Renderpriorität umgewandelt, da so in der Regel die größtmögliche Farbtreue zum Original gewahrt bleiben kann.**

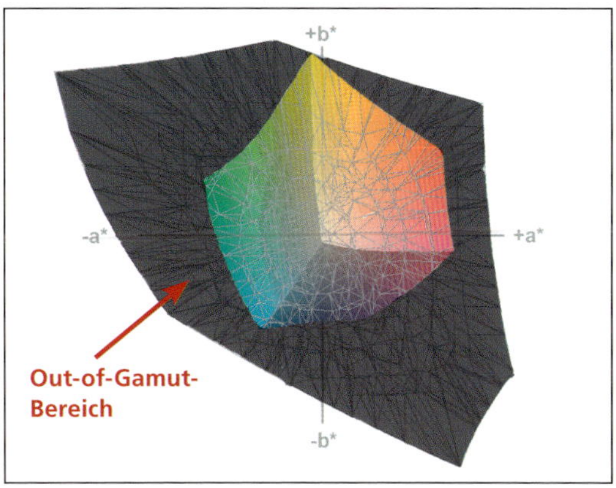

Abb. 5.25 c: Out-of-Gamut-Bereich (grau) bei der Konvertierung von eciRGB_v2 (Gitternetz) nach Coated FOGRA27 (farbig)

Das absolut farbmetrische Rendering wird nur für Proofzwecke verwendet, weil dabei die Weißpunktdarstellung des Zielfarbraums in die Daten eingerechnet werden. Wenn beispielsweise auf einem Hardproof (Papier-Prüfdruck) simuliert werden soll, wie ein Bild im Zeitungsdruck voraussichtlich wirkt, wird die Färbung des Zeitungspapiers auf dem Proof-Papier nachgeahmt. Im Bild und auf unbedruckten Bildstellen werden alle Farben abgedunkelt und ins Gelbliche verschoben. Würde das gleiche Bild relativ farbmetrisch gerendert, wäre auf dem Proof keine durch die Papierfarbe bewirkte Farbverschiebung erkennbar.

➲ **Die absolut farbmetische Renderpriorität wird nicht für Farbraumumwandlungen, sondern nur für Proofzwecke verwendet, da die Darstellung des Papierweiß unumkehrbar in die Daten eingerechnet wird.**

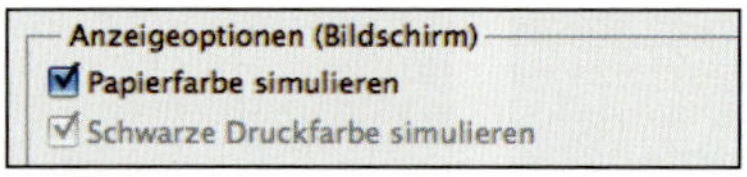

Abb. 5.26: Anzeigeoptionen

Weißpunktdarstellung

Photoshop geht bei absolut farbmetrisch gerenderten Darstellungen einen Sonderweg. Die Weißpunktdarstellung wird nämlich ausschließlich in den Lab-Werten, nicht aber bei der Monitordarstellung berücksichtigt. Möchte man z. B. die Wirkung des Papierweiß auf den Druck auch in der Bildschirmdarstellung zeigen, muss man zusätzlich die Anzeigeoption „Papierfarbe simulieren" anwählen (**Abb. 5.26**). Die farbmetrische Beschreibung der Papierfarbe ist im Profil enthalten. Diese Zusammenhänge machen es schwer, den richtigen Umgang mit dem Weißpunkt zu finden.

Bei der Anzeige eines eingestellten Farbraums durch den Monitor findet eine Konvertierung aus dem Dateiprofil (dem Arbeitsfarbraum) in den Monitorarbeitsfarbraum statt. Auch dabei greift die Renderpriorität, die in den Farbeinstellungen eingestellt ist. Für die korrekte Berücksichtigung des Weißpunktes bei den Lab-Werten der Bildpixel sorgt also ausschließlich die Einstellung der absolut farbmetrischen Renderpriorität in den Farbeinstellungen.

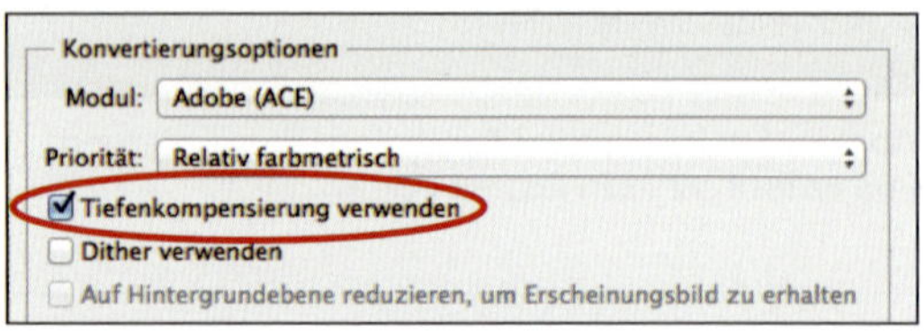

Abb. 5.27: Tiefenkompensierung

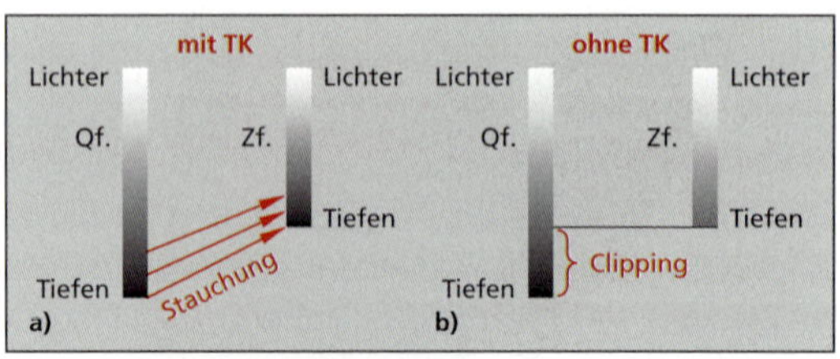

Abb. 5.28a und 5.28b: Schwarzpunkt des Quellfarbraums dunkler als der des Zielfarbraums: Konvertierung mit und ohne Tiefenkompensierung

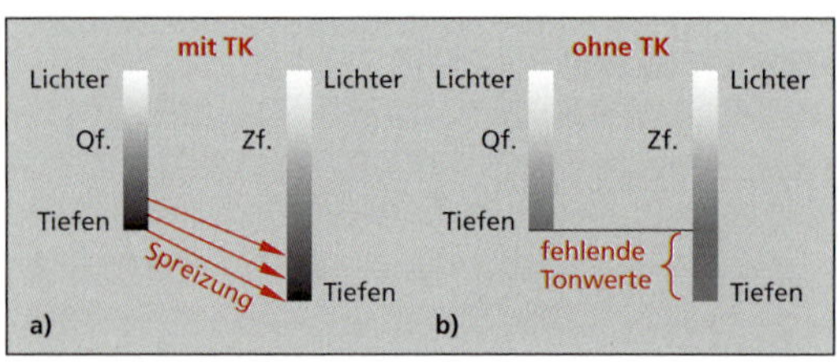

Abb. 5.29a und 5.29b: Schwarzpunkt des Quellfarbraums heller als der des Zielfarbraums: Konvertierung mit und ohne Tiefenkompensierung

Tiefenkompensierung

Neben der Renderpriorität muss bei der Konvertierung entschieden werden, ob eine Tiefenkompensierung stattfinden soll (**Abb. 5.27**). Sie bestimmt über die Darstellung der Tiefen, wenn die Schwarzpunkte von Quell- und Zielfarbraum unterschiedlich hell sind. Ist der Schwarzpunkt des Quellfarbraums im Vergleich zum Zielfarbraum dunkler, werden die dunkleren Tonwerte aufgehellt und in den Zielfarbraum gestaucht. **Abb. 5.28a** verdeutlicht dies. Helligkeitsunterschiede, die vor der Farbraumkonvertierung vorhanden waren, werden zwar verringert, sie fallen aber nicht völlig weg, wie es ohne Tiefenkompensierung der Fall wäre. Das veranschaulicht **Abb. 5.28b**. Das Kappen vorhandener Helligkeitsunterschiede wird mit dem Begriff Clipping bezeichnet (vgl. auch S. 156). Alle Nuancen im Tiefenbereich, die über den Zielfarbraum hinausreichen, werden auf den helleren Schwarzpunkt abgebildet und verlieren ihre Differenzierung, oder auch „Zeichnung" genannt. Die Pfeile in **Abb. 5.28a** veranschaulichen das.

Im umgekehrten Fall, wenn der Schwarzpunkt des Quellfarbraums heller ist als der des Zielfarbraums, wird der Farbraum durch die Konvertierung ausgeweitet. Dunkle Bildstellen werden weiter abgedunkelt (**Abb. 5.29a**). Das gibt dem Bild häufig eine ausdrucksstärkere, da kontrastreichere Wirkung. Man spricht hier auch von Tonwertspreizung (vgl. Kapitel 7.1.1). Ohne Tiefenkompensierung wird nicht das gesamte Helligkeitsspektrum des Zielfarbraums ausgenutzt (**Abb. 5.29 b**).

- **Die Tiefenkompensierung bietet sich für Konvertierungen zwischen Farbräumen mit stark unterschiedlichen Schwarzpunkten an.**
  Bei Verkleinerungen des Farbraums erhält sie Tonwertabstufungen.
  Bei der Konvertierung in einen größeren Zielfarbraum sorgt sie für vollständige Ausnutzung des Helligkeitsumfangs.

Abb. 5.30 a: Konvertierung mit Tiefenkompensierung

Abb. 5.30 b: Konvertierung ohne Tiefenkompensierung

Häufig liefern Konvertierungen mit Tiefenkompensierung bessere Ergebnisse als ohne. Die Abbildungen **Abb. 5.30 a** und **5.30 b** zeigen verschiedene Konvertierungsergebnisse desselben Ausgangsbildes. Der Schwarzpunkt des Quellfarbraums war dabei dunkler als der des Zielfarbraums. Mit Tiefenkompensierung konnten die Tonwertunterschiede in den Tiefen deutlich besser erhalten bleiben als ohne.

Damit sind die wichtigsten Konvertierungsoptionen vorgestellt worden. Die Einstellungen für „Modul" und „Dithering" sollten wie in **Abb. 5.31** gezeigt gewählt werden.

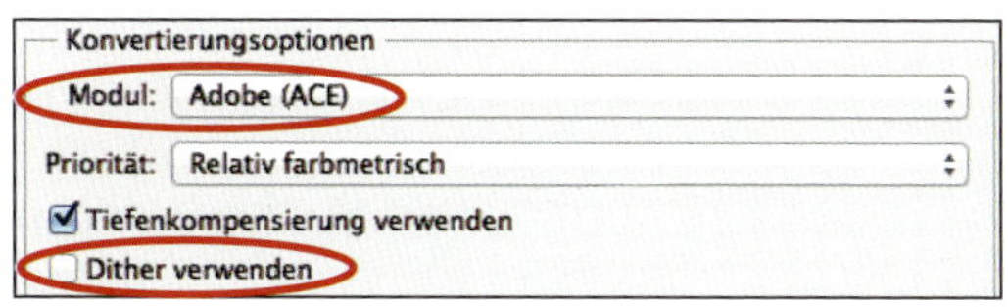

Abb. 5.31: Modul und Dithering

Konvertierungsoptionen „Modul" und „Dithering"

Color-Management-Module (CMM) gibt es von verschiedenen Herstellern. Man kann sie sich wie unterschiedliche Konvertierungsrechner vorstellen, die das Vorgehen bei der Farbraumumrechnung definieren. Sie berechnen mit Hilfe von Profilen für jedes Bildpixel, welchem Lab-Wert die RGB- bzw. CMYK-Werte jeweils entsprechen. Da jedes Modul etwas anders rechnet, sollte im Sinne des standardisierten Arbeitens immer das gleiche Modul verwendet werden.

Die Option „Dither verwenden" soll Posterisierungseffekten (Streifenbildung in Verläufen) entgegenwirken, die besonders bei Bildern mit geringer Bittiefe auftreten können (vgl. S. 69) Durch deren Anwendung können jedoch unerwünschte wolkige Strukturen auftreten.

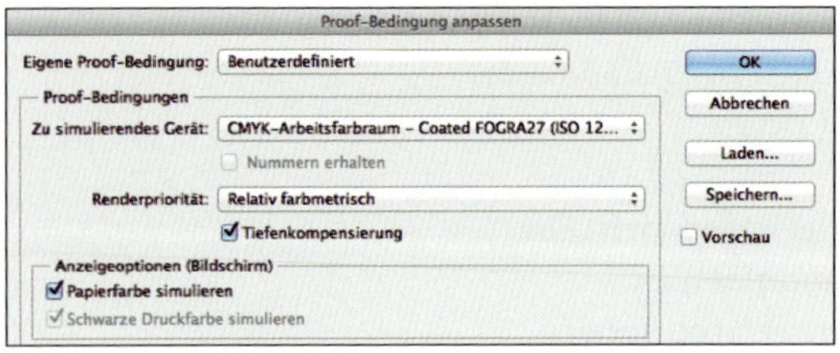

Abb. 5.32: **Softproof**

Softproof

Ein Softproof hat die Aufgabe, das zu erwartende Ausgabeergebnis am Bildschirm zu simulieren. Das ist notwendig, wenn der Bildbearbeiter ein Motiv für einen bestimmten Verwendungszweck aufbereiten muss. Mit Hilfe des Softproofs erhält er schon während seiner Korrekturarbeiten einen Eindruck von deren Wirkung auf das Ausgabeergebnis. Die Datei liegt dabei noch im RGB-Modus vor und der Softproof liefert die CMYK-Vorschau in dem vorgesehenen Druckverfahren.

Druckvorschau

Damit der Softproof dem Druckergebnis so nah wie möglich kommt, muss dessen Simulation im Hinblick auf Arbeitsfarbraum, Renderpriorität und Tiefenkompensierung den Einstellungen entsprechen, wie sie für die spätere Konvertierung in den Ausgabefarbraum der Datei vorgesehen sind. Daneben sollte die Papierfärbung und die schwarze Druckfarbe am Bildschirm simuliert werden, da diese entscheidenden Einfluss auf das Aussehen des Bildes haben (**Abb. 5.32**).

5.3 Aufgaben und Übungen

1. **Arbeitsplatz:**
   Die Darstellung der gleichen Bilddatei unterscheidet sich an verschiedenen Arbeitsplätzen, die nicht in einen Colormanagement-Workflow eingebunden sind. Nennen Sie vier mögliche Ursachen für die Unterschiede.

2. **Umgebungsbeleuchtung:**
   a) Beschreiben Sie den Einfluss, den das Umgebungslicht auf die Farbwahrnehmung des Betrachters am Monitor hat und begründen Sie die Forderung nach standardisierten Lichtbedingungen.
   b) Nennen Sie drei Empfehlungen zur Standardisierung der Lichtbedingungen und begründen Sie diese.

3. **Qualität des Monitors:**
   a) Im Colormanagement-Workflow werden Monitore zu Proofzwecken eingesetzt. Erläutern Sie den Begriff „Proof". Unterscheiden Sie dabei auch zwischen Soft- und Hardproof.
   b) Die Feinheit, in der ein Monitor Helligkeitsabstufungen darstellen kann, ist ein Kriterium, mit der seine Darstellungsqualität beurteilt wird. Nennen Sie drei weitere Kriterien für die Darstellungsqualität.

4. **Kalibration:**
   a) Unterscheiden Sie die grundsätzlichen Aufgaben der Kalibration und der Profilierung eines Monitors.
   b) Nicht alle Monitore haben die gleichen Einstellmöglichkeiten zur Veränderung der Farbwiedergabe. Suchen Sie an dem von Ihnen verwendeten Bildschirm und auf dem Computer nach Einstellmög-

lichkeiten für die Farbdarstellung. Welche Darstellungseigenschaft des Monitors wird durch sie jeweils verändert?

c) Geben Sie jeweils begründete Empfehlungen für die Einstellung von Helligkeit, Kontrast, Farbtemperatur und Gammawert.

d) Führen Sie eine Kalibration Ihres Monitors durch. Verwenden Sie dafür Tools, die z. B. im Lieferumfang des Betriebssystems oder der Software enthalten sind. (OS X: Systemeinstellungen / Monitore / Farben / Kalibrieren. Unter Windows finden Sie einen Assistenten zur Monitorkalibration unter „Bildschirm kalibrieren“ in der Systemsteuerung.)

e) Besuchen Sie die Internetseite der European Color Initiative (www.eci.org). Im Downloadbereich finden Sie unter dem Stichwort „Monitor“ einige Testdateien für die Überprüfung der Monitorqualität. Der Umgang mit diesen Testdateien wird in den Erläuterungen dazu erklärt. Optimieren Sie die Darstellung Ihres Monitors anhand dieser Testdateien.

5. Farbmodus:

a) Begründen Sie die Empfehlung, Grundkorrekturen der Bilder im RGB-Modus vorzunehmen, selbst wenn deren Veröffentlichung im Druck vorgesehen ist.

b) Warum werden abschließende Feinkorrekturen an Bildern, die für den Druck aufbereitet werden, nach der Konvertierung in CMYK vorgenommen?

6. Bittiefe:

Warum ist es sinnvoll, bei der Bildbearbeitung eine möglichst hohe Bittiefe zur Verfügung zu haben, selbst wenn ein Bild später nur mit 8 Bit ausgegeben wird?

7. Auflösung:

Die Bildschirmanzeige kann durch Interpolationsunschärfe beeinträchtigt werden. Wie kann man das durch Einstellungen am Gerät bzw. im Bildbearbeitungsprogramm vermeiden?

8. Farbräume:

Erklären Sie den Begriff „Farbraum“. Warum muss ein Proof-Monitor einen größeren Farbraum besitzen als das Ausgabegerät, dessen Bilddarstellung er simuliert?

9. Farbräume:

a) Vergleichen Sie die Farbraumgröße Ihres Monitors mit dem eines typischen Offsetdruck-Profils (z. B. ISOCoated). Beurteilen Sie seine Eignung als Proof-Monitor. Dazu gehen Sie wie folgt vor: Erstellen Sie ein Profil für Ihren Monitor oder bringen Sie in Erfahrung, welches Profil aktuell eingestellt ist (OS X: Systemeinstellungen/Monitore/Farben; Windows: Systemsteuerung/Farbverwaltung/Geräte). Suchen Sie die zugehörige Profildatei und die Datei des Offsetdruckprofils auf Ihrem Rechner (OS X: … Library/ColorSync/Profiles/Displays; Windows: c:\Windows\System32\spool\drivers\color). Unter Win-

dows können Sie alternativ nach dem Dateinamen des Profils suchen. Dieser beinhaltet die Bezeichnung"Calibrated Display", sobald Sie ein eigenes Profil für Ihr Gerät erstellt haben.
Stellen Sie einen 3D-Vergleich mit Hilfe der Site www.iccview.de an. Hier haben Sie die Möglichkeit, eigene Profile hochzuladen.
(OS X hat mit dem Dienstprogramm eine ähnliche Funktionalität in das Betriebssystem integriert. Profildateien finden Sie auch auf der CD zum Buch.)

b) Grenzen Sie den Begriff des Monitorfarbraums gegen den des Arbeitsfarbraums ab.

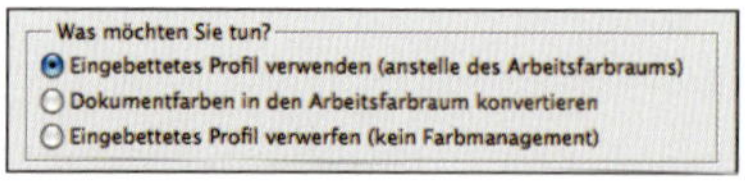

Abb. 5.33: Optionen zum Umgang mit Profilabweichungen

10. Profilabweichungen:

Abb. 5.33 zeigt die verfügbaren Optionen beim Umgang mit Profilabweichungen.

a) Wie ändern sich jeweils das Erscheinungsbild und die RGB-Werte der Datei unter Verwendung der einzelnen Optionen?
b) Wann ist deren Einsatz jeweils sinnvoll?

Abb. 5.34a: Testbild für Softproof-einstellungen

11. Softproof-Einstellungen

a) Öffnen Sie das Bild „5.34a_Aufg_Greece.tif", das im sRGB-Farbraum vorliegt. Testen Sie die Auswirkungen der in **Abb. 5.34b** bis **5.34d** gezeigten Einstellungen bei der Softproofdarstellung eines typischen Zeitungsdruck-Farbraums (ISOnewspaper26v4). Beschreiben Sie die visuell wahrnehmbaren Unterschiede im Vergleich zum Ausgangsbild und erläutern Sie deren Ursachen.
b) Welche Einstellung empfehlen Sie, wenn das Bild im RGB-Modus korrigiert und später für den Zeitungsdruck verwendet werden soll?

Abb 5.34b: Softproof-Einstellung 1

Abb 5.34c: Softproof-Einstellung 2

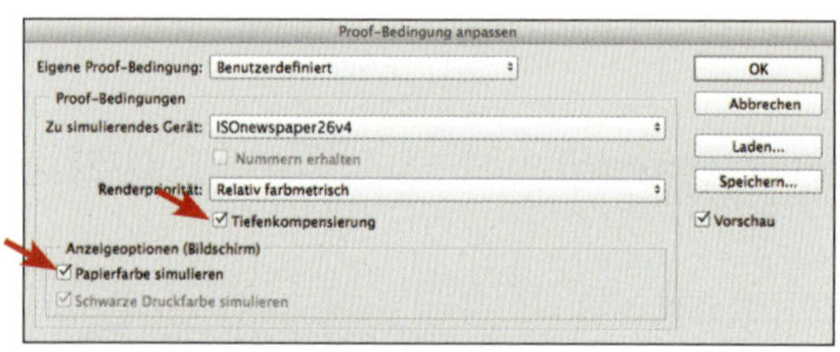

Abb 5.34d: Softproof-Einstellung 3

6 Arbeitsschritte und Werkzeuge der Bildbearbeitung

Die Bildbearbeitung besteht in der Regel mindestens aus vier Schritten:

1. Tonwertumfang optimieren (hellste und dunkelste Bildstelle definieren)
2. Graubalance einstellen (Farbstiche entfernen)
3. Helligkeits- und Kontraständerungen sowie Farbkorrekturen vornehmen
4. Aufbereitung für den Ausgabeprozess

Diese Arbeitsschritte werden in Kapitel 6.1 an einem Beispiel vorgestellt. Die Systematik wiederholt sich in späteren Kapiteln, in denen es um die spezifische Optimierung von Graustufen- und Farbbilder geht.

Die Standardwerkzeuge für eine professionelle Tonwertkorrektur sind Histogramme und Gradationskurven. Beide Werkzeuge werden in allen gängigen Bildbearbeitungsprogrammen angeboten. Sie wirken jedoch auf den ersten Blick kompliziert und schwer verständlich. Darum wird in Kapitel 6.2 und 6.3 ausführlich erklärt, wie man sie analysiert und handhabt. Als Mittel zur Tonwertkorrektur kommen sie in den Kapiteln 7 bis 9 zum Einsatz.

❶ Beim **Weißabgleich** wird definiert, welche Farbe die Kamera als Weiß interpretieren soll. Stellt man an der Kamera ein, dass man Aufnahmen bei Raumbeleuchtung macht, geht die Software davon aus, die gelbliche Färbung von Glühlampenlicht entfernen zu müssen und zieht alle Farben ins Bläuliche.

6.1 Arbeitsschritte

Unkorrigiertes Beispielbild (Abb. 6.1)
Das Beispielbild hat einen Blaustich, wie er sich häufig einstellt, wenn man mit der Digitalkamera Außenaufnahmen macht, dabei den Weißabgleich aber noch auf Raumbeleuchtung eingestellt hat ❶. Außerdem wirkt es etwas kontrastarm.

Abb. 6.1: Unkorrigiertes Bild

1. Schritt: Tonwertumfang optimieren (Abb. 6.2)
Bei der Optimierung des Tonwertumfangs wird festgelegt, wie dunkel der dunkelste Punkt des Bildes sein soll und wie hell der hellste. **Abb. 6.2** zeigt das Ergebnis nach dieser Korrektur. Meistens stellt man den Tonwertumfang so ein, dass das Schwarz satter und das Weiß reiner wird. Dadurch verringert sich in der Regel auch ein vorhandener Farbstich. Vergleicht man **Abb. 6.1** und **Abb. 6.2**, zeigt sich, dass das auch auf das Beispielmotiv zutrifft.

Abb. 6.2: Tonwertumfang optimieren

Abb. 6.3: **Graubalance einstellen**

2. Schritt: Graubalance einstellen (**Abb. 6.3**)

Einen Farbstich im Bild erkennt man am deutlichsten in neutral grauen Bildbereichen. In **Abb. 6.3** sind das der Bürgersteig und die Tür. Die Farben des Bildes wurden daher so korrigiert, dass diese Bereiche neutral grau erscheinen.

Abb. 6.4: **Kontrast verstärken**

3. Schritt: Helligkeits- und Kontraständerungen sowie Farbkorrekturen vornehmen (**Abb. 6.4**)

Das Beispielmotiv lebt von Kontrasten, die räumlich eng beieinander liegen. Um diese Kontraste stärker hervorzuheben, wurden im Beispielbild insbesondere in Bereichen mittlerer Helligkeit die Tonwerte verändert: Die helleren Tonwerte wurden aufgehellt, die dunkleren abgedunkelt. **Abb. 6.4** zeigt, dass die Graffitis und Plakate dadurch kontrastreicher wurden.

Abb. 6.5: **Für den Druck aufbereiten**

4. Schritt: Für den Druck aufbereiten (**Abb. 6.5**)

Leider kann ein Druck in der Regel bei weitem nicht die Farbenvielfalt darstellen, die ein Monitor zeigt. Wie die Bildqualität durch die Aufbereitung für den Druck abnimmt, zeigt **Abb. 6.5**. Sowohl in den bunten Bildbereichen als auch im Tonwertumfang müssen hier Abstriche gemacht werden. Dabei möglichst geringe und bewusste Kompromisse einzugehen, ist zum einen Handarbeit in der Bildbearbeitung, zum anderen eine Sache optimaler Colormanagement-Einstellungen. Außerdem wird das Bild für die Ausgabe geschärft.

6.2 Histogramme

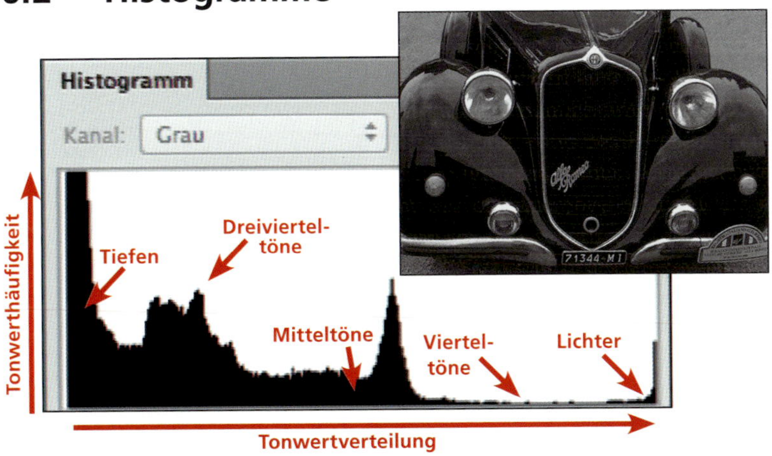

Abb. 6.6: **Graustufenbild mit zugehörigem Histogramm**

Anhand eines Histogramms (**Abb. 6.6**) kann man mit einem Blick erfassen, welche Tonwertbereiche wie häufig im Bild vertreten sind. Es besteht aus einem Koordinatensystem, auf dessen x-Achse die Tonwertverteilung ablesbar ist. Links auf dieser Achse liegen die Tiefen, rechts die Lichter. Die y-Achse zeigt an, wie häufig ein Tonwert im Bild vorkommt. Der häufigste Tonwert des Bildes wird durch einen Ausschlag bis ganz nach oben repräsentiert, die weniger häufigen Tonwerte erhalten im Verhältnis dazu niedrigere Ausschläge.

Das Graustufenbild in **Abb. 6.6** besteht zu großen Teilen aus Tiefen (Lackoberfläche des Autos). Darum sind die höchsten Ausschläge im zugehörigen Histogramm auf der linken Seite. Die Spiegelungen im Lack werden durch Dreivierteltöne erzeugt. Auch sie sind relativ stark im Bild vertreten, wie ein Blick auf das Histogramm bestätigt. Dagegen kommen fast gar keine Vierteltöne im Bild vor: das Histogramm zeigt auf der rechten Seite nur sehr geringe Ausschläge. Die wenigen weißen Reflexe im Bild werden durch die kleine Pixelanhäufung ganz rechts im Histogramm repräsentiert.

➲ **Das Histogramm ist das wichtigste Mittel zur Charakterisierung von Halbtonbildern. Es veranschaulicht die Tonwertverteilung und die Tonwerthäufigkeit. Es beantwortet die Frage: Welche Tonwerte kommen in welcher relativen Häufigkeit im Bild vor?**

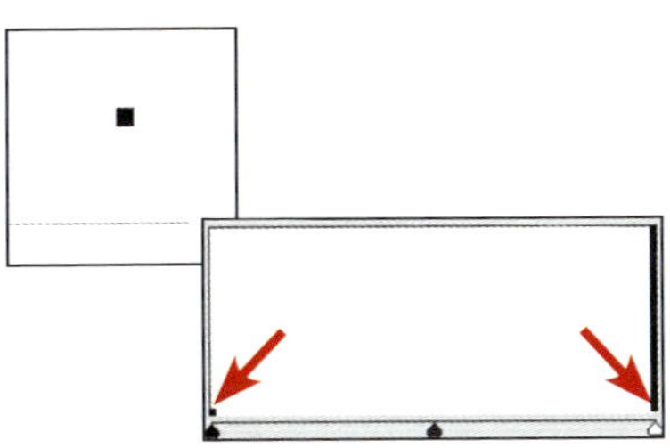

Abb. 6.7: **Bild mit einem schwarzen Pixel und zugehörigem Histogramm**

Abb. 6.7 zeigt ein im Computerprogramm erzeugtes Bild mit vielen weißen Pixeln und nur einem schwarzen. Im zugehörigen Histogramm befindet sich ganz links ein kleiner Punkt, der den Tonwert (0) des schwarzen Bildpixels repräsentiert. Der Maximalausschlag des Histogramms liegt ganz rechts beim Tonwert 255, der die weißen Pixel repräsentiert.

Tonwertbereiche:

Lichter:
Helle Tonwertbereiche von ca. 0 % bis 20 % Flächendeckung (Digitalwerte von ca. 205 bis 255)

Vierteltöne:
Tonwertbereiche um ca. 25 % (bzw. Digitalwerte um 190)

Mitteltöne:
Tonwertbereiche um ca. 50 % (bzw. Digitalwerte um 128)

Dreivierteltöne:
Tonwertbereiche um ca. 75 % (bzw. Digitalwerte um 65)

Tiefen:
Dunkle Tonwertbereiche von ca. 75 % bis ca. 100 % (bzw. Digitalwerte von ca. 0 bis 50)

Histogramme von Farbbildern

Wenn man Farbbilder analysiert, wird die Betrachtung der Histogramme umfangreicher. Jeder Farbkanal eines Modus wird in einem eigenen Histogramm ausgewertet. Daneben gibt es ein Histogramm, das die Tonwertstatistik aller Kanäle zusammenfasst.

Abb. 6.8 a: Portrait im Original

Die Tonwertverteilung für das Portrait in **Abb. 6.8 a** wird im RGB-Modus durch die Histogramme in **Abb. 6.8 b** charakterisiert, im CMYK-Modus durch diejenigen in **Abb. 6.8 c**. Die jeweils oben stehende Anzeige zeigt ein zusammengesetztes Histogramm aus allen Kanälen. Im Beispiel geht daraus hervor, dass das Portrait nur wenige Tiefen

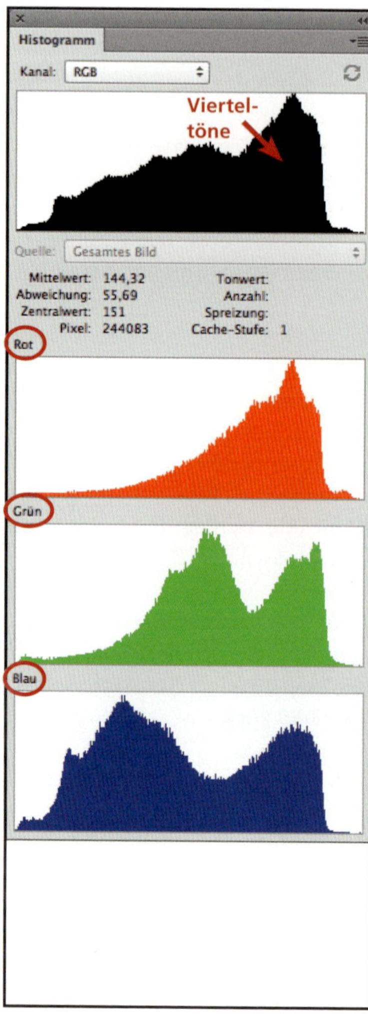

Abb. 6.8 b: Histogramme des Portraits im RGB-Modus

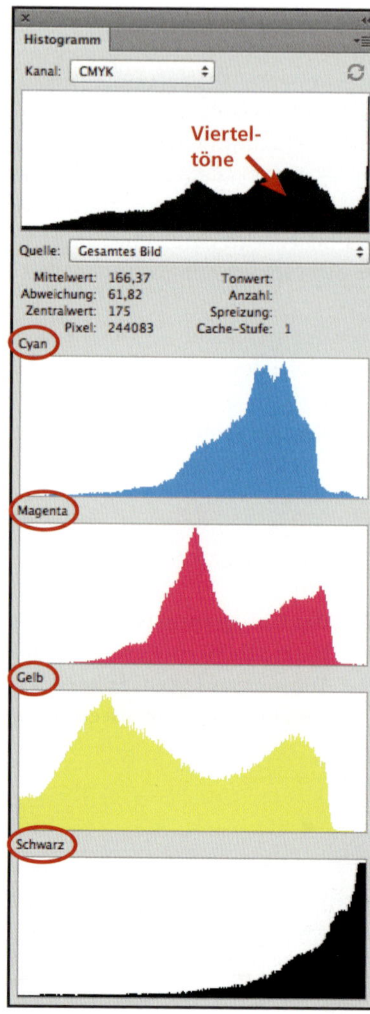

Abb. 6.8 c: Histogramme des Portraits im CMYK-Modus

und Lichter besitzt und der Schwerpunkt der Tonwerte in den Vierteltönen liegt. Im Bild befinden sich diese vor allem im Bereich des hellen Pullovers. Die drei Histogramme darunter zeigen die Tonwerthäufigkeiten in den Grundfarben-Kanälen Rot, Grün und Blau bzw. Cyan, Magenta, Gelb und Schwarz. Auch diese zeigen einen Schwerpunkt der Tonwerte im Vierteltonbereich. Der Blaukanal weist auch in den Dreivierteltönen relativ viele Tonwerte auf.

Photoshop bietet leider (noch?) nicht die Möglichkeit, die Tonwertverteilung in Prozent auf einer Skala von 0 bis 100 % anzeigen zu lassen. Auch die Histogramme des CMYK-Modus (**Abb. 6.8c**) zeigen daher rechts die hellen und links die dunklen Töne an. An dem Histogramm des Schwarz-Kanals ist ablesbar, dass die schwarze Grundfarbe sehr sparsam und nur in hellen Tonwerten verwendet wird.

6.3 Gradationskurven

Gradationskurven veranschaulichen Korrekturvorschriften, mit denen Tonwerte eines unbearbeiteten Bildes verändert werden. Sie setzen also die Tonwerte vor der Bearbeitung mit denen nach der Bearbeitung in Beziehung. Ursprünglich stammt der Begriff Gradation aus der analogen Fotografie. Dort stellt er den Zusammenhang zwischen Belichtungszeit und Filmschwärzung grafisch dar.

Eine Gradationskurve wird in einem Koordinatensystem dargestellt, dessen x-Achse die Tonwerte des unbearbeiteten Bildes repräsentiert und die y-Achse die des bearbeiteten Bildes.

➲ **Eine Gradationskurve veranschaulicht Tonwertveränderungen eines bearbeiteten Bildes im Vergleich zum Original.**

Abb. 6.9 zeigt den Grundzustand einer Gradationskurve für Bilder im RGB-Modus. In dieser Form ist sie streng genommen keine gekrümmte Kurve, sondern eine Gerade. Sie bildet eine Diagonale, die im 45°-Winkel vom Nullpunkt ausgeht. Der Wertebereich der beiden Achsen reicht von 0 bis 255. Diese Zahlenwerte bezeichnen, je nach gewähltem Kanal, Schattierungen zwischen Schwarz (0) und einem gesättigten Rot, Grün oder Blau. **Abb. 6.10** zeigt die Menüs für die anwählbaren Farbkanäle. Neben den Gradationskurven der Grundfarbkanäle gibt es einen RGB-Kanal. Arbeiten, die in diesem Kanal vorgenommen werden, beziehen sich auf alle drei Grundfarben gleichermaßen.

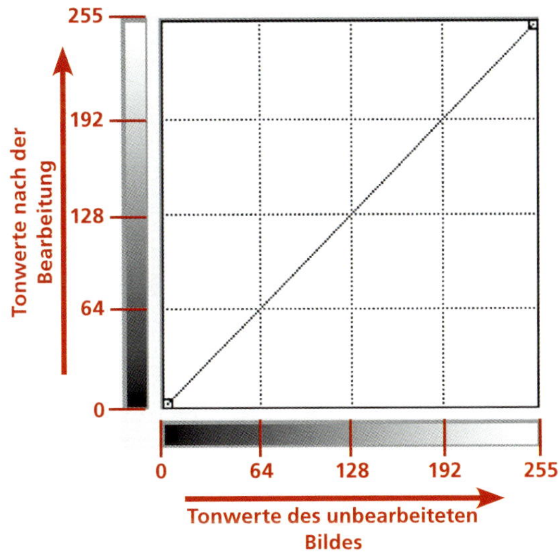

Abb. 6.9: Grundzustand einer Gradationskurve im RGB-Modus

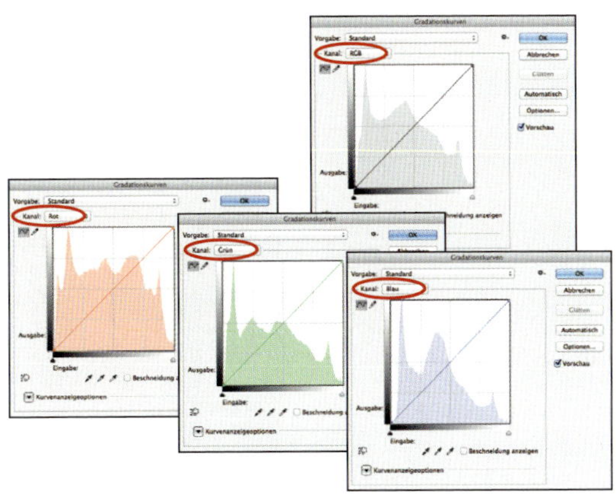

Abb. 6.10: Gradationsmenüs der Kanäle

In den Gradationskurven aller Kanäle steht die 0 jeweils für Schwarz. Die 255 steht im RGB-Kanal für Weiß, in den Grundfarbkanälen jedoch für die jeweils voll gesättigte Farbe. Leider wird dieser Unterschied in Photoshop nicht in den Tonwertverläufen an den Achsen veranschaulicht.

Eingabe- und Ausgabewerte ablesen

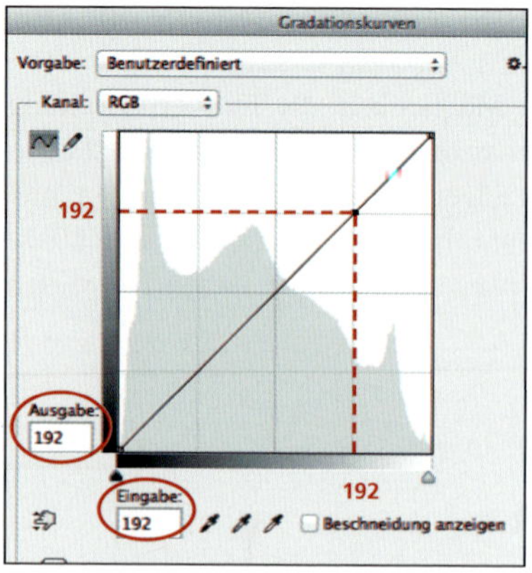

Abb. 6.11: Korrekturvorschrift ablesen

Korrekturvorschriften ablesen

Möchte man ablesen, auf welchen Ausgabewert ein bestimmter Eingabewert abgebildet wird, sucht man zunächst auf der x-Achse den gesuchten Tonwert. Von hier aus zieht man gedanklich eine Senkrechte, bis diese die Kurve schneidet. Von dem Schnittpunkt aus zieht man eine Waagerechte zur y-Achse. Dort liest man den resultierenden Tonwert ab. In **Abb. 6.11** befindet sich die Gradationskurve im Ausgangszustand im 45°-Winkel. Die Markierungen in **Abb. 6.11** zeigen, dass der ausgewählte Tonwert dadurch nicht verändert wird. Die Werte in den Feldern Eingabe und Ausgabe sind nämlich gleich (192). Um das festzustellen, wurde an dieser Stelle auf der Gradationskurve ein Stützpunkt gesetzt (schwarzer Punkt im Schnittpunkt der gestrichelten Linien). Die diagonale Gradationskurve, die für den unbearbeiteten Zustand eines Bildes steht, wird auch Normale genannt.

➲ **Im Grundzustand wird die Gradationskurve Normale genannt. Sie bildet eine Diagonale im 45°-Winkel und steht für eine unveränderte Tonwertverteilung im Bild.**

Gradationskurven im CMYK-Modus

Im CMYK-Modus werden die Tonwerte in Prozent angegeben. Darum verändern sich bei einem Wechsel des Farbmodus von RGB nach CMYK auch die Achsenbezeichnungen der Gradationskurve (**Abb. 6.12a** und **Abb. 6.12b**).

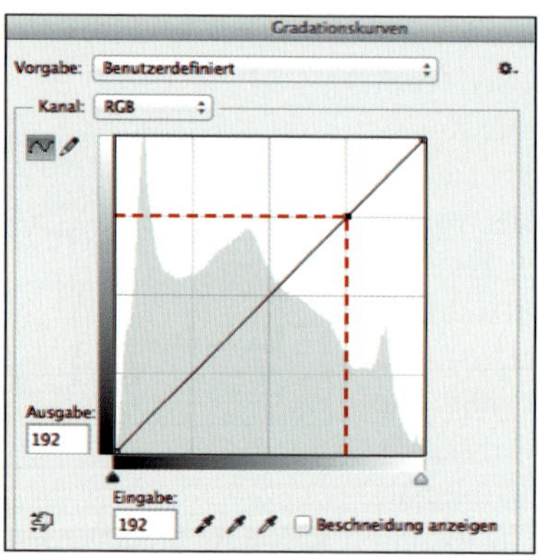

Abb. 6.12a: Tonwert auf der Gradationskurve im RGB-Modus

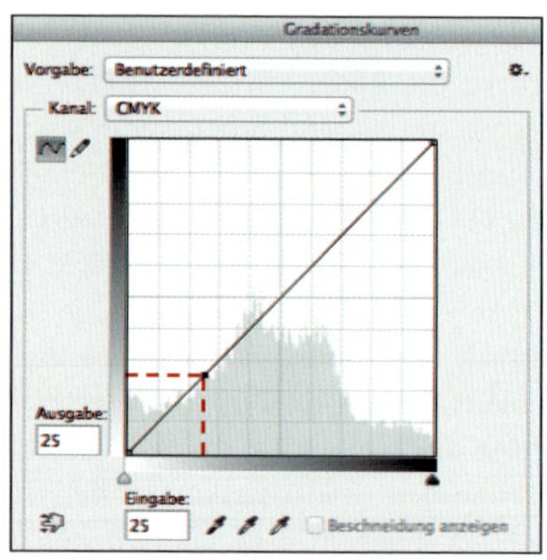

Abb. 6.12b: Tonwert auf der Gradationskurve im CMYK-Modus

Wertebereich der Gradationskurve im RGB- und im CMYK-Modus

In beiden Farbmodi liegt standardmäßig der Wert 0 bzw. 0 % unten links. Im RGB-Modus entspricht das der Farbe Schwarz, im CMYK-Modus jedoch Weiß. Darum verläuft die angezeigte Helligkeitsskala im RGB-Modus von Schwarz nach Weiß (0 bis 255) und im CMYK-Modus umgekehrt von Weiß nach Schwarz (0 % bis 100 %). **Abb. 6.12 a** und **Abb. 6.12 b** zeigen in den Gradationskurven beider Modi einen Stützpunkt im Vierteltonbereich. Aufgrund der Skalenumkehrung liegt dieser im Koordinatensystem des RGB-Modus rechts oben, in dem des CMYK-Modus dagegen links unten. Die meisten Anwender bevorzugen aus Gewohnheit nur eine der beiden Skalen. Um sich bei einem Moduswechsel nicht umstellen zu müssen, kann man die Helligkeitsverteilung über die „Kurven-Anzeigeoptionen" umkehren.

Skalenumkehrung

Tonwertkorrekturen mit Gradationskurven
Das Gradationskurven-Menü eignet sich sehr gut, um Tonwertkorrekturen vorzunehmen. Möchte man z. B. ein Bild aufhellen, verschiebt man die Gradationskurve im RGB-Kanal nach oben in Richtung Weiß (**Abb. 6.13**). Im Beispiel wurde der Eingabe-Tonwert 192 um 48 Werte auf 240 erhöht.

Aufhellung durch Gradationskurven

Abb. 6.13: Aufhellung

Ein anderes Korrekturbeispiel zeigt **Abb. 6.14**. Darin wird der Rotanteil verringert. Die Gradationskurve im Rot-Kanal wird nach unten in Richtung Schwarz verschoben. Der Eingabe-Tonwert 192 verringert sich um 52 auf 140.

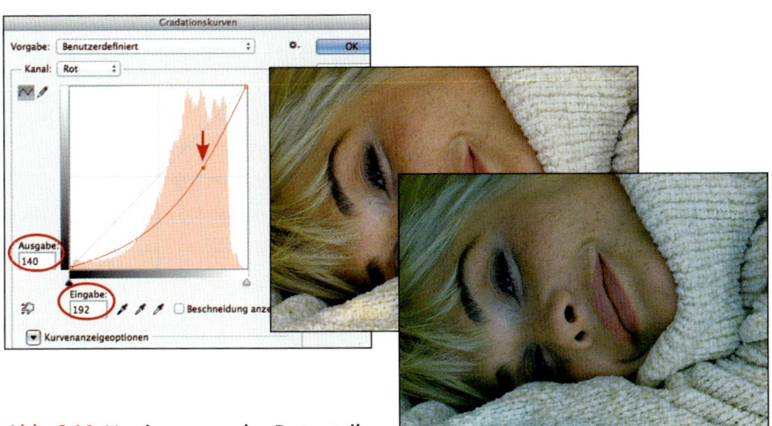

Farbstichbeseitigung mit Gradationskurven

Abb. 6.14: Verringerung des Rotanteils

Zusammenspiel von Histogramm und Gradationskurve

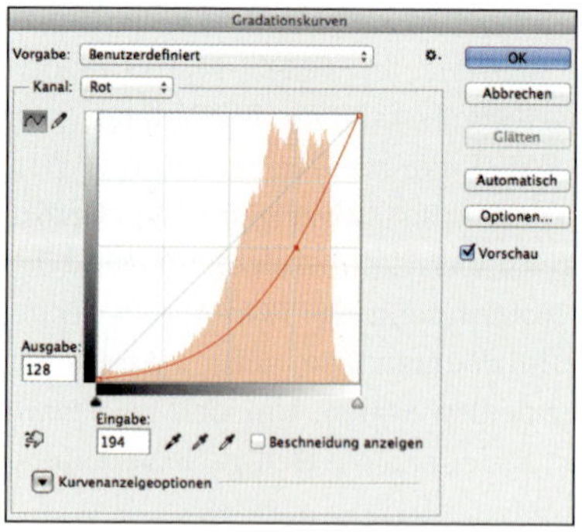

Abb. 6.15: Gradationsmenü mit Histogrammansicht

Gradationsmenü mit Histogrammansicht

In einigen Bildbearbeitungsprogrammen werden Gradationskurven und Histogramme im gleichen Menü angezeigt. In Photoshop ist dies seit der Version CS3 der Fall (**Abb. 6.15**).

Diese Anzeige erleichtert das Arbeiten sehr, denn bei der Einstellung der Gradationskurve sieht man direkt, welche der tatsächlich im Bild vorhandenen Tonwerte man korrigiert. Da auch die Normale abgebildet ist, ist auch die Stärke des Eingriffs leichter einschätzbar. In **Abb. 6.15** erkennt man, dass sich die meisten Tonwerte des Rotkanals im Mittel- bis Vierteltonbereich befinden. Die Gradationskorrektur hat eine relativ große Auswirkung auf das Bild: Die Abweichung der Kurve von der Normalen ist in den Tonwertbereichen recht groß, in denen das Histogramm „Berge" besitzt.

6.4 Aufgaben und Übungen

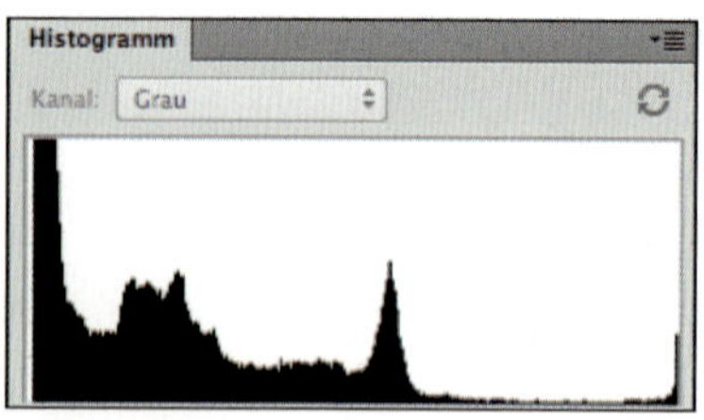

Abb. 6.16: Bild zu Aufgabe 1

1. Histogramme:

a) Welche Aussage über Histogramme ist richtig (Mehrfachnennungen sind möglich):
   1. Aus einem Histogramm ist ersichtlich, wie viele Pixel den gleichen Tonwert haben.
   2. Aus einem Histogramm ist ersichtlich, welche Tonwerte im Bild vorherrschen.
   3. Histogramme beinhalten Korrekturvorschriften.

b) Beschriften Sie das Histogramm in **Abb. 6.16**, indem Sie die Nummern zu folgenden Begriffen der entsprechenden Stelle im Bild zuordnen: 1. Tonwertverteilung, 2. Tonwerthäufigkeit, 3. Tiefen, 4. Dreivierteltöne, 5. Mitteltöne, 6. Vierteltöne, 7. Lichter.

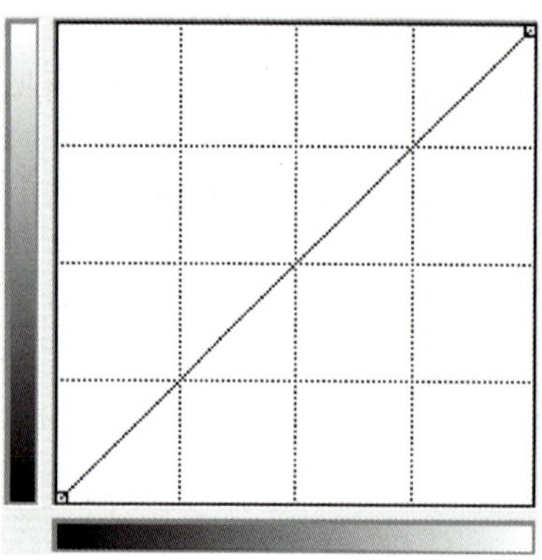

Abb. 6.17: Bild zu Aufgabe 2

2. Gradationskurven:

a) In welchem Bearbeitungsmodus wird die Gradationskurve standardmäßig wie in **Abb. 6.17** dargestellt? Welche Änderungen ergeben sich bei einem Moduswechsel?

b) Beschriften Sie die Achsen der Gradationskurve, indem Sie die Tonwerte eintragen. Kennzeichnen sie darauf, welche Achse für die Tonwerte vor der Bearbeitung, welche für die Tonwerte nach der Bearbeitung steht.

7 Graustufenbilder optimieren

Die Welt der Bilder ist heutzutage farbig. Trotzdem wird der Bearbeitung von Graustufenbildern ein eigenes Kapitel gewidmet. Das geschieht aus zwei Gründen:

Farb- und Graustufenbilder bearbeiten

- Die Beurteilung der Darstellungsqualität von Graustufenbildern ist weniger komplex als die von Farbbildern. Die Helligkeits- und Kontrastverhältnisse sind für beide Bildtypen wichtig. Bei Farbbildern wird jedoch die Aufmerksamkeit stark durch den zusätzlichen Einfluss der Farben beeinflusst.
- Graustufenbilder verzeihen weniger Fehler als Farbbilder, da sich alle Eingriffe nur auf einen einzigen Kanal beziehen. Man muss also genauer arbeiten. Wo die bunte Vielfalt eines farbigen Motivs schon mal einen Patzer verzeiht, reagieren Graustufenbilder empfindlicher auf Korrekturfehler.

7.1 Tonwertumfang von Graustufenbildern

Es ist nicht immer möglich, bei der Aufnahme von Bildern alle Bereiche des Motivs richtig zu belichten. Meistens wird die Tonwertverteilung eines Bildes daher nachträglich noch korrigiert. Der erste Schritt dabei ist immer die Beurteilung des Tonwertumfangs, d. h. der Differenz zwischen hellstem und dunkelstem Tonwert im Bild. Der maximal mögliche Tonwertumfang erstreckt sich also bei Digitalbildern über einen Wertebereich zwischen 0 und 255 und im Druck von 0 % bis 100 %. Die dunkelste Stelle eines Bildes wird dabei Schwarzpunkt genannt, die hellste Weißpunkt. Statt des Begriffs Tonwertumfang ist auch der des Kontrastumfangs üblich.

Abb. 7.1: Kontrastarmes Bild mit geringem Tonwertumfang

➲ **Der Tonwertumfang (Kontrastumfang) bezeichnet die Tonwertdifferenz zwischen Schwarz- und Weißpunkt eines Bildes.**

Fast alle Motive gewinnen durch einen großen Tonwertumfang an Qualität: Sie wirken insgesamt kontrastreicher. Satte Tiefen und strahlende Lichter sorgen für einen dynamischen Eindruck. Motive im Vordergrund heben sich besser vom Bildhintergrund ab und sind daher vom Betrachter schneller erfassbar. **Abb. 7.1** hat beispielsweise einen geringen Tonwertumfang. Durch dessen Ausweitung in **Abb. 7.2** verbessern sich die Kontrastverhältnisse im Bild.

Abb. 7.2: Kontrastreicheres Bild mit hohem Tonwertumfang

➲ **Für die meisten Motive strebt man einen möglichst großen Tonwertumfang an. Die Bilder wirken dann kontrastreich und ausdrucksstark.**

Qualitätsverluste bei der Ausgabe

Leider können die meisten Ausgabeverfahren keinen sehr großen Tonwertumfang reproduzieren, da Differenzierungen in den Tiefen und Lichtern der Bilder nicht in ausreichender Qualität dargestellt werden können. Bei der Aufbereitung für den Ausgabeprozess muss dieser entsprechend eingeschränkt werden (vgl. Kapitel 9).

7.1.1 Verbesserung der Motivdarstellung durch Tonwertspreizung

Tonwertumfang und Gesamtkontrast

Das Bild des Beduinen mit Kamelen in **Abb 7.3** nutzt nur den mittleren Bereich des Tonwertspektrums. Tiefen und Lichter fehlen. Im zugehörigen Histogramm gibt es daher keine Ausschläge in den Randbereichen. Das Bild wirkt insgesamt kontrastarm, im Fachjargon (in der „fachlichen Umgangssprache") sagt man auch „flau". **Abb. 7.4** zeigt das verbesserte Bild. Ausgehend von **Abb. 7.3** wurden die hellen Tonwerte des Bildes weiter aufgehellt und die dunklen abgedunkelt. Es fand eine Tonwertspreizung statt. Das Histogramm nutzt den gesamten Wertebereich des Tonwertspektrums aus.

Abb. 7.3: Unbearbeitetes Motiv; Tonwertumfang 32 bis 222 (ca. 13 % bis 87,5 %)

Abb. 7.4: Korrigiertes Motiv; Tonwertumfang 0 bis 255 (0 % bis 100 %)

Das Bild hat Tiefen und Lichter erhalten und durch den Kontrastzuwachs sind Bilddetails deutlicher erkennbar geworden.

➲ **Weitet man den Tonwertumfang eines Bildes aus, werden die vorhandenen Tonwerte über einen größeren Wertebereich gestreckt. Es findet eine Tonwertspreizung statt.**

Tonwertspreizung

Im Histogramm wird außerdem eine Nebenwirkung der Tonwertspreizung sichtbar: Dort, wo der Pixelberg des Histogramms durch weiße Streifen unterbrochen ist, fehlen Tonwerte im Bild. Diese Tonwertlücken bilden sich, weil die Anzahl der Tonwertstufen im Bild nun ein größeres Helligkeitsspektrum abdecken muss. Vor der Bearbeitung kamen keine extremen Tiefen und Lichter im Bild vor (vgl. Markierung im Histogramm zu **Abb. 7.3**), nach dem Eingriff bilden sich über den gespreizten Tonwertbereich verteilt Lücken im Histogramm (vgl. auch Kapitel 7.2, S. 166 ff).

Dialogfeld „Tonwertkorrektur"

Um zu prüfen, ob die Tonwertverteilung eines Bildes gespreizt werden soll, analysiert man es zunächst mit Hilfe seines Histogramms. Fehlen an dessen Rändern Tonwerte, so wie im Beispiel der **Abb. 7.3**, setzt man den Schwarz- bzw. den Weißpunkt neu. In Photoshop nutzt man dazu das Dialogfeld Tonwertkorrektur (**Abb. 7.5**). Die Wahl der Bildstelle, die zum Schwarz- bzw. Weißpunkt des Bildes werden soll, erfolgt durch die Werteeingaben oder Reglereinstellung unter „Tonwertspreizung". Damit wählt man die Tonwerte des unbearbeiteten Bildes aus, die zur dunkelsten bzw. hellsten Stelle werden sollen. Die zugehörigen Regler sind in **Abb. 7.5** markiert. Sie zeigen auf die Ränder des Histogramms. Sie wählen die Tonwerte 32 für den Schwarz- und 222 für den Weißpunkt aus. Diese sollen weiter abgedunkelt bzw. aufgehellt werden. Das steuert man über Werteeingaben oder Reglereinstellungen unter „Tonwertumfang".

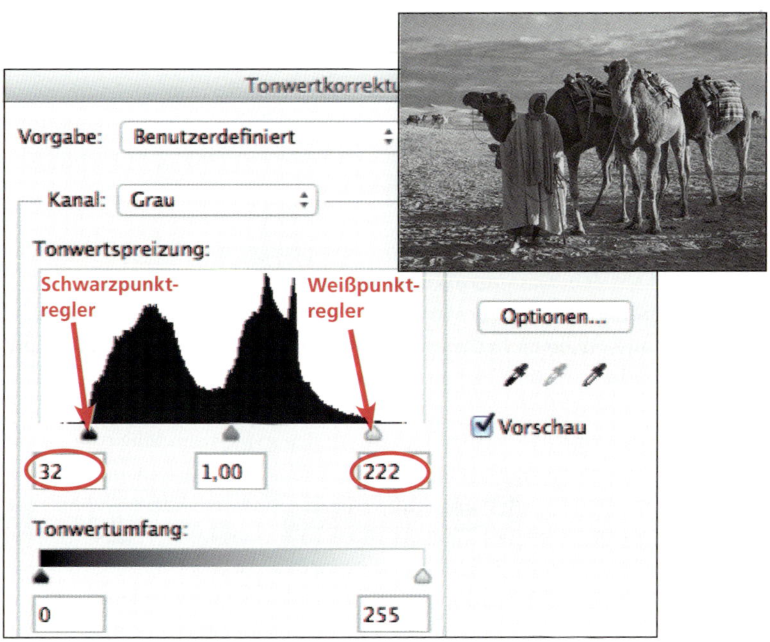

Abb. 7.5: Das Dialogfeld "Tonwertkorrektur" mit Beispielbild

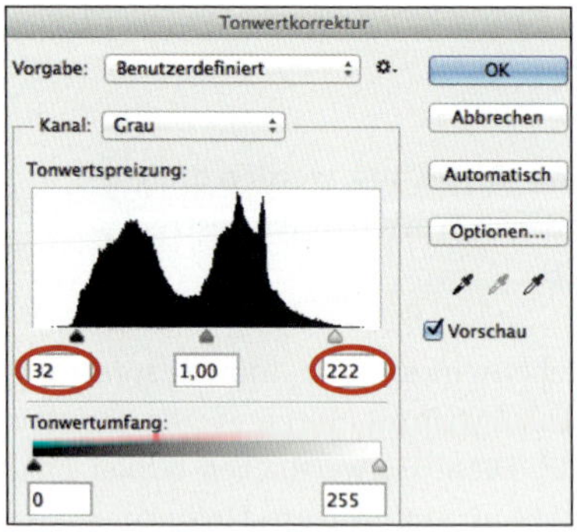

Abb. 7.6: Tonwertspreizung

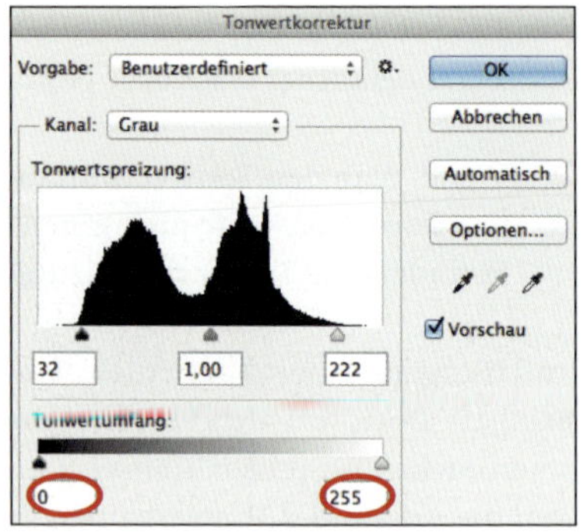

Abb. 7.7: Tonwertumfang

Die Regler Tonwertspreizung und Tonwertumfang

Die Angaben unter „Tonwertspreizung" und „Tonwertumfang" sind also nur im Zusammenhang zu verstehen. Das verdeutlicht die **Abb. 7.6** und die **Abb. 7.7**. Wendet man die darin gezeigte Einstellung auf das vorliegende Bild an, wird der Tonwertbereich zwischen 32 und 222 auf den vollen Tonwertumfang zwischen 0 und 255 gestreckt. Fast immer schiebt man die Tonwertspreizung-Regler direkt an die Pixelberge heran, um die Tonwerte der dunkelsten und der hellsten Bildstelle auszuwählen. Die meisten Motive wirken am besten, wenn man den größtmöglichen Tonwertumfang von 0 bis 255 einstellt.

➲ **Die meisten Motive wirken am besten, wenn man die Regler der Tonwertspreizung auf die Ränder des Histogramms verschiebt und den maximalen Tonwertumfang (0 bis 255) ausnutzt.**

Clipping

Clipping bezeichnet die Nebenwirkungen einer zu starken Tonwertspreizung. Dabei verliert man Details in Tiefen und Lichtern zugunsten eines hohen Gesamtkontrastes. Bildbereiche in den hellen und dunklen Tonwertspektren erscheinen dann vereinheitlicht und flächig. Man spricht auch von einem

Tonwertabrisse

Tonwertabriss, wenn Verläufe und Nuancen, die offensichtlich zum Motiv gehören, verloren gehen und durch einen auffälligen und störenden Tonwertsprung zwischen Bildbereichen ersetzt werden. Clipping ist also gleichzusetzen mit einem Tonwertabriss in den Tiefen bzw. Lichtern.

➲ **Tonwertabrisse sind auffällige Tonwertsprünge, die einen Bildbereich störend aus dem Gesamtzusammenhang des Bildes hervorheben. Mit Clipping bezeichnet man Tonwertabrisse in Tiefen und Lichtern. Statt feiner Nuancen in diesen Tonwertbereichen werden monochrom schwarze bzw. weiße Flächen dargestellt.**

In **Abb. 7.8** kann man das nachvollziehen. An den markierten Bildstellen kann man Tonwertabrisse in den Tiefen erkennen. Hier sind keine feinen Bilddetails mehr zu sehen. Statt dessen wurde eine einfarbig schwarze Fläche erzeugt. Die

Detailzeichnung

Unterscheidbarkeit ähnlicher Tonwerte innerhalb eines Bildbereichs bezeichnet man auch mit (Detail-)Zeichnung. Nur wenn diese gegeben ist, lassen sich Motivdetails abbilden. Die Ausprägung der Detailzeichnung ist ein wichtiges Kriterium zur Beurteilung der Bildqualität (vgl. auch Kapitel 7.2.1 und 7.2.2).

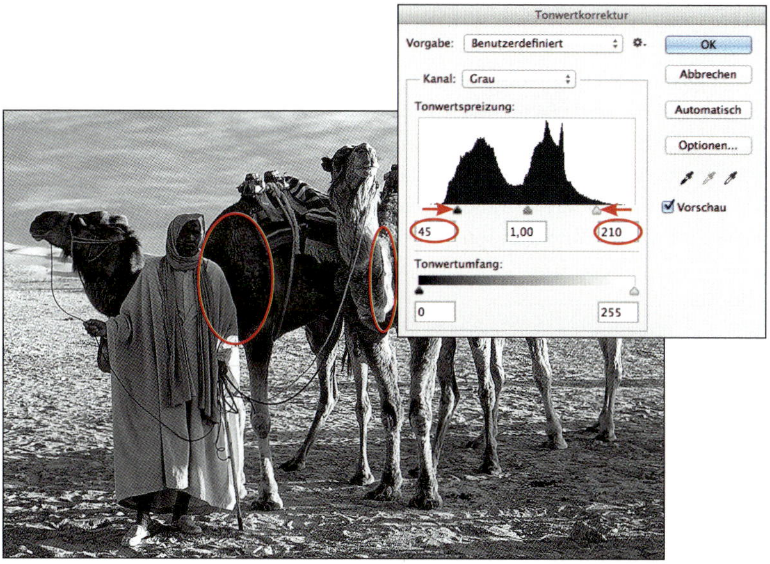

Abb. 7.8: **Motiv mit geclippten Tonwerten in den Tiefen**

➲ **Der Begriff (Detail-)Zeichnung steht in der Reproduktionstechnik für die Unterscheidbarkeit ähnlicher Tonwerte. Detailzeichnung ist wichtig für eine gute Darstellungsqualität.**

Vereinheitlichung der Tonwerte

An den Einstellungen, die in Abb. 7.8 ablesbar sind, erkennt man, wodurch der Zeichnungsverlust im Beispielbild erzeugt wurde: Die Regler der Tonwertspreizung wurden in die Pixelberge hineingeschoben (vgl. Markierung). Alle Tonwerte, die dunkler als der gewählte Schwarzpunkt (hier 45) sind, wurden dadurch vereinheitlicht und auf den dunkelsten Wert des Tonwertumfangs (hier 0) gesetzt. Ebenso verhält es sich mit den Lichtern: Alle Tonwerte, die heller als der gewählte Weißpunkt (hier 210) sind, wurden vereinheitlicht und auf den hellsten Wert des Tonwertumfang (hier 255) gesetzt.

➲ **Je weiter man den Schwarz- bzw. Weißpunktregler in die Mitte der Skala schiebt, desto höher wird der Gesamtkontrast. Schiebt man ihn jedoch in die Pixelberge hinein, geht die Zeichnung in Tonwertbereichen außerhalb dieser Regler durch Clipping verloren.**

Hohe Ausschläge an den Histogrammrändern

Abb. 7.9 zeigt das Histogramm des Bildes nach der zu starken Tonwertspreizung. Die hohen Ausschläge an den Rändern des Histogramms weisen auf Clipping hin. Sie entstehen, weil die Häufigkeit der schwarzen und weißen Tonwerte durch die Vereinheitlichung der Tiefen und Lichter stark zugenommen hat.

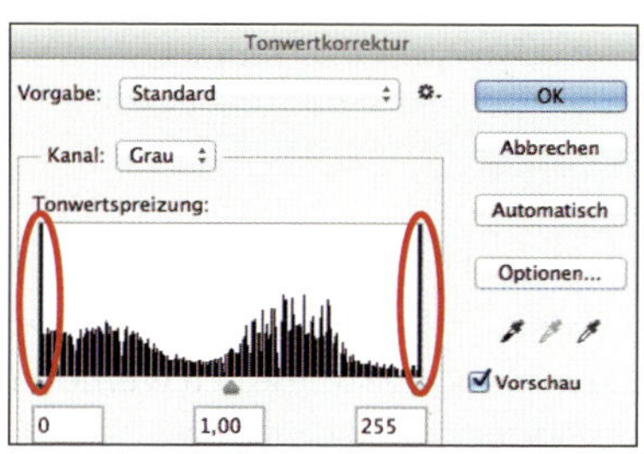

Abb. 7.9: **Kennzeichen für Clipping**

➲ **Clipping erkennt man im Histogramm an auffällig hohen Ausschlägen am Rand.**

7.1.2 Methoden zur Einstellung des Tonwertumfangs

Im Folgenden werden Vorgehensweisen zur Einstellung des Tonwertumfangs mit ihren Vor- und Nachteilen erklärt. Die einfachste und am besten kontrollierbare Methode ist die manuelle Eingabe im Dialogfeld „Tonwertkorrektur", wie sie im vorigen Kapitel beschreiben wurde. Diese Einstellungen kann man aber auch mit anderen Werkzeugen vornehmen. Hier wird die Arbeit mit Pipetten und der Auto-Farbton vorgestellt.

Pipetten

Funktionsweise der Pipetten

Mit den Pipetten werden per Mausklick in das Motiv Bildpixel ausgewählt, die zum Schwarz- bzw. Weißpunkt werden. Aufgrund der intuitiven Bedienung scheint sie gerade für Laien geeignet. Doch dieser Eindruck trügt. Das Pipetten-Werkzeug muss sehr vorsichtig angewendet werden. Wählt man eine falsche Bildstelle aus, kommt es sofort zum unerwünschten Clipping-Effekt. Warum das so ist, wird im Anschluss an die Vorstellung der grundsätzlichen Funktionsweise der Pipetten erläutert.

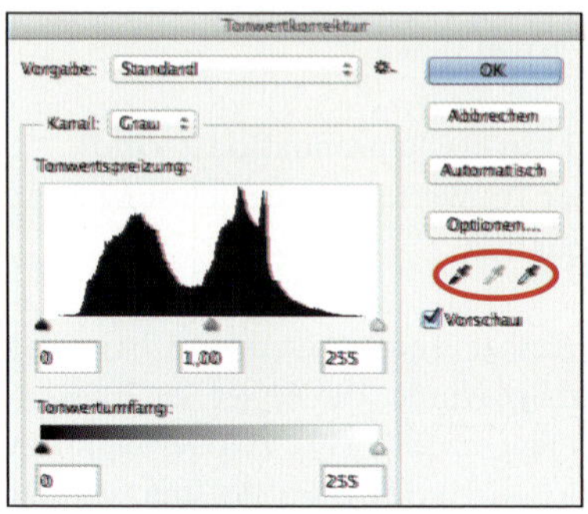

Abb. 7.10: Pipetten

Die Pipetten findet man unten rechts im Dialogfeld „Tonwertkorrektur" (**Abb. 7.10**). Mit ihnen definiert man sowohl die Tonwertspreizung als auch den Tonwertumfang. Der Zielfarbwert für den Schwarzpunkt ist standardmäßig auf 0 eingestellt. Man kann ihn jedoch einfach durch Doppelklick auf die schwarze Pipette verändern. Der Farbwähler öffnet sich und man kann die gewünschten Tonwerte für den dunkelsten Punkt des Bildes definieren (**Abb. 7.11**). Ähnliches gilt für den Weißpunkt. Hier ist der Standard-Zielwert 255. Man verändert ihn über Doppelklick auf die Weißpipette. Klickt man beispielsweise mit der schwarzen Pipette auf eine Bildstelle, wird sie automatisch zur dunkelsten im Bild. Ein Klick mit der weißen Pipette definiert, wo nach der Korrektur der hellste Punkt des Bildes sein wird.

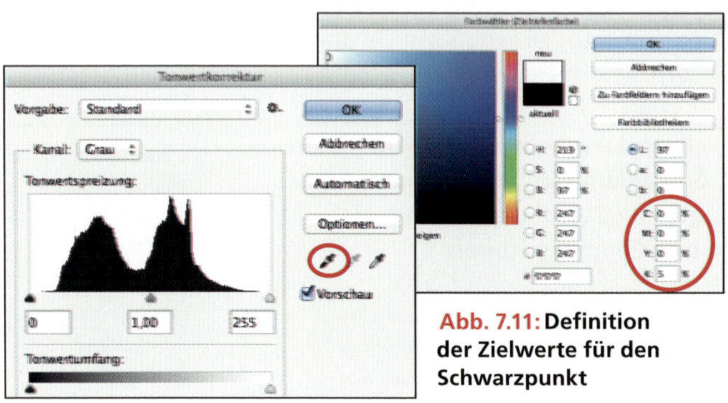

Abb. 7.11: Definition der Zielwerte für den Schwarzpunkt

In **Abb. 7.12 a** wurde mit der schwarzen Pipette ein Bildpunkt angewählt. Der zugehörige Tonwert (hier 90) wird automatisch im Eingabefeld unter Tonwertspreizung eingetragen.

➲ **Mit der schwarzen und der weißen Pipette kann man per Mausklick definieren, welche Bildstellen zum Schwarz- bzw. zum Weißpunkt werden.**

Probleme bei der Verwendung von Pipetten

Problematisch bei der Verwendung der Pipetten ist, dass man unbedingt selbst die richtige Bildstelle für den Schwarz- und den Weißpunkt anwählen muss. In **Abb. 7.12 a** wurde eine ungünstige Bildstelle auf den Schwarzpunkt gesetzt. Der angesteuerte Tonwert 90 (ca. 78 %) liegt mitten im zugehörigen Histogramm. Alle Tonwerte des Bildes, die unterhalb von 90 (bzw. oberhalb von 78 %) liegen, wurden dadurch auf den dunkelsten Wert des Tonwertumfangs gesetzt. Die Folge ist Clipping in den Tiefen. In **Abb. 7.12 b** erkennt man in der umkreisten Bildstelle, dass sie keinerlei Helligkeitsnuancen mehr enthält. Mit der Pipette geschehen solche Fehler äußerst schnell. Darum ist dieses Werkzeug für Ungeübte nicht empfehlenswert.

➲ **Die Arbeit mit Pipetten ist nur scheinbar einfach. Schnell erzeugt man damit Clipping in Tiefen und Lichtern.**

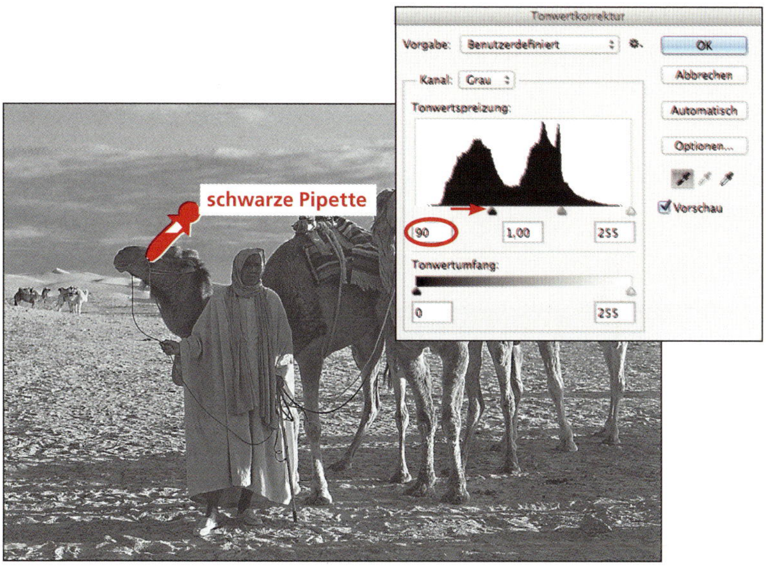

Abb. 7.12 a: Anwendung der Schwarz-Pipette

Abb. 7.12 b: Schwarzpunkt falsch gesetzt, Clipping in den Tiefen

Abb. 7.13: Auto-Farbton im Auswahlmenü

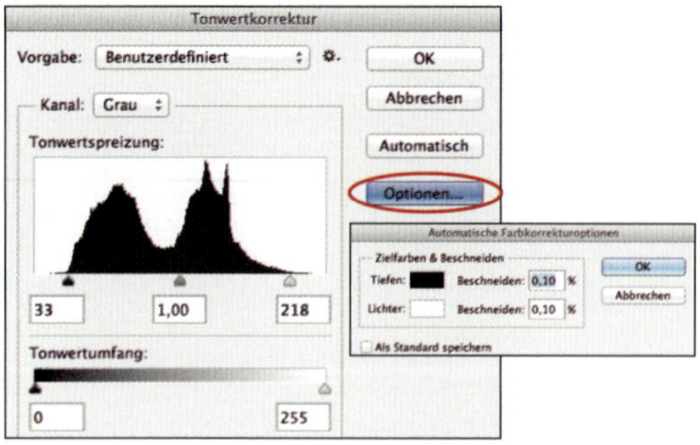

Abb.7.14: Auto-Farbkorrektur-Optionen

Auto-Farbton

Bei der Festlegung des Schwarz- und Weißpunktes von Graustufenbildern ist die Spreizung auf einen voreingestellten Tonwertumfang automatisierbar. Bei Standardmotiven erreicht man damit gute Ergebnisse. In Photoshop wird diese Funktion als Auto-Farbton bezeichnet. Den Befehl dazu findet man entweder als Unterpunkt im „Bild"-Menü, aber auch als „Option" im Dialogfeld „Tonwertkorrektur" (**Abb. 7.13** und **Abb. 7.14**). Wendet man ihn auf eine geöffnete Bilddatei an, wird die Tonwertspreizung so eingestellt, dass der Schwarz- und der Weißpunktregler an die Pixelberge herangeschoben werden. Der Tonwertumfang wird standardmäßig bei 0 bis 255 belassen (**Abb. 7.14**). Man kann ihn bei Bedarf über die Schwarz- und die Weißpipette verändern (vgl. S. 158 ff).

Tiefen und Lichter beschneiden

Die Einstellungen zur Tonwertspreizung kann man über die Taste „Optionen" verändern. Nach den Einträgen unter „Beschneiden der Tiefen" bzw. „Lichter" richtet es sich, wie stark die Tonwerte geclippt werden, die am Rande des Bildhistogramms liegen. 0,10 % ist die Standardeinstellung. Erhöht man den Prozentwert, wird ein größeres Spektrum der ganz hellen bzw. ganz dunklen Pixel auf Weiß bzw. Schwarz gesetzt. Das ist aber nur dann sinnvoll, wenn die Tiefen- bzw. Lichterzeichnung eigentlich nicht zum Motiv gehören, sondern z. B. durch Unregelmäßigkeiten (Rauschen) bei der Bilderfassung erzeugt wurde. Daher kann der Wert auf 0 gesetzt werden, wenn das Bild mit einem hochwertigen Eingabegerät erfasst wurde.

➲ **„Auto-Farbton" automatisiert die Tonwertspreizung und die Einstellung des Tonwertumfangs nach voreingestellten Optionen.**

Gradationskurven als Werkzeug für die Einstellung des Tonwertumfangs

Kombination von Gradationskurve und Histogramm

Schließlich gibt es noch die Möglichkeit, Gradationskurven für die Einstellung des Tonwertumfangs zu nutzen. Diese Methode ist jedoch nur empfehlenswert, wenn gleichzeitig das Histogramm genau kontrolliert werden kann. In Photoshop ist dies seit der Version CS3 möglich. Das zugehörige Menü ist in **Abb. 7.15a** dargestellt. Das dort abgebildete Histogramm gehört zu einem Bild, das nicht den kompletten Tonwertumfang ausnutzt, denn es reicht nicht bis an die Ränder. Seit der Version Photoshop CS3 gibt es im Gradationsmenü auch Schwarz- und Weißpunktregler, die bedienbar sind, wie die Regler zur Tonwertspreizung im Dialogfeld „Tonwertkorrektur" (vgl. Kapitel 7.1.1). Die Einstellungen in **Abb. 7.15a** bewirken eine Tonwertspreizung in Tiefen und Lichtern. Die Einstellungen für den Schwarzpunkt wurden in diesem Beispiel so gewählt, dass der Eingangswert 26 auf den Ausgangswert 0 gesetzt wird. Nach Anwendung der gezeigten Korrekturvorschrift reicht das Histogramm bis zu den Rändern (**Abb. 7.15b**).

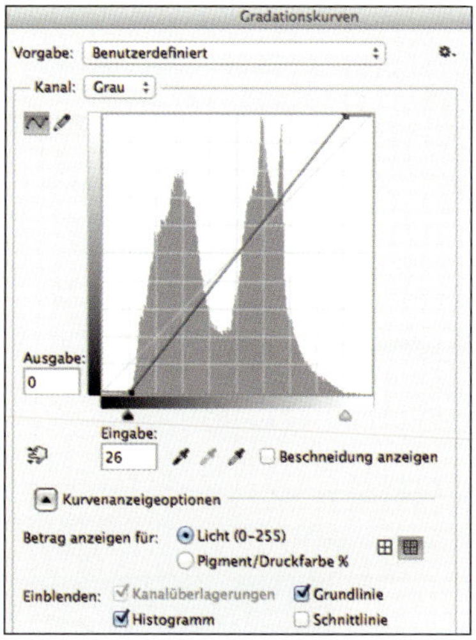

Abb. 7.15 a: Gradationskurve und Histogramm im gleichen Menü (ab Photoshop-Version CS3)

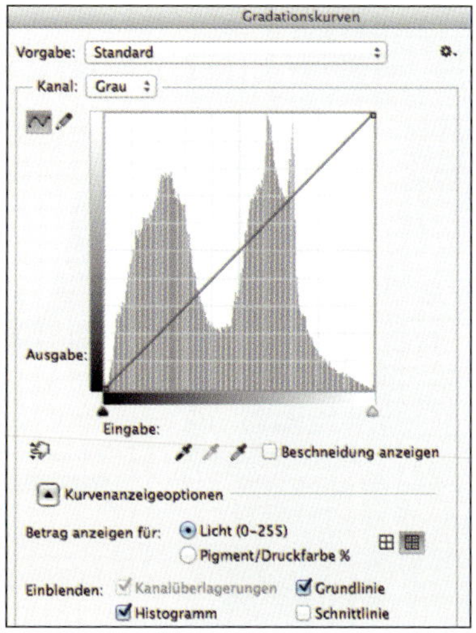

Abb. 7.15 b: Anzeige nach der Bearbeitung

7.1.3 Überprüfung der Tiefen und Lichter bei anspruchsvollen Motiven

Für die meisten Motive bewirkt die Standardeinstellung bzw. der Auto-Farbton eine starke Verbesserung der Bildqualität. Für Bilder mit hohen Ansprüchen an die Tiefen- und Lichterzeichnung muss man den Schwarz- und den Weißpunkt jedoch genauer prüfen. In diesem Kapitel werden Methoden vorgestellt, mit denen man das bewerkstelligen kann.

Das Motiv der beiden Frauen beim Einkauf in Abb. 7.16 stellt besondere Ansprüche an die Reproduktion der Tiefen und Lichter. Es lebt zum einen von starken Kontrasten, weil die Kopftücher der beiden Frauen weiß aus dem ansonsten sehr dunklen Bild hervorstechen. Zum anderen gibt es bildwichtige Bereiche, die in den Tiefen und Lichtern noch Zeichnung verlangen: der Hintergrund und die dunklen Gewänder der Frauen. Während der Bildbearbeitung ist es daher wichtig, insbesondere die Tonwerte in diesen Bereichen zu kontrollieren.

➲ **Bei anspruchsvollen Motiven muss man die Tiefen- und Lichterzeichnung im Histogramm und im Bildmotiv gewissenhaft analysieren.**

Abb. 7.16: Bild mit anspruchsvollen Kontrasten

Abb. 7.17 a: Unbrauchbares Bild mit Lichterclipping

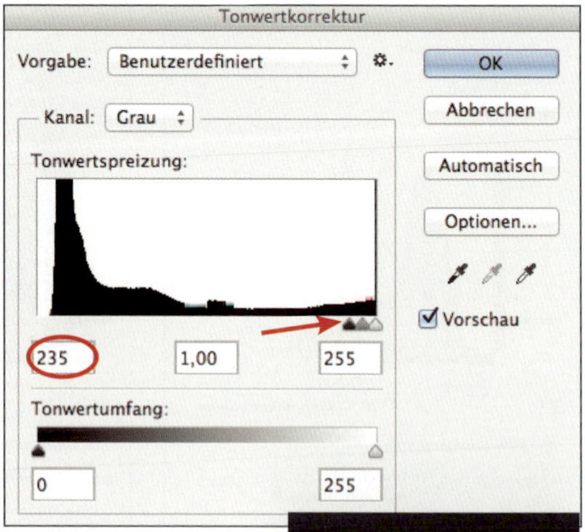

Abb. 7.17 b: Kontrolle der Lichterzeichnung mit dem Schwarzpunktregler

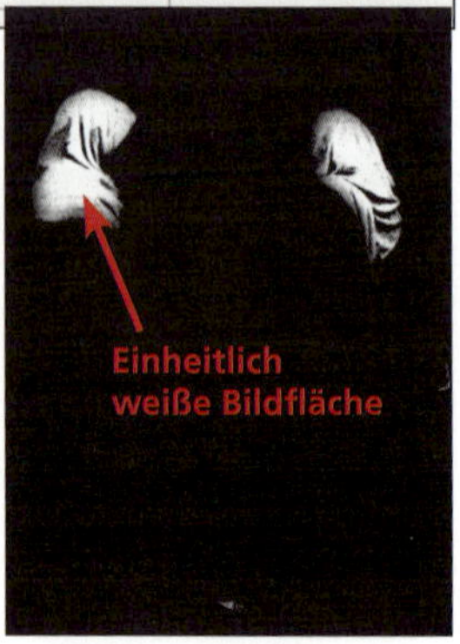

Abb. 7.17 c: Testbild

Clippingkontrolle

Zu Beginn der Arbeit untersucht man das Bild darauf, ob einzelne Bereiche z. B. durch Überbelichtung bereits geclippt sind oder zu wenig Zeichnung aufweisen. Für anspruchsvolle Zwecke ist das Bild dann nicht mehr zu gebrauchen.

➲ **Bilder, die schon bei der Datenerfassung Clipping oder zu wenig Zeichnung in Tiefen und Lichtern aufweisen, sind in der Regel für anspruchsvolle Arbeiten nicht mehr zu gebrauchen.**

Überprüfung der Tiefen und Lichterzeichnung mit Hilfe des Schwarz- bzw. Weißpunktreglers

In **Abb. 7.17 a** ist das Motiv der Frauen mit geclippten Lichtern abgebildet. Bei der Bildbearbeitung kann man das überprüfen, indem man mit dem Befehl Tonwertspreizung arbeitet. Die gefährdeten Lichter im Bild identifiziert man mit Hilfe des Schwarzpunktreglers. Schiebt man diesen fast bis zum weißen Ende, erkennt man an den letzten noch hellen Pixeln in der Darstellung, wo die extrem hellen Lichter im Bild sind. Das Clipping in diesem Bereich wird offensichtlich, wenn man den Schwarzpunktregler noch weiter schiebt. Entstehen dabei einheitlich weiße Flächen im Bild, die auch bei Veränderung der Reglerposition ihre Form nicht ändern, fehlt es ihnen an Zeichnung.

In **Abb. 7.17 b** steht der Schwarzpunktregler auf 235. Schon bei diesem verhältnismäßig niedrigen Wert bildet sich im zugehörigen Testbild (**Abb. 7.17 c**) eine einheitlich weiße Fläche in den Kopftüchern. Das sind die Bildstellen, denen es an Zeichnung fehlt (Markierungen im Bild).

Abb. 7.18 a: Bild mit ausreichender Lichterzeichnung

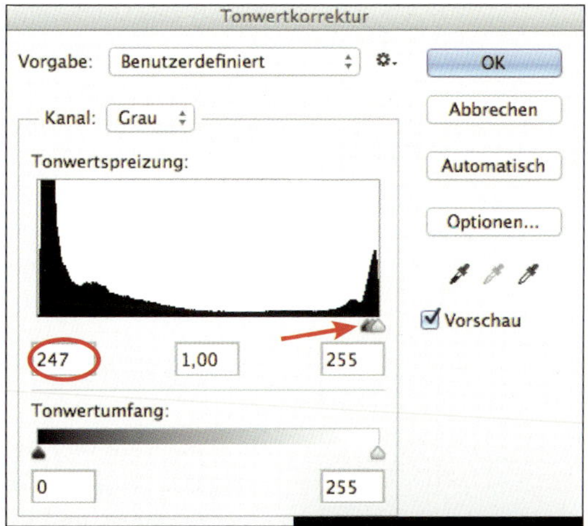

Abb. 7.18 b: Kontrolle der Lichterzeichnung mit dem Schwarzpunktregler

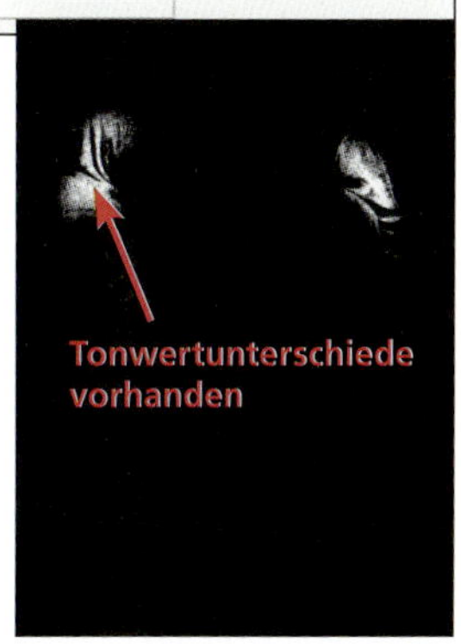

Abb. 7.18 c: Testbild

Im Vergleich dazu zeigt **Abb. 7.18 a** ein Bild mit ausreichender Lichterzeichnung. Die Kontrolle mit dem Schwarzpunktregler ergibt sogar bei der Einstellung auf den hohen Wert von 247 nur recht kleine weiße Bildstellen, die von dunklen Punkten durchsetzt sind (Markierung im Testbild, **Abb. 7.18 c**). Ähnlich verfährt man bei der Tiefenkontrolle. Der Weißpunktregler wird in Richtung Schwarz geschoben. Die letzten verbleibenden dunklen Pixel sind die Bild-Tiefen.

➲ **Verschiebt man den Schwarzpunktregler der Tonwertspreizung in Richtung Weiß, erkennt man an den letzten hellen Pixeln im Bild die extremen Lichter. Verschiebt man den Weißpunktregler in Richtung Schwarz, kennzeichnen die letzten dunklen Pixel die Tiefen.**

Abb. 7.19 b: Testbild

Alternativ zur Verwendung des Schwarz- bzw. Weißpunktreglers kann man auch den sogenannten Schwellenwert-Regler verwenden. Dieser teilt das Tonwertspektrum in zwei Teile: Alle Tonwerte, die unterhalb des mittels Regler angesteuerten Wertes liegen, werden schwarz, alle, die oberhalb liegen, weiß. In **Abb. 7.19 a** und **Abb. 7.19 b** wird das veranschaulicht. Da der Regler auf einen hohen Wert eingestellt ist (im Beispiel auf den Wert 247), ist fast das ganze Bild schwarz. Nur noch wenige Bildbereiche sind weiß, weil sie in einem Tonwertbereich oberhalb von 247 liegen.

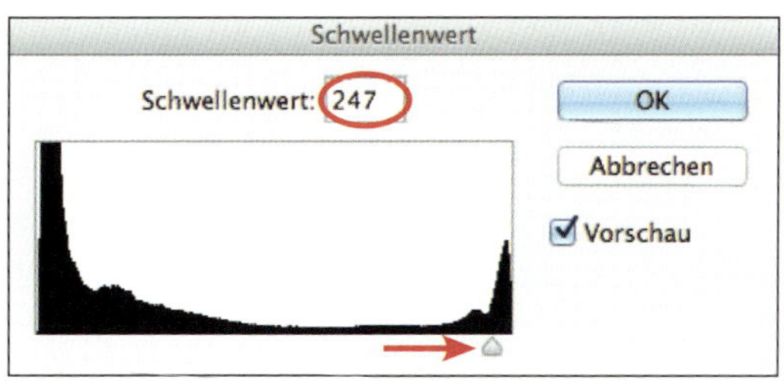

Abb. 7.19 a: Schwellenwertregler

Tiefen- und Lichterzeichnung verstärken

In dem Motiv der einkaufenden Frauen soll die Tiefen- und Lichterzeichnung verstärkt werden. Photoshop bietet mit dem Dialogfeld „Tiefen/Lichter“ ein komfortables Hilfsmittel an, um Tonwertkorrekturen in diesen Bereichen vorzunehmen. Damit werden die früher hierfür notwendigen umständlichen Auswahl-Operationen und Maskierungen überflüssig. „Tiefen/Lichter“ hellt Tiefen auf und dunkelt Lichter ab, wobei der Tonwertumfang jedoch unverändert bleibt. Das entspricht einer Tonwertspreizung innerhalb der dunklen bzw. hellen Tonwertbereiche und erhöht dort jeweils die Detailzeichnung.

Funktionsweise des Werkzeugs „Tiefen/Lichter“

➲ **„Tiefen/Lichter“ verstärkt die Zeichnung in Tiefen und Lichtern.**

In **Abb. 7.20a** und **Abb. 7.20b** wird ein Testbild in einem Vorher- Nachher-Vergleich dargestellt. Im linken Bild sind die Falten in den Kopftüchern nicht mehr sichtbar und die Gegenstände im Verkaufsraum kaum erkennbar. Im rechten Bild konnten diese Mängel durch die Anwendung von „Tiefen/Lichter“ behoben werden.

Werkzeugoptionen „Stärke“, „Tonbreite“, „Radius“

Das Werkzeug bietet verschiedene Einstellungsoptionen an. „Stärke“ bestimmt über den Grad der Aufhellung bzw. Abdunkelung und „Tonbreite“, wie breit das Tonwertspektrum sein soll, das noch als Tiefe bzw. Licht interpretiert und bearbeitet wird. „Radius“ sorgt dafür, dass benachbarte Pixel von korrigierten Tonwerten abgeschwächt in die Korrektur einbezogen werden. Die Einstellungen unter „Tonbreite“ treffen also eine Auswahl aufgrund von Helligkeitsunterschieden, die unter „Radius“ aufgrund der lokalen Lage im Verhältnis zur korrigierten Stelle im Bild.

- Ist die Stärke zu schwach eingestellt, findet keine Bildveränderung statt. Ist sie zu hoch gewählt, erscheinen Bilder unnatürlich hart. Da eine Verstärkung der Detailzeichnung immer auf der Verstärkung von Kontrasten beruht, funktioniert diese nur dann, wenn in den betroffenen Stellen des Bildes überhaupt Tonwertunterschiede vorhanden sind. Sind Tiefen und Lichter schon bei der Aufnahme geclippt, können nachträglich keine fehlenden Details mehr hinzugefügt werden.

- Eine geringe Tonbreite – beispielsweise bei der Lichterkorrektur – bewirkt, dass nur die extrem hellen Bildbereiche korrigiert werden, eine hohe bezieht auch schon Viertel- oder Mitteltöne mit ein.

- Ein zu kleine Radius kann dazu führen, dass sich abrupte Übergänge zwischen korrigierten und nicht korrigierten Bildstellen bilden, die im Motiv störend auffallen. Bei zu großem Radius kann es sein, dass Bildstellen in die Korrektur einbezogen werden, die nicht verändert werden sollten.

Die aktuellen Einstellungen für das Testbild zeigt **Abb. 7.20c**. Hier wurde mit 50 % in den Tiefen und 55 % in den Lichtern eine relativ hohe Stärke eingestellt. Die Tonwertunterschiede innerhalb der extremen Tiefen und Lichter wer-

Abb. 7.20 a: Tiefen- und Lichterzeichnung kaum erkennbar

Abb. 7.20 b Zeichnung verstärkt

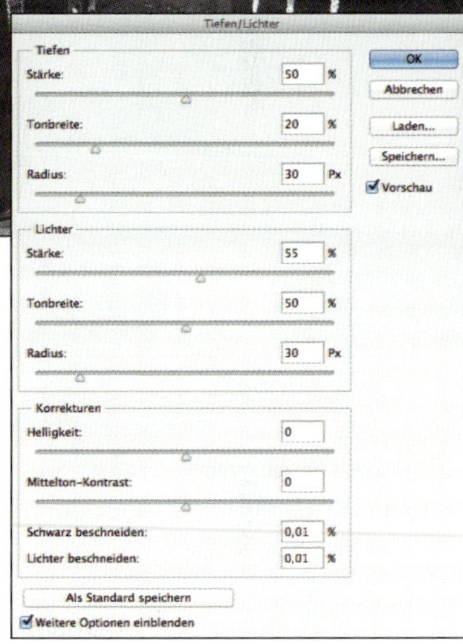

Abb. 7.20 c: Korrektureinstellungen unter „Tiefen/Lichter"

den dadurch verstärkt. In den Tiefen sind nach der Korrektur die Gegenstände im Inneren des Gebäudes besser erkennbar, weil sich die etwas helleren Gegenstände nun besser vom Hintergrund unterscheiden. Die Nuancen und Schattierungen im Faltenwurf der Kopftücher werden durch die Einstellung der Lichterkorrektur differenziert. Da die Vierteltöne ein wenig abgedunkelt werden, treten die Schattenbereiche in deutlicheren Kontrast zu den Lichtern.

Der Wert für die Tonbreite ist in den Lichtern deutlich höher eingestellt worden als in den Tiefen, da hier sehr weiche Verläufe abzubilden sind. Würden nur die extremen Lichter in die Korrektur einbezogen, käme es zu Tonwertabrissen, weil benachbarte Bildbereiche mit ursprünglich sehr ähnlichen Tonwertbereichen stark unterschiedlich verändert würden.

Auch der Radius sorgt hier für eine harmonische Einfügung der Korrektur in das Gesamtbild. Er wurde für beide, Tiefen und Lichter, auf 30 Px eingestellt.

7.2 Kontrast und Helligkeit von Graustufenbildern

Abb. 7.21: Ausgangsbild

Mit dem ersten Arbeitsschritt, der Einstellung des Tonwertumfangs, wird bereits Einfluss auf die Helligkeits- und Kontrastverhältnisse im Bild genommen. Weitere globale Veränderungen oder solche, die nur bestimmte Bild- oder Tonwertbereiche betreffen, schließen sich an.

Je nach gewünschter Bildaussage bzw. ästhetischem Empfinden entscheidet der Bearbeiter, welche Bildbereiche betont werden. Ein Bild, bei dem möglichst alle Details erkennbar sein sollen, wird daher anders modifiziert als das gleiche Motiv, bei dem z. B. eine besondere Stimmung durch die Lichtführung betont wird. Außerdem hat der Kunde, für den der Auftrag erledigt wird, meist eigene Vorstellungen von Kontrast- und Helligkeitskorrekturen eines von ihm ausgewählten Bildes.

Zielsetzung und technische Durchführung einer Korrektur

Allgemeingültige Empfehlungen für die Zielsetzung einer Bildbearbeitung gibt es daher nur bis zu einem gewissen Grade. Bei der technischen Umsetzung der gewünschten Korrekturen müssen jedoch einige Zusammenhänge und Regeln beachtet werden, die für die Qualität der Ausführung wichtig sind. Jede Korrektur hat z. B. Nebenwirkungen, die der Bildbearbeiter kennen muss. Sonst passiert es schnell, dass zwar ein Bildfehler beseitigt, ein neuer aber durch schlechte Korrekturen hinzugefügt wird.

➲ **Zum Ziel führende Arbeitsschritte müssen in einer sinnvollen Reihenfolge effizient und möglichst ohne Nebenwirkungen erledigt werden.**

Analyse von Kontrast- und Helligkeitskorrekturen

Um qualifiziert beurteilen zu können, ob bzw. welche Bildveränderungen nötig sind, muss man zunächst seine Wahrnehmung schulen. Dafür benötigt man vor allem Erfahrung und Übung. In diesem Kapitel wird beispielhaft das Motiv in **Abb. 7.21** typischen Kontrast- und Helligkeitskorrekturen unterworfen. Dies geschieht ausdrücklich nicht, um es zu verbessern, sondern um die resultierenden Veränderungen im Bild zu analysieren. Die Abbildungen **Abb. 7.22a** bis **7.22d** zeigen die Ergebnisse der globalen Tonwertänderungen, die in den Kapiteln 7.2.1 bis 7.2.4 besprochen werden. Es wird beschrieben, welche visuell wahrnehmbaren Unterschiede zum Ausgangsbild erkennbar sind, welche Gradationskorrektur angewendet wurde und wie die Tonwertveränderung vom Histogramm angezeigt wird. Zur besseren Übersicht werden darum immer am Kapitelanfang das Bild und das Histogramm im Vorher-Nachher-Vergleich sowie die zugehörige Gradationskurve gezeigt. Auf Nebenwirkungen der jeweiligen Eingriffe wird an entsprechender Stelle hingewiesen.

Abb. 7.22 a: **Bild mit gesteigertem Kontrast**

Abb. 7.22 b: **Bild mit verringertem Kontrast**

Abb. 7.22 c: **Global aufgehelltes Bild**

Abb. 7.22 d: **Global abgedunkeltes Bild**

➲ **Ein Zuwachs an Detailkontrast in einem Tonwertbereich bewirkt unweigerlich eine Kontrastverringerung in anderen Tonwertbereichen.**

Tatsächlich wirken Kontrast steigernde Maßnahmen zugleich an anderer Stelle Kontrast verringernd. Möchte man die im Beispiel angewendete Tonwertkorrektur eindeutig beschreiben, muss man von „Steigerung des Detailkontrasts im Mitteltonbereich" sprechen sowie von „Verringerung des Detailkontrasts in Tiefen und Lichtern". Eine solche exakte Ausdrucksweise ist jedoch im Arbeitsalltag offensichtlich zu umständlich. Den hier vorgenommenen Korrektureingriff würde man schlicht als Kontraststeigerung bezeichnen. Wird der Tonwertbereich nicht genauer bezeichnet, auf den eine Korrektur angewendet wird, ist in der Regel der Mittelton des unbearbeiteten Bildes gemeint.

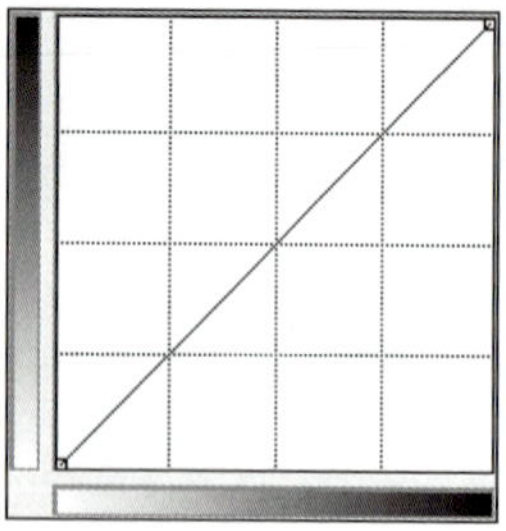

Abb. 7.24a: Grundzustand der Gradationskurve

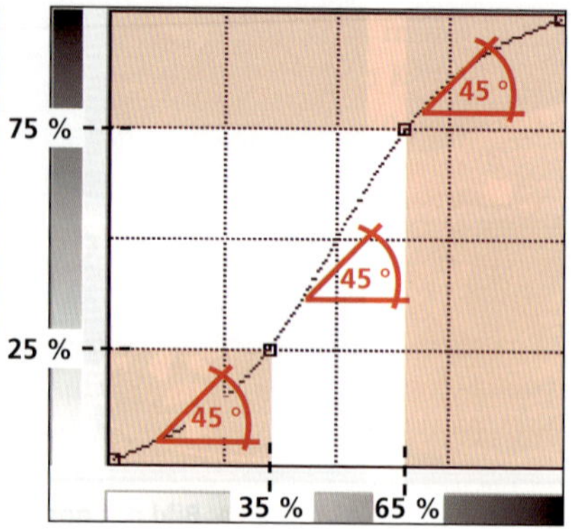

Abb. 7.24b: Kontrast steigernde Gradationskurve

Gradationsveränderung

Abb. 7.24b zeigt die Korrekturanweisung, durch die das Ausgangsbild verändert wurde. Zum Vergleich ist daneben der Grundzustand der Gradationskurve abgebildet (**Abb. 7.24a**). Der Bildbearbeiter hat zwei Anfasserpunkte auf der Kurve gesetzt und verschoben. Diese liegen auf der Kurve am Rande des weiß hervorgehobenen Bereichs. Der Nullpunkt der Koordinatenachsen steht für Weiß, wie es im Graustufenmodus Standard ist. Weil die eingezeichnete Kurve wie ein S gekrümmt ist, wird sie auch S-Kurve genannt. In den Randbereichen verläuft die Kurve flach, im weiß hervorgehobenen aber sehr steil. Hier überschreitet die Kurve die 45°-Neigung deutlich, die sie im unbearbeiteten Zustand hatte. An dem in **Abb. 7.24b** eingezeichneten 45°-Winkel kann man die tatsächlichen Steigungswinkel der Kurve vergleichen. Um festzustellen, welcher Tonwertbereich des unbearbeiteten Bildes von einer Gradationskorrektur betroffen ist, liest man die Tonwerte auf der x-Achse ab. Im Beispiel sind es die Tonwerte zwischen 35 % und 65 %. Je steiler die Gradationskurve ist, umso mehr wird der Detailkontrast gesteigert.

Steigungswinkel der Gradationskurve

S-Kurve

Die S-Kurve sorgt für mehr Kontrast im Mittelton. Darum ist sie eine der häufigsten Gradationskorrekturen. Sie akzentuiert bei vielen Bildern den motivwichtigsten Tonwertbereich. Dies geschieht jedoch um den Preis der Kontrastverringerung in Tiefen und Lichtern, der auch im Beispielbild auffällt. Immer, wenn man die Gradationskurve in einem bestimmten Bereich aufsteilt, ergeben sich in anderen Tonwertbereichen unweigerlich Abflachungen. Diese führen zu Verringerung des Detailkontrastes (vgl. Kapitel 7.2.2). In der Korrektur der besprochenen Beispielkurve (**Abb. 7.24b**) sind die rot unterlegten Bereiche solche mit geringer Steigung. Sie verursachen den bereits beschriebenen Zeichnungsverlust in Tiefen und Lichtern.

➲ **In Bereichen, in denen die Gradationskurve um mehr als 45° steigt, findet eine (Detail-)Kontraststeigerung statt. In Bereichen, in denen die Steigung der Gradationskurve geringer ist als 45°, findet eine (Detail-)Kontrastverringerung statt.**

Tonwertspreizung

Bei der motivspezifischen Optimierung des Bildkontrastes kann man daher die Kurve im Mittelton nur in dem Maße aufsteilen, dass die Kontrastverringerung in Tiefen und Lichtern noch hinnehmbar ist. Eine starke Steigung der Kurve kommt einer Tonwertspreizung gleich. Im Beispiel wird ein Tonwertebereich von 35 % bis 65 % auf das Spektrum zwischen 25 % und 75 % ausgeweitet. Pixel, die vorher den Tonwert 35 % hatten, werden nun aufgehellt auf 25 %. Pixel mit dem Tonwert 65 % werden abgedunkelt auf 75 %. Die hellen Tonwerte des betroffenen Tonwertspektrums werden also aufgehellt, die dunklen abgedunkelt. 30 Prozentpunkte werden damit auf einen Bereich von 50 gestreckt.

➲ **Die Aufsteilung der Gradationskurve in einem Tonwertbereich zieht unweigerlich eine Abflachung in einem anderen Bereich nach sich.**

Abb. 7.25: Histogramm nach der Kontraststeigerung

Histogrammveränderung

Lücken im Histogramm

Tonwertspreizungen machen sich auch im Histogramm deutlich bemerkbar. Wird ein Tonwertebereich auf ein größeres Spektrum ausgeweitet, ergeben sich bei geringer Bittiefe Lücken im Histogramm (**Abb. 7.25**). Im Beispielbild betrifft das den Tonwertbereich im Mittelton. Dort besteht das Histogramm nicht mehr aus einheitlichen Pixelbergen und -tälern, sondern aus kammartigen Linien. Die weißen Stellen dazwischen weisen auf fehlende Tonwerte hin. Das lässt sich auch rechnerisch nachvollziehen: Im Beispiel betrifft die Tonwertspreizung den Tonwertbereich von 35 % bis 65 % des unbearbeiteten Bildes. Die dazwischen liegenden Tonwert haben vor der Bearbeitung nur 30 Prozentpunkte überbrückt. Nach der Spreizung auf den Bereich zwischen 25 % und 75 % sind es nun 50 Prozentpunkte. Der Tonwertebereich weitet sich also um den Faktor 1,666 aus (50 : 30 = 1,66). Das ist der Faktor, um den die Helligkeitsdifferenz zwischen benachbarten Tonwertstufen zunimmt. Da bei geringen Bittiefen das Helligkeitsspektrum nur in relativ wenige Tonwertstufen unterteilt wird, haben benachbarte Tonwerte eine große Helligkeitsdifferenz. Wird diese durch eine Tonwertspreizung noch weiter ausgeweitet, sind feine Helligkeitsunterschiede folglich nicht mehr darstellbar.

➲ **Eine Tonwertspreizung führt zu Tonwertverlusten. Diese sind bei geringer Bittiefe durch Lücken im Histogramm nachweisbar.**

Bei höheren Bittiefen treten diese Lücken im Histogramm nicht auf, denn dabei sind sehr viel mehr Tonwertstufen vorhanden. Durch die Spreizung wird zwar auch zwischen diesen die Helligkeitsdifferenz erhöht, sie führt aber nicht zu erkennbaren Verlusten von Tonwertstufen.

Gefahren und Nebenwirkungen der Kontraststeigerung

Posterisierung

Je nach Motiv und Bittiefe erzeugen starke Tonwertspreizungen Verluste. Das Fehlen feinerer Helligkeitsabstufungen führt dazu, dass Verläufe und Übergänge nicht mehr gleichmäßig und fließend wirken, sondern gestuft. Diese Verluste von Tonwertstufen nennt man Posterisierung oder auch Tontrennung (vgl. S. 69).

In **Abb. 7.26a** bis **Abb. 7.26c** kann man an einem linearen Verlauf nachvollziehen, wie stark die Tonwertspreizung die Bildqualität bei einer Bittiefe von 8 Bit beeinflusst. Der Tonwertbereich zwischen 35 % und 65 % wurde sowohl in Richtung der dunkleren als auch in Richtung der helleren Tonwerte gestreckt. Die **Abb. 7.26b** veranschaulicht eine Spreizung um den Faktor 2, man kann kaum Posterisierungseffekte erkennen. Die starke Spreizung in **Abb. 7.26c** um den Faktor 5 verursacht jedoch deutlich sichtbare Abstufungen.

➲ **Bei zu starker Tonwertspreizung kommt es zu Posterisierung (Verläufen mit Tonwertsprüngen).**

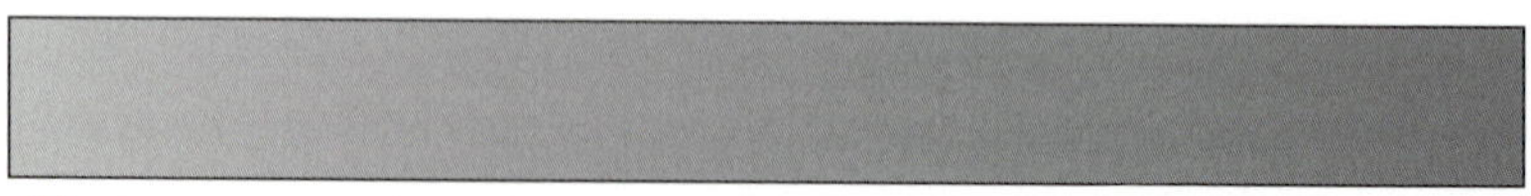

Abb. 7.26a: Tonwertbereich 35 % - 65 %

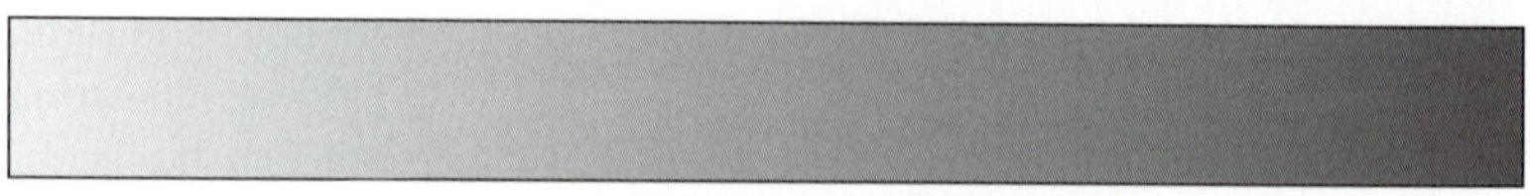

Abb. 7.26b: Geringe Tonwertspreizung (Tonwertbereich 25 % - 75 %)

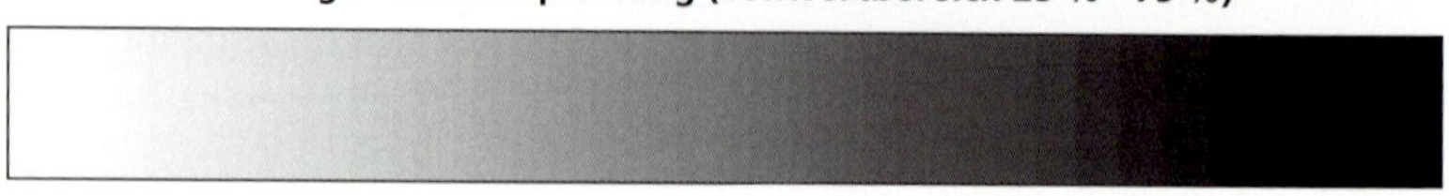

Abb. 7.26c: Starke Tonwertspreizung (Tonwertbereich 0 % - 100 %)

Leider kann man keine allgemeine Regel formulieren, ab welchem Steigungswinkel der Gradationskurve bzw. ab welcher Stärke der Tonwertspreizung Posterisierung auftritt. Das hängt erheblich vom jeweiligen Motiv und Druckprozess ab. Motive mit zarten Verläufen leiden mehr als solche, die von starken Kontrasten leben. In helleren Bildbereichen wirken die Abstufungen störender als in dunklen. Auf hochwertigem Papier können feinere Tonwertabstufungen reproduziert werden als auf Papieren geringer Qualität. Leider ist es nicht möglich, Posterisierungseffekte im Druck bereits am Bildschirm in der geforderten Genauigkeit zu prüfen. Lediglich das Histogramm gibt Auskunft. Weist dieses große Lücken auf, muss man mit Posterisierungseffekten rechnen.

Supersampling: Erhöhung der Bittiefe

Man verringert die Gefahr der Posterisierung deutlich, indem man ein Bild mit höherer Bittiefe digitalisiert und erst nach der Korrektur auf 8 Bit herunterrechnet, die derzeit für die Ausgabe üblich sind. Dies nennt man Supersampling. Die überschüssige Anzahl der Tonwertstufen erlaubt es, Tonwertspreizungen vorzunehmen, ohne dass die Abstufungen zwischen den Tonwerten zu groß werden. Selbst bei starker Tonwertspreizung sind immer noch so feine Tonwertabstufungen vorhanden, dass der Sprung zum nächsten Tonwert nicht auffällt. Hochwertige Scanprogramme bieten z. B. die Bearbeitung eines Prescans in 16 Bit und die Ausgabe in 8 Bit an. Von gängigen DTP-Programmen wird der 16-Bit-Modus zukünftig immer stärker unterstützt werden.

Da eine Kontraststeigerungen in einem Tonwertbereich unweigerlich zu Kontrastverringerungen in anderen führt, muss man neben der hier beschriebenen Gefahr der Posterisierung auch solche Gefahren im Auge behalten, die durch Kontrastverringerung hervorgerufen werden (vgl. S. 176).

➲ **Übersicht zur Kontraststeigerung:**

Visuelle Auswirkungen:
Vorhandene Tonwertunterschiede werden verstärkt.
Die (Detail-)Zeichnung nimmt zu.

Gradationskurvenveränderung:
Die Steigung der Gradationskurve liegt im betroffenen Tonwertbereich über 45°.

Histogrammveränderung:
Es findet eine Tonwertspreizung statt. Die gestiegene Helligkeitsdifferenz zwischen benachbarten Tonwerten zeigt sich an Lücken im Histogramm.

Gefahren und Nebenwirkungen:
Posterisierung (Tontrennung)
Kontrastminderung in anderen Tonwertbereichen.

7.2.2 Kontrastverringerung

Visuelle Auswirkungen der Kontrastsverringerung

Nur in seltenen Fällen empfindet man eine Kontrastverringerung als Verbesserung der Bildqualität. Das Bild wirkt danach so, als läge ein grauer Schleier darüber. Auch das Motiv in **Abb. 7.27 a** gewinnt nicht durch diesen Eingriff. Die Waren im Vordergrund heben sich nicht so deutlich vom Hintergrund ab wie zuvor. Die Karos auf dem Hemd des Mannes unterscheiden sich weniger, auch die Falten fallen nicht mehr genügend auf. Die Struktur der Mauersteine verflacht. Die Mitteltöne verlieren an Zeichnung.

Bildeindruck nach dem Korrektureingriff

Abb. 7.27 a: Ausgangsbild

Abb. 7.27 b: Bild mit verringertem Kontrast

Abb. 7.27 c: Histogramm vor der Korrektur

Abb. 7.27 d: Histogramm nach der Korrektur

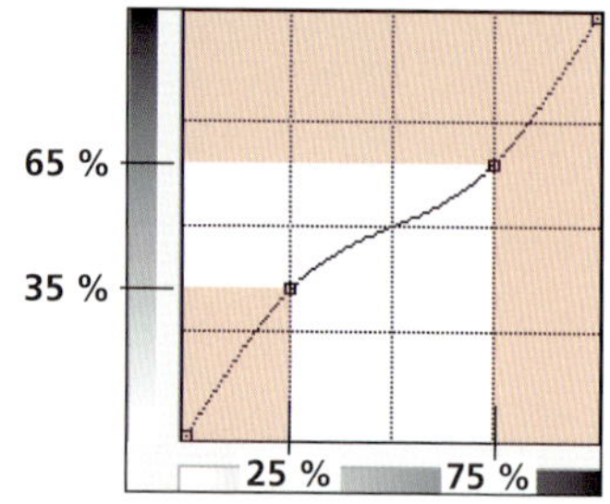

Abb. 7.27 e: Angewendete Gradationskurve

Auch dieser Eingriff bezieht sich nicht auf alle Tonwertbereiche gleichermaßen. Die Tiefen- und Lichterzeichnung im besprochenen Beispiel nimmt sogar zu. Der Innenraum des Hauses wird erkennbar. Im hellen Mauerbereich und auf der weißen Reistüte bilden sich deutlichere Schattierungen heraus.

➲ **Eine Kontrastverringerung vermindert die Unterschiede ähnlicher Tonwerte. Die (Detail-) Zeichnung in den betroffenen Tonwertbereichen nimmt ab.**

Gradationsveränderung

Die angewendete Gradationskurve (**Abb. 7.28a**) verläuft im weiß hervorgehobenen Teil flach. Das deutet darauf hin, dass in den betroffenen Tonwertbereichen eine Kontrastverringerung stattfindet. Das ist immer dann der Fall, wenn der Steigungswinkel der Gradationskurve unterhalb von 45° liegt, denn das bewirkt eine Tonwertstauchung, die die Helligkeitsdifferenzen der Bildpixel verringert. Je geringer die Steigung ist, umso mehr gleichen sich die Tonwerte aneinander an.

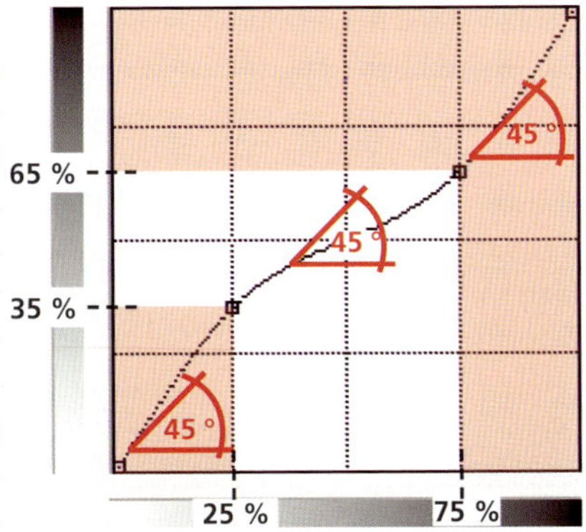

Abb. 7.28a: Kontrast verringernde Gradationskurve

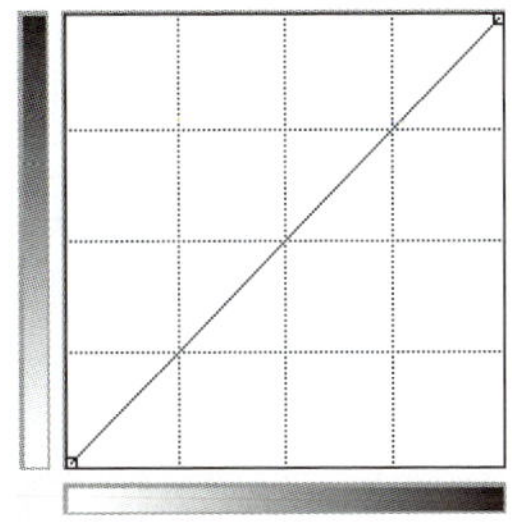

Abb. 7.28b: Grundzustand der Gradationskurve

➲ **Liegt die Steigung der Gradationskurve unter 45°, bewirkt sie eine (Detail-)Kontrastverringerung im betroffenen Tonwertbereich.**

Tonwertstauchung

Im Beispiel wird ein Tonwertbereich von 25 % bis 75 % auf das Spektrum zwischen 35 % und 65 % gestaucht (**Abb. 7.28a**). Die hellen Tonwerte des betroffenen Tonwertspektrums werden also abgedunkelt, die dunklen aufgehellt. 50 Prozentpunkte werden auf einen Bereich von nur noch 30 gestaucht. Der Tonwertbereich wird also um den Faktor 0,6 geringer (30 : 50 = 0,6). Die Helligkeitsdifferenz benachbarter Tonwertstufen verringert sich um diesen Faktor.

Ähnlich wie die Kontraststeigerung hat auch die Kontrastverringerung in einem bestimmten Tonwertbereich unweigerliche Auswirkungen auf den Detailkontrast in den anderen. Die Kurve verläuft dort, wo sie rot unterlegt ist, sehr steil. Das ist eine Folge der Abflachung im mittleren Tonwertbereich. Der Kontrast in den Tiefen und Lichtern wird dadurch verstärkt.

Abb. 7.29: Histogramm nach der Kontrastverringerung

Histogrammveränderung

Hohe Ausschläge im Histogramm

Im Histogramm erkennt man Tonwertstauchungen an hohen Ausschlägen, die aus den Pixelbergen bzw. -tälern hervorragen (**Abb. 7.29**). Sie entstehen, weil das betroffene Tonwertspektrum so stark zusammengeschoben wird, dass viele Pixel, die vorher unterschiedlich waren, nach dem Eingriff den gleichen Tonwert erhalten. Die verbleibenden Tonwerte kommen nun häufiger im Bild vor, was sich an den starken Ausschlägen zeigt.

➲ **Eine Tonwertstauchung führt zu einer Tonwerthäufung im betroffenen Bereich. Diese ist an unvermittelt hohen Ausschlägen im Histogramm erkennbar.**

Gefahren und Nebenwirkungen bei der Kontrastverringerung

Verlust von Detailzeichnung

Das menschliche Auge ist bei der Wahrnehmung eines Motivs auf Helligkeits- bzw. Farbunterschiede angewiesen. Da die Tonwertunterschiede durch Kontrastverringerung kleiner werden, erkennt man Bilddetails in den betroffenen Tonwertbereichen nach einem solchen Eingriff schlechter. Darum ist die Kontrastverringerung in den meisten Fällen kein gewünschter Korrektureffekt. Man spricht hier von Zeichnungsverlust oder bezeichnet die betroffenen Bildbereiche als flau.

Wenn man auch lieber auf die Kontrastverringerung verzichten würde, so ist sie jedoch als Nebenwirkung der Kontraststeigerung unvermeidbar. Daher muss man sich bei der Veränderung der Bildkontraste immer die Fragen beantworten:

- In welchen Tonwertbereichen ist die Detailzeichnung besonders wichtig für das Motiv?
- In welchen Tonwertbereichen kann man hingegen eine Kontrastverringerung in Kauf nehmen?

Bei den meisten Motiven wird man sich für eine Gradationskorrektur entscheiden, die der S-Kurve nahe kommt.

Da eine Kontrastverringerung in einem Tonwertbereich unweigerlich zu Kontraststeigerungen in anderen führt, muss man neben der beschriebenen Gefahr des Detailverlusts auch die Gefahr im Auge behalten, die durch Kontraststeigerung hervorgerufen wird, insbesondere die Posterisierung (vgl. S. 172).

➲ **Übersicht zur Kontrastverringerung:**

Visuelle Auswirkungen:
Vorhandene Tonwertunterschiede werden verringert.
Die (Detail-)Zeichnung nimmt ab.

Gradationskurvenveränderung:
Die Steigung der Gradationskurve liegt unter 45°.

Histogrammveränderung:
Es findet eine Tonwertstauchung statt. Die stärkere Häufung der Tonwerte im betroffenen Bereich zeigt sich an unvermittelt hohen Ausschlägen im Histogramm.

Gefahren und Nebenwirkungen:
Zeichnungsverlust (Detailverlust).
Kontraststeigerung in anderen Tonwertbereichen.

7.2.3 Globale Aufhellung

Visuelle Auswirkungen der globalen Aufhellung

Die globale Aufhellung hellt im Gegensatz zur selektiven das gesamte Bild und nicht nur ausgewählte Motivbereiche auf. Hier wurde sie auf das Motiv in **Abb. 7.30a** angewendet. Das Resultat zeigt **Abb. 7.30b**. Dieser Eingriff ist nicht ganz so auffällig, da alle Tonwerte des unbearbeiteten Bildes auf ähnliche Weise verändert werden. Die Aufhellung geschieht in unterschiedlichen Tonwertbereichen lediglich unterschiedlich stark. Am auffälligsten ist sie im ohnehin schon hellen Bildbereich der linken Mauerhälfte. Dort ist Zeichnung verloren gegangen und es entstand eine annähernd weiße Fläche, die sich nicht mehr harmonisch in das Bild einfügt.

Bildeindruck nach dem Korrektureingriff

Abb. 7.30a: Ausgangsbild

Abb. 7.30b: Global aufgehelltes Bild

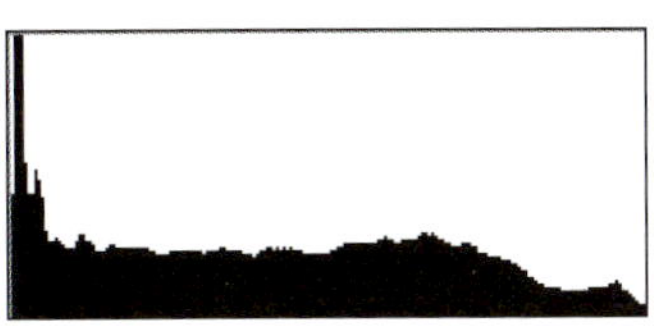

Abb. 7.30c: Histogramm vor der Korrektur

Abb. 7.30d: Histogramm nach der Korrektur

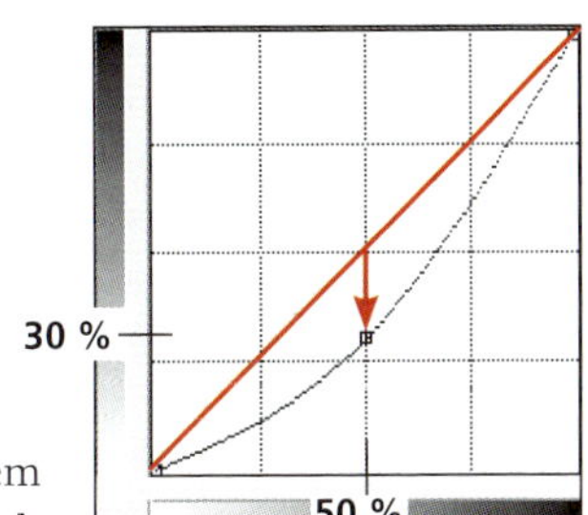

Abb. 7.30e: Angewendete Gradationskurve

Einen ähnlichen Effekt kann man auf der Reistüte beobachten. Außerdem wurden z. B. die dunkleren Karos des Hemdes und die Kichererbsen deutlich aufgehellt. Die Abbildung des Gesichts ist differenzierter geworden, so dass man die Mimik nun besser erkennen kann. Der Innenraum des Hauses ist nur wenig aufgehellt, die Regalbretter sind jedoch besser erkennbar. Die Zeichnung im Dreiviertelton und in den Tiefen hat zugenommen.

Gradationsveränderung

Verschiebung der Kurve in Richtung Weiß

Abb. 7.31 a und **Abb. 7.31 b** zeigen die Aufhellung durch Gradationskurven, einmal im Graustufen- und einmal im RGB-Modus. Die Tonwertskalen sind umgekehrt. Der schwarze Punkt ist jeweils der Anfasser, an dem die Kurve verzogen wurde. Im Graustufenmodus wird dadurch der Tonwert 50 % auf den Tonwert 30 % verschoben (**Abb. 7.31 a**). Die Kurve richtet sich dadurch nach unten in Richtung Weiß aus. Diese Verschiebung bewirkt eine Aufhellung. Für Helligkeitsänderungen im Bild ist demnach nicht die Steigung der Gradationskurve entscheidend, sondern deren Lage im Vergleich zur Normalen (Diagonalen). Im Graustufen- und auch im CMYK-Modus repräsentiert der untere Bereich der y-Achse die hellen Tonwerte des bearbeiteten Bildes. Wo bei dieser Einstellung die Gradationskurve unterhalb der Normalen verläuft, wirkt sie aufhellend. Da in **Abb. 7.31 a** alle Kurvenpunkte unterhalb der Normalen liegen, werden alle Tonwerte aufgehellt. Im RGB-Modus dreht sich das Verhältnis um, hier liegt im Nullpunkt nicht Weiß, sondern Schwarz (**Abb. 7.31 b**). Daher bedeutet hier deren Lage oberhalb der Diagonalen eine Verschiebung in Richtung Weiß.

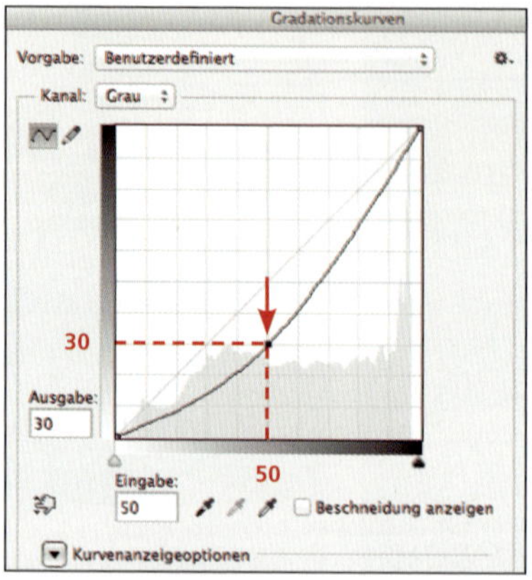

Abb. 7.31 a Globale Aufhellung im Graustufenmodus

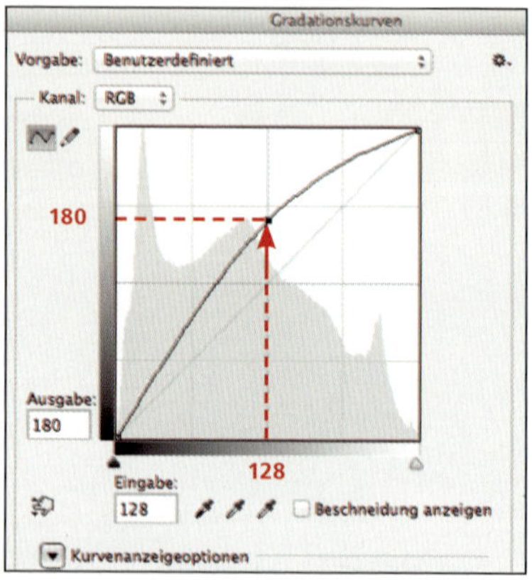

Abb. 7.31 b Globale Aufhellung im RGB-Modus

➲ **Eine Aufhellung erreicht man durch Verschiebung der Gradationskurve in Richtung Weiß. Dies geschieht durch folgende Eingriffe:**
Im Graustufen- und CMYK-Modus: Verschiebung der Kurve nach unten, im RGB-Modus: Verschiebung der Kurve nach oben.

Unterschiedlich starke Aufhellung verschiedener Tonwertbereiche

Die Aufhellung geschieht nicht in allen Tonwertbereichen gleichermaßen. Der am stärksten aufgehellte Tonwert liegt im Anfasserpunkt, an dem man die Kurve verzieht. Dieser wird durch den Eingriff am weitesten von seiner ursprünglichen Lage entfernt. In **Abb. 7.31 a** und **Abb. 7.31 b** wird das durch die Pfeile verdeutlicht.

➲ **Die globale Aufhellung bewirkt eine Abflachung der Kurve im Viertelton und Lichterbereich. Im Dreivierteltonbereich und in den Tiefen wird die Kurve aufgesteilt.**
Je weiter Kurvenpunkte sich dabei von ihrer ursprünglichen Lage auf der Normalen entfernen, desto stärker ist die Helligkeitsveränderung.

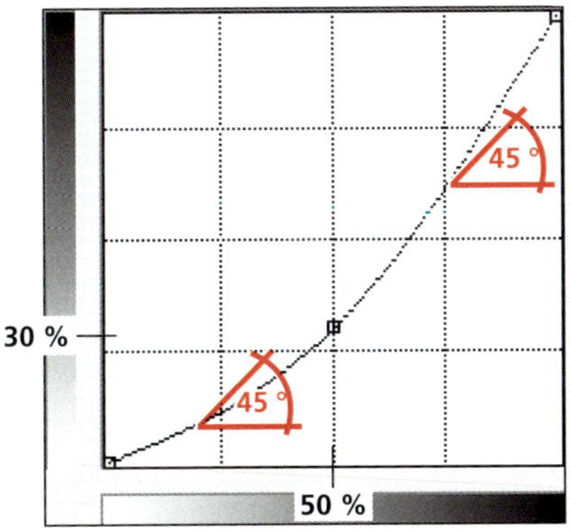

Abb. 7.32 Steigungsanalyse der Gradationskurve

Die Helligkeitsveränderung erzeugt zugleich Kurvenbereiche unterschiedlicher Steigung und damit Zu- oder Abnahme des Detailkontrasts. Zur Veranschaulichung sind in **Abb. 7.32** in den unterschiedlichen Kurvenbereichen 45°-Winkel eingetragen, die mit der Steigung der Kurve verglichen werden können: Im hellen Tonwertbereich ist die Kurve flacher als 45°, im dunklen steiler. Im Bild gewinnen daher die dunklen Tonwertbereiche an Detailzeichnung, die hellen verlieren sie.

Flacher Kurvenverlauf im Lichterbereich

Eine Aufhellung eines Bildes (**Abb. 7.33 a**) kann auch durch die Bedienung des Gammareglers im Dialogfeld „Tonwertkorrektur" (**Abb. 7.33 b**) geschehen. Zieht man den Regler nach links, wird das Bild aufgehellt. Während man den Regler bewegt, ändert sich im mittleren Eingabefeld der Tonwertspreizung der sogenannte Gammawert. Dieser Wert beeinflusst den Verlauf der Gradationskurve. In unverändertem Zustand liegt er bei 1, dadurch ergibt sich ein linearer Kurvenverlauf (Normale: 45° Steigung, Diagonale). Liegt der Wert höher, wird das Bild aufgehellt und die Kurve neigt sich bogenförmig in Richtung Weiß.

Abb. 7.33 a: Aufgehelltes Motiv

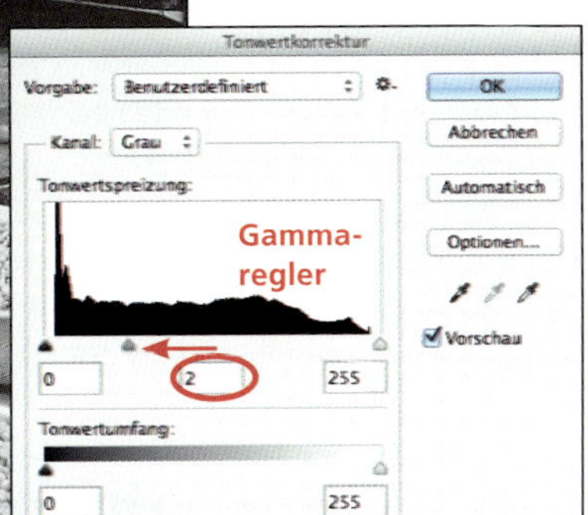

Abb. 7.33 b: Einstellung im Dialogfeld „Tonwertkorrektur"

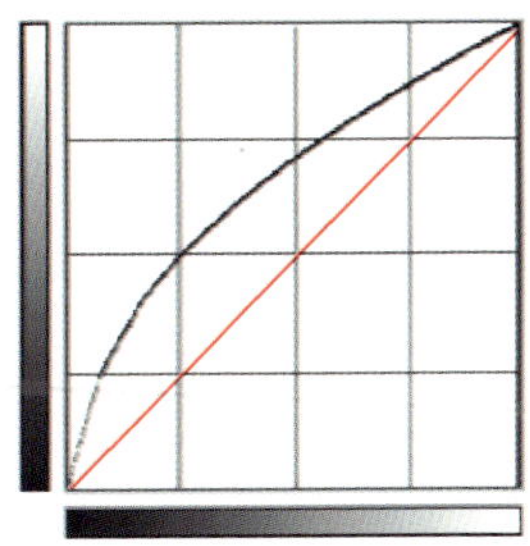

Abb. 7.33 c: Kurvenverlauf im RGB-Modus, Gammawert 2

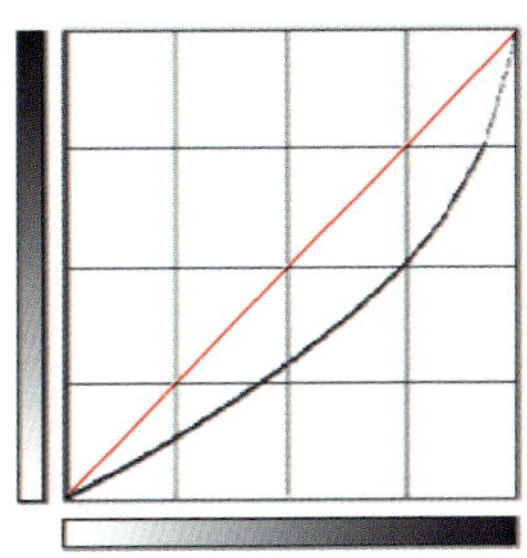

Abb. 7.33 d: Kurvenverlauf im Graustufen-Modus, Gammawert 2

Den Zusammenhang zwischen der Verringerung des Gammawerts und der Aufhellung versteht man am besten, wenn man die zugehörigen Gradationskurve zu diesem Eingriffs analysiert. Für den Gammawert 2 wurde sie in **Abb. 7.33c** (RGB-Modus) und in **Abb. 7.33d** (Graustufen- bzw. CMYK-Modus) veranschaulicht. In beiden Abbildungen kann man erkennen, dass die Erhöhung des Gammawertes eine Biegung der Kurve in Richtung Weiß bewirkt.

Gammaregler und Gradationskorrektur

Leider zeigt Photoshop bei der Wahl eines Gammawertes nicht an, welche Gradationskurve dabei im Hintergrund angewendet wird. Die hier gezeigten Kurven wurden mit Hilfe der Datei „gradationstest_sw.psd" erstellt, die sich auch auf der CD zum Buch befindet. Dieses Tool ermöglicht es, Tonwertänderungen, die durch Anwendung von Korrekturwerkzeugen in Photoshop bewirkt werden, in Form von Gradationskurven zu veranschaulichen.

➲ **Im Dialogfeld „Tonwertkorrektur" bewirkt die Einstellung des Gammawertes über 1 eine Verschiebung der Kurve in Richtung Weiß und damit eine globale Aufhellung.**

Abb. 7.34: Histogramm nach der globalen Aufhellung

Histogrammveränderung

Zunahme der Tonwerthäufigkeit in den Lichtern

Da bei der globalen Aufhellung alle Tonwerte in Richtung Weiß verschoben werden, nimmt die Häufigkeit der hellen Tonwerte zu. Deshalb findet dort eine Tonwertstauchung statt, die an den unvermittelt hohen Ausschlägen rechts im Histogramm (**Abb. 7.34**) zu erkennen ist. Im Motiv wird dadurch der Zeichnungsverlust in den Vierteltönen erzeugt. Die Tonwertstauchung in den hellen Bereichen bewirkt automatisch eine Tonwertspreizung im dunklen Tonwertbereich. Links sind daher Lücken im Histogramm. Im Motiv wirkt sich das in Form von Zeichnungszuwachs im Dreivierteltton aus.

➲ **Durch die Aufhellung eines Bildes verschieben sich die Pixelberge im Histogramm nach rechts in Richtung Weiß. Dadurch findet in hellen Tonwertbereichen eine Tonwertstauchung statt. Dunkle Bereiche werden dagegen gespreizt.**

Gefahren und Nebenwirkungen bei der globalen Aufhellung

Helligkeitsveränderungen können nicht unabhängig von Kontraständerungen vorgenommen werden. Veränderungen der Gradationskurve bewirken immer an einer Stelle eine stärkere Steigung und damit Tonwertspreizung bzw. Zuwachs an Detailkontrast sowie an anderer Stelle eine Abflachung und damit Tonwertstauchung bzw. Zeichnungsverlust.

Zeichnungsverlust im Lichterbereich

Die Tonwertstauchung findet bei der globalen Aufhellung im hellen Bereich statt. Im Lichterbereich besteht daher die Gefahr von Zeichnungsverlust, weil feine Tonwertunterschiede angeglichen oder sogar nivelliert werden. Sind größere zusammenhängende Bereiche davon betroffen, wie im vorliegenden Beispiel, fällt das stark auf, da sich eine einheitliche, flächige Wirkung einstellt. Bei der Festlegung des Aufhellungsgrades muss man also einen Kompromiss zwischen der Stärke der Aufhellung und dem weitgehenden Erhalt der Lichterzeichnung finden. Außerdem führt die Abflachung der Gradationskurve im Lichterbereich automatisch zu Aufsteilungen im dunklen Tonwertspektrum. In diesen Bereichen könnten bei starker Aufhellung gegebenenfalls Posterisierungseffekte sichtbar werden.

➲ Übersicht zur globalen Aufhellung

Visuelle Auswirkungen:
Die Helligkeit nimmt insbesondere in dem Tonwertbereich zu, in dem der gewählte Stützpunkt der Gradationskurve liegt.

Gradationskurvenveränderung:
Die Gradationskurve liegt unterhalb der Diagonalen, wenn im Nullpunkt Weiß liegt (Standardanzeige im CMYK- bzw. Graustufenmodus). In der RGB-Standardanzeige liegt die Gradationskurve oberhalb der Diagonalen.

Histogrammveränderung:
Die Pixelberge im Histogramm verschieben sich nach rechts in Richtung Weiß. Dadurch ergibt sich eine Tonwertstauchung in den Lichtern, der Dreivierteltonn- und der Tiefenbereich werden gespreizt.

Gefahren und Nebenwirkungen:
Detailverlust in den Lichtern, Posterisierung im Dreiviertelton bzw. in den Tiefen.

7.2.4 Globale Abdunkelung

Visuelle Auswirkungen der globalen Abdunkelung

Bildeindruck nach dem Korrektureingriff

Bei der globalen Abdunkelung werden alle Tonwertbereiche des Bildes unterschiedlich stark abgedunkelt. Im Vergleich des beispielhaft bearbeiteten Bildes in **Abb. 7.35 b** mit dem Ausgangsbild (**Abb. 7.35 a**) fällt die Abdunkelung des Gesichts, der Hose und auch des Karohemds deutlich auf, ebenso die der Bohnen und der Flasche im Vordergrund. Gleichzeitig nimmt aber auch die Zeichnung in diesen Bereichen ab. Das fällt insbesondere im Gesicht des Mannes störend auf. Auch die Regalbretter im Innenraum des Hauses und die Lockenstruktur im Haar des Mannes sind schlechter erkennbar.

Abb. 7.35 a: Ausgangsbild

Abb. 7.35 b: Abgedunkeltes Bild

Abb. 7.35 c: Histogramm vor der Korrektur

Abb. 7.35 d: Histogramm nach der Korrektur

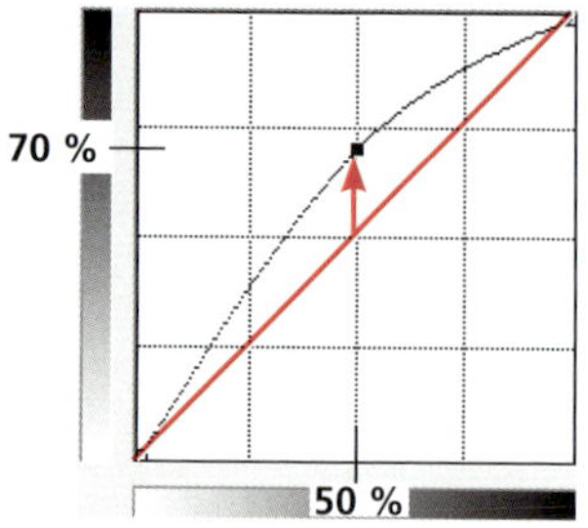

Abb. 7.35 e: Angewendete Gradationskurve

Wenn man allerdings die rechte Wandhälfte im bearbeiteten Bild genauer betrachtet, bemerkt man neben der Abdunkelung auch, dass die Steinstruktur deutlicher hervortritt als im Ausgangsbild. Hier macht sich bemerkbar, dass mehr Detailzeichnung im Viertelton erreicht wurde.

Gradationsveränderung

Verschiebung der Kurve in Richtung Schwarz

Abb. 7.36 a zeigt die angewendete Gradationskurve. Der Eingabewert 50 % wird dadurch dem Ausgabewert 70 % zugeordnet. Die gesamte Kurve ist nach oben in Richtung Schwarz verzogen. Abb. 7.36 b stellt dar, wie die gleiche Abdunkelung im RGB-Modus durchgeführt würde. Im RGB-Standard liegt Schwarz im Nullpunkt. Darum gilt hier: Kurvenpunkte, die unterhalb der Normalen liegen, werden abgedunkelt.

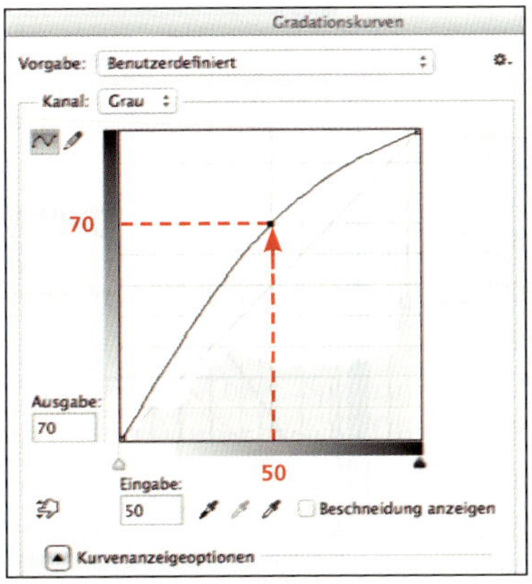

Abb. 7.36 a: Globale Abdunkelung im Graustufenmodus

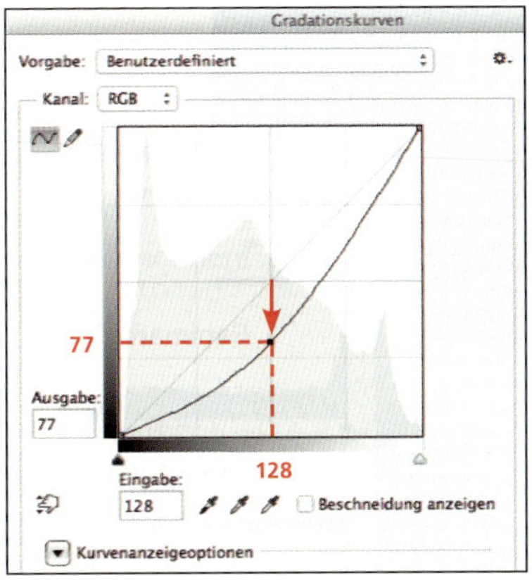

Abb. 7.36 b: Globale Abdunkelung im RGB-Modus

➲ **Eine Abdunkelung erreicht man durch Verschiebung der Gradationskurve in Richtung Schwarz. Dies geschieht durch folgende Eingriffe: Im Graustufen- u. CMYK-Modus: Verschiebung der Kurve nach oben, im RGB-Modus: Verschiebung der Kurve nach unten.**

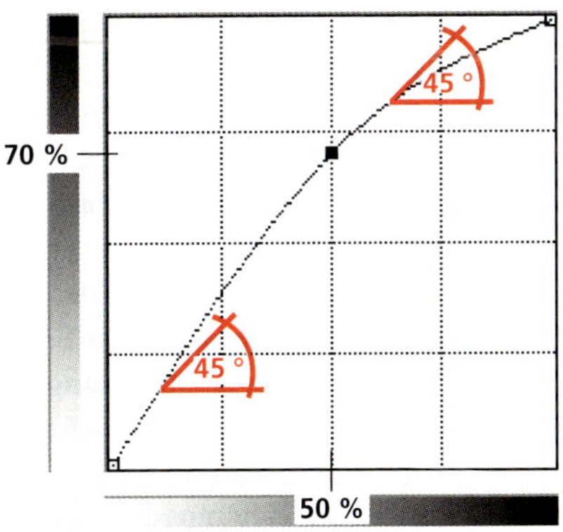

Abb. 7.37: Steigungsanalyse der Gradationskurve

Flacher Kurvenverlauf in den Tiefen

Die Pfeile in Abb. 7.36 a und Abb. 7.36 b deuten jeweils auf den Anfasser hin, an dem die Kurve verzogen wird. Da dieser im mittleren Tonwertbereich bei 50 % bzw. beim Digitalwert 128 angreift, ist die Abdunkelung dort am stärksten. Das erkennt man daran, dass sich die Kurve an diesen Stellen am weitesten von der Diagonalen entfernt. In den Tiefen geht damit eine Abflachung der Kurve einher, in den Lichtern eine Aufsteilung. Zur Veranschaulichung sind in Abb. 7.37 in den unterschiedlichen Kurvenbereichen 45°-Winkel eingetragen, die mit der Steigung der Kurve verglichen werden können: Im dunklen Tonwertbereich ist die Kurve flacher als 45°, im hellen steiler.

➲ **Die globale Abdunkelung bewirkt eine Abflachung der Kurve im Dreiviertelton und in den Tiefen. Vierteltöne und Lichter werden aufgesteilt.**

7.2.5 Selektive Korrekturen

Nach der globalen Korrektur, die das gesamte Bild erfasst, optimiert man bei Bedarf einzelne Bildstellen selektiv. Bestimmte Tonwert- oder Bildbereiche werden ausgewählt und bei Graustufenbildern in der Regel mit Gradationskurven bearbeitet. Dabei gelten die gleichen Gesetzmäßigkeiten für Kontrast- und Helligkeitsänderungen wie bei den globalen Korrekturen.

➲ **Selektive Korrekturen beziehen sich auf ausgewählte Bild- oder Tonwertbereiche.**

Abb. 7.40 a: Ausgewählter Bildbereich

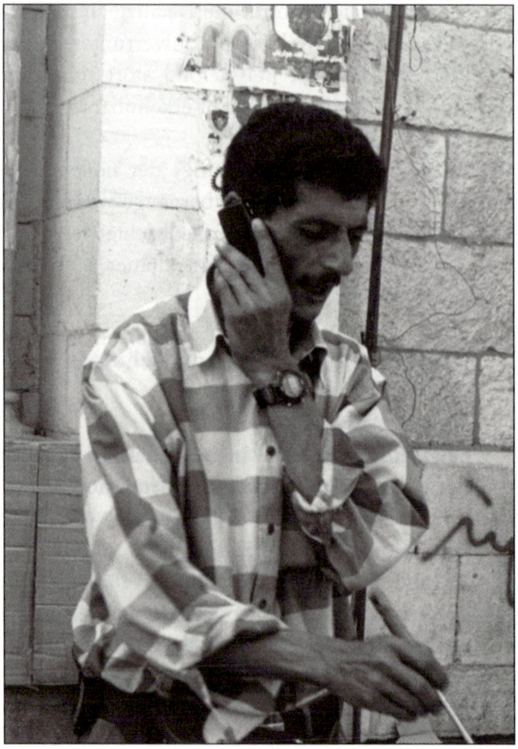

Abb. 7.40 b: Unbearbeitetes Bild

In **Abb. 7.40 a** bis **Abb. 7.40 c** wird demonstriert, wie ein ausgewählter Bildbereich selektiv korrigiert wird. Zielsetzung dieser Korrektur ist es, den linken Mauerbereich abzudunkeln und dort die Zeichnung zu erhöhen. Dafür wurde zunächst eine Auswahl erstellt. Diese ist in **Abb. 7.40 a** weiß dargestellt. Nur diese ausgewählte Bildfläche wurde durch eine Gradationskurve korrigiert, die im Lichterbereich aufgesteilt und in Richtung Schwarz verschoben wurde (**Abb. 7.40 c**).

Probleme selektiver Korrekturen

Je nach Stärke der Gradationskorrektur fügen sich selektive Eingriffe besser oder schlechter in die Umgebung ein. In **Abb. 7.40 c** sind sie zu stark ausgefallen. Es bilden sich keine weichen Schattierungen aus, sondern kleine dunklere Flächen, die sich unnatürlich von der Umgebung abheben (vgl. Markierungen im Bild). Die flächige Wirkung kommt daher, dass an diesen Stellen

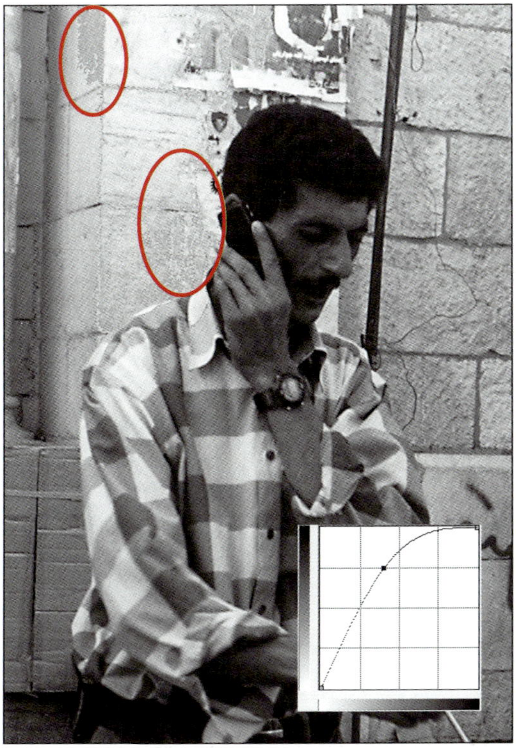

Abb. 7.40 c: **Selektive Korrektur der Auswahl**

bereits im Original nur wenige Tonwertnuancen vorhanden waren, die man für einen Zugewinn an Detailzeichnung hätte verstärken können. Da die Korrektur darüber hinaus recht stark war, entstand hier zwischen der Auswahl und dem restlichem Bild ein Tonwertabriss, der beide Bereiche unnatürlich voneinander trennt.

➲ **Bei selektiven Korrekturen besteht die Gefahr, dass die bearbeiteten Bereiche sich nicht mehr harmonisch in das Bild einfügen, sondern sich durch Tonwertabrisse davon abheben.**

7.2.6 Grundregeln der Kontrast- und Helligkeitsänderung

Nachdem die wichtigsten Techniken der Kontrast- und Helligkeitskorrektur erklärt wurden, geht es nun um deren angemessene Anwendung und die Vermeidung unerwünschter Nebeneffekte. Zunächst wird jeweils eine Regel formuliert, die im Anschluss erklärt und anhand von Abbildungen illustriert wird.

Regel 1: So wenig Korrekturschritte wie möglich
Unabhängig davon, um welche Kontrast- bzw. Helligkeitskorrektur es sich handelt, ist damit immer unweigerlich verbunden, dass in einigen Tonwert-

bereichen eine Spreizung stattfindet, in anderen eine Stauchung. Die Gefahr der Posterisierung bzw. des Detailverlusts besteht demnach bei jedem Eingriff mehr oder weniger stark. Diese Gefahr wird um so größer, je häufiger ein Bildbereich bearbeitet wird. Hinzu kommt, dass einmal abgeschlossene Arbeitsschritte nicht wieder rückgängig gemacht werden können. Sind durch fehlerhafte Korrekturen erst einmal Tonwerte verloren gegangen, können sie im Nachhinein nicht wieder herbeigeschafft werden, auch wenn vordergründig die Bildveränderung durch Gegenmaßnahmen wieder aufgehoben scheint. Das wird in **Abb. 7.41a** bis **Abb. 7.41d** deutlich. Das Ausgangsbild wurde durch die Gradationskurven in **Abb. 7.41c** zunächst abgedunkelt und dann wieder aufgehellt. Der Tonwert 50 % wurde im ersten Schritt auf 70 %

Abb. 7.41a: Ausgangsbild

Abb. 7.41b: Bild nach zwei Gradationskorrekturen

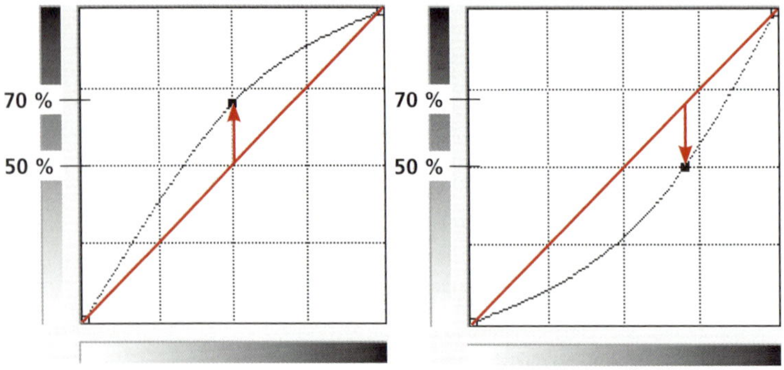

Abb. 7.41c: Zwei nacheinander angewendete Gradationskurven

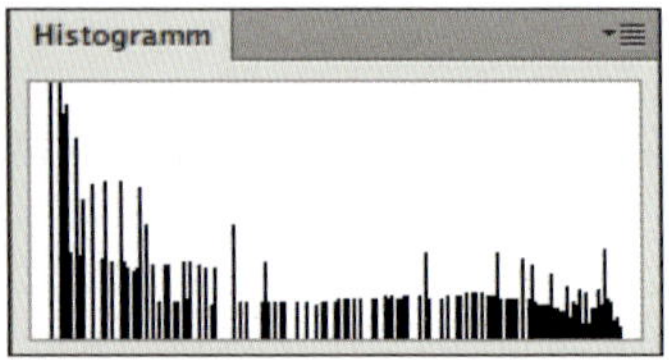

Abb. 7.41d: Histogramm nach zwei Gradationskorrekturen

abgedunkelt. In einem zweiten Schritt wurde dann der Tonwert 70 % wieder auf 50 % gesetzt. Dies entspricht nur scheinbar einem Rückgängigmachen der ersten Korrektur. Im direkten Vergleich der Bilder stellt man fest, dass der ursprüngliche Zustand nicht wiederhergestellt werden konnte, sondern dass insbesondere Detailzeichnung verloren gegangen ist. Ein Blick auf das Histogramm bestätigt dies, denn es weist zahlreiche Lücken auf (**Abb. 7.41 d**). Die Tonwertverluste, insbesondere durch Tonwertspreizung, sind offensichtlich.

Regel 2: Zu starke und zu flache Steigung der Gradationskurve vermeiden
Da eine zu starke Steigung der Gradationskurve zu Posterisierungseffekten führt und eine zu flache Steigung zu Tonwertabrissen, muss man bei Gradationskorrekturen die betroffenen Tonwertbereiche im Bild genau beobachten und eventuell die Stärke des Korrektureingriffs reduzieren.

Regel 3: So wenig Anfasserpunkte wie möglich
Durch Anfasserpunkte wird der Verlauf der Gradationskurve in unterschiedliche Abschnitte eingeteilt. Je mehr Anfasser man verwendet, desto größer ist die Gefahr, dass dadurch ein harmonischer Kurvenverlauf gestört wird und es zu abrupten Steigungsänderungen kommt (**Abb. 7.42 a** und **Abb. 7.42 b**). Ein ungleichmäßiger Kurvenverlauf führt fast immer zu Tonwertabrissen, weil benachbarte Tonwerte dadurch sehr unterschiedlich behandelt werden. Statt dessen sollte man sich um einen Kurvenverlauf mit möglichst wenigen Wendepunkten bemühen. Fast immer reichen dafür ein bis zwei Anfasserpunkte aus.

Ungleichmäßiger Kurvenverlauf

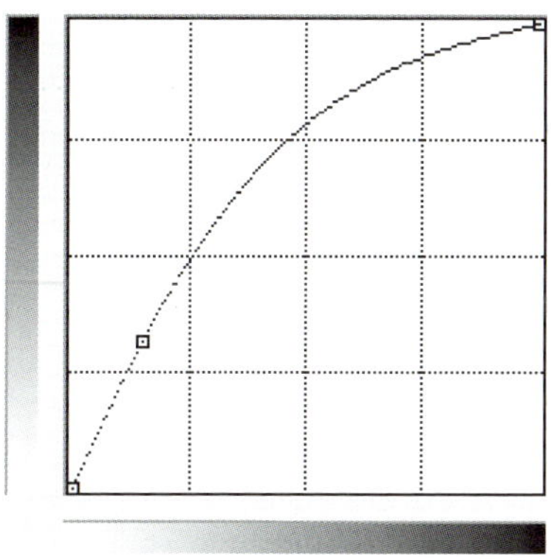

Abb. 7.42 a: Anzustreben: gleichmäßiger Kurvenverlauf

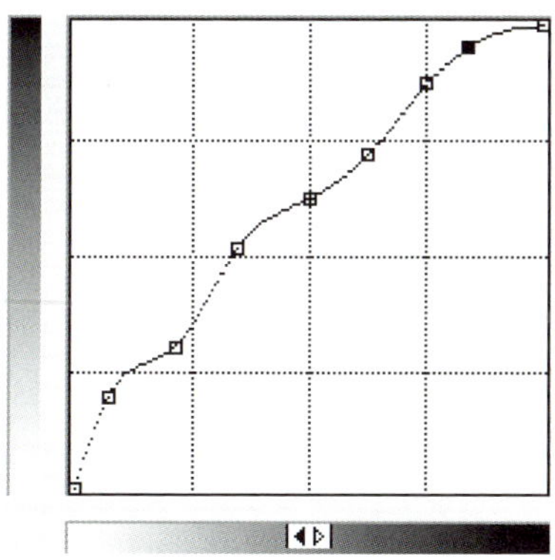

Abb. 7.42 b: Zu vermeiden: ungleichmäßiger Kurvenverlauf

Regel 4: Helligkeits- und Kontrastregler mit Vorbehalt anwenden
Da Schieberegler intuitiv und scheinbar einfach zu bedienen sind, scheinen sie sich zunächst als bequemes Bildbearbeitungswerkzeug anzubieten. Die Helligkeits- und Kontrastregler in Photoshop (**Abb. 7.43**) und in vielen anderen Bildbearbeitungsprogrammen müssen jedoch mit großer Vorsicht gehandhabt werden, da deren Anwendung häufig mit extremen Verlusten in den Tiefen und Lichtern einhergeht. Photoshop hat dieses Problem

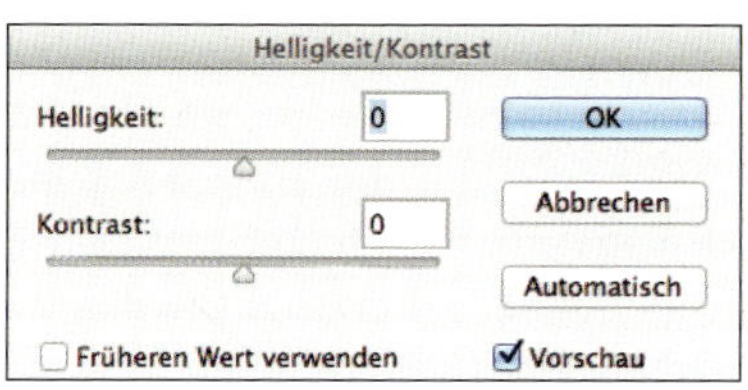

Abb. 7.43: „Helligkeit/Kontrast"-Regler

mit der Version CS3 gelöst und bietet den Regler nun in einer alten bedenklichen und in einer neuen empfehlenswerten Version an. Klickt man „Früheren Wert verwenden" an, so können sich ungewollte Tonwertfehler ergeben. Testen kann man dies mit Hilfe der Datei „gradationstest.psd" auf der CD zum Buch.

Abb. 7.44 a: Ausgangsbild

Abb. 7.44 b: Helligkeit „plus 40"

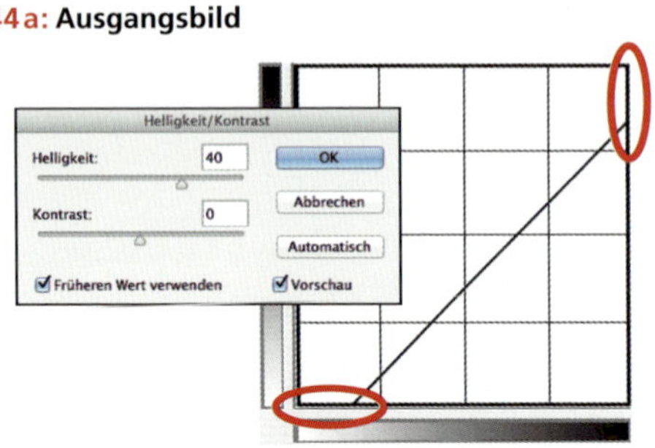

Abb. 7.44 c: Reglereinstellung mit zugehöriger Gradationskurve

Abb. 7.44 a bis **Abb. 7.44 c** zeigen die Auswirkungen, wenn der (bedenkliche) Helligkeitsregler auf „plus 40" geschoben wird. Beachtenswert sind die Tiefen und Lichter nach der Korrektur (**Abb. 7.44 b**): Es kommt kein sattes Schwarz mehr im Bild vor und in den Lichtern ist die Zeichnung durch Clipping verloren gegangen. Es bilden sich einheitliche weiße Bildstellen.

In **Abb. 7.44 c** sieht man die Gradationskurve, die der Verschiebung des Reglers „Helligkeit plus 40" entspricht. Darin kann man erkennen, dass die Helligkeitskorrektur mit Hilfe des Schiebereglers einer Parallelverschiebung der Gradationskurve um einen festen Wert gleich kommt. Der waagerecht verlaufende Kurventeil erzeugt Clipping in den Lichtern. Dass in den Tiefen nicht der gesamte Tonwertumfang ausgenutzt wird, zeigt sich daran, dass die Kurve rechts nicht den oberen Rand erreicht.

Leider fehlt in Photoshop in den bisherigen Programmversionen eine Anzeige der zu einer Reglerkorrektur gehörigen Gradationskurve.

Die allgemeinen Zusammenhänge zwischen der Bedienung des Schiebereglers „Helligkeit/Kontrast" und der im Hintergrund angewendeten Gradationsänderung veranschaulicht **Tabelle 7.1** auf Seite 192. An den dargestellten Gradationskurven in der linken Tabellenhälfte kann man erkennen, dass die Bedienung der Schieberegler „Helligkeit/Kontrast" abrupte Steigungsänderungen hervorruft. Sinnvoller ist es, für Kontrast- und Helligkeitskorrekturen bogenförmige Gradationskurven zu verwenden, wie sie in Kapitel 7.2.1 bis 7.2.4 vorgestellt wurden.

Verbesserte Versionen des Schiebereglers in neueren Programmversionen

Diese Erkenntnis wurde in den neueren Photoshop-Versionen ab Programmversion CS3 berücksichtigt. Die Funktionsweise der Schieberegler ist dahingehend korrigiert worden. In **Tabelle 7.1** (S. 192) sind rechts die Kurvenverläufe der verbesserten Versionen abgebildet. Sie sind unbedenklich verwendbar, wenn man die jeweiligen Nebenwirkungen berücksichtigt (vgl. Kapitel 7.2.1 bis 7.2.4).

Regel 5: Vorsicht bei selektiven Korrekturen

Da selektive Korrekturen einen Bild- oder Tonwertbereich separat verändern, besteht die Gefahr, dass sich dieser durch Tonwertabrisse unnatürlich von seinem Umfeld abhebt. Da diese Gefahr von Motiv zu Motiv unterschiedlich stark ist, muss man während des Korrigierens darauf achten. Um Tonwertabrisse zu vermeiden bzw. abzuschwächen, kann man das Umfeld durch eine „weiche Auswahl" ❶ mit verringerter Stärke des Eingriffs in die Korrektur mit einbeziehen oder die Korrektur muss ingesamt moderater ausfallen.

❶ Eine **weiche Auswahl** besitzt keine harte Kante, sondern einen Übergang zwischen ausgewählten und nicht ausgewählten Bildteilen. Genauere Erklärungen zu Auswahlen befinden sich in Kapitel 8.4.1, S.228 ff.

Regel 6: Die richtige Reihenfolge einhalten

Bei einer falsch gewählten Reihenfolge der Arbeitsschritte passiert es leicht, dass man eine vorgenommene Korrektur in einem der nächsten Arbeitsschritte wieder überschreibt bzw. abwandelt. Das macht unnötige Arbeit und bringt Tonwertverluste mit sich.

Grundsätzlich sollte man folgende Reihenfolge der Arbeitsschritte einhalten (**Abb. 7.45**):

1. Motivspezifische Optimierung des Tonwertumfangs
2. Globale Kontrast- und Helligkeitsänderungen
3. Selektive Kontrast- und Helligkeitsänderungen
4. Einschränkung des Tonwertumfangs auf den „reproduzierbaren Tonwertumfang" und Aufbereitung für den Druck

Die Einstellung des optimalen Tonwertumfangs bewirkt immer auch Änderungen des Detailkontrasts. In der Regel wird das gesamte Tonwertspektrum gespreizt, wenn ein Bild nicht den vollen Tonwertumfang ausnutzt. Erst nach diesem Eingriff kann beurteilt werden, wo zusätzliche Kontrast- und Helligkeitsveränderungen nötig sind.

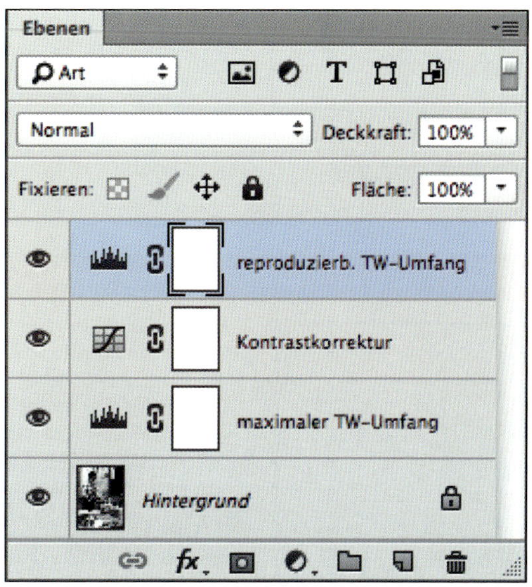

Abb. 7.45: Korrekturreihenfolge (unten nach oben)

Tabelle 7.1: **Helligkeits- und Kontrastregler und ihre Tonwertveränderungen**

Helligkeit + 40 (nicht empfehlenswerte Version)	Helligkeit + 40 (verbesserte Version)
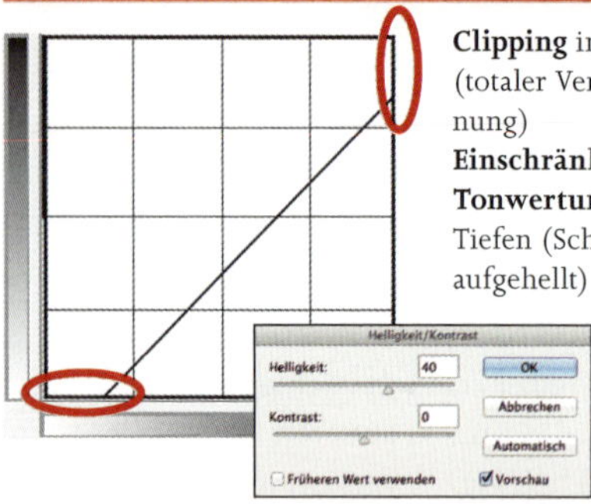 **Clipping** in den Lichtern (totaler Verlust der Zeichnung) **Einschränkung des Tonwertumfangs** in den Tiefen (Schwarzpunkt aufgehellt)	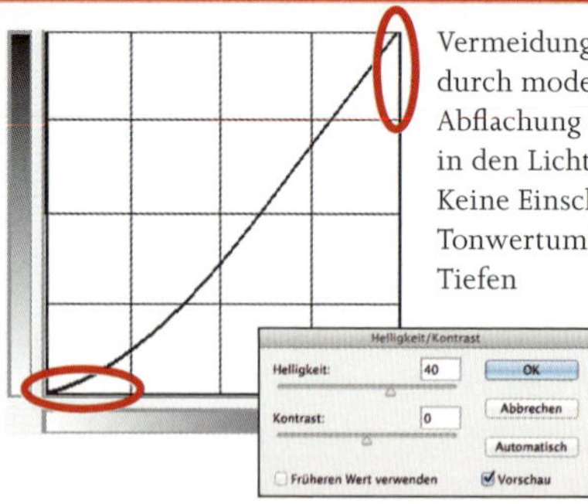 Vermeidung von Clipping durch moderate Abflachung der Kurve in den Lichtern Keine Einschränkung des Tonwertumfangs in den Tiefen
Helligkeit - 40 (nicht empfehlenswerte Version)	**Helligkeit - 40 (verbesserte Version)**
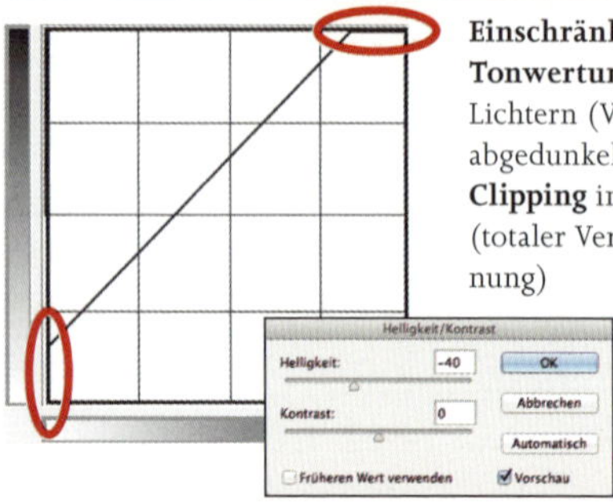 **Einschränkung des Tonwertumfangs** in den Lichtern (Weißpunkt abgedunkelt) **Clipping** in den Tiefen (totaler Verlust der Zeichnung)	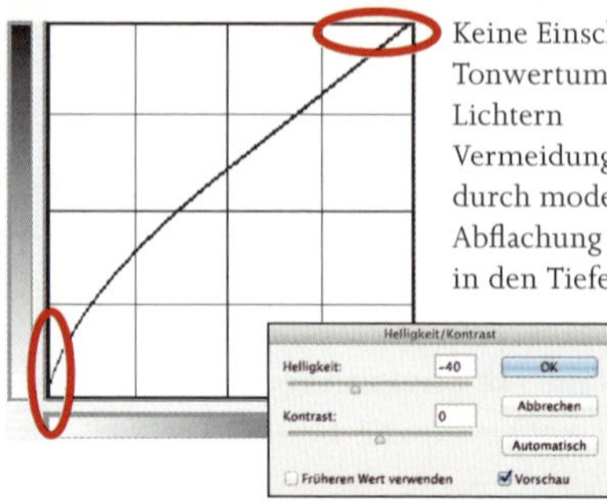 Keine Einschränkung des Tonwertumfangs in den Lichtern Vermeidung von Clipping durch moderate Abflachung der Kurve in den Tiefen
Kontrast + 40 (nicht empfehlenswerte Version)	**Kontrast + 40 (verbesserte Version)**
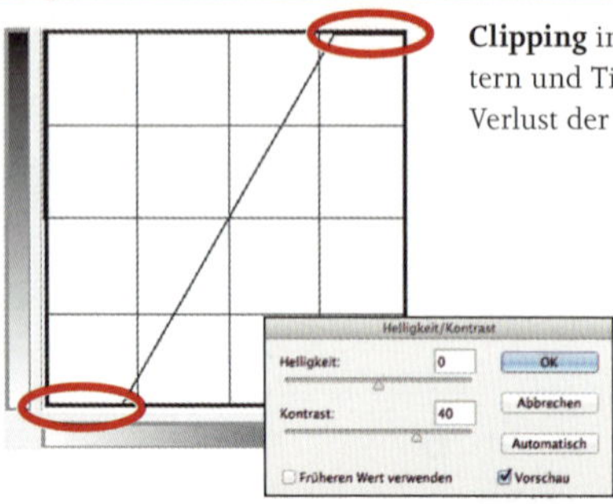 **Clipping** in den Lichtern und Tiefen (totaler Verlust der Zeichnung)	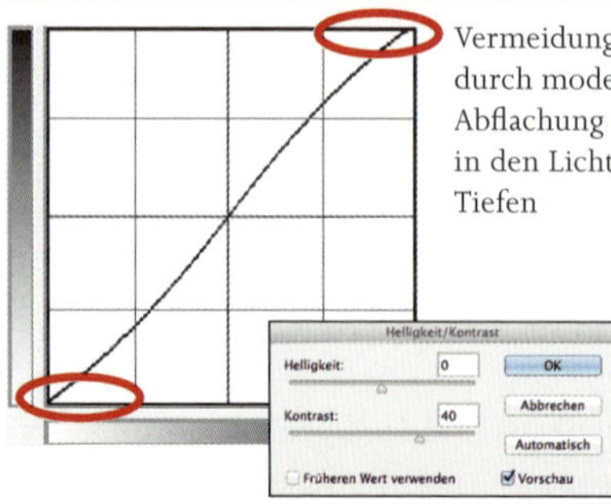 Vermeidung von Clipping durch moderate Abflachung der Kurve in den Lichtern und Tiefen
Kontrast - 40 (nicht empfehlenswerte Version)	**Kontrast - 40 (verbesserte Version)**
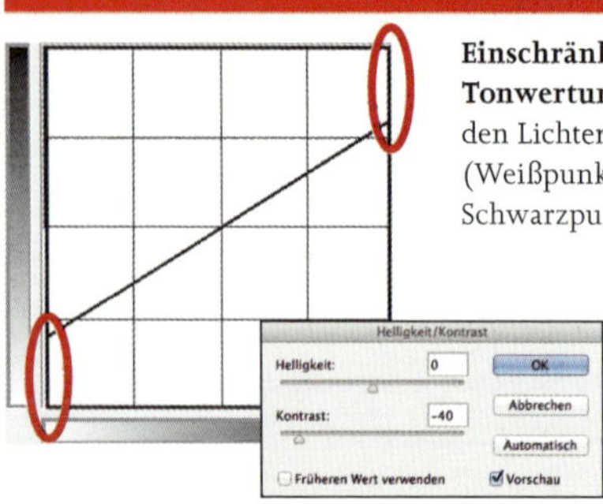 **Einschränkung des Tonwertumfangs** in den Lichtern und Tiefen (Weißpunkt abgedunkelt, Schwarzpunkt aufgehellt)	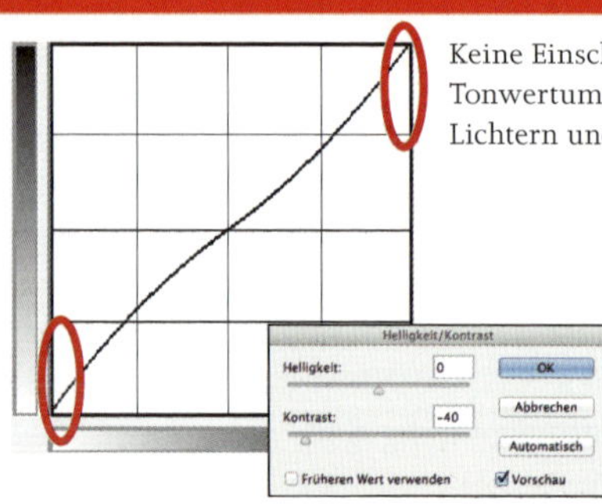 Keine Einschränkung des Tonwertumfangs in den Lichtern und Tiefen

Bei diesen Kontrast- und Helligkeitsveränderungen nimmt man zunächst die globalen Korrekturen vor, um den Gesamteindruck des Bildes zu optimieren. Erst danach wird man einzelne Bild- oder Tonwertbereiche gesondert behandeln, d. h. selektive Korrekturen vornehmen. Eine umgekehrte Reihenfolge ist nicht zielführend. Man stelle sich vor, die Helligkeit eines kleinen Bildbereichs wird optimal und fein justiert und danach würde das gesamte Bild global abgedunkelt. Die fein justierte selektive Korrektur wäre sofort zunichte gemacht.

Der letzte Schritt ist die Einschränkung des Tonwertumfangs auf denjenigen, den das Ausgabeverfahren sicher reproduzieren kann. Zunächst scheint es unsinnig, dass nach der motivspezifischen Optimierung des Tonwertumfangs zu Beginn nun wieder dessen Einschränkung gefordert wird. Der Grund dafür ist, dass fast alle Ausgabegeräte große Schwierigkeiten haben, Tiefen und Lichter differenziert darzustellen. Je nach Vermögen des Ausgabegerätes gibt es daher einen „reproduzieraren Tonwertumfang", innerhalb dessen ein Bild mit seinen Nuancen wiedergegeben werden kann.

Regel 7: Mit Einstellungsebenen arbeiten
Sinnvollerweise realisiert man alle Schritte der Bildkorrektur in Photoshop über sogenannte Einstellungsebenen. Das sind Ebenen, die Bearbeitungsschritte enthalten. Abb. 7.46 zeigt ein Beispiel dafür. Die kleinen Icons auf der linken Seite jeder Ebenenbezeichnung weisen darauf hin, welche Einstellungen darin jeweils vorgenommen werden, hier z. B. Gradations- und Tonwertkorrekturen. Die Reihenfolge der Bearbeitung erfolgt von der untersten zur obersten Ebene. Eine neue Einstellungsebene erzeugt man durch Anwahl des schwarz-weiß geteilten Kreises und anschließende Auswahl aus dem angebotenen Popup-Menü.

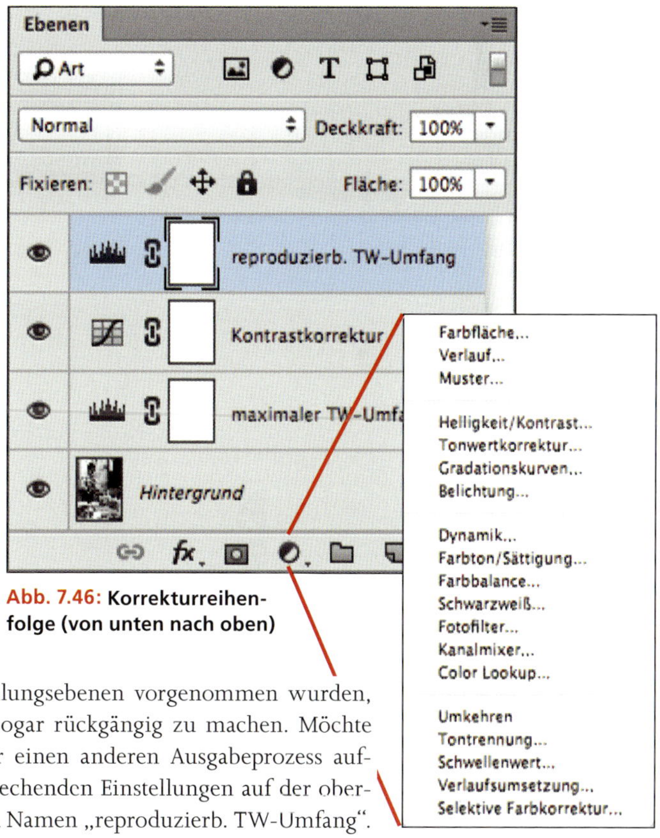

Abb. 7.46: Korrekturreihenfolge (von unten nach oben)

Korrekturen, die mit Hilfe von Einstellungsebenen vorgenommen wurden, sind immer wieder veränderbar und sogar rückgängig zu machen. Möchte man z. B. im Nachhinein ein Bild für einen anderen Ausgabeprozess aufbereiten, verändert man nur die entsprechenden Einstellungen auf der obersten Ebene, im Beispiel also die mit dem Namen „reproduzierb. TW-Umfang".

7.2.7 Beispielkorrektur

Abb. 7.47 a: Ausgangsbild

Abb. 7.47 b: Bearbeitetes Bild

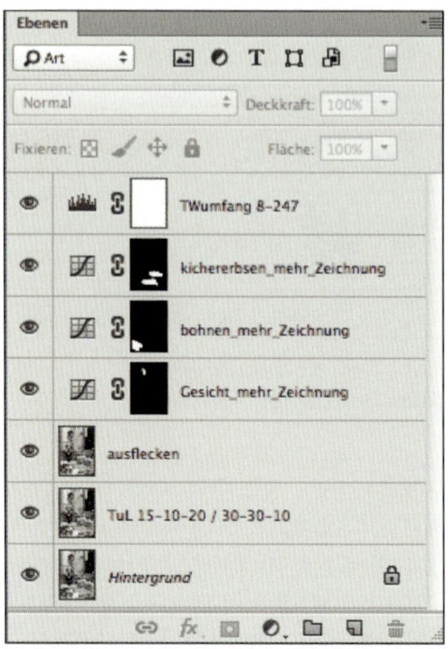

Abb. 7.47 c: Einstellungsebenen mit Bearbeitungsschritten

In den Kapiteln 7.2.1 bis 7.2.6 wurden die Werkzeuge der Tonwertkorrektur mit ihrer Funktions- und Wirkungsweise vorgestellt. Im Folgenden geht es nun darum, die Darstellungsqualität vorhandener Bilder zu verbessern und dafür die Möglichkeiten der Werkzeuge angemessen zu nutzen. Dabei ist eine sinnvolle Reihenfolge der Arbeitsschritte wichtig. Außerdem sollen so wenig Korrekturschritte wie möglich angewendet werden.

Die besondere Schwierigkeit jeder motivspezifischen Korrektur besteht darin, die Werkzeugeinstellungen sensibel zu dosieren. **Abb. 7.47 a** zeigt das Ausgangsbild, **Abb. 7.47 b** das fertig bearbeitete Bild. Die Bearbeitungsschritte, die dazu vorgenommen wurden, werden im Folgenden schrittweise und anhand von Abbildungen nachvollzogen. **Abb. 7.47 c** zeigt die zugehörigen Einstellungsebenen.

Abb. 7.48: **Histogramm des Ausgangsbildes**

Arbeitsschritt 1: Tonwertumfang optimieren

Das gescannte Bild nutzt den gesamten Tonwertumfang aus, wie ein Blick auf das Histogramm (**Abb. 7.48**) beweist. Eine Tonwertspreizung ist nicht nötig.

Tonwertstauchung und Tonwertspreizung

Arbeitsschritt 2: Einstellung der Tiefen- und Lichter

Sowohl die Tiefen, als auch die Lichter benötigen bei diesem Bild mehr Zeichnung. Im Lichterbereich benötigt vor allem die Abbildung des linken Wandteils gesteigerte Aufmerksamkeit. Die Zeichnung ist hier nur sehr gering ausgeprägt, diese Stelle neigt zu Tonwertabrissen im Druck. Mit Hilfe des Befehls „Tiefen/Lichter" werden die Lichter abgedunkelt und die Tiefen aufgehellt. Dadurch gewinnen beide Tonwertbereiche automatisch an Detailzeichnung. Die verwendeten Einstellungen sind in **Abb. 7.49b** ablesbar. Nur die sehr dunklen Tiefen wurden ausgewählt (Tonbreite 10 %) und geringfügig aufgehellt (Stärke 15 %). Ein mittlerer Radius (20 Px) passte die Korrektur harmonisch in das Bild ein. Die Lichter wurden deutlich abgedunkelt (Stärke 30 %) und die Vierteltöne mit einbezogen (Tonbreite 30 %). Ein geringer Radius (10 Px) reichte aus.

Abb. 7.49a: **Bild vor der „Tiefen/Lichter"-Korrektur**

Abb. 7.49b: **Bild nach der „Tiefen/Lichter"-Korrektur**

Abb. 7.50a: Bildbereich vor dem Ausflecken

Abb. 7.50b: Bildbereich nach dem Ausflecken

Abb. 7.50c: Kopierstempel

Arbeitsschritt 3: Retuschen

Während der Belichtung und Entwicklung dieses Fotos sind einige Staubpartikel mit abgebildet worden (**Abb. 7.50a**). Nach der Einstellung der Tiefen und Lichter sind diese Störungen in den extremen Tonwertbereichen deutlicher hervorgetreten. Damit sie bei der Beurteilung weiterer Korrekturen den Eindruck nicht zu stark beeinträchtigen, kann das Ausflecken, d. h. die Beseitigung dieser vereinzelten Störungsstellen, als nächster Schritt erfolgen. Dafür nutzt man in Photoshop meistens das sogenannte Stempelwerkzeug (**Abb. 7.50c**). Man überschreibt dabei eine Störstelle mit Informationen einer anderen Bildstelle, die man mit einem Klick bei gedrückter Alt-Taste anwählt. Malt man dann über die Störstelle, wird die Auswahl dorthin kopiert.

Arbeitsschritte 4 bis 6: Selektive Korrekturen

Das Bild hat nach der Korrektur der Tiefen und Lichter einen guten Gesamtkontrast, weitere globale Kontrast- oder Helligkeitsveränderungen sind nicht erforderlich. Daher sind nun selektive Korrekturen an der Reihe.

Es ist sinnvoll, dem Betrachter das Erfassen der aussagekräftigen Bildbereiche zu erleichtern. Dies erreicht man über eine gute Detailzeichnung. Darum wurde der Kontrast dieses Bildes im Bereich des Gesichts, der Bohnen und der Kichererbsen erhöht. Die Bildbereiche sind einzeln ausgewählt und mit geeigneten Gradationskurven verändert worden. Das Gesicht wurde aufgehellt und durch die Aufsteilung der Gradationskurve in den Dreivierteltönen erhielt es mehr Zeichnung (**Abb. 7.51a** und **Abb. 7.51b**). Die Bildwirkung der Bohnen und der Kichererbsen wurde durch eine S-Kurve verändert. Dadurch vergrößerten sich die Tonwertunterschiede (**Abb. 7.52a** und **Abb. 7.52b**). Die Bohnen behielten die dunkle Färbung, Schatten- und Oberflächenbereiche wurden jedoch deutlicher unterscheidbar. Die Abbildung der Kichererbsen wurde ebenfalls durch eine leichte S-Kurve korrigiert. Danach grenzen die einzelnen Erbsen sich deutlicher voneinander ab (**Abb. 7.53a** und **Abb. 7.53b**).

Abb. 7.51 a: Gesicht vor der selektiven Korrektur

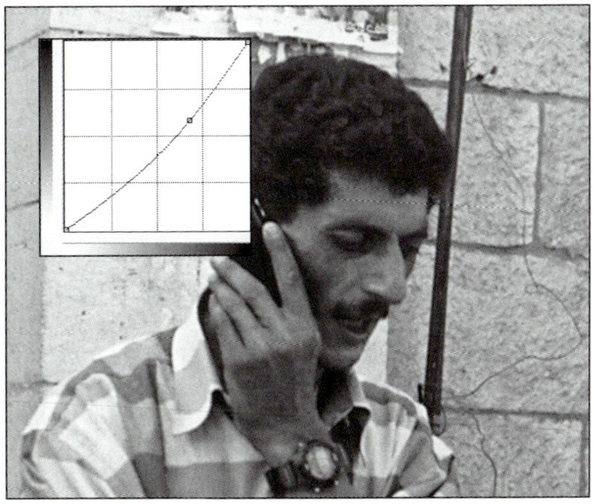

Abb. 7.51 b: Gesicht nach der selektiven Korrektur, Gradationskurve

Abb. 7.52 a: Bohnen vor der selektiven Korrektur

Abb. 7.52 b: Bohnen nach der selektiven Korrektur, Gradationskurve

Abb. 7.53 a: Kichererbsen vor der selektiven Korrektur

Abb. 7.53 b: Kichererbsen nach der selektiven Korrektur, Gradationskurve

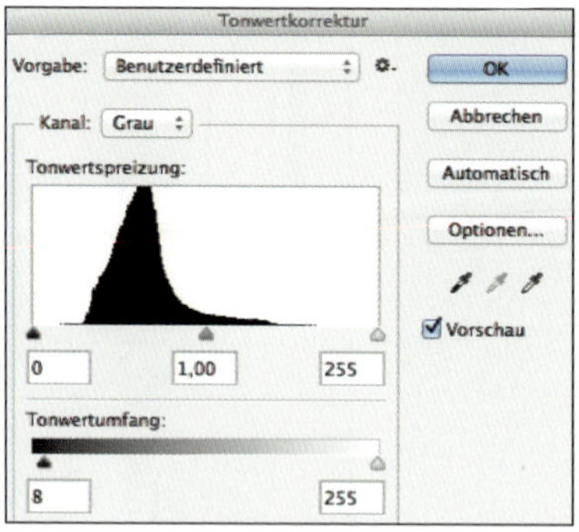

Abb. 7.54: Dialogfeld Tonwertkorrektur

Arbeitsschritt 7: Einschränkung des Tonwertumfangs

Für das Offsetdruck-Verfahren wird in diesem Beispiel von einem reproduzierbaren Tonwertumfang von ca. 3 % bis 97 % ausgegangen. Das entspricht ungefähr den Digitalwerten 8 bis 247. Diese Zahlen werden im Dialogfeld „Tonwertkorrektur“ eingegeben (Abb. 7.54).

7.3 Aufgaben und Übungen

1. **Tonwertumfang:**
   a) Welchen Sachverhalt kennzeichnet der Begriff „Tonwertumfang“?
   b) Bei der motivspezifischen Optimierung des Tonwertumfangs strebt man in der Regel einen möglichst hohen Tonwertumfang an. Bei der medienspezifischen Aufbereitung schränkt man ihn ein.
   Erläutern Sie jeweils die Gründe.

2. **Schwarz- und Weißpunkt:**
   a) Bei der Definition des Schwarz- und des Weißpunktes werden Tonwerte des unbearbeiteten Bildes ausgewählt und deren Zielwerte festgelegt. Welche Aufgabe haben in diesem Zusammenhang die Regler „Tonwertspreizung“ und „Tonwertumfang“ im Dialogfeld „Tonwertkorrektur“ (Abb. 7.55)?

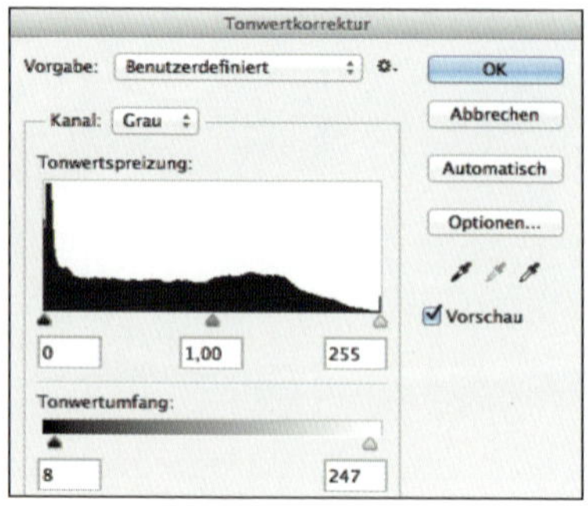

Abb. 7.55: Einschränkung des Tonwertumfangs

   b) In Abb. 7.56 a bis Abb. 7.56 c sind verschiedene Reglereinstellungen für die Tonwertspreizung und den Tonwertumfang abgebildet. Ordnen Sie den folgenden Aussagen jeweils die richtige Abbildung zu.
      I. Der Tonwert 15 des unbearbeiteten Bildes erhält nach der Korrektur den Tonwert 0. Der Tonwert 240 des unbearbeiteten Bildes erhält den Wert 255.
      II. Der Tonwert 0 des unbearbeiteten Bildes erhält nach der Korrektur den Tonwert 15. Der Tonwert 255 des unbearbeiteten Bildes erhält den Wert 240.
      III. Der Tonwert 15 des unbearbeiteten Bildes erhält nach der Korrektur den Tonwert 0. Der Tonwert 255 des unbearbeiteten Bildes erhält den Wert 240.
      IV. Der Korrektureingriff bewirkt eine Einschränkung des Tonwertumfangs in den Lichtern.
      V. Der Korrektureingriff bewirkt eine Spreizung des vorhandenen Tonwertumfangs.

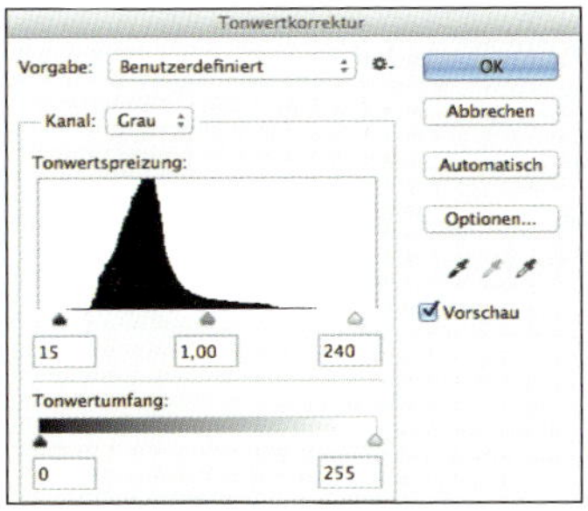

Abb. 7.56 a: Reglereinstellung A

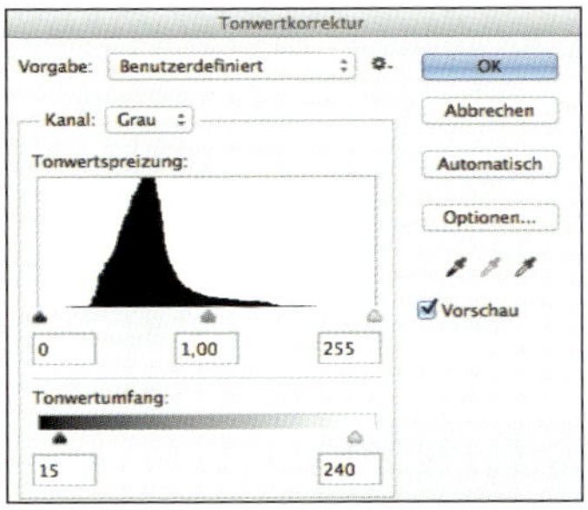

Abb. 7.56 b: Reglereinstellung B

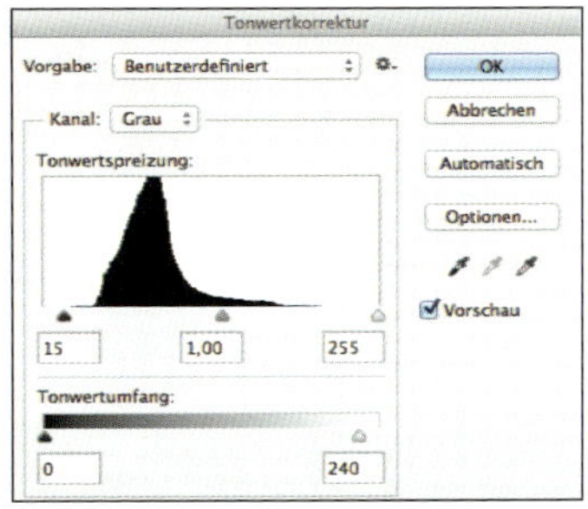

Abb. 7.56 c: Reglereinstellung C

3. **Motivspezifischer Tonwertumfang:**
   a) Beurteilen Sie die Tonwertverteilung der **Abb. 7.57** anhand des Bildmotivs und des dargestellten Histogramms.
   b) Welche Reglereinstellungen nehmen Sie vor, um die Darstellung zu optimieren?
   c) Welche Reglereinstellung nehmen Sie vor, um das Bild für einen Tonwertumfang von 3 % bis 97 % aufzubereiten?
   d) Sie finden das Bild auch auf der CD zum Buch unter dem Dateinamen „7.57_Aufg_Kuh.tif". Probieren Sie die von Ihnen gewählten Einstellungen aus und testen Sie auch andere Einstellungen im Vergleich dazu.

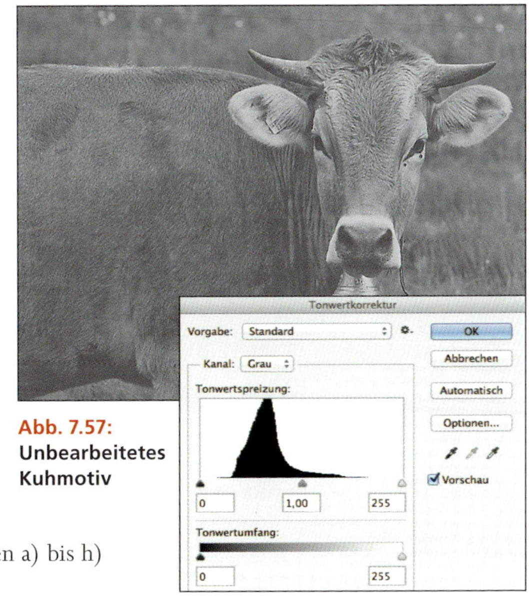

Abb. 7.57: Unbearbeitetes Kuhmotiv

4. **Gradationskurven:**
   Ordnen Sie die Angaben 1 bis 8 den Tabellenzellen a) bis h) jeweils richtig zu:
   Gradationskurvenveränderung: 1. Verschiebung in Richtung Weiß, 2. Verschiebung in Richtung Schwarz, 3. Aufsteilung, 4. Abflachung,
   Histogrammveränderung: 5. Unvermittelt hohe Ausschläge, 6. Verschiebung in Richtung Schwarz, 7. Lücken, 8. Verschiebung in Richtung Weiß.

Visuelle Auswirkung	Gradationskurvenveränderung	Histogrammveränderung
Zunahme an (Detail-)Zeichnung	a)	e)
Abnahme an (Detail-)Zeichnung	b)	f)
Globale Aufhellung	c)	g)
Globale Abdunkelung	d)	h)

5. **Tonwertverluste:**
   Beschreiben Sie die visuellen Auswirkungen der aufgezählten Bildfehler und nennen Sie mögliche Ursachen für deren Auftreten:
   a) Clipping, b) Tonwertabriss, c) Posterisierung

6. **Visuelle Auswirkungen von Gradationsänderungen:**
   Das Ausgangsbild in **Abb. 7.58a** wurde durch verschiedene Gradationskurven verändert (**Abb 7.58b** bis **Abb. 7.58d**). Ordnen Sie den Gradationskurven jeweils das bearbeitete Bild zu, das sich nach der Korrektur ergibt (**Abb. 7.58e** bis **Abb. 7.58g**). Das unbearbeitete Bild befindet sich auch auf der CD zum Buch („7.58_Aufg_Zahnraeder.tif“).

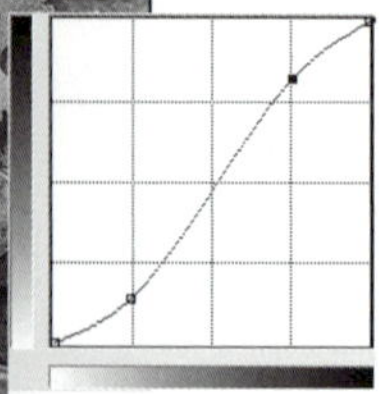

Abb. 7.58b: Kurve 1

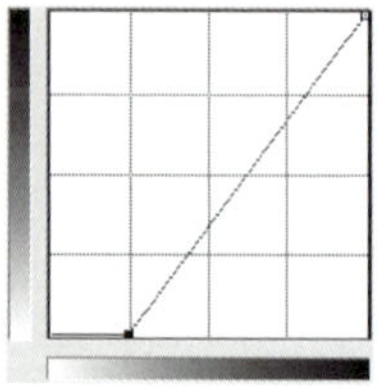

Abb. 7.58c: Kurve 2

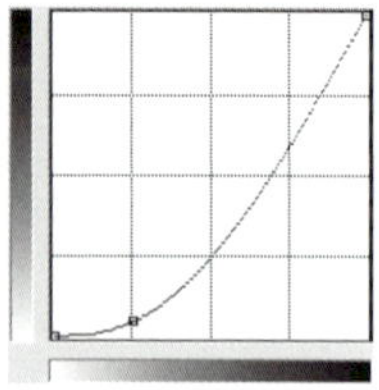

Abb. 7.58d: Kurve 3

Abb. 7.58a: Unbearbeitetes Zahnräder-Motiv

Abb. 7.58e: Bearbeitetes Bild A

Abb. 7.58f: Bearbeitetes Bild B

Abb. 7.58g: Bearbeitetes Bild C

Abb. 7.59: Unbearbeitetes Werkstattmotiv

7. **Beispielkorrektur:**
   Abb. 7.59 zeigt ein unbearbeitetes Ausgangsbild.
   a) Beschreiben Sie dessen Mängel. Gehen Sie dabei auf die Kriterien Tonwertumfang und Detailkontrast in bildwichtigen Tonwertbereichen ein.
   b) Sie finden das Bild auf der CD zum Buch unter dem Namen „7.59_Aufg_Werkstatt.tif“. Vergleichen Sie die Bilddarstellungen im Druck (hier im Buch) und am Bildschirm. Welche Unterschiede stellen Sie fest?
   c) Korrigieren Sie das digitale Bild nach Ihren Vorstellungen motivspezifisch.

8 Farbbilder optimieren

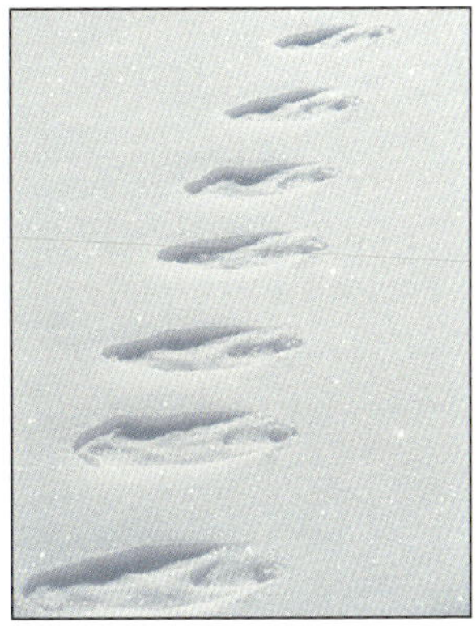

Abb. 8.1: Beispielbilder aus diesem Kapitel

Die Beurteilung von Farbbildern scheint zunächst viel komplexer als die von Graustufenbildern. Tatsächlich geht es hierbei nicht mehr nur um die Beurteilung der Helligkeit und des Kontrasts, denn die beiden anderen Komponenten der Farbwahrnehmung, Farbton und Sättigung ❶, beeinflussen den Bildeindruck zusätzlich.

❶ Die Kenngrößen, die eine Farbe beschreiben, sind **Farbton**, **Sättigung** und **Helligkeit**. Der Farbton beschreibt die Farbrichtung (z. B. Blau oder Rot), die Sättigung beschreibt deren Reinheitsgrad. Die Sättigung nimmt ab, wenn einer Farbe Schwarz, Weiß oder Grau zugemischt werden (vgl. Kapitel 2.1, S. 54).

Trotzdem ist die Bearbeitung nicht grundsätzlich anders als die von Graustufenbildern. Die Empfehlungen für die Beurteilung und Bearbeitung der Helligkeits- und Kontraststeuerung aus Kapitel 7 „Graustufenbilder optimieren“ sind uneingeschränkt auf Farbbilder übertragbar. Selbst die Werkzeuge bleiben zum Großteil die gleichen, denn auch bei farbigen Bildern sind Gradationskurven und Histogramme die wichtigsten Hilfsmittel. Bei Farbbildern kommt lediglich ein neuer, aber sehr entscheidender Aspekt hinzu: Die Farbkanäle und ihre Beziehung zueinander. Die Vielzahl möglicher Einstellungen der Kanäle erfordert einen systematischen und überlegten Einsatz von Korrektureingriffen. Denn schon nach wenigen Arbeitsschritten ist es oft nicht mehr möglich, vorgenommene Einstellungen exakt zu rekonstruieren.

➲ **Die Helligkeits- und Kontraststeuerung von Farbbildern ähnelt der von Graustufenbildern. Durch die Farbkanäle und ihre Beziehung zueinander kommen jedoch neue Aspekte hinzu, die Farbton- und Sättigungsänderungen betreffen.**

Die Abfolge der Unterkapitel orientiert sich an der Reihenfolge der Arbeitsschritte:

Tonwertumfang

1. Wie bei Graustufenbildern wird zunächst der Gesamtkontrast des Bildes optimiert und über die Einstellung des Tonwertumfangs reguliert (Kapitel 8.1). Neu dabei ist, dass man auch die Farbigkeit in Tiefen und Lichtern und Farbstiche im Bild beobachten muss. Für die Abbildung eines Motivs im Abendlicht wünscht man sich z. B. eine andere Farbstimmung als für Aufnahmen in der Mittagssonne.

Globale Farbstiche und -stimmungen

2. Im zweiten Schritt werden globale Farbstiche und Farbstimmungen im Bild sensibel justiert (Kapitel 8.2).

Kontrast- und Helligkeit

3. Danach kümmert man sich um Kontrast und Helligkeit des Bildes und korrigiert damit global dessen Tonwertverteilung. Dabei muss man entscheiden, ob sich mit dem Kontrast auch zugleich die Sättigung des Bildes ändern soll (Kapitel 8.3).

Methoden der Farbkorrektur

4. Erst im darauf folgenden Schritt geht es darum, aus einem großen Angebot von Methoden der Farbkorrektur diejenigen auszusuchen, mit deren Hilfe man die jeweils motivspezifischen Korrekturwünsche effektiv erledigen kann (Kapitel 8.4).

Kanäle und Masken

In Kapitel 8.5 werden die Schritte 1.–4. auf ein Beispielbild angewendet. Eine Sonderrolle nimmt die Bildbearbeitung mit Kanälen und Masken ein, da diese nicht nur für die Farbkorrektur, sondern auch für vielfältige andere Zwecke verwendet werden können, bei denen eine intelligente Auswahl hilfreich ist (Kapitel 8.6).

8.1 Tonwertumfang von Farbbildern

❶ Der Begriff **Gesamtkontrast** (auch Tonwert- oder Kontrastumfang) steht für den Helligkeitsunterschied zwischen dunkelstem und hellstem Bildpunkt (vgl. Kapitel 7.1, S. 153).

❷ Die **Tiefen- und Lichterzeichnung** ist optimal, wenn Details in den genannten Tonwertbereichen gut erkennbar sind (vgl. Kapitel 7.11, S. 156 f und Kapitel 8.1.2).

❸ Die **Sättigung** bezeichnet die Reinheit einer Farbe

Bei der Festlegung des Tonwertumfangs gelten bei Farbbildern die gleichen widerstreitenden Ziele wie bei Graustufenbildern: Man möchte einen möglichst hohen Gesamtkontrast ❶ erreichen und man möchte die Tiefen- und Lichterzeichnung ❷ so gut es geht erhalten. Zusätzlich muss man bei Farbbildern beachten: Je nachdem wie der Schwarz- bzw. Weißpunkt gesetzt wird, ändert sich auch die Sättigung ❸ der Farben. Eine vorherrschende Farbrichtung im Bild kann dadurch verstärkt oder beseitigt werden.

➲ **Die Einstellung des Tonwertumfangs beeinflusst bei Farbbildern nicht nur den Gesamtkontrast und den Erhalt von Tiefen- und Lichterzeichnung. Sie entscheidet auch über Sättigungsänderungen und den Erhalt oder die Beseitigung von vorherrschenden Farbrichtungen im Bild.**

8.1.1 Methoden zur Einstellung des Tonwertumfangs

Für die Festlegung des Tonwertumfangs bieten sich, wie auch für Graustufenbilder, manuelle und automatische Einstellungen im Dialogfeld „Tonwertkorrektur" an. Im Folgenden wird die Funktionsweise dieser Möglichkeiten an einem Beispielbild (**Abb. 8.2**) demonstriert. Das Bild der Spuren im Schnee bietet sich dafür an, weil es zum einen nicht den gesamten Tonwertumfang ausnutzt und es zum anderen eine bläuliche Grundfärbung aufweist. Mit dieser Färbung gehen die hier besprochenen Werkzeuge unterschiedlich um.

Photoshop bietet drei grundlegende Auto-Farbkorrekturbefehle an: „Auto-Farbton“, „Auto-Kontrast“ und „Auto-Farbe“ (**Abb. 8.3**). Seit der Version CS6 ergänzt „Helligkeit und Kontrast verbessern“ diese Auswahl; diese Funktion ist jedoch ausschließlich über die Algorithmen der „Auto-Korrekturen“ erreichbar (vgl. **Abb. 8.4**). Die Abbildungen **8.3b** bis **8.3e** zeigen, wie sich das Beispielbild durch die jeweilige Anwendung der Befehle verändert. Alle genannten Auto-Funktionen erhöhen den Kontrast zwischen Schwarz- und Weißpunkt. Der Befehl „Auto-Farbton“ schwächt zusätzlich den Farbstich stark ab. „Auto-Kontrast“ verstärkt ihn, die Kontraststeigerung ist aber weniger stark. „Auto-Farbe“ neutralisiert den Farbstich völlig. „Helligkeit und Kontrast verbessern“ legt besonderen Wert auf eine Kontrasterhöhung im Mittelton.

➲ **Alle Auto-Funktionen zur Einstellung des Tonwertumfangs haben das primäre Ziel, den Gesamtkontrast von Bildern zu verstärken, die nicht den vollen Tonwertumfang ausnutzen. Der Grad der Kontrastverstärkung und der Umgang mit Farbstichen im Bild ist dabei jedoch unterschiedlich.**

Abb. 8.2: Ausgangsbild

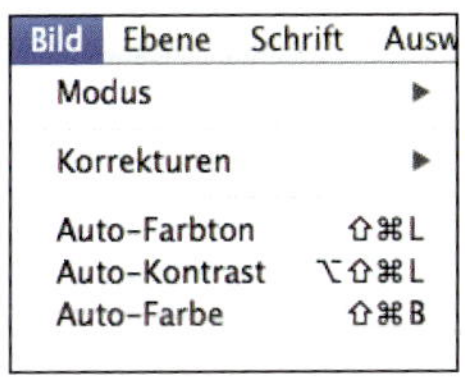

Abb. 8.3a: Auto-Funktionen

Abb. 8.3b: Anwendung von „Auto-Farbton“

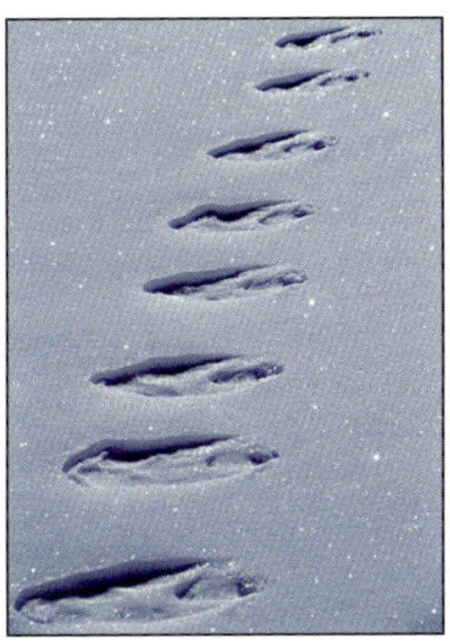

Abb. 8.3c: Anwendung von „Auto-Kontrast“

Abb. 8.3d: Anwendung von „Auto-Farbe“

Abb. 8.3e: Anwendung von „Helligkeit und Kontrast verbessern“

Wenn man die Arbeitsweise der einzelnen Funktionen kennt, kann man deren Auswirkungen und Gefahren kontrollieren. Wendet man die Funktionen bewusst an, erleichtern sie durch ihre schnelle und exakte Funktionsweise das Arbeiten.

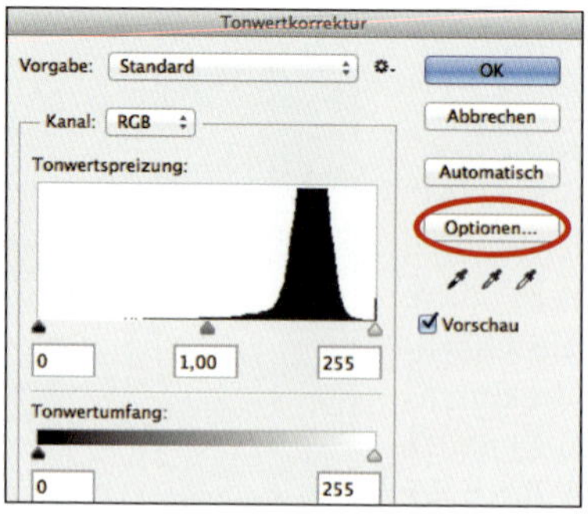

Abb. 8.4a: Menü „Tonwertkorrektur"

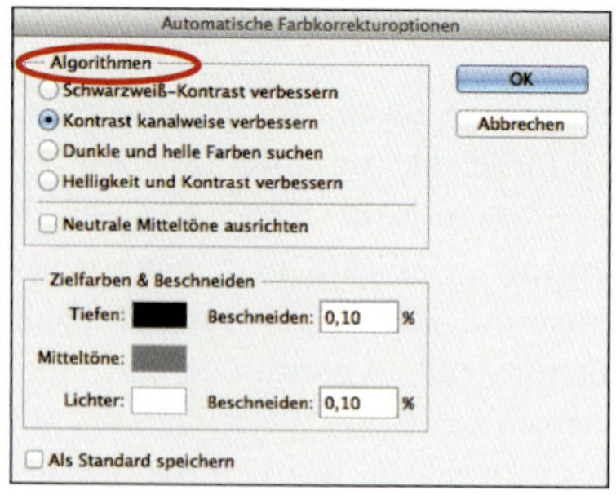

Abb. 8.4b: Auto-Farbkorrekturoptionen

Dialogfeld Tonwertkorrektur

Die Schaltzentrale für die Einstellung der Auto-Funktionen befindet sich im Dialogfeld „Tonwertkorrektur" (**Abb. 8.4a**). Über den Optionen-Button erreicht man ein Menü, in dem man die Standardeinstellungen ändern sowie Optionen kombinieren kann. Durch die Wahl der Algorithmen (**Abb. 8.4b**) legt man fest, welches Funktionsprinzip bei der Tonwertspreizung angewendet wird. Der Befehl „Auto-Farbton" entspricht dem Algorithmus „Kontrast kanalweise verbessern". „Auto-Kontrast" bedeutet „Schwarzweiß-Kontrast verbessern" und „Auto-Farbe" wendet den Algorithmus „Dunkle und helle Farben suchen" an und aktiviert die Option „neutrale Mitteltöne ausrichten", die Tertiärfarben ❶ im Mitteltonbereich neutralisiert.

❶ **Tertiärfarben** sind ungesättigte Farben. Sie haben immer einen Unbuntanteil. Mischt man sie additiv oder subtraktiv, sind immer alle drei Grundfarben an ihrer Mischung beteiligt (vgl. Kapitel 2, S. 204ff).

Die Einstellungen unter „Zielfarben & Beschneiden" definieren, inwieweit die extremen Tiefen und Lichter des Ausgangsbildes erhalten oder zugunsten einer stärkerern Tonwertspreizung geclippt werden. Die Handhabung ist die gleiche wie bei Graustufenbildern (vgl. S. 160).

Auto-Farbton

Maximale Tonwertspreizung in jedem Grundfarbkanal

Der Name des angewendeten Algorithmus „Kontrast kanalweise verbessern" beschreibt bereits sehr treffend, was dieser Befehl bewirkt: Jeder einzelne Farbkanal wird auf den maximalen Tonwertumfang gespreizt. Die Gegenüberstellung des Ausgangsbildes (**Abb. 8.5a**) und des bearbeiteten Bildes (**Abb. 8.5b**) zeigt, welche Auswirkungen diese Funktion hat: Der Gesamtkontrast des Bildes wird merklich erhöht und der Blaustich ein wenig verringert. Ein Vergleich der Histogramme vor und nach dem Eingriff verdeutlicht, dass die Pixelberge breiter werden und sich die Tonwertverteilung in jedem Kanal über das gesamte Spektrum von 0 bis 255 erstreckt.
Bei der Anwendung von „Auto-Farbton" werden die Schwarz- und die Weißpunktregler jedes Grundfarbkanals auf die erste Pixelanhäufung rechts und links am Rand des Histogramms verschoben (**Abb. 8.6a** bis **Abb. 6c**). Das erhöht den Gesamtkontrast und führt zu einer Neutralisierung (Entfärbung) der Tiefen und Lichter. Denn danach existieren mehr Pixel in den extremen Tonwertbereichen, die gleiche Rot-, Grün- und Blauanteile haben (RGB = 0/0/0 bzw. RGB = 255/255/255).

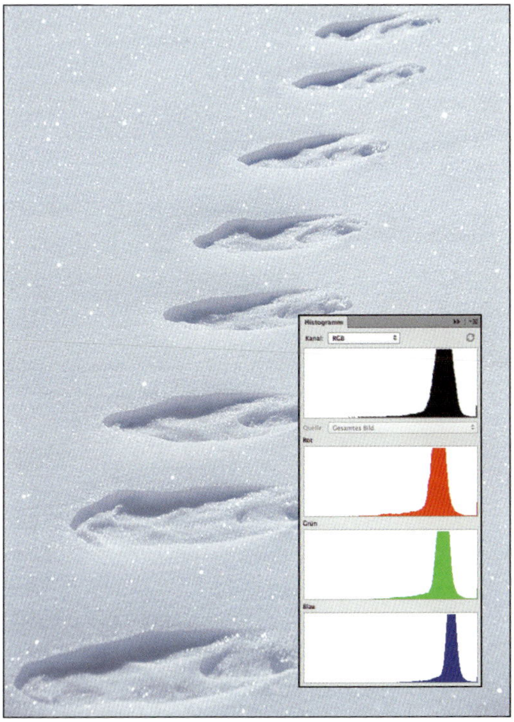

Abb. 8.5 a: **Ausgangsbild mit Histogrammen**

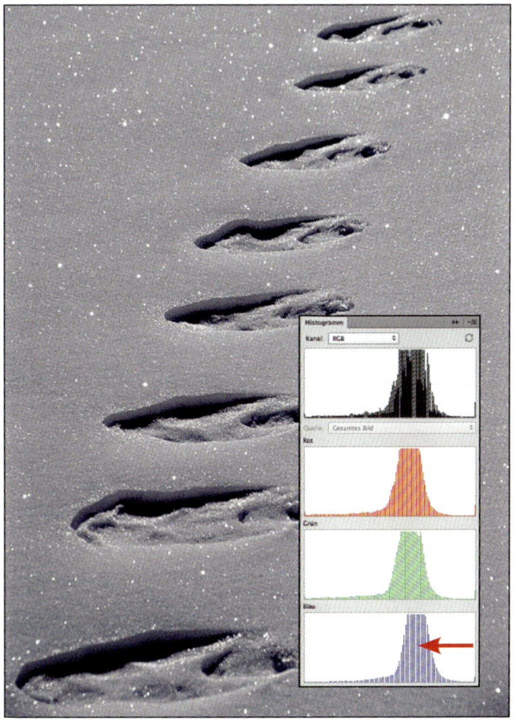

Abb. 8.5 b: **Bild und Histogramme nach Anwendung von Auto-Farbton**

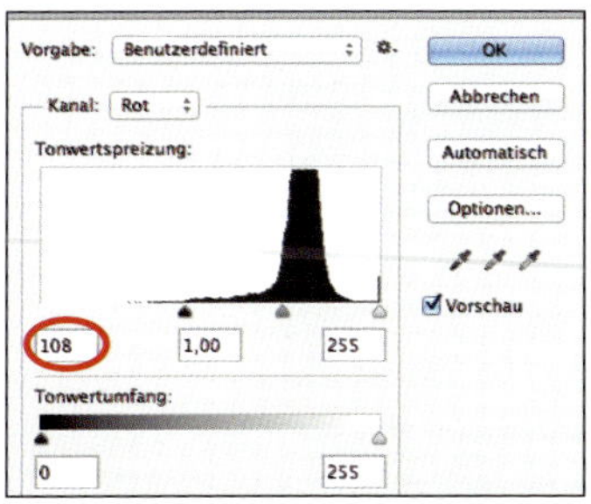

Abb. 8.6 a: **Korrektur im Rotkanal**

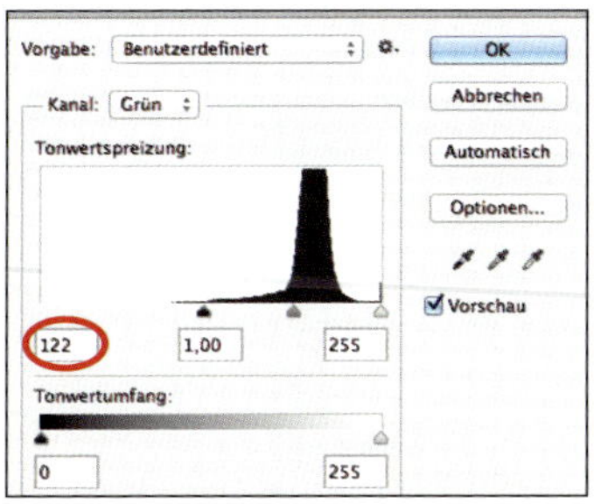

Abb. 8.6 b: **Korrektur im Grünkanal**

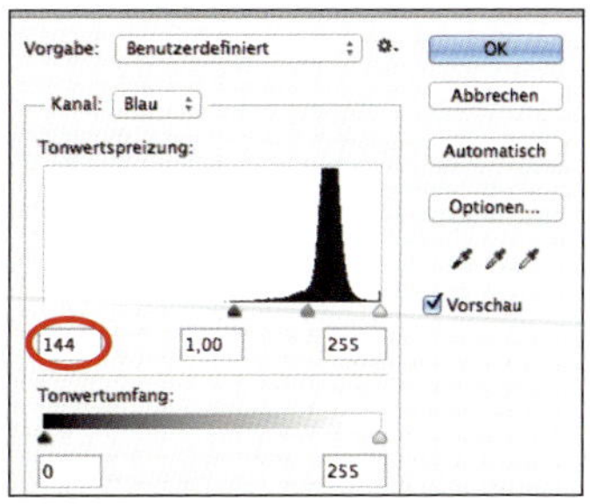

Abb. 8.6 c: **Korrektur im Blaukanal**

➲ **Die Kontraststeigerung durch den Befehl „Auto-Farbton“ bewirkt, dass der Tonwertumfang in jedem einzelnen Farbkanal voll ausgenutzt wird. Dadurch werden in der Regel die extremen Tiefen und Lichter neutralisiert.**

Entsättigung von Farbstimmungen durch Auto-Farbton

Durch die Verschiebung des Schwarz- und Weißpunktes verändern sich bei vielen Bildern nicht nur die Tiefen und Lichter. Im Beispielbild der Spuren im Schnee verringert sich beispielsweise der Blaustich (**Abb. 8.5 b**). Die Tonwertverteilung innerhalb der Grundfarbkanäle hat sich aneinander angeglichen, was bei diesem Bild zu einer Entsättigung der Farben führt.

Anders verhält es sich bei Bildern, bei denen die Histogramme der Grundfarbkanäle sehr unterschiedliche Tonwertumfänge haben. Diese Bilder erfah-

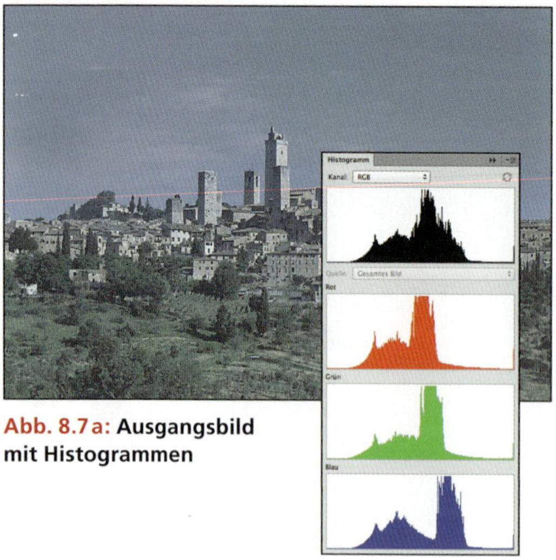

Abb. 8.7 a: Ausgangsbild mit Histogrammen

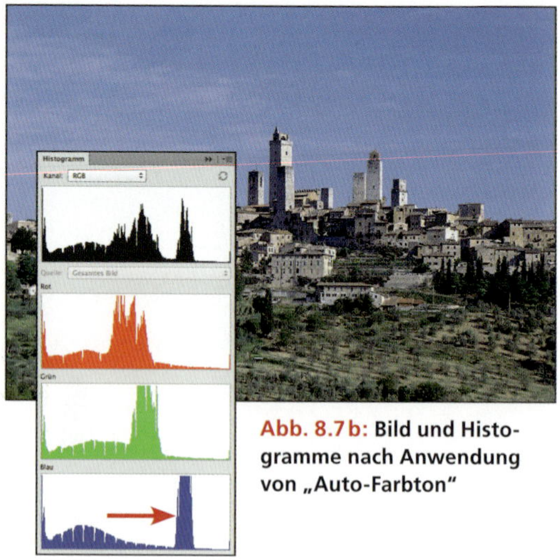

Abb. 8.7 b: Bild und Histogramme nach Anwendung von „Auto-Farbton"

Sättigungserhöhung durch Auto-Farbton

ren durch „Auto-Farbton" häufig sogar eine Sättigungserhöhung. Beim Motiv in **Abb. 8.7 a** wird beispielsweise das Himmelblau intensiver. Das geschieht, weil durch die Tonwertspreizung die Pixelberge im blauen Kanal weiter nach rechts rücken (**Abb. 8.7 b**). Hohe Tonwerte in einem Farbkanal verstärken die Intensität der Grundfarbe, im Beispiel also Blautöne. Weil die Berge in den Histogrammen der anderen Kanäle in diesem Tonwertbereich sehr viel kleiner sind, setzt sich die vorherrschende Farbrichtung stärker durch.

➲ **Tonwertspreizungen haben immer eine Sättigungserhöhung zur Folge, wenn ein vorherrschender Anteil einer Grundfarbe im Bild weiter verstärkt wird.**

Farbverschiebung durch Auto-Farbton

Völlig anders wirkt sich „Auto-Farbton" auf das Motiv des Meeres in **Abb. 8.8 a** aus. Obwohl auch dieses Bild zu großen Teilen aus ungesättigten Blautönen besteht, ergibt sich bei ihm durch „Auto-Farbton" keine Sättigungserhöhung, sondern eine verfremdende Farbverschiebung ins Violett. In den Histogrammen des bearbeiteten Bildes (**Abb. 8.8 b**) kann man ablesen, dass die Pixelberge im Grünkanal im Vergleich zu den anderen Kanälen weiter nach links verschoben wurden. Durch „Auto-Farbton" verändert sich das Verhältnis der Grundfarben zueinander, wenn die Tonwertspreizung der einzelnen Kanäle unterschiedlich ausfällt. Im Beispielbild des Meeres fehlt daher im mittleren bis hellen Tonwertbereich der Grünanteil. Die Dominanz von Rot und Blau in diesem Bereich erzeugt den violetten Farbton.

➲ **„Auto-Farbton" hat immer dann eine Farbverschiebung im Bild zur Folge, wenn sich durch die kanalweise Tonwertspreizung in den Histogrammen das Verhältnis der Grundfarben zueinander verschiebt.**

Die Richtung der Farbverschiebung ist jedoch stark von der individuellen Tonwertverteilung im Ausgangsbild abhängig und daher schwer vorhersagbar. Der Befehl Auto-Farbton hat also, je nach Motiv, ganz unterschiedliche Auswirkungen. Leider können darum unvorhersehbare Effekte entstehen, die den Auto-Farbton schwer berechenbar machen.

Abb. 8.8 a: Ausgangsbild mit Histogrammen

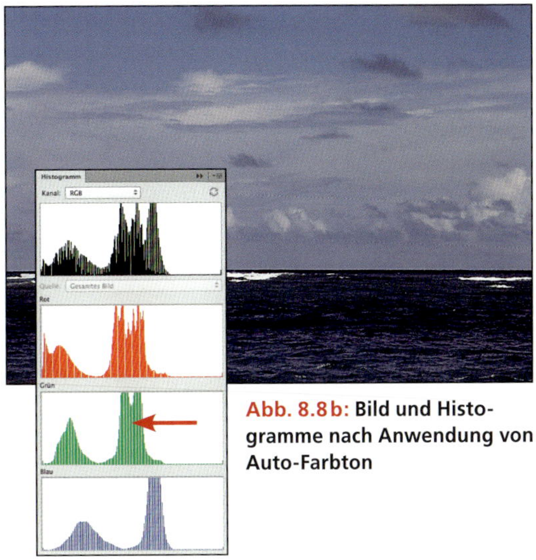

Abb. 8.8 b: Bild und Histogramme nach Anwendung von Auto-Farbton

Auto-Kontrast

Der Name des angewendeten Algorithmus „Schwarzweiß-Kontrast verbessern" (**Abb. 8.9**) beschreibt treffend, dass bei „Auto-Kontrast" zwar der Hell-Dunkel-Kontrast verstärkt, die Farbigkeit des Bildes jedoch möglichst nicht verändert wird. Das wird erreicht, indem die Tonwerte aller Farbkanäle gleich stark gespreizt werden. Das Verhältnis der Grundfarben zueinander bleibt dadurch erhalten.

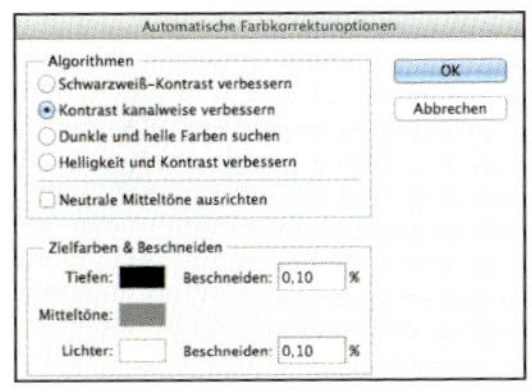

Abb. 8.9: Auto-Kontrast Standardeinstellungen

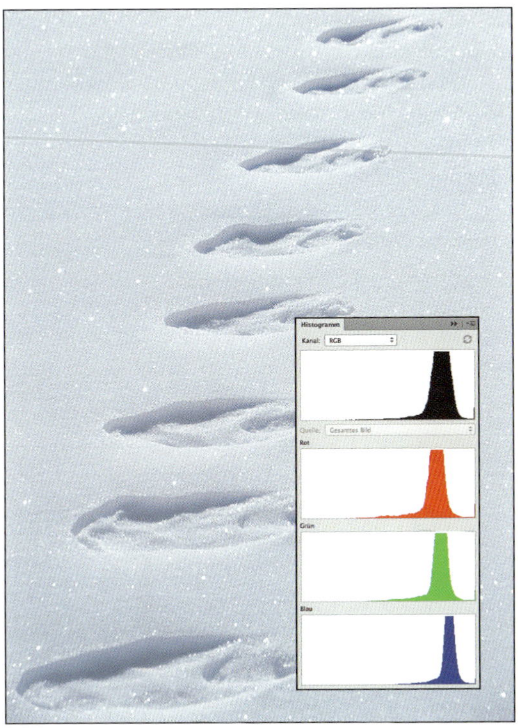

Abb. 8.10 a: Ausgangsbild mit Histogrammen

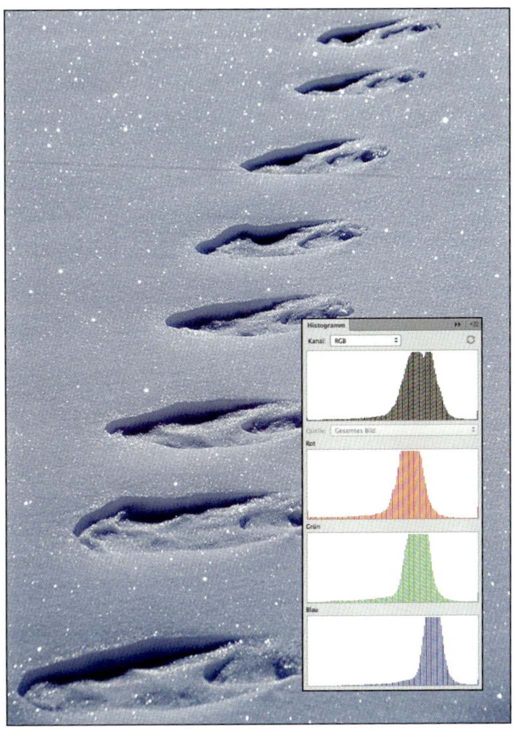

Abb. 8.10 b: Bild und Histogramme nach Anwendung von „Auto-Kontrast"

➲ **Der Befehl Auto-Kontrast bewirkt, dass der Tonwertumfang voll ausgenutzt wird, ohne dabei das Verhältnis der Grundfarbkanäle zueinander zu verändern. Dadurch bleibt eine im Bild vorherrschende Farbrichtung erhalten.**

Gleiches Maß der Tonwertspreizung in allen Grundfarbkanälen

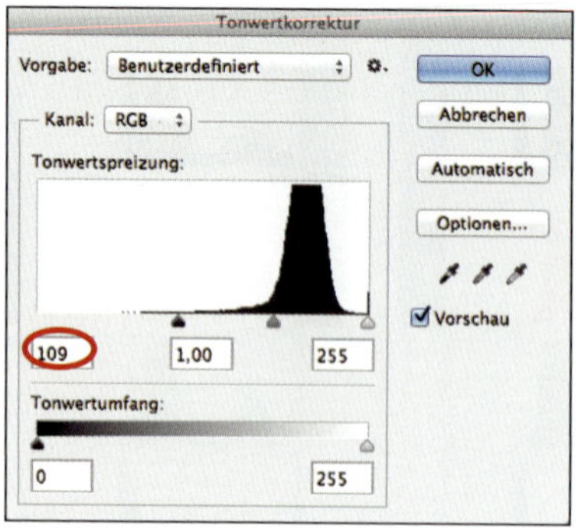

Abb. 8.11: Korrektur im RGB-Kanal

Der Befehl „Auto-Kontrast" wurde in **Abb. 8.10** auf das Beispielbild angewendet. Die Regler für den Schwarz- und den Weißpunkt wurden dadurch im Composite-Kanal (RGB-Kanal) auf die erste Pixelanhäufung verschoben (**Abb. 8.11**). Die Tonwertspreizung ist darum in allen Grundfarbkanälen gleich. Die Zielwerte für den Schwarz- und Weißpunktregler sind für alle drei gleich (vgl. **Abb. 8.12a** bis **Abb. 8.12c**).

Die Auto-Kontrast-Funktion richtet die Tonwertspreizung nach dem Grundfarbkanal aus, der im unbearbeiteten Zustand den größten Tonwertumfang aufweist Dieser wird dann auf 0 bis 255 gespreizt. Der Pfeil in **Abb. 8.12a** deutet an, dass der Schwarzpunktregler im Rot-Kanal des Schnee-Bildes auf die erste Pixelanhäufung geschoben wurde. Damit wird der Tonwert 109 getroffen (vgl. Markierung im Bild). Dieser Wert wird durch „Auto-Kontrast" auf den dunkelsten Punkt des Tonwertumfangs (0) abgedunkelt. Da die Tonwertspreizung in allen Grundfarbkanälen gleich stark ausfällt (vgl. Markierungen in **Abb. 8.12a** bis **Abb. 8.12c**), wird das Verhältnis der Farbkanäle zueinander nicht verändert. Die bläuliche Farbrichtung, die das Bild vor der Bearbeitung hatte, bleibt also auch nach der Anwendung von Auto-Kontrast erhalten. Durch die Tonwertspreizung wird sie sogar verstärkt.

Vergleich von Auto-Farbton und Auto-Kontrast

Möchte man mit Hilfe einer Auto-Funktion den Gesamtkontrast verändern, ist Auto-Kontrast berechenbarer als Auto-Farbton. Ein Beispiel dafür liefert das Beispielmotiv des Meere in **Abb 8.13**: Vergleicht man das Ausgangsbild mit den Resultaten nach Anwendung von Auto-Farbton (**Abb 8.13b**) und Auto-Kontrast (**Abb 8.13c**), stellt man fest: Durch „Auto-Farbton" entsteht eine Farbverschiebung ins Violette. „Auto-Kontrast" verstärkt lediglich die Sättigung der dominanten Farbrichtung.

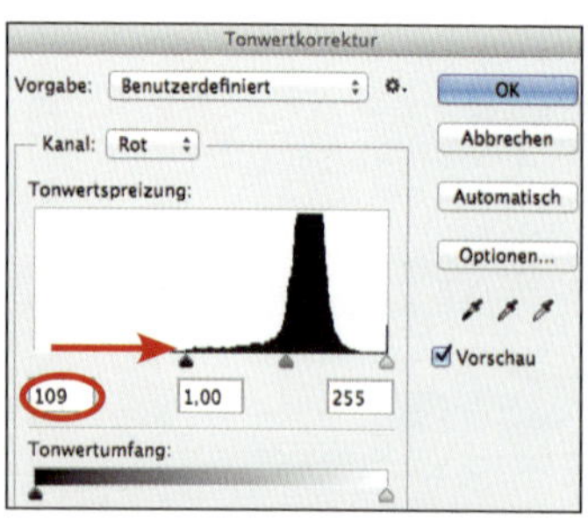

Abb. 8.12a: Korrektur im Rotkanal

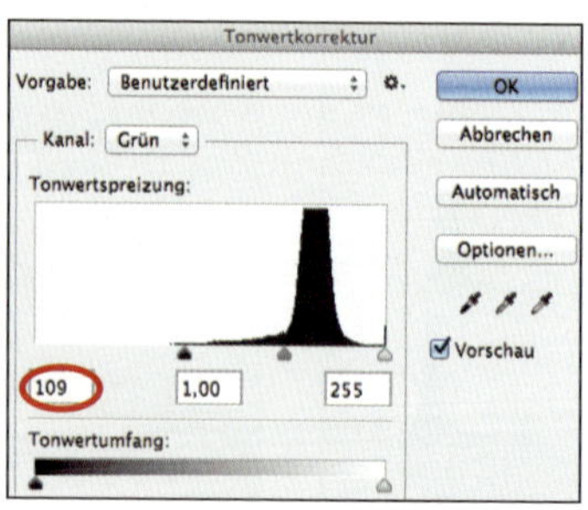

Abb. 8.12b: Korrektur im Grünkanal

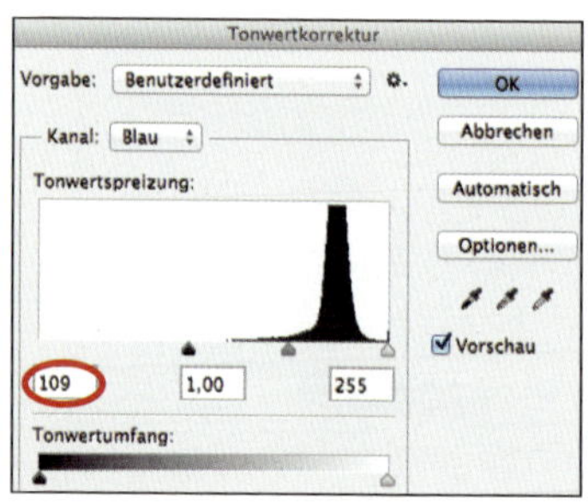

Abb. 8.12c: Korrektur im Blaukanal

Abb 8.13 a: Ausgangsbild

Abb 8.13 b: Bild nach Anwendung von „Auto-Farbton“

Abb 8.13 c: Bild nach Anwendung von „Auto-Kontrast“

Auto-Farbe

Hinter der Bezeichnung des angewendeten Algorithmus „Dunkle und helle Farben suchen“ (**Abb. 8.14**) verbirgt sich eine Kontrast steigernden Tonwertspreizung, die gleichzeitig einen Schwarz- und Weißabgleich herstellt. Die zugleich angewählte Option „Neutrale Mitteltöne ausrichten“ sorgt dafür, dass beinahe unbunte Farben im Mitteltonbereich gänzlich neutralisiert werden.

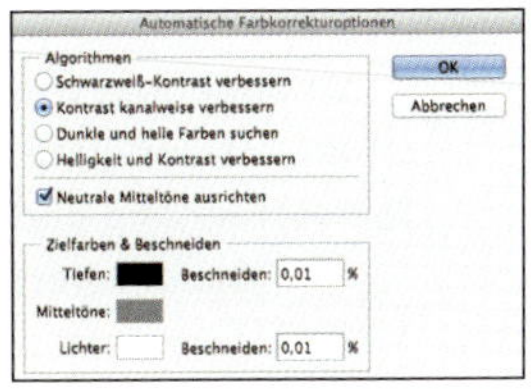

Abb. 8.14: Auto-Farbe Standardeinstellungen

Das Motiv der Spuren im Schnee wird durch die Anwendung von „Auto-Farbe“ zu einem Graustufenbild (**Abb 8.15 b**), weil die feinen Farbnuancen des Ausgangsbilds durch die Option „Neutrale Mitteltöne ausrichten“ als nahezu unbunt interpretiert und darum radikal neutralisiert werden. Anders als bei den anderen Auto-Funktionen manipuliert „Auto-Farbe“ nicht nur die Tonwertspreizung, sondern nimmt auch Einfluss auf die Regler des Tonwertumfangs (vgl. **Abb. 8.16 a**). Die Neutralisierung der Mitteltöne wird über die kanalweise Einstellung des Gamma- bzw. Mittenreglers gesteuert.

Neutralisierung von Farbstichen

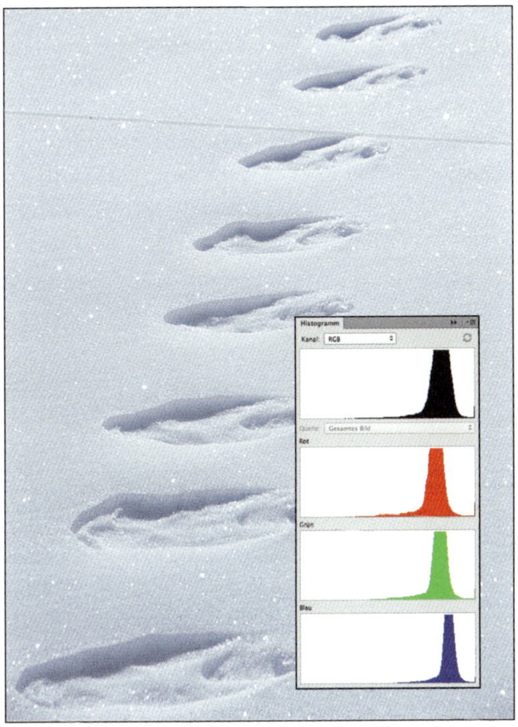

Abb 8.15 a: Ausgangsbild mit Histogrammen

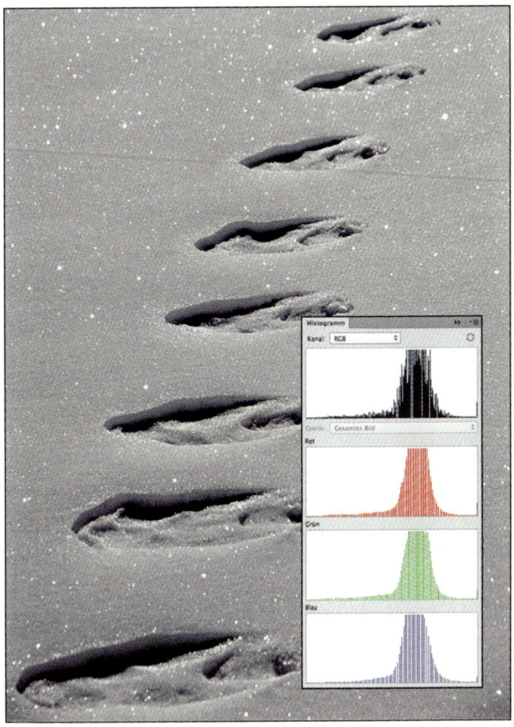

Abb 8.15 b: Bild und Histogramme nach Anwendung von „Auto-Farbe“

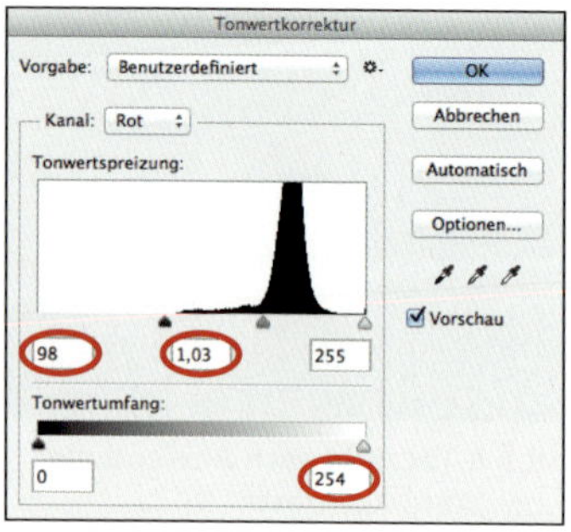

Abb. 8.16 a: Korrektur im Rotkanal

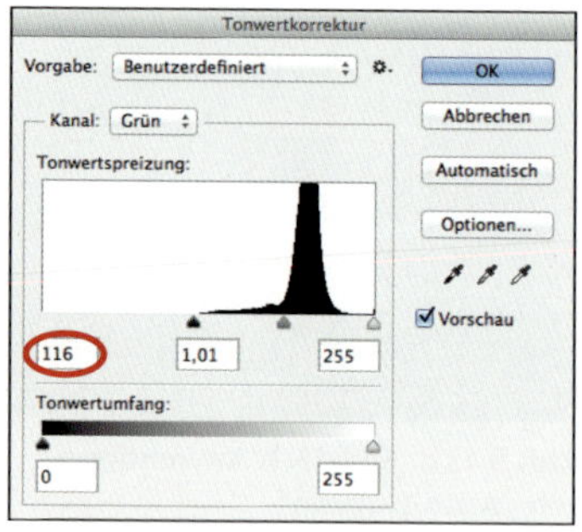

Abb. 8.16 b: Korrektur im Grünkanal

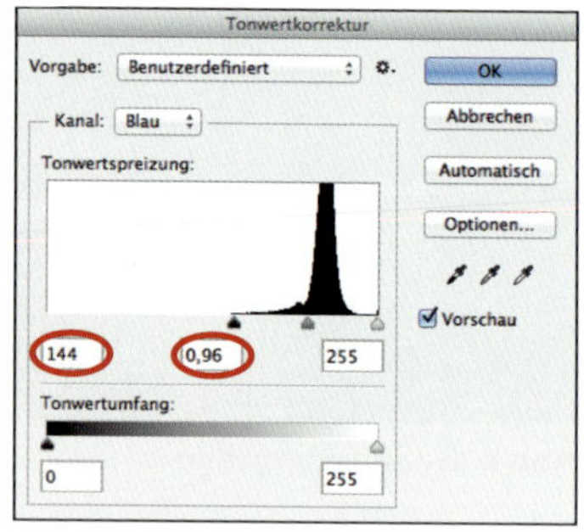

Abb. 8.16 c: Korrektur im Blaukanal

Veränderung von Tonwertspreizung, Tonwertumfang und Gammawert

Die Neutralisierung des Schnee-Bildes geschieht, wie in **Abb. 8.16 a** bis **Abb. 8.16 c** ablesbar, durch eine geringfügige Verstärkung des Rot- und Grünkanals und eine schwache Abschwächung im Blaukanal.

➲ **Der Befehl „Auto-Farbe" erhöht den Gesamtkontrast von Bildern, die nicht den gesamten Tonwertumfang ausnutzen. Dabei neutralisiert er Farbstiche in Tiefen und Lichtern sowie in den Mitteltönen.**

Anwendungsbereiche von „Auto-Farbe"

Vor der Anwendung von „Auto-Farbe" muss man entscheiden, ob die Entfernung von Farbstichen dem Motiv wirklich angemessen ist. Manche Bilder wirken dadurch zu kühl und zu technisch. Sie verlieren ihren Charakter, wenn man die Entsättigung so radikal vornimmt, wie es die Auto-Funktion tut. Das ist auch bei dem vorliegenden Motiv der Fall. Ganz hervorragend eignet sich die Funktion „Auto-Farbe" jedoch dafür, ungewollte Farbstiche zu entfernen. Die Aufnahme in **Abb. 8.17 a** weist beispielsweise einen starken Blaustich auf. Nach Anwendung von Auto-Farbe kehren die Originalfarben ins Bild zurück (**Abb. 8.17 b**).

➲ **„Auto-Farbe" ist ein empfehlenswerter Befehl, um unbeabsichtigte Farbstiche wirksam zu entfernen. Bei Bildern, die eine leichte Farbstimmung behalten sollen, wirkt der Befehl jedoch zu stark.**

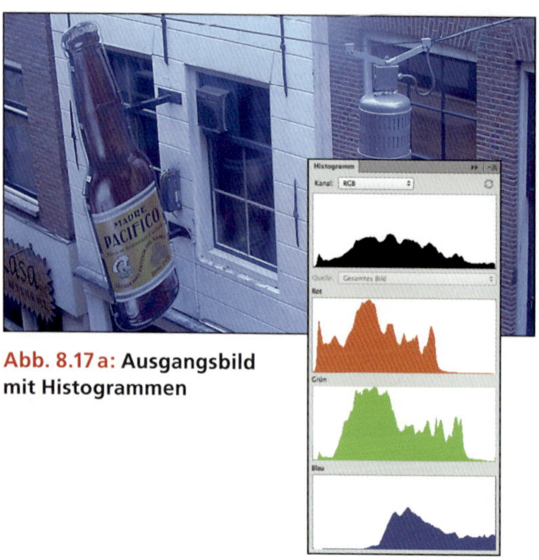

Abb. 8.17 a: Ausgangsbild mit Histogrammen

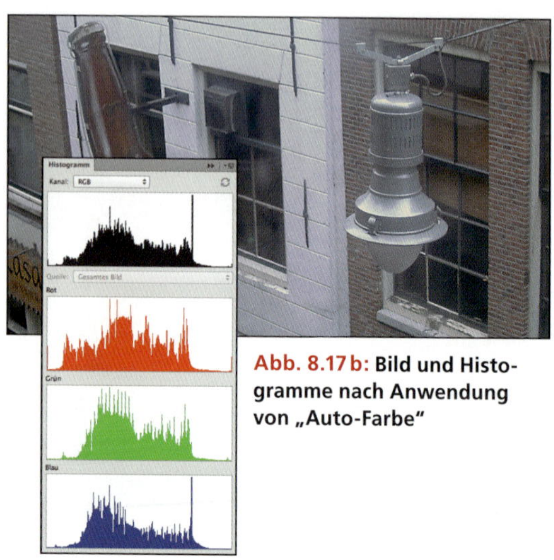

Abb. 8.17 b: Bild und Histogramme nach Anwendung von „Auto-Farbe"

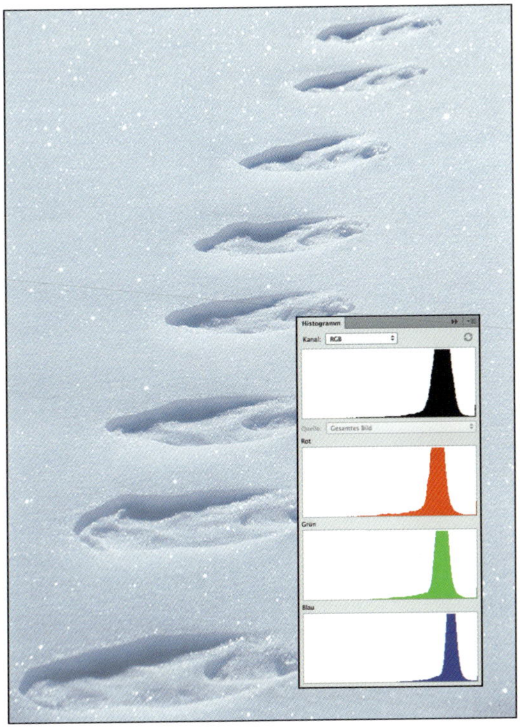

Abb 8.18 a: **Ausgangsbild mit Histogrammen**

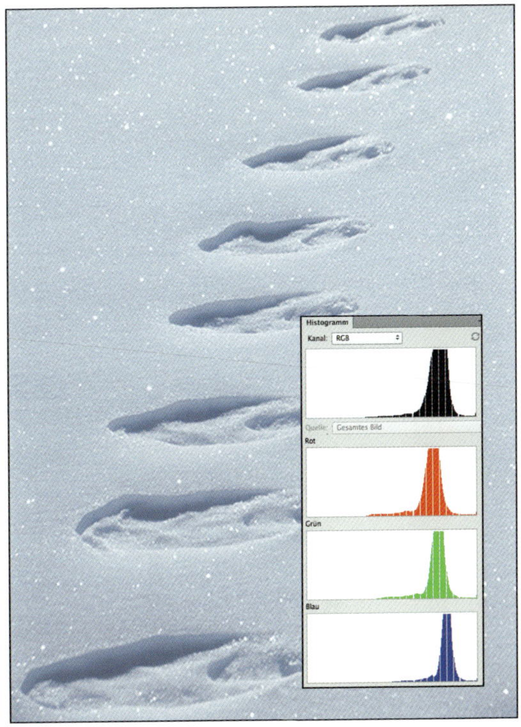

Abb 8.18 b: **Bild und Histogramme nach Anwendung von „Helligkeit und Kontrast verbessern"**

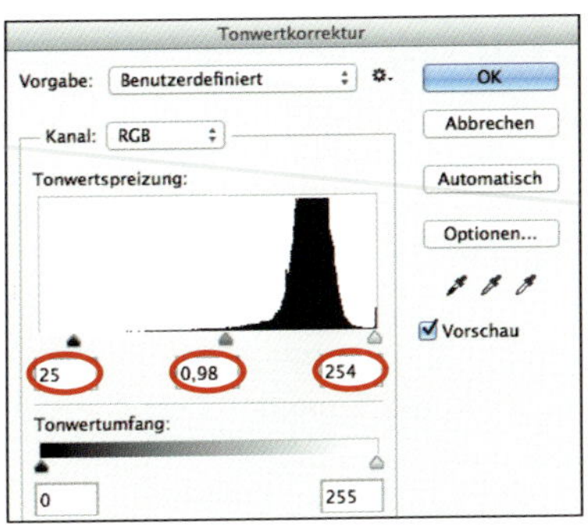

Abb. 8.19: **Korrektur im RGB-Kanal**

Helligkeit und Kontrast verbessern

Kontrasterhöhung und moderate Schwarz- und Weißpunktverschiebung

Die Option „Helligkeit und Kontrast verbessern" konzentriert sich auf das Ziel einer Kontrasterhöhung, bei der die Farbstimmung des Bildes nicht verändert wird. Selbst das bläuliche High-Key-Bild der Spuren im Schnee behält bei diesem Automatismus noch seinen Charakter (Abb. 8.18 b). Der Schwarz- und Weißpunkt wird nur gemäßigt angepasst. Die Automatik greift ausschließlich in den Composite-Kanal (RGB) ein (vgl. Abb. 8.19). Die Grundfarbkanäle werden nicht verändert. Darum bleibt die Farbrichtung des Ausgangsbildes erhalten.

➲ **„Helligkeit und Kontrast verbessern" führt fast immer zu einem akzeptablen Ergebnis. Dies liegt an der Kontrasterhöhung und eine gemäßigte Weiß- und Schwarzpunktanpassung.**

Die Option „Helligkeit und Kontrast verbessern" ist auch über die Auto-Funktion der Gradationskurven erreichbar, führt dort jedoch aufgrund der differenzierten Eingriffsmöglichkeiten zu anderen (eher besseren) Ergebnissen. In Abb. 8.20 kann man dies am Beispielbild nachvollziehen. Die gezeigte Gradationskurve in Abb. 8.20 b ist s-förmig. Dies ist über das Dialogfeld „Tonwertkorrektur" nicht realisierbar.

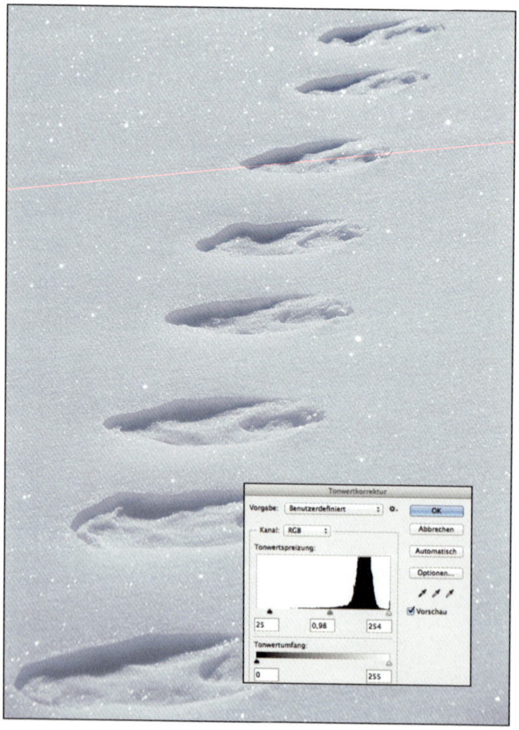

Abb 8.20 a: Bild nach Anwendung von „Helligkeit und Kontrast verbessern" im Menü „Tonwertkorrektur"

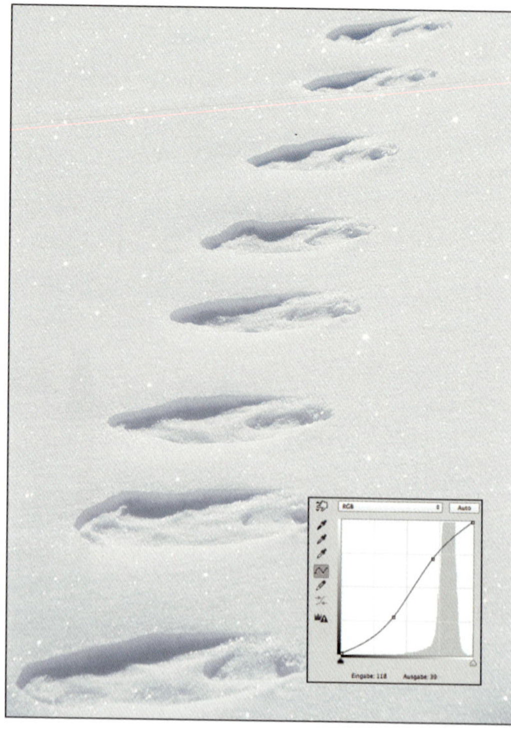

Abb 8.20 b: Bild nach Anwendung von „Helligkeit und Kontrast verbessern" im Menü „Gradationskurven"

8.1.2 Motivspezifische Einstellung der Tiefen und Lichter

Bei besonderen Motiven ist es empfehlenswert, den Gesamtkontrast und die Farbgebung kontrolliert und manuell zu steuern. Das ist insbesondere in folgenden Fällen empfehlenswert:

1. Bei Motiven, bei denen der Erhalt bzw. die Verstärkung der Tiefen- und Lichterzeichnung besonders wichtig ist
2. Bei High-Key- und Low-Key-Bildern
3. Bei Bildern mit einer sensiblen Farbstimmung

Manuelle Einstellungen werden ebenfalls im Dialogfeld Tonwertkorrektur vorgenommen. Der einzige Unterschied zum automatischen Vorgehen ist, dass man die Regler der Tonwertspreizung und des Tonwertumfangs motivspezifisch individuell einstellt. Bei Farbbildern greift man dabei neben dem Composite-Kanal (RGB- bzw. CMYK-Kanal)auch in die Kanäle der einzelnen Grundfarben ein.

Bei der Steuerung von Gesamtkontrasts und Farbigkeit der Motive sind ein paar wenige, aber sehr wichtige Mechanismen zu berücksichtigen. Diese werden im Folgenden beschrieben und am Beispiel der Spuren im Schnee demonstriert. Die Einstellungen im Dialogfeld „Tonwertkorrektur" und das resultierende Histogramm nach Anwendung sind jeweils mit abgebildet.

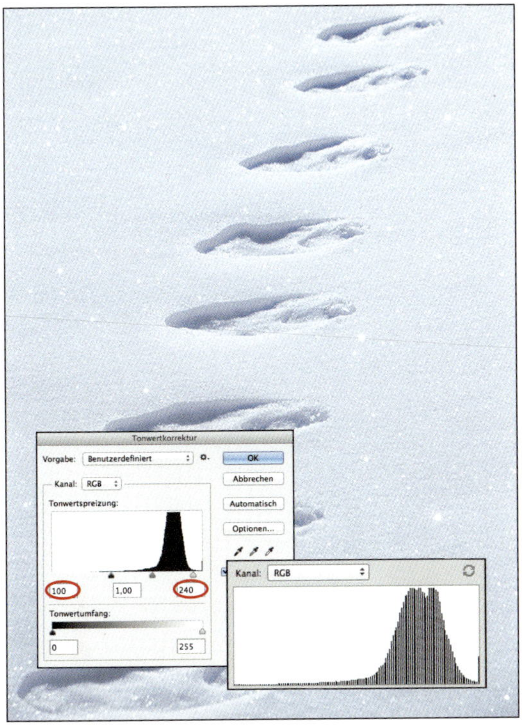

Abb 8.21 a: Höherer Gesamtkontrast durch Tonwertspreizung im RGB-Kanal

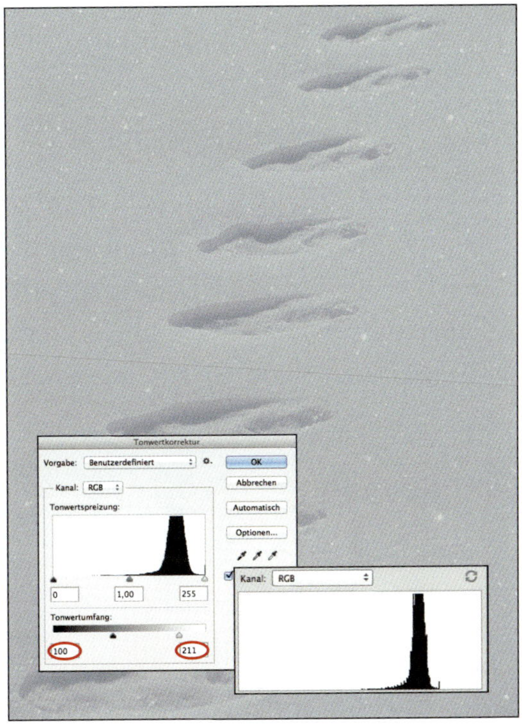

Abb 8.21 b: Geringerer Gesamtkontrast durch Tonwertstauchung im RGB-Kanal

Einstellung des Gesamtkontrasts

Tonwertspreizung im Composite-Kanal

Den Gesamtkontrast verändert man im Composite-Kanal (RGB- bzw. CMYK-Kanal, **Abb. 8.21 a** und **Abb. 8.21 b**). Bei unverändertem Tonwertumfang gilt ebenso wie bei Graustufenbildern: Je weiter man die Regler der Tonwertspreizung nach innen schiebt, desto höher wird der Gesamtkontrast. Durch die Einstellungen gemäß **Abb. 8.21 a** wird der Composite-Kanal sowohl im Tiefen- als auch im Lichterbereich gespreizt. Pixel mit dem Tonwert 100 werden auf den Wert 0 abgedunkelt und Pixel mit dem Tonwert 240 auf 255 aufgehellt. Im Motiv der **Abb. 8.21 a** ist darum eine deutliche Kontraststeigerung feststellbar. Die Art der Farbstimmung des Bildes ist dabei unverändert geblieben, jedoch wirkt das Blau in den Fußspuren viel kräftiger. Die Kontrasterhöhung hat gleichzeitig die Sättigung erhöht.

Einschränkung des Tonwertumfangs im RGB-Kanal

Eine Einschränkung des Tonwertumfangs wirkt kontrastmindernd. Fast immer hat sie auch eine Entsättigung der Bildfarben zur Folge, so auch in **Abb. 8.21 b**. Hier liegt der verfügbare Tonwertumfang nach der Bearbeitung im Bereich zwischen 100 und 211.

➲ **Kontraststeigerungen erreicht man über Tonwertspreizungen im Composite-Kanal. Dadurch wird gleichzeitig auch die Sättigung im Bild erhöht.**
Kontrastverringerung erreicht man durch Tonwertstauchungen im Composite-Kanal. Parallel dazu wird die Sättigung im Bild verringert.

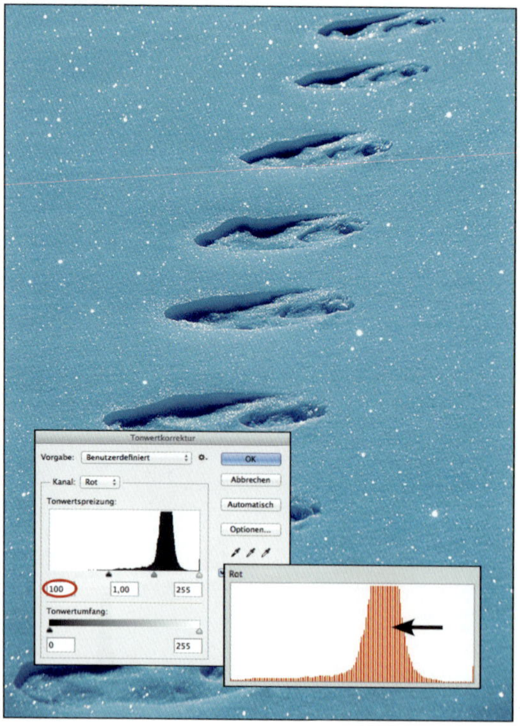

Abb 8.22a: **Geringerer Rotanteil durch Tonwertspreizung im Tiefenbereich des Rotkanals**

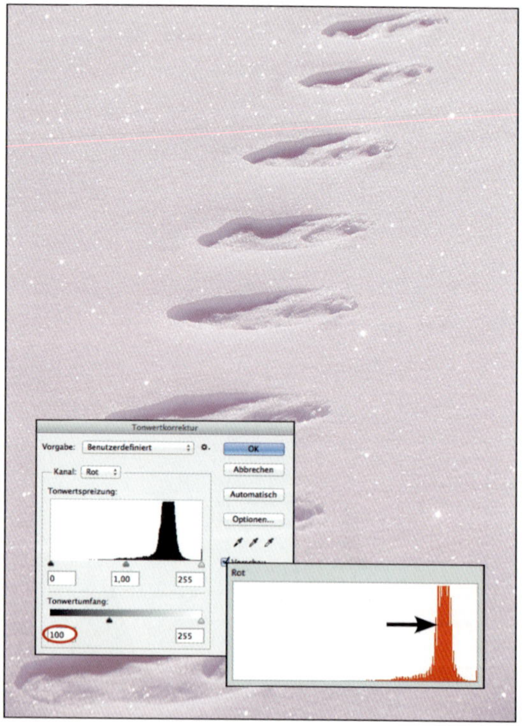

Abb 8.22b: **Höherer Rotanteil durch Einschränkung des Tonwertumfangs im Tiefenbereich des Rotkanals**

Veränderung der Farbigkeit in den Tiefen

Tonwertspreizung im Tiefenbereich eines Farbkanals

In den Tiefen gilt der umgekehrte Zusammenhang wie im Lichterbereich: Spreizt man den Tonwertumfang im Tiefenbereich eines Farbkanals, verringert man den Anteil der gewählten Grundfarbe im Bild. In **Abb. 8.22a** ist dies am Beispiel des Rotkanals nachvollziehbar. Der Schwarzpunktregler wurde nach innen verschoben. Alle Tonwerte unterhalb von 100 werden auf 0, also auf Schwarz, gesetzt. Dadurch nimmt der Rotanteil im Bild ab, der komplementäre Cyananteil ist erhöht.

Einschränkung des Tonwertumfangs im Tiefenbereich eines Farbkanals

Möchte man einen Grundfarbanteil im Bild erhöhen, muss man den Tonwertumfang im Tiefenbereich des dazugehörigen Kanals einschränken. Im Beispielbild (**Abb. 8.22b**) kommen Tonwerte unterhalb von 100 nicht mehr im Bild vor. Die Pixelberge im Histogramm sind alle in Richtung der höheren, intensiveren Tonwerte verschoben (vgl. Pfeil in **Abb. 8.22b**).

➲ **Man verringert den Anteil einer Grundfarbe durch Tonwertspreizung in den Tiefen des betroffenen Farbkanals.**
Erhöht wird er dagegen durch Einschränkung des Tonwertumfangs in den Tiefen.

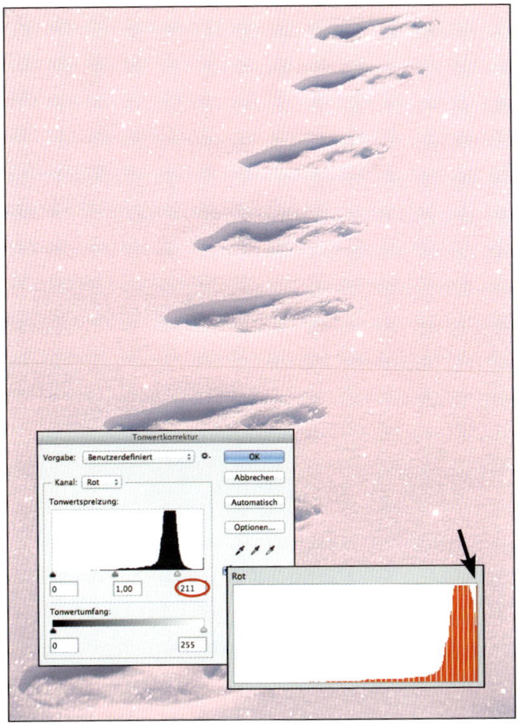

Abb 8.23 a: **Höherer Rotanteil durch Tonwertspreizung im Lichterbereich des Rotkanals**

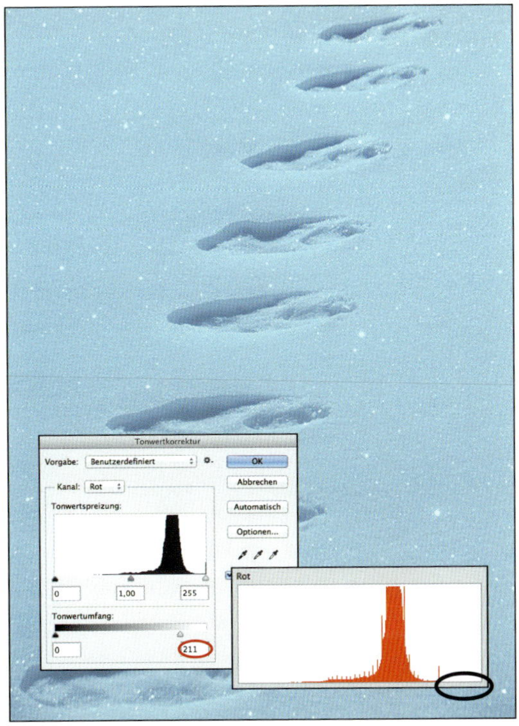

Abb 8.23 b: **Geringerer Rotanteil durch Einschränkung des Tonwertumfangs im Lichterbereich des Rotkanals**

Veränderung der Farbigkeit in den Lichtern

Tonwertspreizung und Einschränkung des Tonwertumfangs im Lichterbereich eines Farbkanals

Die Farbigkeit der Lichter verändert man über kanalweises Eingreifen in die jeweiligen Histogramme. Schiebt man den Lichter-Regler der Tonwertspreizung nach innen, erhöht sich der Farbanteil der gewählten Grundfarbe im Bild. In **Abb. 8.23 a** ist dies am Beispiel des Rotkanals nachvollziehbar. Alle Tonwerte oberhalb von 211 werden auf 255, also auf intensives Rot gesetzt. Dadurch nimmt der Rot-Anteil im Bild zu. Verringert man den Tonwertumfang eines Kanals im Lichterbereich, verringert sich der betreffende Farbanteil (**Abb. 8.23 b**).

➲ **Man erhöht den Anteil einer Grundfarbe durch Tonwertspreizung in den Lichtern des betroffenen Farbkanals.**
Erhöht wird er dagegen durch Einschränkung des Tonwertumfangs in den Lichtern.

Clipping

Bei der Einstellung der Tonwertspreizung und des -umfangs sind, wie bei Graustufenbildern, die zu erwartenden Tonwertverluste zu beachten. Gerät man z. B. bei der Tonwertspreizung mit den Reglern in die Pixelberge hinein, erzeugt man Clipping im betroffenen Kanal. Dies ist am maximalen Ausschlag am rechten Rand des Histogramms erkennbar (vgl. Histogramm in **Abb. 8.23 a**). Das kann man in Kauf nehmen, wenn die anderen Kanäle für ausreichend Tiefen- bzw. Lichterzeichnung sorgen. Man sollte jedoch ein Augenmerk darauf haben.

Abb 8.24 a: Ausgangsbild

Abb 8.24 b: Manuell optimiertes Bild

Optimierung des Motivs „Spuren im Schnee"

Mit dem erworbenen Wissen wird das Beispielbild „Spuren im Schnee" (**Abb. 8.24 a**) manuell optimiert. Geringfügige technische Eingriffe verändern die Bildwirkung deutlich (**Abb 8.24 b**).

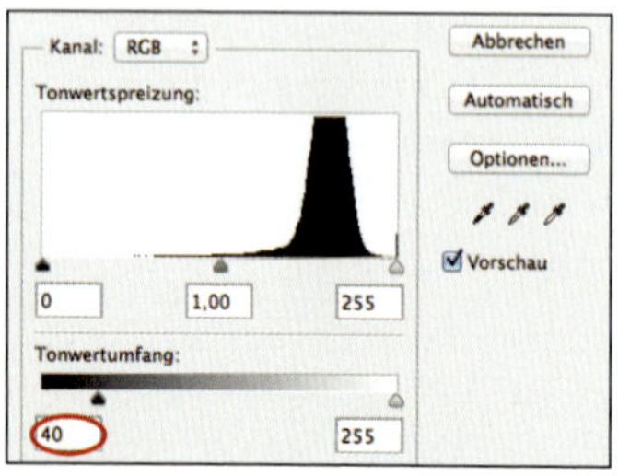

Abb 8.25 a: Einschränkung des Tonwertumfangs im RGB-Kanal

Die vorgenommenen Einstellungen zeigen **Abb. 8.25 a** bis **Abb. 8.25 d**. Der Tonwertumfang wird im RGB-Kanal auf den Wertebereich zwischen 43 bis 255 begrenzt (**Abb 8.25 a**) Die Glanzlichter bleiben dadurch erhalten, die Schattenbereiche werden aufgehellt.

Der Farbstich wird durch Eingriffe in die Einzelkanäle korrigiert. Der Rotkanal wird im Lichterbereich gespreizt (**Abb 8.25 b**), wodurch sich der Rotanteil im gesamten Bild erhöht. Der Grünkanal wird nicht verändert (**Abb 8.25 c**). Um ausgehend von den bildwichtigen Lichtern das Blau zu verringern, wird hier der Tonwertumfang eingeschränkt (**Abb. 8.25 d**).

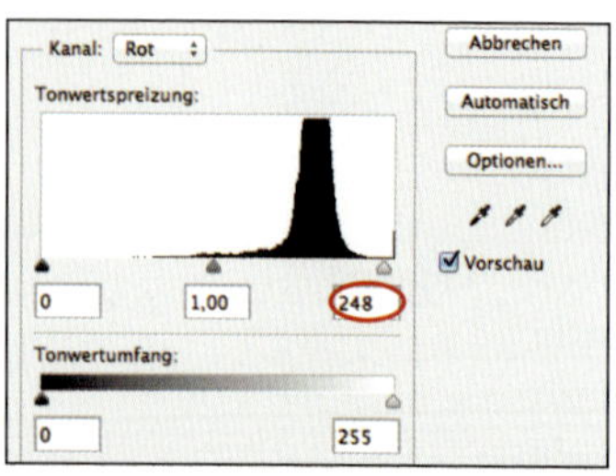

Abb 8.25 b Korrektur des Rot-Kanals

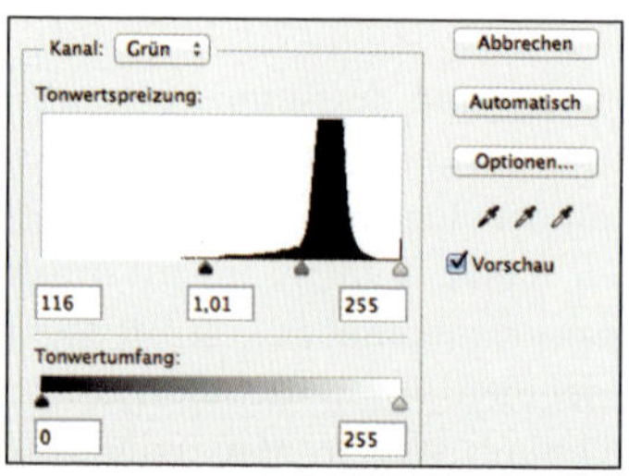

Abb 8.25 c: Grünkanal unverändert

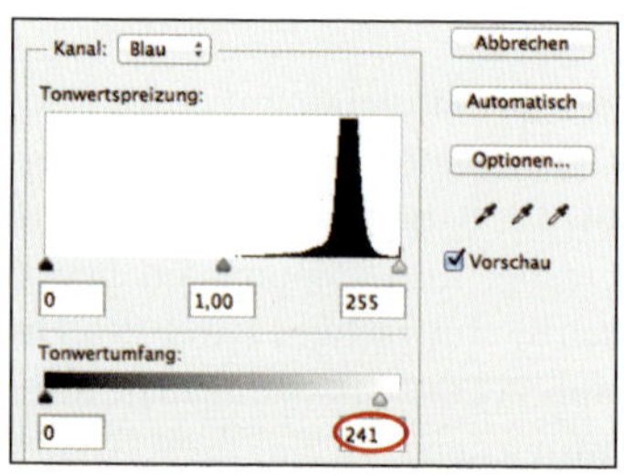

Abb 8.25 d: Korrektur des Blau-Kanals

Abb. 8.26a: Ausgangsbild mit Blaustich

Abb. 8.26b: Korrigiertes Bild: Blaustich beseitigt

8.2 Farbstiche und Farbstimmungen

Unterscheidung von Farbstich und Farbstimmung

Sind alle Farben des Bildes in eine bestimmte Richtung verschoben, spricht man, je nach Bewertung dieser Farbverschiebung, von Farbstich oder Farbstimmung. Wirkt sie störend, bezeichnet man sie als Farbstich. Ist sie als besondere Interpretation des Motives gewünscht, bezeichnet man sie als Farbstimmung. Die Wirkung eines Farbstiches im Bild und dessen Korrektur kann man in **Abb. 8.26a** und **Abb. 8.26b** beobachten. Vor der Korrektur wirkt das Bild (**Abb. 8.26a**) bläulich und kühl. Das kann als Hinweis auf eine Morgenstimmung interpretiert werden. Hier jedoch wurde diese Färbung als unerwünschter Blaustich bewertet. Nach der Korrektur ist das Steingrau neutralisiert (entfärbt) worden (**Abb. 8.26b**). Das Vorgehen zu dessen Beseitigung wird im Folgenden erklärt.

➲ **Erwünschte Farbverschiebungen im Bild nennt man Farbstimmung, unerwünschte Farbstich.**

Globale Farbkorrektur

Der erste Schritt, um einen Farbstich zu korrigieren, ist bereits mit der richtigen Einstellung der Tiefen und Lichter getan (vgl. Kapitel 8.1). Vollends beseitigt wird er jedoch erst danach in einer globalen Farbkorrektur. Dabei geht es um die Frage, ob die abgebildeten Motive in ihren gewohnten natürlichen Farben gezeigt werden oder ob ein bestimmter Farbton im Bild vorherrschen soll. Der Betrachter empfindet Abbildungen dann als farbrichtig, wenn sie seiner Wahrnehmung bei Tageslicht entsprechen. Weicht eine Darstellung davon ab, empfindet er sie, je nach Interpretation, als Verfremdung oder als Hinweis auf besondere Beleuchtungsbedingungen. Es ist Aufgabe des Bildbearbeiters, diese Interpretation bewusst zu nutzen und über Erhalt oder Beseitigung von Farbverschiebungen zu entscheiden.

➲ **Bei der Farbkorrektur von Bildern wird zunächst entschieden, ob eine bestimmte Farbrichtung das Bild dominieren oder ob das Bildmotiv in seiner natürlichen Farbe abgebildet werden soll.**

Graubalance

Wird durch die Korrektur von Grautönen ein Farbstich im Bild entfernt, nennt man das auch „Einstellung der Graubalance". Daneben ist der Begriff Farbbalance anstelle von Graubalance üblich. Der Begriff macht deutlich, dass das Verhältnis der Grundfarben zueinander so angeglichen wird, dass graue Bildstellen auch tatsächlich ohne bunte Farbnuance erscheinen. Die Entfernung von Farbnuancen in grauen Motivpartien beeinflusst aber auch alle anderen Farben des Bildes. In den meisten Fällen erhalten diese ihre natürliche Objektfarbe zurück. Im Beispielbild (**Abb. 8.26 b**) ist neben der Farbe des Steins auch die blasse Gesichtsfarbe des Mädchens korrigiert worden und das Bild wirkt insgesamt leuchtender.

➲ **Die Beseitigung eines Farbstichs erfolgt über die Einstellung einer Grau- bzw. Farbbalance. Dabei wird das Verhältnis der Grundfarben des Bildes so verändert, dass das Motiv seine natürlichen Farben erhält.**

Eine andere Zielsetzung wurde bei der Korrektur des Bildes in **Abb. 8.27 a** verfolgt. Dieses Bild hat eine ausgewogene Graubalance. Graue Objekte, wie z. B. die Wand links im Bild und die Altarstufe, werden im Motiv neutral und ohne Farbstich wiedergegeben. Bei der Bildbearbeitung wurden trotzdem alle Farben des Bildes durch eine Verschiebung ins Gelb-Rötliche verändert, um durch eine warme Farbstimmung die besondere Atmosphäre des abgebildeten Ortes zu verstärken (**Abb. 8.27 b**).

Abb. 8.27 a: Ausgangsbild ohne Farbverschiebung

Abb. 8.27 b: Korrigiertes Bild: warme Farbstimmung verstärkt

8.2.1 Farbstiche beseitigen

Abb. 8.28: Ausgangsbild mit Farbwerten

Farbstiche tauchen fast immer in allen Bildbereichen gleich stark auf. So auch im Beispielmotiv des Mädchens in **Abb. 8.28**. Der Cyanstich verfärbt nicht nur das Gestein, sondern auch alle anderen Farben des Motivs.

Farbverschiebungen werden in globalen Korrekturen beseitigt, die das gesamte Bild verändern. Dabei orientiert man sich an solchen Bildstellen, die später neutral Grau erscheinen sollen, weil das menschliche Auge hier Farbverschiebungen sehr genau registriert. Drei dafür geeignete Punkte im vorliegenden Motiv sind in **Abb. 8.28** markiert. Die zugehörigen Farbwerte werden für eine nummerische Korrekur benötigt, da man sich nicht nur auf eine visuelle Kontrolle am Bildschirm verlassen kann. Dabei wäre man zu stark von der Darstellungsqualität und der Kalibration des Monitors abhängig sowie von der subjektiven Beurteilung des Bildbearbeiters. Um diese Einflüsse zu beschränken, ist es zu empfehlen, die Farbwerte an repräsentativen Bildstellen zu prüfen und gezielt zu korrigieren. Die hier vorgestellte Methode gliedert sich in drei Schritte:

1. Farbaufnehmerpunkte setzen
2. Überprüfung der Farbwerte an den ausgewählten Punkten
3. Wertekorrektur mit Hilfe von Gradationskurven

Diese Schritte werden im Folgenden am Beispielmotiv des Mädchens nachvollzogen.

8.2.2 Farbstimmungen verstärken

Abb. 8.32: Bild ohne Farbstimmung

Die Neutralisierung ausgewählter Bildstellen führt nicht immer zu einer Verbesserung der Bilddarstellung. Wenn eine bestimmte Farbstimmung für ein Bild charakteristisch ist, soll diese meist erhalten bzw. betont werden. Das Motiv in **Abb. 8.32** ist ein Beispiel dafür. Hier sollen die vorherrschenden warmen Töne im Bild intensiviert werden, um die Ruhe und Wärme des Ortes zu unterstreichen. Auch für diese Aufgabe bietet es sich an, Farbaufnehmerpunkte in annähernd neutrale Bildbereiche zu platzieren (**Abb. 8.32**) und deren Werte, wie eben beschrieben, zu kontrollieren. Es ist jedoch schwieriger, die Betonung von Farbstichen nummerisch zu kontrollieren, denn bei Bildern mit Farbstimmungen gibt es keine neutral grauen Objekte. Die Gleichsetzung der RGB-Werte ausgewählter Bildpixel würde schnell zu einer unerwünschten Entfärbung führen. Die Einstellung der Ziel-Farbwerte muss auf das Bild abgestimmt werden.

Farbaufnehmerpunkte setzen

Überprüfung der Farbwerte

Die Informationenpalette zeigt für den Farbaufnehmerpunkt 1 fast gleiche Werte in allen Kanälen an. Die Graubalance im Mitteltonbereich ist also geradezu perfekt; es liegt kein Farbstich vor. Der Farbaufnahmepunkt 2 liegt in einem Bereich mit hellen, leicht gelblichen Vierteltönen. Die Rot- (206)

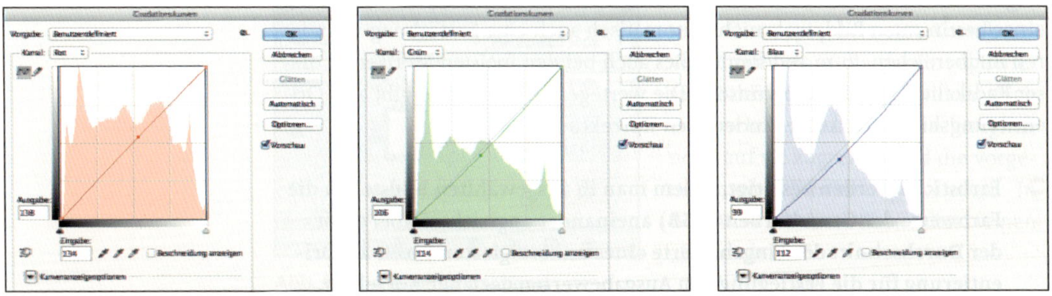

Abb. 8.33 a bis 8.33 c: Korrektur-Kurven der Grundfarbkanäle zur Verstärkung der rötlichen Lichtstimmung

Abb. 8.34: Bild mit Farbstimmung

und Grün-Werte (204) sind nahezu gleich, der Blau-Wert (193) ist niedriger. In den Tiefen ist ein leichter Blau-Überhang feststellbar: der Rotwert liegt bei 71, Grün knapp darunter bei 67 und Blau deutlich darüber bei 88.

Wertekorrektur

Die wärmere Farbstimmung wird erzeugt, indem im gesamten Bild der Rotanteil ein wenig erhöht wird. Die **Abb. 8.33 a** bis **8.33 c** zeigen, wie dieses Ziel durch die Gradationskorrektur der einzelnen Kanäle umgesetzt wurde. Die Stützpunkte auf den Kurven wurden hier ungefähr im mittleren Tonwertspektrum angesetzt, um die Farbanteile global zu verändern. Den Erfolg der Korrektur kontrolliert man zum einen visuell, zum anderen daran, wie sich die Werte der Farbaufnehmer verändern. Das Ergebnis zeigt **Abb. 8.34**. Das Bild wirkt insgesamt wärmer und stimmungsvoller, der Einfluss der Innenbeleuchtung scheint gegenüber dem des Tageslichts verstärkt zu sein.

Subjektiver Eindruck

Das Werkzeug Farbbalance

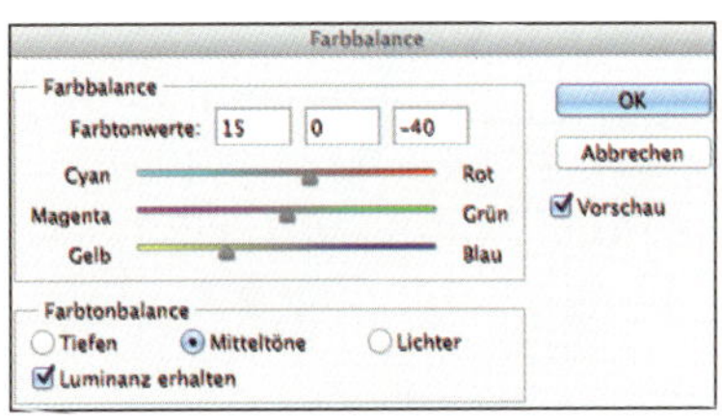

Abb. 8.35: Dialogfeld Farbbalance

Neben der hier vorgestellten Arbeitsweise mit Hilfe von Gradationskurven gibt es in Photoshop auch das eigens für die Korrektur von Farbstichen vorgesehene Werkzeug Farbbalance. Die Farbsteuerung nimmt man dabei anhand von Schiebereglern zwischen Komplementärfarben vor (**Abb. 8.35**). Um Farbstiche in unterschiedlichen Helligkeitsbereichen getrennt korrigieren zu können, wählt man zusätzlich über Checkboxen an, ob man die „Tiefen“, „Mitteltöne“ oder „Lichter“ korrigieren will. Außerdem wird die Option „Luminanz erhalten“ angeboten, um die Helligkeitsinformation der Pixel bei der Farbkorrektur möglichst nicht zu verändern.

Dieses Werkzeug ist sehr schnell und intuitiv zu bedienen. Für das professionelle Arbeiten ist es jedoch nicht exakt genug, da es für die visuelle Begutachtung optimiert ist und keine gezielte Korrektur von Farbwerten vorsieht.

➲ **Das Werkzeug Farbbalance ist zwar einfach zu bedienen, bietet aber zu wenig Kontrolle bei der Einstellung der Graubalance.**

8.3 Kontrast und Helligkeit bei Farbbildern

Bei Farbbildern nimmt man Kontrast- und Helligkeitskorrekturen, ebenso wie bei Graustufenbildern, am besten mit Hilfe von Gradationskurven vor. Bei beiden Bildtypen gilt: Die Steigung der Kurve entscheidet über Kontrast- und ihre Lage im Verhältnis zur Diagonalen über Helligkeitsänderungen (vgl. Kapitel 7.2).

Gradationsveränderung

Bei Farbbildern nimmt man Kontrast- und Helligkeitskorrekturen immer im Composite-Kanal (RGB- bzw. CMYK-Kanal) vor. Gradationsänderungen in den Grundfarbkanälen steuern die Farbintensität der jeweiligen Grundfarbe und rufen damit automatisch Farbton-Veränderungen im Bild hervor. **Abb. 8.36a** und **Abb. 8.36b** veranschaulichen diesen Sachverhalt. Auch wenn man die Grundfarb-Kanäle nicht einzeln manipuliert, muss man sich bei Kontrastveränderungen von Farbbildern auf einen Nebeneffekt einstellen: Sie lassen sich meist nicht ohne deutliche Sättigungsänderung bewerkstelligen. Aufsteilungen der Gradationskurve führen zur Sättigungszunahme, Abflachungen zur -abnahme. Dieser Zusammenhang besteht bei Arbeiten im RGB-, CMYK- und im HSB-Modus. Alle diese Farbmodi beruhen nämlich auf Farbmischsystemen ❶, in denen die Helligkeit von der Kombination der drei Grundfarben abhängt. Da in Farbmischsystemen kein unabhängiger Helligkeitskanal existiert, können Kontrast- und Helligkeitsveränderungen nur gesteuert werden, indem die Grundfarbanteile intensiviert oder abgeschwächt werden.

❶ **Farbmischsysteme** geben das Mischungsverhältnis vorgegebener Grundfarben an. Das HSB-System ist dabei vom RGB-System abgeleitet (vgl. Kapitel 2.1.1, S. 54).

➲ **Führt man die Farbbild-Bearbeitung in einem Farbmodus aus, der auf Farbmischsystemen beruht, erhöht sich mit dem Kontrast auch die Sättigung. Kontrastverringerungen führen zur Sättigungsabnahme.**

Abb. 8.36a: Kontraständerung im RGB-Kanal

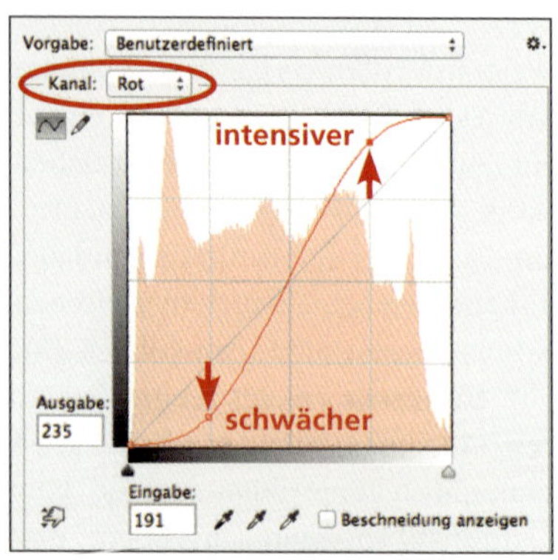

Abb. 8.36b: Kontraständerung in einem Grundfarb-Kanal

Abb. 8.37 a: Unkorrigiertes Ausgangsbild

Abb. 8.37 b: Kontrastverringerung im Composite-Kanal (RGB-Kanal)

Am Beispielbild der Magnolienblüte wird der Zusammenhang zwischen Kontrast- und Sättigungsänderung veranschaulicht. **Abb. 8.37 a** zeigt das unbearbeitete Ausgangsbild. Davon ausgehend ist der Kontrast im Composite-Kanal (RGB-Kanal) verändert worden. Beim Motiv in **Abb. 8.37 b** wurde die Gradationskurve im Mittelton abgeflacht. Dadurch verringerte sich auch die Helligkeitsdifferenz zwischen hellen und dunklen Bildstellen und der Kontrast nimmt ab. Das ist im Bild gut am dunklen Astwerk oben rechts und an den hellen Blattspitzen der Blüten nachvollziehbar. Die Nebenwirkung der Sättigungsverringerung bzw. -verstärkung macht sich besonders in der Abbildung der rosafarbenen Blütenherzen bemerkbar (vgl. Markierungen in **Abb. 8.37 a**). Ihre Farbe ist in **Abb. 8.37 b** im Vergleich zum Ausgangsbild deutlich verringert worden.

Abb. 8.37 c: Kontraststeigerung im Composite-Kanal (RGB-Kanal)

Anders verhält es sich in **Abb. 8.37 c**. Hier wurde die Gradationskurve im Mittelton aufgesteilt, daher verstärken sich Helligkeitsdifferenzen im Bild und der Kontrast nimmt zu (vgl. Astwerk oben rechts und helle Blattspitzen der Blüten). Aber auch die Sättigung wird intensiviert (vgl. Blütenherzen).

Getrennte Korrektur von Kontrast und Sättigung

Im Sinne einer exakten Farbkorrektur ist es störend, wenn Kontrast- und Sättigungsänderungen nur gemeinsam korrigierbar sind. Wünschenswert wäre es, beide Korrekturen unabhängig voneinander dosieren zu können. Dafür bieten sich zwei Methoden an:

Kontrastkorrektur in Bezug auf „Luminanz" oder im L-Kanal

1. Man kann die Kontrastkorrektur in Kombination mit dem Ebenenmodus Luminanz anwenden.
2. Man kann das Bild in den Lab-Modus umwandeln. Der Kontrast wird dabei nur in Bezug auf die Helligkeit im L-Kanal verändert.

Abb. 8.38a:
Unkorrigiertes Ausgangsbild

Abb. 8.38b:
Kontraststeigerung im Composite-Kanal (RGB)

Die Auswirkungen, die die beiden Methoden „Kontraststeigerung auf Luminanz beschränkt“ (**Abb. 8.38c**) und „auf den L-Kanal beschränkt“ (**Abb. 8.38d**) auf das Korrekturergebnis haben, werden mit dem Ausgangsbild (**Abb. 8.38a**) und der Kontraständerung im Composite-Kanal (**Abb. 8.38b**) verglichen. Obwohl alle Bilder mit der gleichen Gradationskurve und dem Ziel korrigiert wurden, ausschließlich die Bildhelligkeit zu verändern, unterscheiden sich die Ergebnisse:

Kontrastkorrektur im Composite-Kanal

Die Kontraststeigerung im Composite-Kanal (RGB) (**Abb. 8.38b**) geht mit einem deutlichen Sättigungszuwachs (**Abb. 8.38a**) einher. An den Lab-Werten des ausgewählten Farbaufnehmerpunktes zeigt sich, dass sich neben der Helligkeit auch die Farbinformationen ändern: Während der L-Wert von 28 auf 23 verringert wird, erhöht sich der a-Wert von 39 auf 41 und der b-Wert von 23 auf 28.

Kontrastkorrektur auf die Luminanz beschränken

Bei der Korrekturmethode, die auf die **Abb. 8.38c** angewendet wurde, ist der Kontrast ebenfalls im Composite-Kanal erhöht, zugleich aber über die Ebenenoption auf die Luminanz beschränkt worden (vgl. Markierung in **Abb. 8.38c**). Auch dabei tritt eine Sättigungserhöhung im Vergleich zum unbearbeiteten Bild (**Abb. 8.38a**) auf, sie fällt jedoch schwächer aus als die in **Abb. 8.38b**. Die Beschränkung einer Korrektur auf die Luminanz der Farbwerte hat zum Ziel, die auf der betreffenden Ebene vorgenommenen Veränderungen nur auf die Helligkeit zu beziehen. Dies gelingt jedoch offensichtlich nicht exakt. Das zeigt sich zum einen im visuellen Vergleich mit dem unkorrigierten Bild und zum anderen an den veränderten Lab-Werten des Farbaufnehmerpunktes 1. Neben der Veränderung des L-Werts von 28 auf 23 ändern sich auch die Farbinformationen. Der a-Wert verringert sich geringfügig von 39 auf 38, der b-Wert erhöht sich von 23 auf 26.

Abb. 8.38c: Kontraststeigerung auf die Luminanz beschränkt

Abb. 8.38d: Kontraststeigerung auf den L-Kanal beschränkt

Kontrastkorrektur auf den L-Kanal beschränken

Lediglich bei der Methode, bei der die Kontrastverstärkung ausschließlich auf den L-Kanal angewendet wird, ist gewährleistet, dass die Helligkeit, nicht aber die Farbinformation der Pixel verändert wird (**Abb. 8.38d**). Man konvertiert dabei das Bild in den Lab-Modus und wendet die Gradationsänderung ausschließlich auf den L-Kanal an. **Abb. 8.38d** zeigt die angewendete Kurve und das dadurch bearbeitete Bild. An den Farbwerten des ausgewählten Punktes erkennt man, dass sich die Farbinformationen (a- und b-Werte des Farbaufnehmerpunktes 1) nicht ändern. Gegebenenfalls gewünschte Sättigungsänderungen lassen sich im Nachhinein getrennt davon und mit anderen Werkzeugen vornehmen.

➲ **Bei Korrekturen im Composite-Kanal von RGB- und CMYK-Dateien ändert sich mit dem Kontrast auch die Sättigung sehr stark.**

Beschränkt man diese Korrekturen auf die Luminanz der Farbinformationen, fällt die Sättigungsänderung deutlich geringer aus.

Möchte man Kontrast- und Helligkeitskorrekturen streng von Veränderungen der Sättigung trennen, muss man die Korrekturen im Lab-Modus vornehmen.

Tonwertabrisse bei Korrekturen in großen Farbräumen

Leider hat die „Lab-Methode“ aber auch einen Nachteil, denn die Umwandlung nach Lab und gegebenenfalls wieder zurück nach RGB ist mit Qualitätsverlusten verbunden. Aufgrund von unterschiedlichen Farbraumgrößen können Tonwertabrisse entstehen. Außerdem ist dieses Vorgehen reichlich umständlich und die visuellen Unterschiede im Vergleich zur Luminanz-Methode sind verhältnismäßig gering. Im Normalfall wählt man daher trotz der etwas unexakteren Arbeitsweise die „Luminanz-Methode“.

8.4 Methoden der Farbkorrektur

Abb. 8.39 a: Auswahlwerkzeuge

Nach der Einstellung der Graubalance und gegebenenfalls vorgenommenen globalen Kontrast- und Helligkeitsänderungen sind häufig weitere Farbkorrekturen nötig, um die Darstellung des Motivs zu optimieren. Meistens handelt es sich um selektive Korrekturen, also solche, die sich nur auf ausgewählte Bildpartien beziehen. Das erste Unterkapitel (8.4.1) widmet sich daher den Methoden, mit denen Korrekturen auf ausgewählte Bildstellen beschränkt werden können.

Im Anschluss werden einzelne Methoden der Farbkorrektur vorgestellt, diese sind:

- Korrektur nach Farbwerten (Kapitel 8.4.2)
- Farbton/Sättigung … (Kapitel 8.4.3)
- Selektive Farbkorrektur (Kapitel 8.4.4)
- Fülloptionen für Ebenen und Malmodi (Kapitel 8.4.5).

Beherrscht man diese Methoden, kann man bereits eine breite Palette typischer Farbkorrekturen durchführen. Mit wachsender Erfahrung setzt der Bildbearbeiter sie in immer neuen Kombinationen für spezielle Problemlösungen ein.

Neben den oben genannten vier Methoden bietet jedes Programm weitere, oft sehr spezielle Werkzeuge an, auf die an dieser Stelle aufgrund der Vielfalt nicht eingegangen wird. Oftmals sind diese jedoch mit dem Grundverständnis, das man sich durch die Analyse der hier vorgestellten Methoden erarbeitet, leicht erlernbar.

8.4.1 Erstellung von Auswahlen

Eine Bildauswahl erstellt man, um bestimmte Bildbereiche freizustellen (auszuschneiden) oder um sie selektiv zu korrigieren, während andere geschützt bleiben. Die Werkzeugleiste in Photoshop bietet dafür einige einfache Tools an und es gibt ein eigenes „Auswahl“-Menü (**Abb. 8.39 a** und **Abb. 8.39 b**).

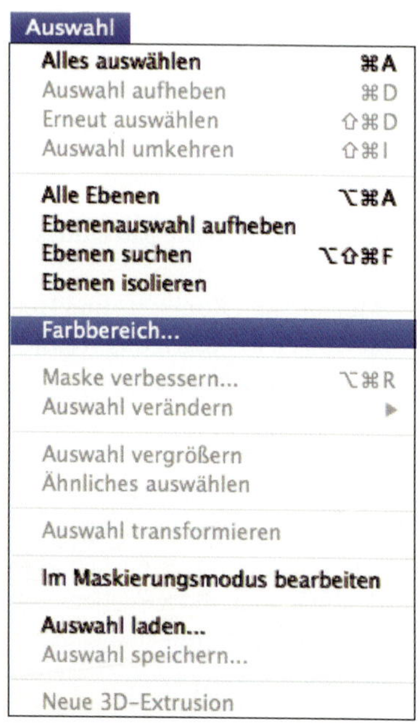

Abb. 8.39 b: Auswahl-Menü (Photoshop)

Obwohl es relativ viele unterschiedliche Werkzeuge gibt, liegen ihnen nur zwei verschiedene Auswahlprinzipien zugrunde: Geometrisch begrenzte Auswahlen und solche auf der Basis von Tonwertunterschieden. In diesem Kapitel werden zunächst diese beiden Prinzipien erläutert. Im Anschluss daran werden Auswahlarten unterschieden (harte und weiche

Auswahlen). Die Verwendung verschiedener Anzeigemodi („Standard" und „Maskierung", **Abb. 8.39b**) wird erläutert. Besonderheiten des Einsatzes von Alpha-Kanälen als Auswahltechnik beschreibt der letzte Abschnitt des Kapitels.

Geometrisch begrenzte Auswahlen

Flächenbegrenzungen

Geometrische Auswahlen werden über Flächenbegrenzungen definiert. Typische Auswahlwerkzeuge, die auf dieser Basis arbeiten, sind das Auswahlrechteck, das Lasso und der Zeichenstift. Zieht man mit dem Auswahlrechteck (**Abb. 8.40b**) den Cursor bei gedrückter Maustaste über die Bildfläche, entsteht eine rechteckige Auswahl. In **Abb. 8.40b** wurde diese im Maskierungsmodus angezeigt, welcher die ausgewählten Motivbereiche sichtbar macht und die geschützten schwärzt. Mit dem Lasso (**Abb. 8.40c**) beschreibt man freie Formen, indem man mit dem Cursor eine Bildstelle umschließt, die dann zur Auswahl wird. Mit dem Zeichenstift (**Abb. 8.40d**) verfährt man ähnlich. Bevor man hier jedoch eine Auswahl erstellt, wird ein sogenannter Pfad erstellt, der anschließend in eine pixelorientierte Auswahl konvertiert wird. Im Beispiel wurde eine geschwungene Linie erzeugt. Erst wenn man diese zu einer geschlossenen Form verbindet, umschließt man eine Bildfläche, die man zu Auswahlzwecken verwenden kann.

Abb. 8.40: Geometrisch begrenzte Auswahlen

Abb. 8.40a: Unbearbeitetes Ausgangsbild

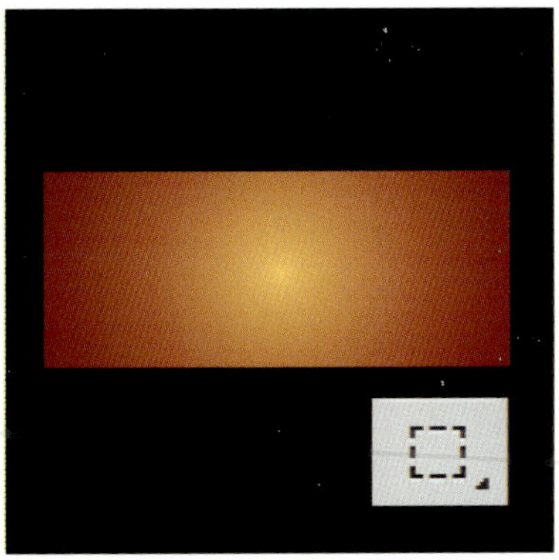

Abb. 8.40b: Auswahl mit dem Auswahlrechteck

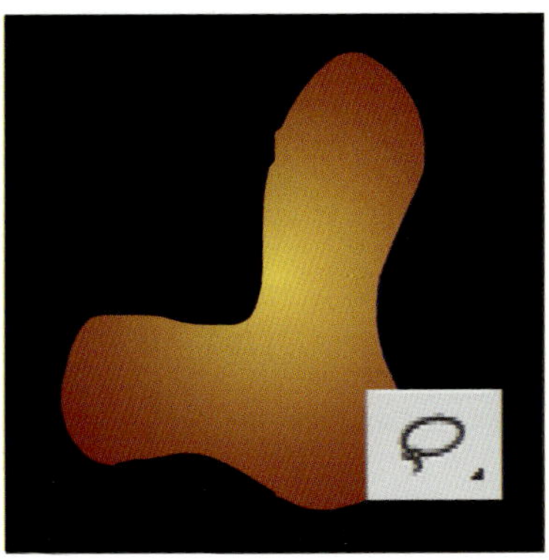

Abb. 8.40c: Auswahl mit dem Lasso

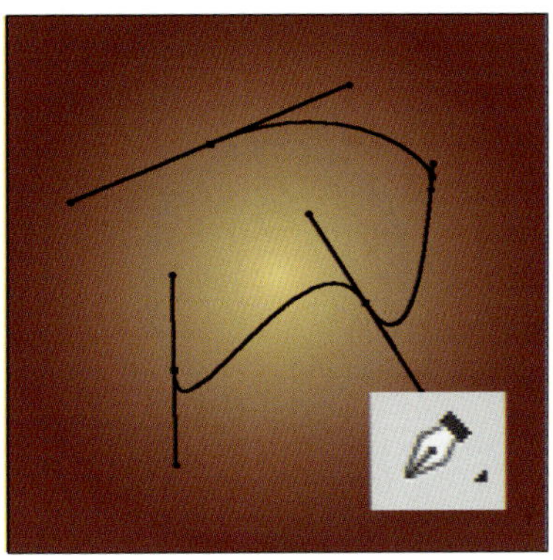

Abb. 8.40d: Auswahl mit dem Zeichenstift

Auswahlen auf der Basis von Tonwertunterschieden

Die **Abb. 8.41 b** bis **Abb. 8.41 d** zeigen am gleichen Motiv wie die vorige Abbildung Auswahltechniken, die auf der Basis von Tonwertunterschieden beruhen. Die ausgewählten Bildbereiche wurden sichtbar gemacht, die geschützten schwarz maskiert.

Tonwertunterschiede

Auswahlen auf der Basis von Tonwertunterschieden erstellt man z. B. mit Hilfe des Zauberstabs (**Abb. 8.41 b**) oder des Befehls „Farbbereiche auswählen“ (**Abb. 8.41 c**). Klickt man mit einem dieser Werkzeuge ins Bild, erzeugen sie ausgehend von den Ton- bzw. Farbwerten der angewählten Bildstelle eine Auswahl. Tonwerte, die dem der Referenz ähnlich sind, werden ausgewählt, stark abweichende maskiert. Die Definition von Toleranzwerten bestimmt, wie stark die Ton- bzw. Farbwerte der Bildpixel vom Referenzwert abweichen dürfen, damit sie noch in die Auswahl einbezogen werden. Beim Zauberstab muss man durch Anklicken der Option „Benachbart“ (**Abb. 8.41 e**) zusätzlich angeben, ob die Auswahl zusammenhängend sein, also nur aus einer geschlossenen Fläche bestehen soll. Aktiviert man diese Option nicht, können auch mehrere Auswahlbereiche entstehen, die untereinander nicht verbunden sind. Auch Alpha-Kanäle (**Abb. 8.41 d**) speichern Auswahlen auf der Basis von Tonwertunterschieden (vgl. S. 232 f).

Abb. 8.41 a: Unbearbeitetes Ausgangsbild

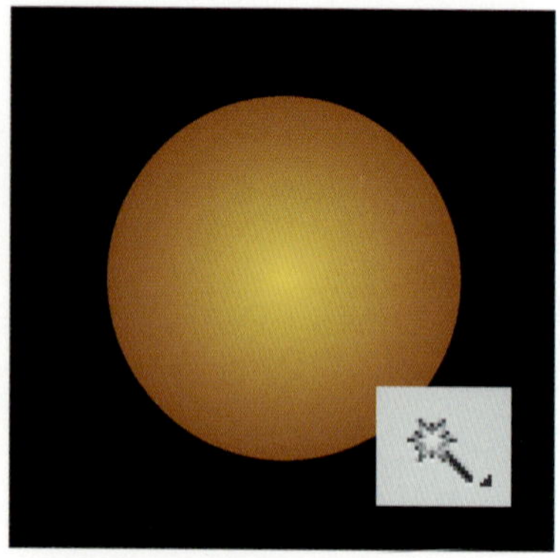

Abb. 8.41 b: Auswahl mit dem Zauberstab

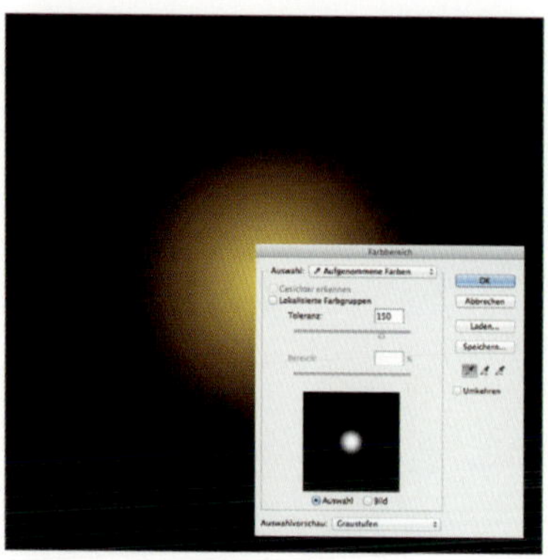

Abb. 8.41 c: Auswahl über „Farbbereiche auswählen“

Abb. 8.41 d: Auswahl mit Hilfe eines Alpha-Kanals

Abb. 8.41 e: Werkzeugoptionen des Zauberstabs

➲ **Geometrisch begrenzte Auswahlen werden durch das Ziehen von Begrenzungslinien erzeugt. Auswahlen auf der Basis von Tonwertunterschieden wählen diejenigen Bildpixel aus, deren Tonwerte denen einer vom Anwender definierten Referenz-Bildstelle ähnlich sind.**

Harte und weiche Auswahlen

Linear und diffus begrenzte Auswahlen

Ein Klick ins Bild mit dem Zauberstab erzeugt eine linear begrenzte Auswahl (**Abb. 8.42 a**), die Anwendung des Werkzeugs „Farbbereiche auswählen" (**Abb. 8.42 b**) führt dazu, dass mit steigender Wertedifferenz im Vergleich zur angeklickten Bildstelle die Pixel nur noch abgeschwächt in die Auswahl einbezogen werden. Die Teilmaskierungen der weichen Auswahl sind in **Abb. 8.42 b** durch einen geringeren Schwärzungsgrad veranschaulicht.

➲ **Harte Auswahlen sind klar begrenzt. Weiche Auswahlen besitzen einen Übergangsbereich zwischen Auswahl und geschützten Bildbereichen.**

Abb. 8.42 a: Harte Auswahl

Abb. 8.42 b: Weiche Auswahl

Anwendungsbereiche weicher Auswahlen

Weiche Auswahlen benötigt man z. B. bei Freistellungen (Ausschneiden bestimmter Bereiche), deren Deckkraft zu den Rändern hin immer stärker abnimmt, beispielsweise bei der Freistellung von Haaren. **Abb. 8.42 c** zeigt das Ergebnis, wenn die weiche Auswahl aus **Abb. 8.42 b** blau eingefärbt wird. Im Mittelpunkt erscheint die neue Farbe in voller Intensität. Im Übergangsbereich zwischen ausgewählten und makierten Bereichen bilden sich Mischfarben aus ursprünglicher und neuer Bildfarbe.

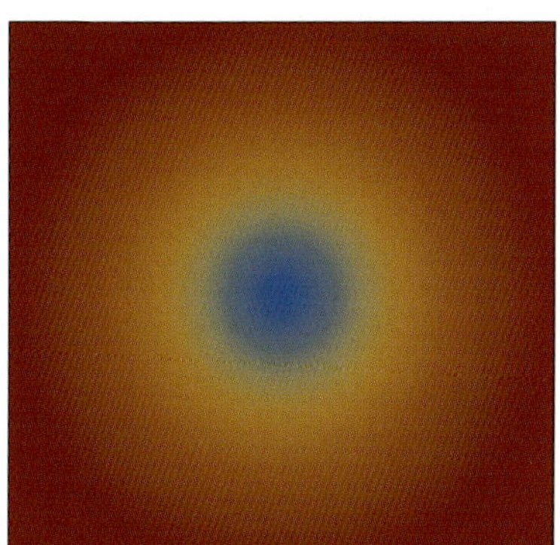

Abb. 8.42 c: Weiche Auswahl farbkorrigiert

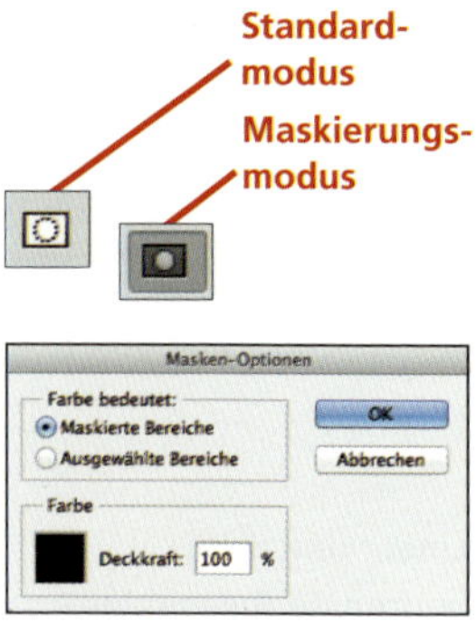

Abb. 8.43 a: Anzeigeoptionen für Auswahlen und Masken

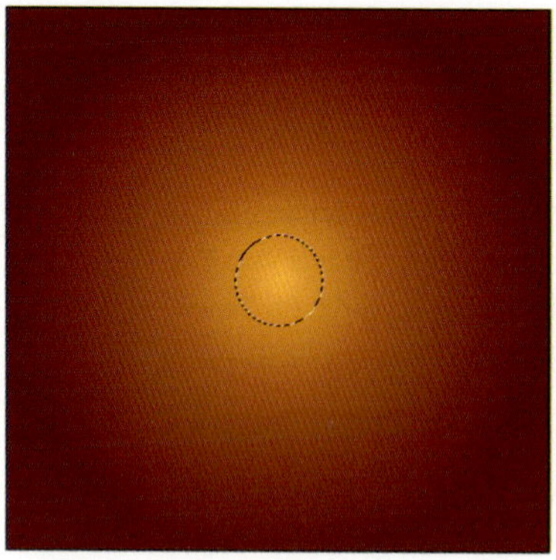

Abb. 8.43 b: Standardmodus

Abb. 8.43 c: Maskierungsmodus

Ansichtsmodi

Standard- und Maskierungsmodus

Um die Auswahl eines bestimmten Bildbereichs zu kennzeichnen, bietet Photoshop zwei Ansichtsmodi an: den sogenannten Standardmodus und den Maskierungsmodus (**Abb. 8.43 a** bis **Abb 8.43 c**). Im Standardmodus wird die Auswahl durch einen umlaufenden Pfad visualisiert, der die Begrenzung sichtbar macht (**Abb. 8.43 b**). Er kann die Weichheit einer Auswahl jedoch nicht veranschaulichen. Das ist nur im Maskierungsmodus möglich. Hier wird das Bild mit einer (hier schwarzen) Farbe überzogen, deren Deckkraft unterschiedliche Maskierungsgrade symbolisiert (**Abb. 8.43 b**).

➲ **Auswahlen werden im Standardmodus durch einen umlaufenden Pfad dargestellt. Im Maskierungsmodus werden geschützte Bildbereiche durch eine Maskierungsfarbe symbolisiert. Je höher deren Deckkraft ist, desto stärker ist die Maskierung.**

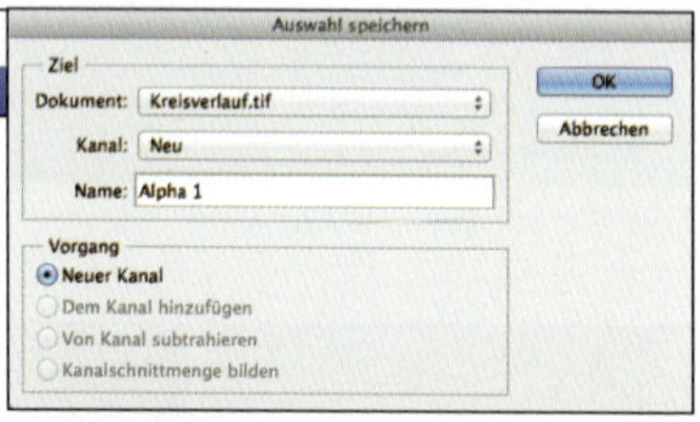

Abb. 8.44 a: Auswahl als Alpha-Kanal speichern

Abb. 8.44 b: Maskierungsansicht des Alpha-Kanals

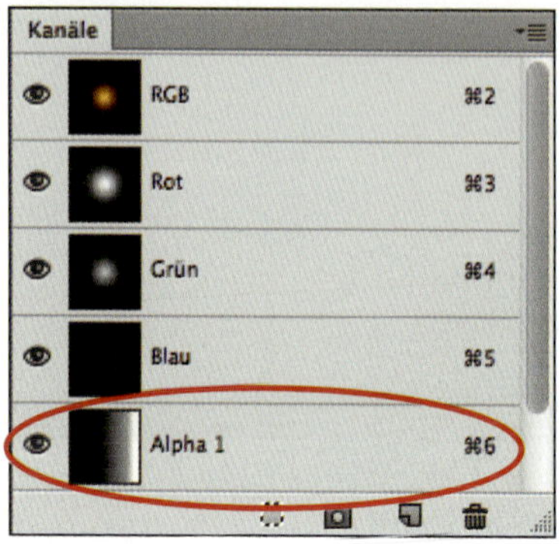

Abb. 8.44 c: Ansicht im Kanäle-Menü

Alpha-Kanäle

Ein Sonderfall der Auswahltechniken ist die Verwendung von Alpha-Kanälen. Man erstellt sie, indem man eine aktive Auswahl speichert (**Abb. 8.44 a**). Dabei entsteht zusätzlich zu den Grundfarbkanälen ein neuer Kanal, der zunächst den Namen „Alpha 1" erhält (**Abb. 8.44 c**). In der Maskierungsansicht wird die Auswahl durch eine Fremdfarbe im Original veranschaulicht. In **Abb. 8.44 b** ist dies Schwarz.

Alpha-Kanäle können je nach Bittiefe verschiedene Tonwertstufen besitzen. Bei einer Bittiefe von 8 sind es z. B. 256 Tonwertstufen, deren Schwärzungsgrad über die Stärke der Maskierung entscheidet. Standardmäßig gilt:

Je dunkler eine Bildstelle ist, desto stärker ist sie vor der Bearbeitung geschützt. Dabei kann der Alpha-Kanal wie ein Graustufenbild bearbeitet werden.

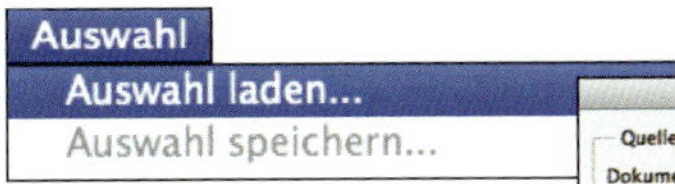

Abb. 8.45: Auswahl laden

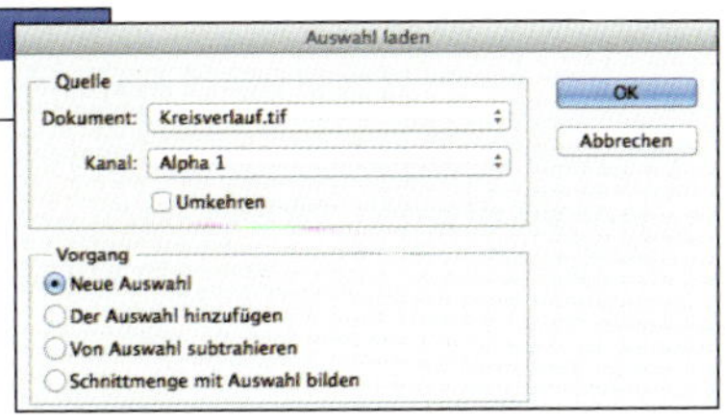

Alpha-Kanäle sind immer wieder als Auswahl aufrufbar. Das geschieht über die Funktion „Auswahl laden" (**Abb. 8.45**).

➲ **Alpha-Kanäle sind im Kanäle-Menü gespeicherte Auswahlen. Sie sind bearbeitbar wie Graustufenbilder.**

Da die meisten Anwendungen von Alpha-Kanälen mit komplizierten Bildbearbeitungen verbunden sind, wird ihnen ein eigenes Kapitel (8.6) gewidmet.

8.4.2 Korrektur nach Farbwerten

Die exakteste Farbkorrektur ist die nach definierten Ziel-Farbwerten. Ähnlich wie bei der Herstellung der Graubalance, werden für eine ausgewählte Bildstelle Zielfarbwerte definiert, die dann mit Hilfe von Farbkorrektur-Werkzeugen angesteuert werden. Diese Methode verwendet man für besonders sensible bzw. charakteristische Farben eines Bildes, wie z. B. Haut- oder Metalltöne.

➲ **Erhöhte Aufmerksamkeit erfordert die Korrektur sensibler und charakteristischer Farben eines Bildes. Das sind insbesondere**
- **motivspezifisch wichtige Farben**
- **Metalltöne**
- **Haus- oder Sonderfarben, die sich im Bild wiederfinden sollen.**

In diesen Fällen kontrolliert man die Bildfarben auch numerisch.

Im **Abb. 8.46a** wirkt die Hautfarbe des Kindes zu blass. Sie wurde bei der Bearbeitung nach Farbwerten korrigiert, um den Teint aufzufrischen und die Beleuchtung an das Gesicht der Großmutter anzupassen (**Abb. 8.46b**). Im Folgenden wird erläutert, welche Bearbeitungsschritte dabei erfolgt sind.

Abb. 8.46a: Unkorrigiertes Ausgangsbild mit Hauttönen

Abb. 8.46b: Hauttöne des Mädchens korrigiert

Korrekturen von Hauttönen müssen immer mit großer Sorgfalt durchgeführt werden. Stärker als in vielen anderen Farbbereichen registriert hier das menschliche Auge Farbabweichungen besonders empfindlich. Das liegt zum einen daran, dass der Betrachter mit Hauttönen einen hohen Erinnerungswert verknüpft, zum anderen registriert das menschliche Auge Unterschiede in allen hellen und ungesättigten Farben viel sensibler als in hoch gesättigten oder in dunklen. Je nach natürlicher Hautfarbe des abgebildeten Menschen und je nachdem, in welchem Kulturkreis ein Bild veröffentlicht wird, strebt man zudem für Hauttöne unterschiedliche Farbnuancen an. Ein Mitteleuropäer hat z. B. eine andere Hautfarbe als ein Orientale oder ein Lateinamerikaner. Zudem ist die Beurteilung, welcher Teint als schön gilt, modeabhängig.

Sensible Wahrnehmung von Hautton-Nuancen

Diese hohe Sensibilität des Betrachters gegenüber Hauttönen trifft sich schlecht mit der Tatsache, dass deren Reproduktion im Druck besonders problematisch ist. Produktionstechnisch handelt es sich dabei um Tertiärfarben, d. h., die drei bunten Prozessfarben sind alle an ihrer Entstehung beteiligt. Kleinste Farbschwankungen im Druck, die z. B. durch geringe Unterschiede in der Farbführung hervorgerufen werden können, machen sich sofort bemerkbar, insbesondere in hellen Bereichen. Ein Magenta-Überhang erzeugt schnell den Eindruck eines Sonnenbrandes, zu viel Cyan macht das Bild „schmutzig", zu viel Schwarz macht es fade und grau.

➲ **Die drucktechnische Reproduktion von Hauttönen ist besonders problematisch. Zum einen ist der Betrachter bei Hauttönen besonders sensibel gegenüber Farbabweichungen. Zum anderen ist aber gerade bei diesen Tönen die Gefahr von produktionstechnisch bedingten Farbschwankungen besonders groß.**

Drucktechnische Reproduktion von Hauttönen

Dieser Problematik begegnet man professionell, indem man das Verhältnis der Grundfarben bei Hauttönen möglichst genau kontrolliert. In vielen Betrieben existieren eigens zu diesem Zweck erstellte Listen mit Farbwerten für unterschiedliche Hautfärbungen und -schattierungen. Die Angaben beziehen sich meistens nicht auf Lab- oder RGB-, sondern auf CMYK-Werte. Das hat zum einen historische Gründe, denn vor den Zeiten von Colormanagement hat man für den Druck ausschließlich im CMYK-Modus gearbeitet. Zum anderen hat es aber auch Vorteile, wenn die Grundfarbkanäle der Datei den Prozessfarben im Druck entsprechen. Auf einige Probleme im Druck kann man so unmittelbar reagieren. CMYK-Tabellen haben allerdings den Nachteil, dass sie verfahrensabhängig sind. Obwohl jeder Fachbetrieb seine Richtlinien an den hauseigenen Standards (Druckverfahren, Produktionswege usw.) ausrichtet, findet sich doch in allen Listen folgendes Prinzip wieder: Bei der Definition der Farbanteile orientiert man sich zunächst an Magenta. Der Gelbanteil liegt immer darüber und Cyan liegt deutlich darunter.

➲ **Als ungefähre Richtlinie für die Reproduktion von Hauttönen im Offsetdruck kann folgendes Grundfarbenverhältnis gelten: Wenn Magenta bei ca. 50 % liegt, sollte der Wert für Yellow ca. 10 % darüber und Cyan ca. 20 % darunter liegen.**
Die Differenzen werden geringer, je weiter man sich in die Richtung der Tiefen bzw. Lichter bewegt.

Tabelle 8.1: CMYK-Orientierungswerte für Hauttöne im Offsetdruck

Tonwertbereich	Cyan	Magenta	Yellow
Lichter	2 %	5 %	8 %
Viertelton	8 %	20 %	26 %
Halbton	20 %	50 %	60 %
Dreiviertelton	60 %	75 %	82 %
Tiefen	88 %	95 %	98 %

CMYK-Orientierungswerte für Hauttöne

Eine Liste mit möglichen Richtwerten für das Verhältnis der Buntfarben bei der Reproduktion von Hauttönen im Offsetdruck liefert **Tabelle 8.1**. Bei anderen Druckverfahren wird möglicherweise ein leicht abgewandeltes Verhältnis der Grundfarben erforderlich, um zum gleichen Ergebnis zu kommen. Da z. B. das Gelb im Tiefdruck verhältnismäßig rötlich ist, wird bei der Reproduktion von Hauttönen in diesem Druckverfahren insgesamt der Magentaanteil der Hauttöne geringer gehalten.

Auch motivspezifische Besonderheiten sind zu berücksichtigen und führen dazu, dass diese Werte abgewandelt werden müssen. In Schattenbereichen ist z. B. ein größerer Cyan-Anteil nötig. Bei der Darstellung rötlicher Wangen wird ein höherer Magentaanteil verwendet als beispielsweise bei der Abbildung der Stirn.

Bei der Korrektur des Portraits von Großmutter und Enkelin mussten die Hauttöne im Gesicht der älteren Frau nicht verändert werden. Im Gesicht des Kindes zeigt aber die Farbwertekontrolle an den markierten Stellen vor allem einen deutlichen Cyan-Überhang (**Abb. 8.47**). Bei der Korrektur der Werte orientiert man sich bei diesem Bild an der Darstellung der Wange (Farbaufnehmerpunkt 4; vgl. rote Markierung in **Abb. 8.47**), da deren Farbe gerade bei Kindern besondere Aufmerksamkeit auf sich zieht. Aber auch helle Tonwertbereiche (Punkt 1) und Schatten (Punkt 2 und 3) werden kontrolliert.

Abb. 8.47: Kontrolle der Hauttöne im Ausgangsbild

➲ **Um bei der Korrektur von Hautfarben den jeweils passenden Ton zu treffen, müssen motivspezifische Faktoren berücksichtigt werden:**
- **Der individuelle Teint von abgebildeten Personen**
- **Färbung des Umgebungslichts**
- **Schatten, Glanzstellen und Belichtungsweise.**

Die vorgenommenen Bearbeitungsschritte sind in **Abb. 8.48** an Einstellungsebenen ablesbar. Um lediglich die rechte Bildhälfte zu verändern, wurde zunächst eine Ebenenmaske ❶ über das Bild gelegt. Die Ebene „Kurven 1“ zeigt eine Miniaturdarstellung dieser Maske. Der darin weiß dargestellte Bildbereich wurde mit Hilfe von Gradationskurven verändert.

❶ Eine **Maske** veranschaulicht, welche Bereiche eines Bildes wie stark vor der Bearbeitung geschützt sind. Die weiß gekennzeichneten Bereiche sind bearbeitbar, die schwarzen geschützt. Die Erstellung von Ebenenmasken wird auf S. 254f demonstriert.

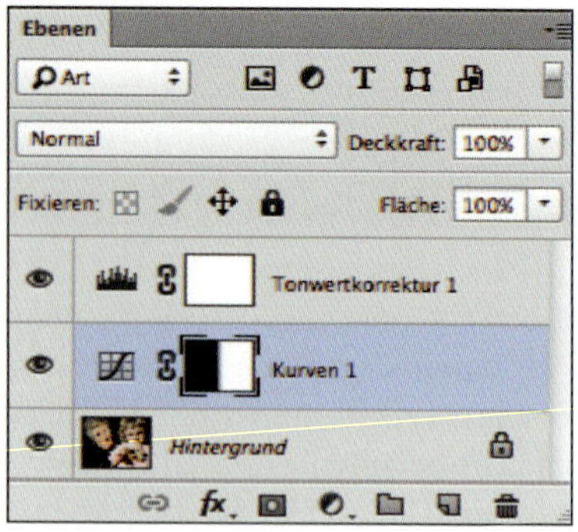

Abb. 8.48: Einstellungsebenen zur Korrektur der Hauttöne

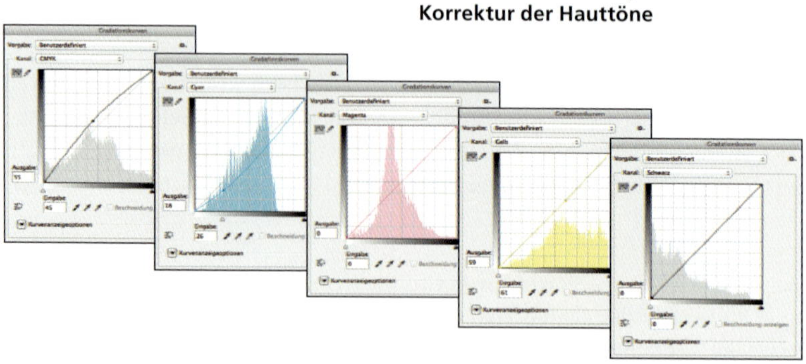

Abb. 8.49a bis Abb. 8.49e: Korrektur-Kurven der Kanäle

Die angewendeten Korrekturen sind in **Abb. 8.49a** bis **Abb. 8.49e** abgebildet. Darin wurden CMYK-Werte angestrebt, die dem oben genannten Verhältnis nahe kommen. Die Einstellung für den Composite-Kanal dunkelt den ausgewählte Bereich insgesamt ab. Der Cyan-Anteil wurde ausgehend von den Vierteltönen (Punkt 4) deutlich reduziert. Der Yellow-Anteil wurde geringfügig verringert. In der Informationen-Palette kontrolliert man, wie diese Korrekturen sich in der Summe auf die Farbwerte auswirken (vgl. Markierung in **Abb. 8.47:** Werte hinter dem Schrägstrich).

Die Farbwerte und die Bildschirmdarstellung zeigen jetzt, dass das Ergebnis gelungen ist. Bei so sensiblen Korrekturen reicht das aber oft immer noch nicht aus. Letztlich beurteilen kann man die Farben erst auf dem sogenannten Hardproof, einem Ausdruck, der das zu erwartende Druckergebnis auf einem kalibrierten Proofgerät simuliert. Im Gegensatz zum Softproof (Voransicht am Bildschirm) entspricht dieser in der Regel deutlich besser der Darstellung im Druck. Daher ist er insbesondere bei so empfindlichen Farben wie Hauttönen unerlässlich.

Definition der Farbwerte

Richtlinien für die Farbdefinition

In dem besprochenen Beispiel ging es um die Korrektur anhand von betriebsinternen Richtwerten zur Farbkorrektur. Nicht für alle Objektfarben hat man solche Richtlinien zur Hand. Wie soll z. B. das Orange eines Feuers aussehen? Wo im Bild sollte sich die Farbe eines Firmenlogos wiederfinden und wie kontrolliert man das? Welche Farbkombination wählt man für einen Metallton?

Tonwertatlanten

Steht keine betriebsinterne Liste zur Verfügung, orientiert man sich an Tonwertatlanten (**Abb. 8.50**). Das sind Farbmusterbücher, die Farbfelder präsentieren, die die Grundfarben - in der Regel CMYK - in vielen verschiedenen Mischungsverhältnissen zeigen. Aus diesem Buch wählt man eine passende Farbe aus und übernimmt die zugehörigen Farbwerte des Farbmusters. Da auch der Bedruckstoff erheblichen Einfluss auf die Farbdarstellung hat, gibt es Tonwertatlanten für verschiedene Papiersorten. Für Sonderfarben aus Farbfächern (**Abb. 8.51**, vgl. auch Kapitel 2.1.3, S. 57) gibt es Übersetzungstabellen in unterschiedliche Farbsysteme. Auch Photoshop bietet mit seinem Farbwähler unter Farbbibliotheken solche Tabellen an (**Abb. 8.52a** und **Abb. 8.52b**).

Farbfächer

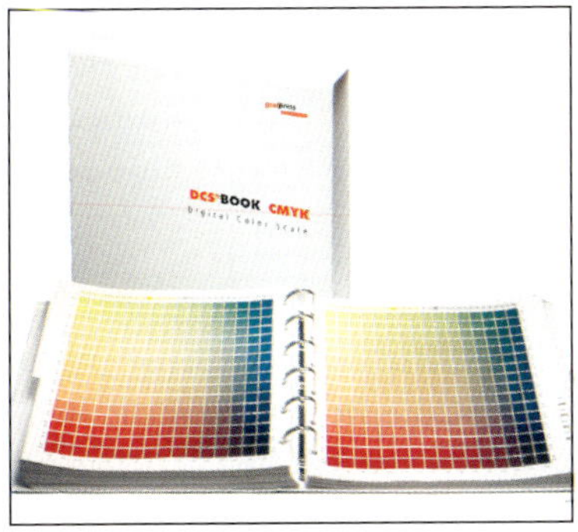

Abb. 8.50: Tonwertatlas

Abb. 8.51: HKS-Fächer

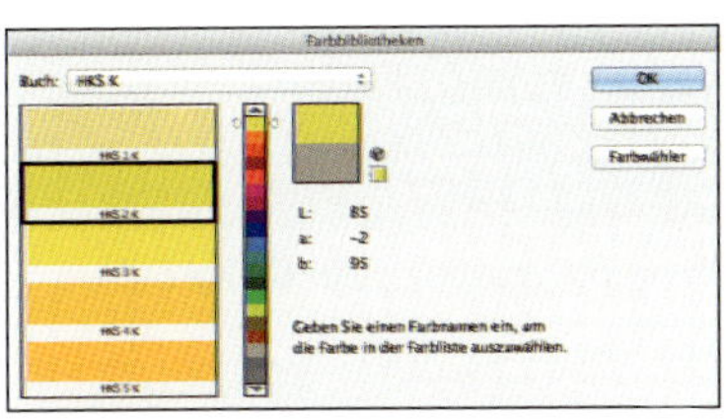

Abb. 8.52a: Lab-Werte, die der Sonderfarbe HKS 2 entsprechen

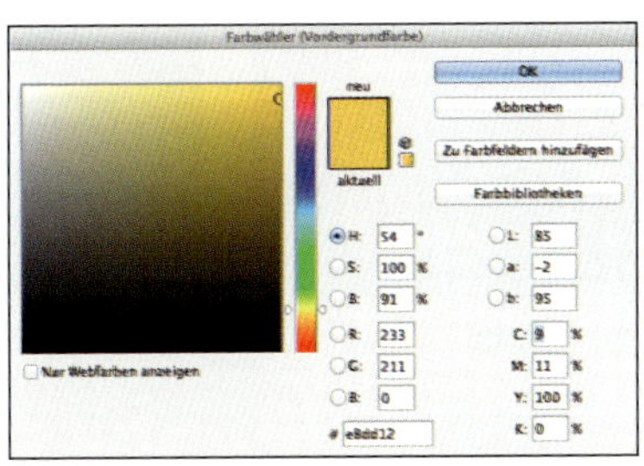

Abb. 8.52b: Farbwähler mit Farbwerten in verschiedenen Farbsystemen

Eine Kontrolle über die Farbdarstellung hat man immer nur bei wertegenauen Korrekturen in profilierten Farbräumen. Möchte man jedoch den damit verbundenen hohen Aufwand vermeiden, weil z. B. der Qualitätsanspruch an das Druckprodukt geringer ist, bietet sich jedoch ebenfalls die Farbkorrektur mit Hilfe von Gradationskurven an. Im Unterschied zum wertegenauen Vorgehen schätzt man dabei jedoch die Korrekturrichtung und auch die Qualität des Ergebnisses nur visuell am Bildschirm ein.

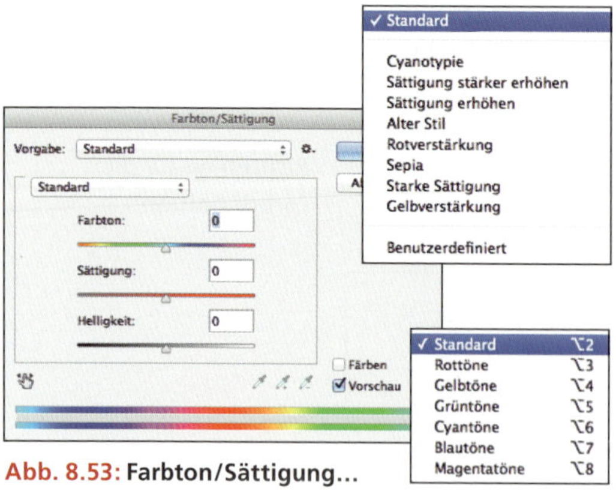

Abb. 8.53: Farbton/Sättigung...

8.4.3 Farbton/Sättigung ...

Das Werkzeug „Farbton/Sättigung ...“, das Photoshop anbietet, heißt eigentlich „Farbton/Sättigung/Helligkeit“. Es dient dazu, die drei benannten Komponenten einzeln korrigierbar zu machen. Drei Schieberegler, nämlich für Farbton, Sättigung und Lab-Helligkeit, sind intuitiv bedienbar. Korrekturen mit Hilfe dieser Einstellungen beziehen sich standardmäßig immer auf das gesamte Farbspektrum im Bild. „Farbton/Sättigung...“ bietet dagegen eine einfache Möglichkeit, einzelne Farbbereiche selektiv auszuwählen (**Abb. 8.53**).

➲ **Mit Hilfe des Werkzeugs „Farbton/Sättigung ...“ kann man den Farbton, die Sättigung und die Helligkeit getrennt voneinander bearbeiten. Diese Korrekturen beziehen sich, je nach Einstellung, auf das gesamte Bild oder auf ausgewählte Farbbereiche.**

In **Abb. 8.54b** wurde das Gemälde auf der Holzwand aus **Abb. 8.54a** mit Hilfe des Werkzeugs „Farbton/Sättigung ...“ verändert. Die bereits verwitterte Farbe der gelben Blütenblätter wurde aufgefrischt, ebenso das Grün der Stängel. Diesem Farbton wurde zugleich auch ein wenig Blau entzogen. Die dafür nötigen Einstellungen zeigen **Abb. 8.55a** und **Abb. 8.55b**.

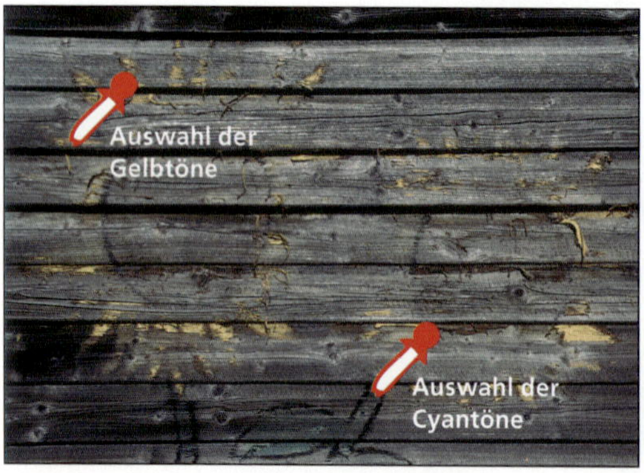

Abb. 8.54a: Unkorrigiertes Ausgangsbild

Abb. 8.54b: Gelb- und Cyantöne selektiv korrigiert

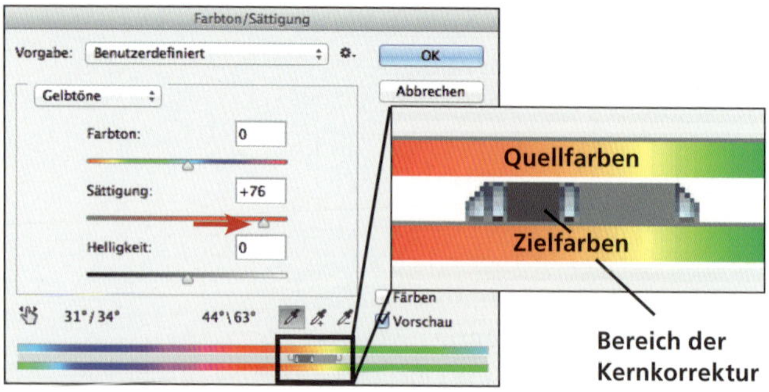

Abb. 8.55a: Korrektur der Gelbtöne

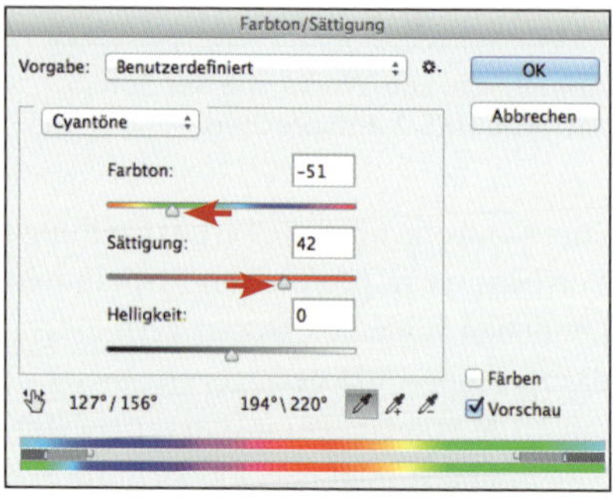

Abb. 8.55b: Korrektur der Cyantöne

Für die Korrektur der Blüten wurden im Menü „Farbton/Sättigung …“ die Gelbtöne angewählt (**Abb. 8.55a**). Danach wurde durch einen Klick auf eine geeignete Bildstelle die Auswahl genau auf den Gelbton des vorliegende Motiv angepasst (Pipette in **Abb. 8.54a**). Der eigentliche Korrektureingriff erfolgte über die Verschiebung des Sättigungsreglers nach rechts (auf +76), die ausgewählten Farben wurden dadurch intensiviert.

Vorgehen bei der Farbauswahl

Welche Farbbereiche von der Korrektur ergriffen und wie sie verändert werden, kann man auch im unteren Bereich des Dialogfeldes ablesen: Dort liegen zwei Farbbänder, zwischen denen sich ein Schieberegler befindet (vgl. Vergrößerung in **Abb. 8.55a**). Dieser Regler deutet im oberen Farbstreifen auf die ausgewählten Farbtöne (Quellfarben). Unterhalb des Reglers werden die Zielfarben dargestellt. Daraus wird ersichtlich, wie sich die ausgewählten Farben durch die Korrektur verändern. Der dunkle Bereich des Reglers markiert den Kernbereich der Korrektur, der hellgraue steht für die Neben-Farbbereiche. Bis hin zu den Rändern der Nebenbereiche nimmt die Stärke der Korrektur immer weiter ab. Damit gibt es eine Übergangszone, durch die die Korrektur behutsam in die Bildumgebung eingefügt wird. Beide Regler sind vom Bearbeiter manuell verschiebbar. Bei den Einstellungen in **Abb. 8.55a** ist der Übergangsbereich in Richtung der Rottöne gering und in Richtung der Grüntöne größer. Dadurch sind nur wenige rötliche, aber mehr grünliche Gelbtöne in die Korrektur einbezogen worden.

Das Verfahren für die Korrektur der Cyantöne in den Stängeln der gemalten Blumen ist ähnlich: Die Einstellung der Schieberegler in **Abb. 8.55b** bewirkt neben einer Sättigungserhöhung auch eine Farbverschiebung. Auf den Farbbändern liegen darum im Bereich der Auswahlregler die ausgewählten Cyantöne (oben) den Grüntönen (unten) gegenüber, durch die sie ersetzt werden sollen.

Probleme und Gefahren bei der Handhabung des Werkzeugs „Farbton/Sättigung …“

Das Werkzeug „Farbton/Sättigung …“ birgt auch Probleme und Gefahren, die bei der Handhabung beachtet werden müssen. Diese beziehen sich auf

1. den Lab-Helligkeitsregler
2. die Auswahlmöglichkeiten
3. die Besonderheiten der selektiven Korrektur

Tonwertverluste in Tiefen und Lichtern

1. Lab-Helligkeitsregler: Den Lab-Helligkeitsregler sollte man möglichst nicht verwenden. Er produziert ähnlich wie eine Version des Schiebereglers „Helligkeit/Kontrast“ (vgl. S. 192) Tonwertverluste in Tiefen und Lichtern. Das gilt auch in der Version Photoshop CS5. Er fügt die Änderungen und Tonwertverteilung nicht harmonisch in die Umgebung ein, sondern hebt alle Tonwerte im ausgewählten Bereich um einen festen Betrag an oder senkt sie ab. Mit Hilfe von Gradationskurven lassen sich hier wesentlich harmonischere Lösungen finden.

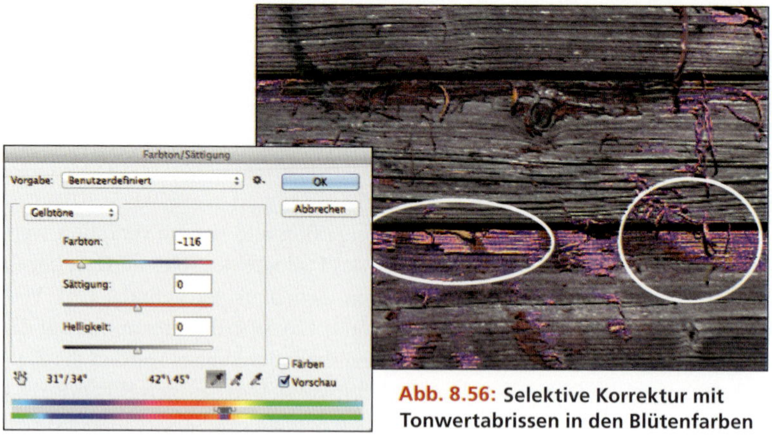

Abb. 8.56: Selektive Korrektur mit Tonwertabrissen in den Blütenfarben

➲ **Der Lab-Helligkeitsregler des Werkzeugs „Farbton/Sättigung …“ sollte vermieden werden. Er führt zu Verlusten in Tiefen und Lichtern und fügt die Korrekturen nicht harmonisch ins Bild ein.**

Fehlstellen

2. Auswahlmöglichkeiten: Ein weiterer Nachteil des Werkzeugs „Farbton/Sättigung …“ liegt darin, dass man die Auswahl nicht zusätzlich geometrisch eingrenzen kann. Untersucht man die Bildveränderungen in den besprochenen **Abb. 8.54b** und **Abb. 8.54a** genauer, stellt man Fehlstellen fest. Nicht nur die Blütenblätter, sondern auch im Inneren der Blüte und an anderen Stellen des Holzes sind die Gelbtöne intensiviert worden. Das lässt sich nur durch Maskierung umgehen oder indem man schon vor der Anwendung dieses Werkzeugs manuell die Bildbereiche auswählt, innerhalb derer es Veränderungen bewirken soll.

➲ **Mit Hilfe des Werkzeugs „Farbton/Sättigung …“ können Farbbereiche immer nur in Bezug auf das Gesamtbild ausgewählt werden.
Die Beschränkung der Korrektur auf bestimmte Bildbereiche muss mit anderen Hilfsmitteln geschehen.**

Tonwertabrisse

3. Selektive Korrektur: Da man mit dem Werkzeug „Farbton/Sättigung/…“ eine selektive Korrektur vornimmt, gilt es, die dafür typischen Gefahren zu beachten. Schnell entstehen bei selektiven Korrekturen Tonwertabrisse und die Korrektur fügt sich nicht harmonisch ins Bild ein (vgl. auch Kapitel 7.2.5, S. 186 ff). Beim Werkzeug „Farbton/Sättigung …“ kann man diese Gefahr durch die Definition genügend großer Übergangsbereiche zwischen Kernkorrektur und unkorrigierten Farbbereichen begegnen.

Kleine Übergangsbereiche schaffen abruptere Farbübergänge, große Übergangsbereiche schaffen weiche Übergänge. Zur Verdeutlichung werden in **Abb. 8.56** und **Abb. 8.57** zwei fehlerhafte Anwendungen analysiert. In **Abb. 8.56** wurden im Ausgangsbild wieder die Gelbtöne der Blütenblätter ausgewählt und diesmal in Magenta umgefärbt. Der Nebenbereich der Korrektur wurde jedoch extrem knapp gehalten, der Schieberegler in **Abb. 8.57** zeigt fast keine hellgrauen Bereiche. Darum sind nicht alle Gelbtöne in die Korrektur einbezogen, die im Bereich der Blütenblätter vorkommen. Nach der Korrektur treten gelbe Ränder um die magentafarbigen Blütenblätter auf.

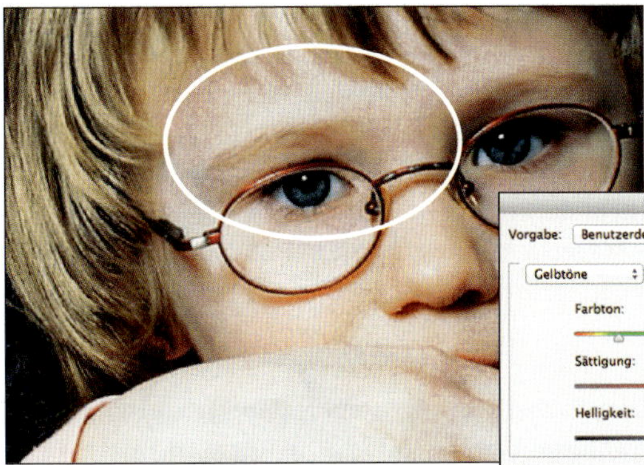
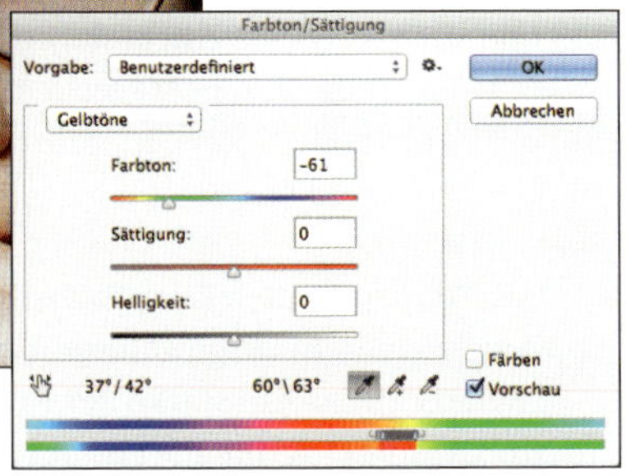

Abb. 8.57: **Selektive Korrektur mit Tonwertabrissen in den Hauttönen**

Übergänge zwischen korrigierten und unkorrigierten Farbbereichen

Noch verheerender sind Einstellungen mit zu geringem Nebenbereich, wenn davon weiche Farbverläufe betroffen sind, wie z. B. bei Hauttönen. In **Abb. 8.57** wurden die Gelbtöne im Hautbereich des Mädchens in Richtung Rot verschoben. Durch die ungünstige Auswahl der Farbtöne wurden nicht alle Hautpartien des Mädchens gleichermaßen betroffen. Auf den Händen und im Gesicht bilden sich daher unschöne Flecken. Diese wären durch einen größeren Übergangsbereich verhinderbar.

➲ **Damit sich die Korrekturen mittels „Farbton/Sättigung …" harmonisch ins Bild einfügen, müssen die Übergangsbereiche zwischen stark korrigierten und nicht veränderten Farbbereichen groß genug gewählt werden. Gegebenenfalls sollte die Korrektur nicht zu stark erfolgen.**

8.4.4 Selektive Farbkorrektur

Das Werkzeug „Selektive Farbkorrektur" (**Abb. 8.58**) basiert auf dem CMYK-System. Ausgewählten Farbbereichen des Gesamtbildes werden den Anteile der Grundfarben Cyan, Magenta, Gelb bzw. Schwarz zugemischt oder entzogen.

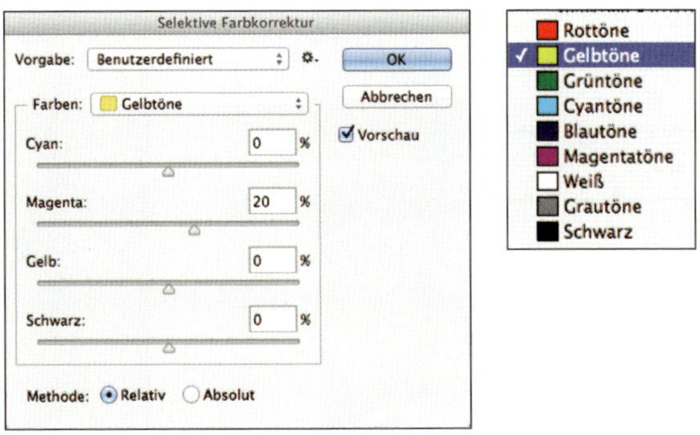

Abb. 8.58: **Das Dialogfeld „Selektive Farbkorrektur"**

Funktionsweise des Werkzeugs „Selektive Farbkorrektur"

Anders als das Werkzeug „Farbton/Sättigung …" steuert es also lediglich Farbtonveränderungen und vermag keine Umfärbungen vorzunehmen. Auch die Auswahlmöglichkeiten dieses Werkzeugs sind beschränkter. Anders als bei „Farbton/Sättigung …" ist bei „Selektive Farbkorrektur" keine Farbauswahl anhand von Bildstellen des Motivs möglich. Die Definition der ausgewählten Farbbereiche orientiert sich streng an den Druckfarben und deren Mischungen (Rot, Grün, Blau bzw. Weiß und Schwarz).

Je ähnlicher eine Bildfarbe der jeweils angegebenen Farbe ist, desto stärker ist das Pixel von der Korrektur betroffen. Die Methode „Relativ" verändert dabei den Farbauftrag in Relation zur Quellfarbe des Bildes. Wenn z. B.die Gelbtöne ausgewählt sind und durch die Methode „Relativ" 20 % Magenta hinzugefügt werden, erhalten Pixel, die in voller Intensität von der Korrektur betroffen sind und beispielsweise einen Magentaanteil von 10 % haben, 12 % Magenta. Es werden also noch 2 % Magenta hinzugefügt (20 % von 10 % sind 2 %). Durch die Methode „Absolut" würde der Magenta-Anteil auf 30 % steigen (10 % + 20 % = 30 %).

➲ **Das Werkzeug „Selektive Farbkorrektur" steuert den Farbauftrag der Druckfarben in ausgewählten Farbbereichen. Die Korrekturmethode „Relativ" passt die Stärke der Farbverschiebung an die Ausgangspixel an. „Absolut" wirkt auf alle ausgewählten Farbbereiche gleich stark.**

Anwendungsbereiche des Werkzeugs „Selektive Farbkorrektur"

Für die meisten motivspezifischen Farbkorrekturen ist die selektive Farbkorrektur zu schwerfällig und umständlich. Es ist z. B. nicht möglich, radikale Umfärbungen von Farbbereichen vorzunehmen. Obwohl der Name es anders vermuten lässt, ist in den meisten Fällen selektiver Farbkorrekturen das Werkzeug „Farbton/Sättigung" der sogenannten „selektiven Farbkorrektur" vorzuziehen. Da die „selektive Farbkorrektur" sehr eng an den Druckprozess gekoppelt ist, eignet sich dieses Werkzeug aber für feine Farbtonveränderungen, die sich über die Grundfarben definieren lassen. Es bietet sich z. B. an, in Lichterbereichen, die von Tonwertabrissen bedroht sind, für ausreichend Tönung zu sorgen.

Abb. 8.59 a: **Ausgangsbild mit Tonwertabrissen im Lichterbereich**

Abb. 8.59 b: **Lichterbereich korrigiert**

➲ **Für die meisten selektiven Farbkorrekturen ist das Werkzeug „Farbton/Sättigung ..." geeigneter, da es flexiblere und weitreichendere Einstellungen ermöglicht. Das Werkzeug „Selektive Farbkorrektur" ist für feine Korrekturen bei der Aufbereitung für den Druck sinnvoll.**

Das Bild in **Abb. 8.59 a** weist im extremen Lichterbereich Tonwertabrisse auf. Der abrupte Übergang zwischen hellen Tonwerten und Papierweiß ist sehr störend. Da dieses Bild nicht mit einem Rahmen versehen ist, fehlt unten rechts außerdem eine Bildbegrenzung (vgl. Markierung im Bild). Um diese unschöne Fläche mit einer leichten Tönung zu füllen, werden die Lichter im Menü über die Eingabe „Weiß" ausgewählt (**Abb. 8.60**). Im Beispiel wurden diese Bereiche mit einem leichten Grau gefüllt, das durch die CMYK-Werte (5/3/2/0) erzeugt wurde. Damit die Korrektur überhaupt Auswirkungen zeigt, muss die Methode „Absolut" angewendet werden. Nach der Korrektur ist der kritische Tonwertbereich wieder harmonisch in das Bild integriert und das Bild hat eine Begrenzung erhalten (**Abb. 8.59 b**).

Abb. 8.60: Lichterkorrektur mit Hilfe der selektive Farbkorrektur

Vermeidung von Tonwertabrissen in den Lichtern

8.4.5 Füllmethoden für Ebenen und Malmodi

Das Arbeiten mit Füllmethoden für Ebenen wurde bereits im Zusammenhang mit Kontrast- und Sättigungskorrekturen von Farbbildern vorgestellt. Das Vorgehen wurde am Beispiel der Magnolienblüten demonstriert (vgl. Kapitel 8.3, S. 226). Neben der dabei verwendeten Fülloption „Luminanz" bietet Photoshop eine Reihe weiterer Füllmethoden an, die **Abb. 8.61** zeigt.

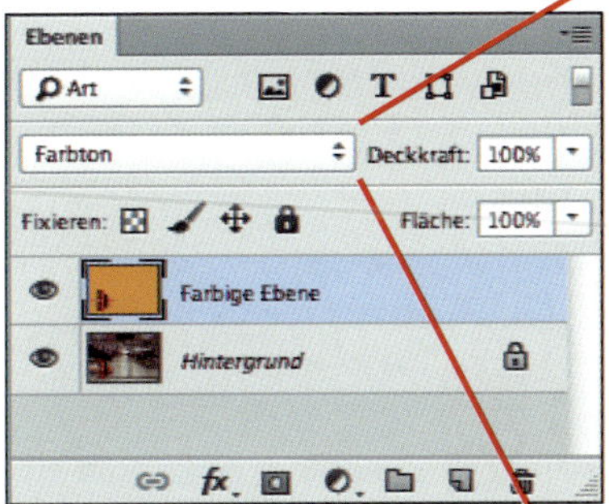

Abb. 8.61: Ebenen-Füllmethoden

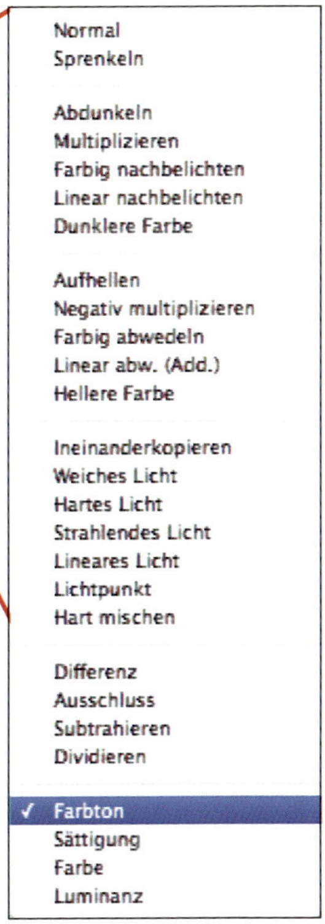

Neben vielen Effekten sind es besonders folgende Füllmethoden, die für die Farbkorrektur von Interesse sind: „Farbton", „Sättigung", „Farbe" und „Luminanz". Sie bieten sich an, um die jeweils genannte Komponente separat zu beeinflussen. Im Beispiel ist die Fülloption „Farbton" für eine orange gefüllte Ebene ausgewählt (**Abb. 8.61**). Dadurch wird nur der Farbton, nicht aber die Sättigung und die Helligkeit der oberen mit der darunter liegenden Ebene verrechnet. Über die Deckkraft ist regelbar, wie stark die jeweilige Änderung ausfällt.

➲ **Füllmethoden legen fest, auf welche Weise die Pixel einer Ebene bzw. eines ausgemalten Bildbereichs mit denen der darunter liegenden Ebene verrechnet werden. Die Deckkraft bestimmt die Stärke des Eingriffs.**

Abb. 8.62a Bild mit verschiedenen Farbstichen. Angabe der Farbwerte für ausgewählte Punkte

Abb. 8.62b: Vereinheitlichte Lichtbedingungen. Angabe der Farbwerte für ausgewählte Punkte

Einheitliche Farbstimmung erzeugen

Auf das Bild in **Abb. 8.62a** wurde der genannte Ebenenmodus „Farbton“ als alternative Technik angewendet, um eine Farbstimmung zu erzeugen. Hierbei handelt es sich um ein Bild mit zwei unterschiedlichen Farbstichen. In der oberen Hälfte überwiegt ein Rotstich, die untere rechte Ecke wirkt eher zu gelblich. Da nicht ersichtlich ist, durch welche Lichtquellen diese jeweils unterschiedliche Färbung erzeugt wurde, sind die Farbunterschiede im Bild unstimmig. Es ist ratsam, die verschiedenen Farbrichtungen im Bild zu vereinheitlichen, um so dem Eindruck des Betrachters Rechnung zu tragen, dass nur eine bestimmte Lichtart vorherrscht. Die dargestellten Lampen scheinen sogar eher ein weißliches Licht zu erzeugen. Das spricht dafür, die Farbstimmung insgesamt deutlich zu verringern.

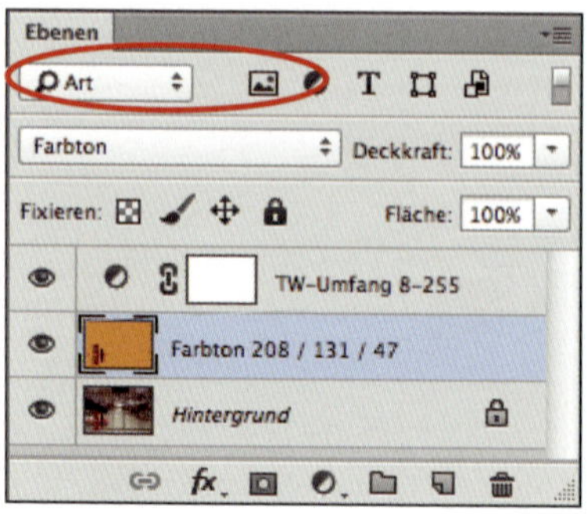

Abb. 8.63: Ebene mit Füllmethode Farbton

Es bietet sich an, das gesamte Bild mit der Tönung der gewünschten Lichtfarbe zu überziehen. Im Beispiel wurde eine Ebene mit der Füllfarbe RGB (208/131/47) erzeugt (**Abb. 8.63**). Die Bereiche des roten Feuermelders und der Signalstreifen hinten links im Bild wurden davon jedoch mit Hilfe einer Ebenenmaske ❶ ausgenommen. Diese Bildstellen sollen ihre ursprüngliche Farbe behalten.

❶ Eine **Maske** veranschaulicht, welche Bereiche eines Bildes wie stark vor der Bearbeitung geschützt sind. Die weiß gekennzeichneten Bereiche sind bearbeitbar, die schwarzen geschützt. Die Erstellung von Ebenenmasken wird auf S. 254f demonstriert.

Das Ergebnis dieses Eingriffs zeigt **Abb. 8.64b**. Anhand der Farbaufnehmerpunkte kann zusätzlich das Mischungsverhältnis der Grundfarben überprüft werden. Nach der Korrektur herrscht in allen angezeigten Punkten der Rotanteil vor, der Blauanteil ist am niedrigsten. Im Vergleich zu **Abb. 8.64a** wurden damit Farbunterschiede der ausgewählten Bildstellen aneinander angeglichen. Dem Prinzip nach handelt es sich bei dieser Korrektur darum,

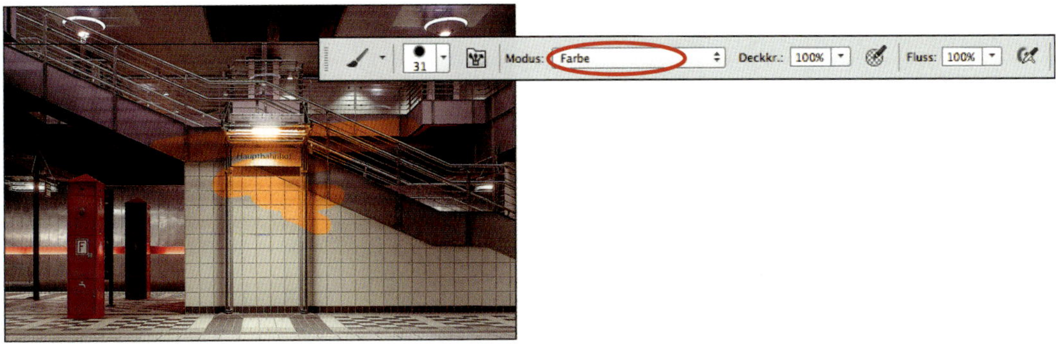

Abb. 8.64: **Anwendung des Malmodus „Farbe"**

eine dominante Farbrichtung im Bild zu erzeugen. Damit bietet sie eine Alternativmethode zu dem in Kapitel 8.2 erläuterten Vorgehen, Farbstiche über Gradationskurven zu beseitigen (vgl. S. 219).

In diesem speziellen Beispiel (**Abb. 8.64**) ist die Anwendung des Ebenenmodus die intelligentere Methode, da sie sehr viel schneller ist. Beim Vorgehen über Gradationskurven hätte man zunächst die Bildbereiche mit rotem Farbstich von denen mit gelbem trennen müssen, um diese dann unabhängig voneinander zu bearbeiten. Diesen mühsamen Weg kann man sich in diesem besonderen Falle ersparen.

Modi für Malwerkzeuge

Die Füllmethoden für Ebenen sind unter dem Menüpunkt „Modus" auch für Malwerkzeuge anwählbar (vgl. Markierung in **Abb. 8.64**). Das Motiv in **Abb. 8.64** wurde stellenweise mit oranger Farbe übermalt. Der eingestellte Malmodus „Farbe" sorgt dafür, dass an diesen Stellen das Objekt erhalten bleibt und nicht von oranger Farbe verdeckt wird. Lediglicht der Farbton und die Sättigung der Füllfarbe wurde auf bearbeiteten Bildstellen übertragen.

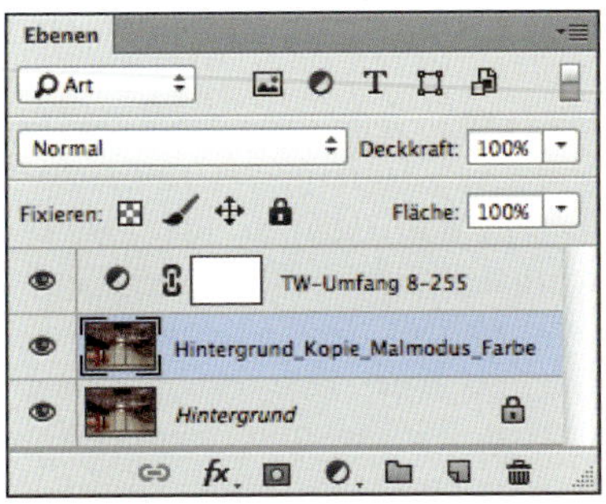

Abb. 8.65: **Bearbeitung einer Kopie der Hintergrundebene**

Da der Malmodus die Pixel der bearbeiteten Ebene immer unwiderruflich verändert, muss man auf jeden Fall vorher eine Kopie der darunter liegenden Ebene erstellen. Die Hintergrundebene mit dem Ausgangsbild sollte immer unbearbeitet bleiben (**Abb. 8.65**).

➲ **Wendet man Füllmethoden als Malmodus an, muss man zunächst eine Kopie der darunter liegenden Ebene erstellen, um das unbearbeitete Ausgangsbild zu bewahren.**

Abb. 8.66 a: **Unkorrigiertes Ausgangsbild**

Abb. 8.66 b: **Ergebnis der Korrekturen**

8.5 Beispielkorrektur

In den Kapiteln 8.1 bis 8.4 wurden verschiedene Methoden zur Optimierung von Farbbildern vorgestellt. Im Anschluss daran geht es nun darum, deren Zusammenspiel bei der Bearbeitung eines ganz speziellen Motivs beispielhaft nachzuvollziehen. Das Bild der Fußball spielenden Männer soll korrigiert werden. Folgende Zielvorstellungen werden dabei verfolgt:

- Der erhebliche Gelbstich des Bildes soll durch eine rötlichere Farbstimmung ersetzt werden. Eine komplette Neutralisierung der Grautöne wäre hier fehl am Platze, da die langen Schatten des Bildes auf eine Abendsituation hinweisen.
- Insgesamt muss das Bild klarer und kontrastreicher gestaltet werden.
- Die Objektfarben sollen authentisch reproduziert werden. Diverse Bildpartien, z. B. die Hauttöne, müssen daher selektiv korrigiert werden.

Abb. 8.66 a zeigt das Ausgangsbild, Abb. 8.66 b das fertig bearbeitete Bild. In Abb. 8.67 können die Arbeitsschritte und deren Reihenfolge abgelesen werden, denn es wurde jeweils eine separate (Einstellungs)-Ebene erzeugt. Die Durchführung der Korrekturen wird im Folgenden detailliert beschrieben und durch Abbildungen zu den vorgenommenen Einstellungen illustriert.

Abb. 8.67: **Bearbeitungsschritte im Ebenenmenü**

Abb. 8.68a: **Bild vor der Optimierung des Tonwertumfangs**

Abb. 8.68b: **Bild nach der Optimierung des Tonwertumfangs**

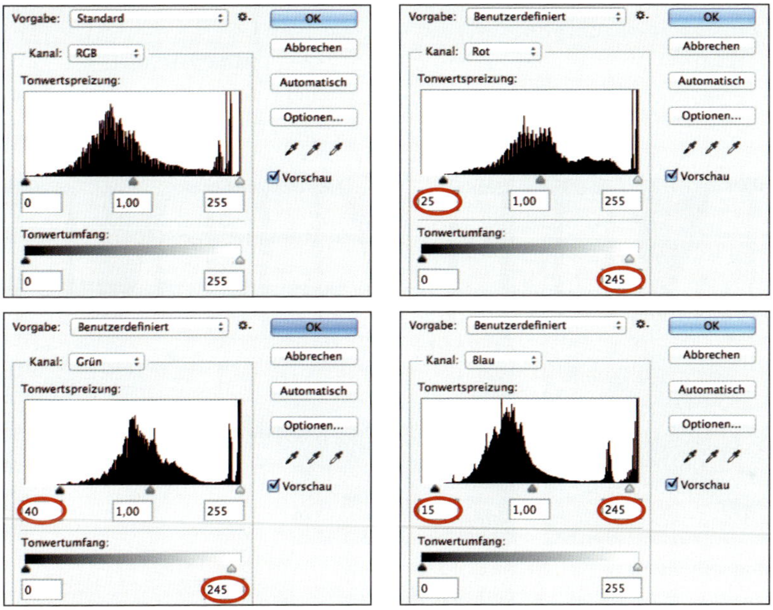

Abb. 8.69c bis Abb. 8.69f: **Einstellungen der Tonwertspreizung und des Tonwertumfangs für die einzelnen Kanäle des Bildes**

Arbeitsschritt 1: Tonwertumfang optimieren

Durch die Einstellung des Tonwertumfangs soll zum einen ein möglichst hoher Gesamtkontrast erzeugt werden, zum anderen soll der Eindruck einer Abendstimmung entstehen. Dafür muss man in die Einzelkanäle eingreifen (**Abb. 8.69c** bis **Abb. 8.69f**). Bei der Tonwertkorrektur verschiebt man in allen Kanälen den Schwarzpunktregler auf den linken Rand des Histogramms. Damit wird der maximale Tonwertumfang ausgenutzt.

Die Farbstimmung des Bildes wird anschließend über den Weißpunktregler und die Begrenzung des Tonwertumfangs im Licht justiert. Im Rot- und im Grünkanal wird der Tonwertumfang auf 245 eingeschränkt, um diese Anteile im Bild zu reduzieren. Der Blauanteil wird leicht erhöht, indem der Weißpunktregler nach innen auf 245 geschoben wird.

Abb. 8.70 a: Bild vor der Kontrasterhöhung

Abb. 8.70 b: Bild nach der Kontrasterhöhung

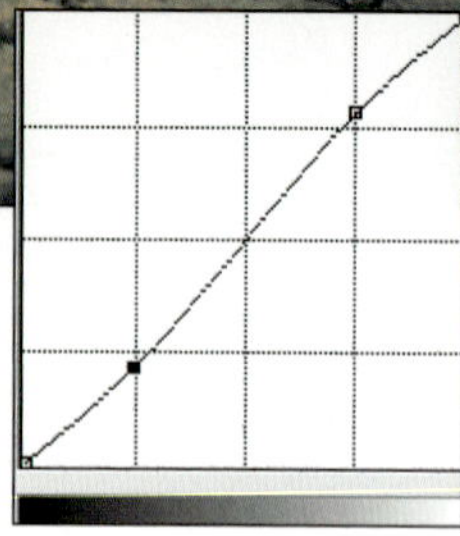

Abb. 8.70 c: Angewendete Gradationskurve

Abb. 8.71 a: Bild vor der Sättigungserhöhung

Abb. 8.71 b: Bild nach der Sättigungserhöhung

Abb. 8.71 c: Einstellung unter „Farbton/Sättigung ...

Arbeitsschritt 2 und 3: Globale Kontrast- und Sättigungserhöhung
Um die beiden Komponenten Kontrast (also Helligkeitsdifferenz) und Sättigung (also Farbintensität) getrennt voneinander bearbeiten zu können, wird jeder Arbeitsschritt auf einer eigenen Einstellungsebene durchgeführt. Auf einer Gradations-Einstellungsebene mit dem Füllmodus „Luminanz" wird eine leichte S-Krümmung der Korrektur-Kurve eingestellt (**Abb. 8.70 c**).

Die Sättigung im Bild wird mit Hilfe des Werkzeugs „Farbton/Sättigung ..." ein wenig erhöht (**Abb. 8.71 c**). Dadurch wird im Bild der Eindruck des warmen Abendlichts verstärkt (**Abb. 8.71 b**). Mit diesem Schritt sind die globalen Korrekturen abgeschlossen. Nun gilt es, einzelne Bildpartien selektiv zu optimieren.

Abb. 8.72 a: **Schattenbereiche vor der Sättigungsverringerung**

Abb. 8.72 b: **Schattenbereiche nach der Sättigungsverringerung**

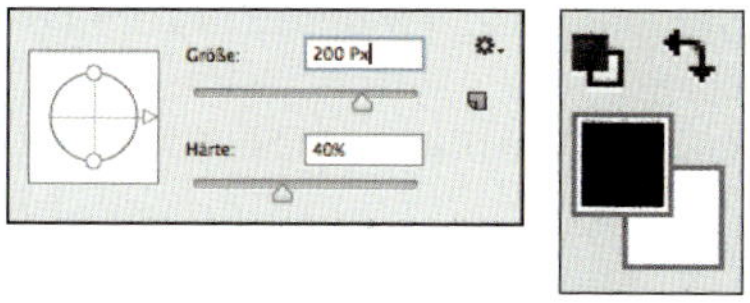

Abb. 8.72 c: **Eingestellte Pinseloptionen**

Arbeitsschritte 4 bis 6: selektive Farbkorrekturen

Selektive Farbkorrekturen werden an einzelnen Bildstellen vorgenommen, deren Farbgebung noch authentischer werden soll.

Zunächst wird in Schattenbereichen des Straßenpflasters die Sättigung ein wenig reduziert (**Abb. 8.72 b**). Alle bisher erstellten Ebenen werden zu diesem Zweck zunächst dupliziert und auf eine Ebene reduziert. Auf dieser neuen Ebene werden dann mit schwarzer oder weißer Vordergrundfarbe und dem Malmodus Sättigung die zu verändernden Bildstellen übermalt. Da nur die Sättigung der Malfarbe übernommen wird, würde eine 100 %-ige Deckkraft die bemalten Bildstellen in Graustufen umfärben. Darum wird hier eine äußerst geringe Deckkraft gewählt (10 %). Eine große Pinselspitze (200 px) mit weicher Kante (40 %) trägt weiterhin dazu bei, die Korrektur sanft in die Bildumgebung einzufügen. Je häufiger man mit diesen Einstellungen über eine Bildstelle fährt, desto stärker fällt die Korrektur aus. So kann man sich in kleinen Schritten sensibel an das Endergebnis herantasten.

Abb. 8.73 a: Schuh vor der Umfärbung

Abb. 8.73 b: Schuh nach der Umfärbung

Der Schuh wirkt in dem rötlichen Abendlicht noch ein wenig zu blau. Dieser Bildbereich wurde ausgewählt und auf einer eigenen Einstellungsebene des Typs „Farbton/Sättigung …“ bearbeitet (**Abb. 8.73 a**).

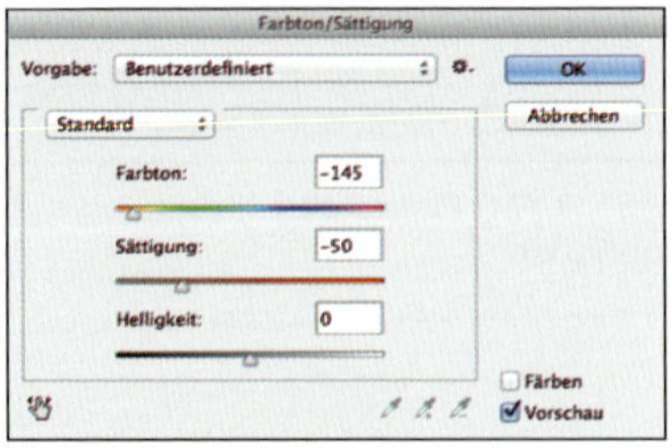

Abb. 8.73 c: Einstellung unter „Farbton/Sättigung …

Die Farbtonverschiebung um -145° bewirkt, dass die bläuliche Tendenz eher in eine rötliche verwandelt wird. Die starke Entsättigung (-50 %) schwächt aber auch diese Farbnuance deutlich ab, sodass insgesamt ein beinahe neutraler Farbton entsteht. Da die Unterschenkel des Fußballspielers in diesem Bild so auffallend inszeniert sind, lohnen sich auch hier noch geringfügige Korrekturen. Die Hautfarbe wurde intensiviert, indem der Blauanteil ein wenig verringert wurde (**Abb. 8.74 c**).

Abb. 8.74 a: Hauttöne vor der Korrektur

Abb. 8.74 b: Hauttöne nach der Korrektur

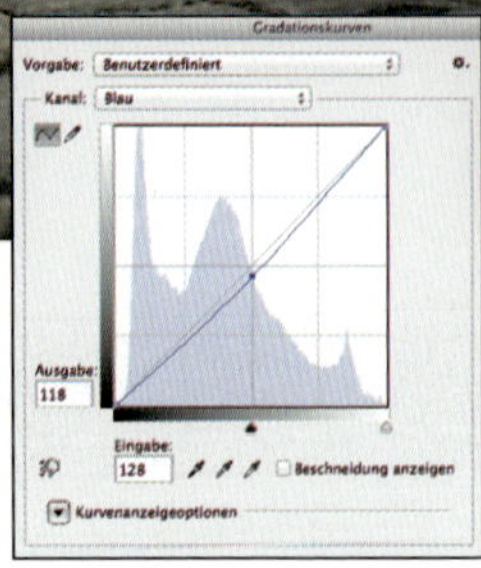

Abb. 8.74 c: Angewendete Gradationskurve

8.6 Fortgeschrittene Techniken: Masken und Kanäle

Je erfahrener man in der Bildbearbeitung wird, desto häufiger kommen (Alpha)-Kanäle und Masken zum Einsatz und desto vielseitiger werden sie angewendet. Lädt man einen Alpha-Kanal ❶ als Auswahl, entsteht eine Maske für das Bild bzw. die aktuelle Bildebene. Dabei werden die verschiedenen Tonwertstufen des Alpha-Kanals in Maskierungsgrade übersetzt. Dunkle Bereiche sind stark vor der Bearbeitung geschützt, helle nur geringfügig und auf weiße wird die Korrektur in voller Stärke angewendet. **Abb. 8.75 a** bis **Abb. 8.75 c** zeigen die Erstellung eines Alpha-Kanals durch das Speichern einer Auswahl. In **Abb. 8.76 a** und **Abb. 8.76 b** wird der Alpha-Kanal als Maske dargestellt und verwendet. Durch die Maske wird das Flugzeug freigestellt und später vor einen anderen Hintergrund gestellt (**Abb. 8.77 b**).

❶ **Alpha-Kanäle** sind zusätzlich zu den Grundfarb-Kanälen gespeicherte Kanäle mit verschiedenen Tonwertstufen. Sie sind wie Graustufenbilder bearbeitbar.

Die Erstellung von Masken und Kanälen wurde in einfacher Form bereits in Kapitel 8.4.1 (S. 228 ff) vorgestellt. Hier wird deren Handhabung und Funktion beim Freistellen (Kapitel 8.6.1) und bei selektiven Korrekturen (Kapitel 8.6.2, S. 263 ff) detailliert erklärt.

Abb. 8.75 a bis Abb. 8.75 c: Auswahl des Flugzeugs als Alpha-Kanal speichern

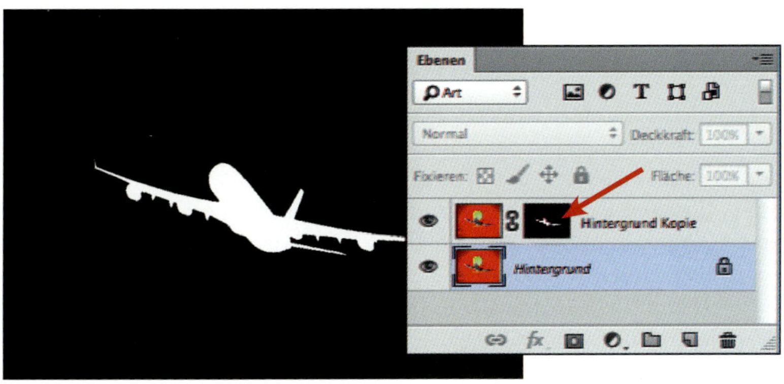

Abb. 8.76 a und Abb. 8.76 b: Maskendarstellung der Auswahl, Verwendung als Ebenenmaske

Abb. 8.77 a: Flugzeug vor Originalhintergrund

Abb. 8.77 b: Flugzeug freigestellt, vor violettem Hintergrund

8.6.1 Freistellen mit Masken und Kanälen

Trennung von Vorder- und Hintergrund

Beim Freistellen löst man ein Bildobjekt aus seinem ursprünglichen Zusammenhang heraus und entfernt oder ersetzt die unerwünschten Bildbereiche. Die freigestellten Bereiche erhalten dann z. B. eine neue Hintergrundfarbe oder werden in ein anderes Foto eingefügt. Alpha-Kanäle helfen dabei, das Objekt von seinem ursprünglichen Hintergrund zu trennen. Dafür ist es zunächst nötig, auf der Maske einen möglichst großen Tonwertunterschied zwischen Vorder- und Hintergrund herzustellen. Die Tonwertstufen im Alpha-Kanal stehen für unterschiedliche Maskierungsgrade.

➲ **Beim Freistellen wird ein Bildobjekt aus seinem ursprünglichen Zusammenhang herausgelöst.**
Alpha-Kanäle helfen dabei, die unerwünschten Bildbereiche zu markieren. Unterschiedliche Schwärzungsgrade im Alpha-Kanal werden in unterschiedlich starke Maskierungsgrade übersetzt.

Klar begrenzte Objekte

Wie schwierig eine Freistellung ist, hängt vor allem damit zusammen, wie stark sich ein Objekt im Vordergrund vom Hintergrund abhebt. Das erste Beispiel, das in diesem Kapitel besprochen wird (Flugzeug am Himmel, **Abb. 8.77 a**), kann mit relativ einfachen Mitteln freigestellt werden, weil das freizustellende Motiv klar begrenzt ist. In **Abb. 8.77 b** ist es vor einer neuen Hintergrundfarbe zu sehen.

Objekte mit schlechter Trennung vom Hintergrund

Beim zweiten Beispiel wird ein Personenportrait freigestellt und vor einen anderen Hintergrund platziert (**Abb. 8.78 a** und **Abb. 8.78 b**). Diese Freistellung erfordert aufwändigere Bearbeitungsschritte, da Vorder- und Hintergrund diffus ineinander übergehen. Insbesondere bei den Haaren muss die Exaktheit der Auswahl und das Durchscheinen des Hintergrunds beachtet werden. Beide Korrekturen wurden in Photoshop realisiert, andere Programme bieten ganz ähnliche Funktionalitäten an, die man meistens nur unter anderer Bezeichnung suchen muss.

Abb. 8.78 a: Junge vor Originalhintergrund

Abb. 8.78 b: Junge vor Grafittiwand

Freistellen klar begrenzter Formen

Arbeitet man beim Freistellen mit Masken und Kanälen, verfährt man grundsätzlich nach folgendem Schema:

Arbeitsschritte beim Freistellen klar begrenzter Formen

1. **Auswählen eines Bildbereichs**. Dabei können entweder der Hintergrund oder das Vordergrundmotiv ausgewählt werden.
2. **Bearbeiten der Auswahl,** um diese exakter zu machen
3. **Freistellen des Objektes** innerhalb des Bildes. Selbst wenn bestimmte Bildbereiche des Originals nicht mehr benötigt werden, ist es besser, diese nicht einfach zu löschen. Versehentlich gelöschte Informationen können sonst nicht rekonstruiert werden. Ein Alpha-Kanl, der als Maske aktiviert wird, ist daher die sinnvollere Methode zur Entfernung unerwünschter Bilddetails.
4. **Bei Bedarf Nachkorrigieren**. Nach dem Freistellen noch sichtbare Unsauberkeiten werden entfernt.

Diese Schritte werden auf das Bild des Flugzeugs (**Abb. 8.77 a**) angewendet.

1. Auswählen eines Bildbereichs:

Auswahl erstellen

Bei dem Flugzeugmotiv wurde zunächst der Hintergrund ausgewählt. **Abb. 8.79** zeigt das Ergebnis einer ersten Auswahl, nachdem mit dem Zauberstab in den orangen Bereich geklickt wurde. Die dabei eingestellten Werkzeugoptionen sind in **Abb. 8.79** ablesbar: Der Toleranzbereich lag bei 32 Tonwertstufen und es wurden nur benachbarte Pixel berückschtigt.

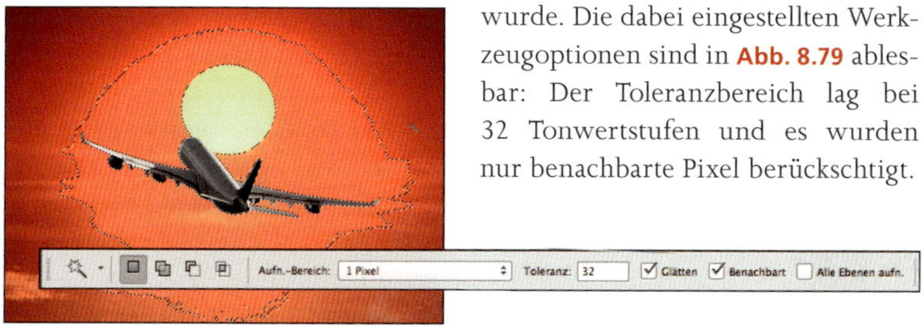

Abb. 8.79: Auswahl des Hintergrundes mit Hilfe des Zauberstabs

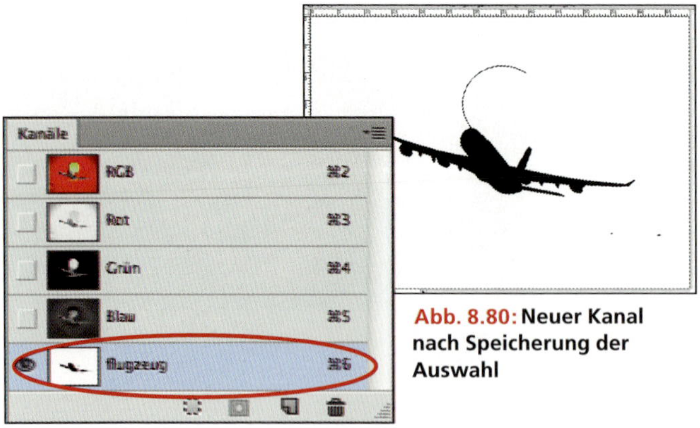

Abb. 8.80: Neuer Kanal nach Speicherung der Auswahl

2. Bearbeiten der Auswahl

Auswahl bearbeiten

Weitere Klicks auf Bildstellen außerhalb der Auswahl sorgen bei gedrückter Shift-Taste für die Ausweitung der Auswahl. Dieser Vorgang wurde hier so lange wiederholt, bis der gesamte Hintergrund des Flugzeugs ausgewählt war. Dann wurde die Auswahl gespeichert (Auswahl/Auswahl speichern). Ein neuer Kanal entstand; im Beispiel wurde er „flugzeug“ genannt (**Abb. 8.80**). Die ausgewählten Bereiche sind im Kanal weiß dargestellt. Verbleibende schwarze Störstellen im Hintergrund wurden in diesem Kanal einfach mit weißem Pinsel übermalt. Dafür wurde die noch aktive Auswahl aufgehoben und die Vordergrundfarbe auf Weiß gestellt.

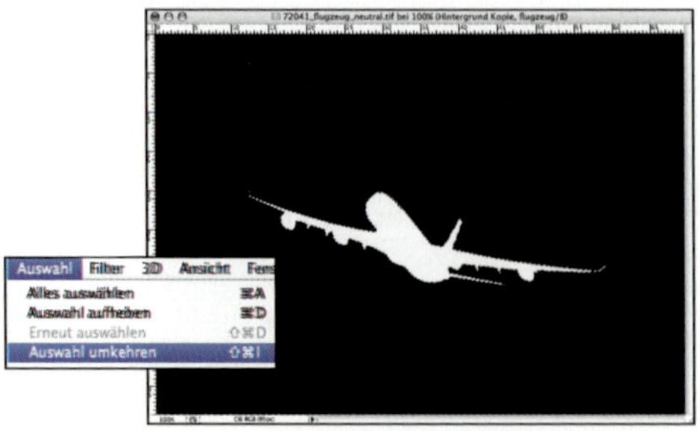

Abb. 8.81: Auswahl umkehren

Um den Hintergrund zu maskieren und das Flugzeug zu erhalten, wurden die Farben invertiert („Bild/Anpassen/Umkehren“ **Abb. 8.81**). Schwarze Bereiche maskieren das Bild, weiße legen es offen.

3. Freistellen des Objekts

Genauigkeit der Auswahl prüfen

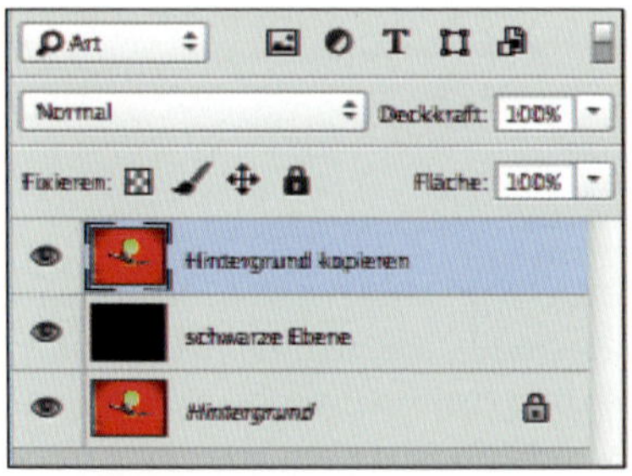

Abb. 8.82: Anordnung der Ebenen

Um die Genauigkeit der Auswahl zu prüfen, wurde das Flugzeug mit Hilfe einer Ebenenmaske vor einem violetten Hintergrund platziert, der in starkem Kontrast zur ursprünglichen Hintergrundfarbe Orange steht. Eine Kopie der Hintergrundebene wurde über eine schwarz gefüllte Ebene gelegt (**Abb. 8.82**).

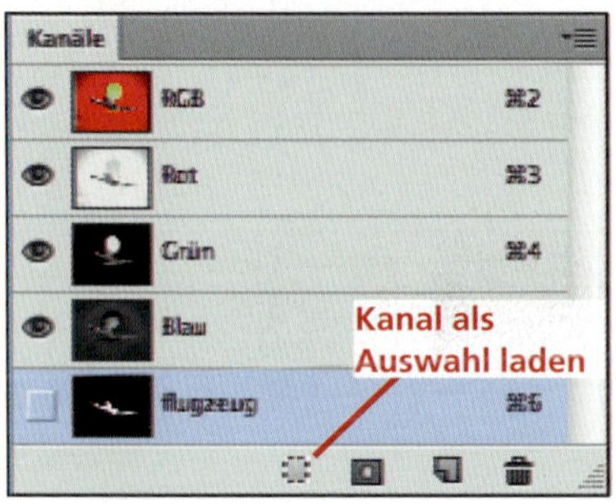

Abb. 8.83: Kanal als Auswahl laden

Im Kanäle-Menü wurde dafür der Alpha-Kanal („flugzeug“) aktiviert und als Auswahl geladen (**Abb. 8.83**).

Die geladene Auswahl wurde als Ebenenmaske angewendet (Klick auf das zugehörige Symbol, **Abb. 8.84**). Die Miniatur der Maske wird auf der zugehörigen Ebene sichtbar.

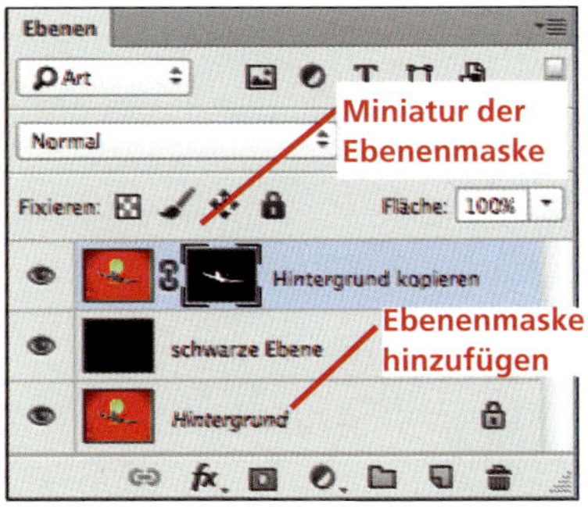

Abb. 8.84: **Ebenenmaske hinzufügen**

Abb. 8.85: **schlecht maskiertes Flugzeug vor violettem Hintergrund**

Das Ergebnis zeigt **Abb. 8.85**. Die Auswahl ist noch nicht zufriedenstellend. Ein störender Rand umgibt das Flugzeug, bei dem der ursprüngliche orange Hintergrund noch sichtbar ist.

4. Bei Bedarf Nachkorrigieren

Ausweitung der maskierten Bereiche

Da der Originalhintergrund noch an den Rädern des Flugzeugs sichtbar war, mussten die maskierten Bereiche ausgeweitet und der freigestellte Bereich verkleinert werden.

Man kann diese Nachkorrektur entweder in der Ebenenmaske oder im Alpha-Kanal realisieren. Änderungen auf der Ebenenmaske verändern nur diese. Sie lassen den gespeicherten Alpha-Kanal unverändert. Im vorliegenden Fall schien es aber sinnvoller, die ursprüngliche Auswahl, also den Alpha-Kanal, zu korrigieren und so die Auswahl auch für eventuelle weitere Verwendungen exakter zu machen. Die erstellte Ebenenmaske konnte daher gelöscht werden (Klick mit rechter Maustaste auf die Miniatur und dann „Ebenenmaske löschen"; **Abb. 8.86**).

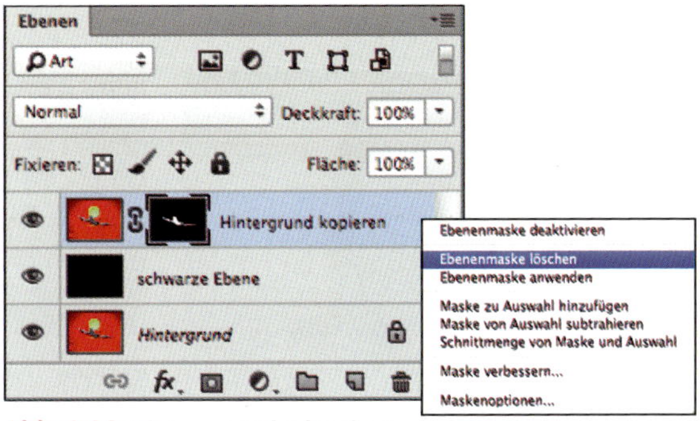

Abb. 8.86: **Ebenenmaske löschen**

Im Kanälemenü wurde der bereits bestehende Kanal „flugzeug" nachbearbeitet. Der Kanal wurde als Auswahl geladen und die maskierenden (schwarzen) Bereiche um einen Pixel ausgeweitet (**Abb. 8.87**). Dadurch konnte der unschöne Rand um das Flugzeug entfernt werden. Der korrigierte Kanal wurde erneut als Auswahl geladen und als Ebenenmaske hinzugefügt.

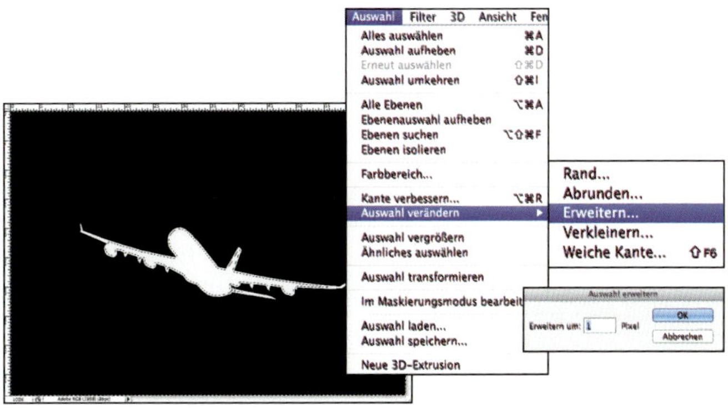

Abb. 8.87: **Auswahl erweitern**

Abb. 8.88a: **Freigestelltes Flugzeug vor farbigem Hintergrund**

Abb. 8.88b: **Freigestelltes Flugzeug vor neuem Hintergrundmotiv**

Das verbesserte Ergebnis zeigt **Abb. 8.88a**. Nun ist die Freistellung perfekt. Das Objekt vor einen anderen Hintergrund zu platzieren, ist nun ein sehr einfacher Schritt. In **Abb. 8.88b** wurde lediglich eine weitere Ebene unterhalb der mit dem Flugezeug eingefügt, schon erscheint es über den Wolken.

Abb. 8.89a: **Junge vor Originalhintergrund**

Abb. 8.89b: **Junge vor Grafittiwand**

Freistellen filigraner Objekte mit diffusen Begrenzungen

Die Silhouette des Jungen wurde in einem Alpha-Kanal gespeichert und mit einer Ebenenmaske freigestellt. Zum Schluss wurde sein Portrait vor ein anderes Bild platziert (**Abb. 8.89b**). Bei dem Motiv des Kindes in **Abb. 8.89a** handelt es sich um ein filigranes Objekt, das stellenweise stark mit dem Hintergrund verschmilzt. Darum ist es schwierig, das Portrait aus seinem ursprünglichen Zusammenhang herauszulösen. Bei solchen Motiven kommt man mit einfachen Auswahlwerkzeugen nicht weiter.

Auch wenn manche Bildbearbeitungsprogramme Spezialwerkzeuge für schwierige Auswahlen anbieten: Man benötigt bei Objekten mit diffusen Begrenzungen Alpha-Kanäle für exakte und glaubwürdige Freistellungen (**Abb. 8.90b**).

Abb. 8.90a: Junge vor Originalhintergrund

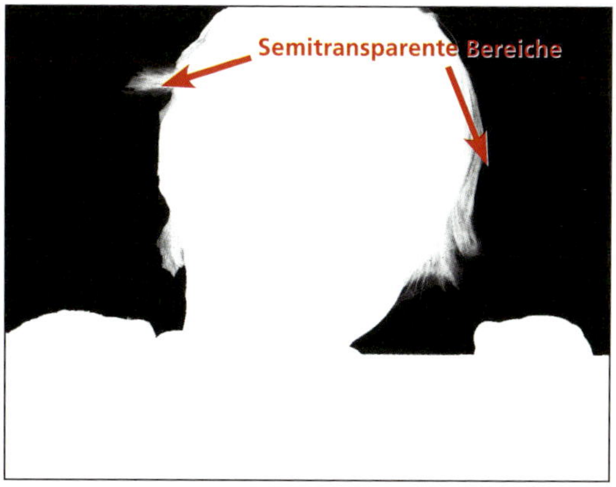

Abb. 8.90b: Alpha-Kanal für die Erstellung einer Maske

Im Gegensatz zu einfachen ton- bzw. farbwertbasierten Auswahlwerkzeugen (wie z. B. dem Zauberstab) manipuliert man bei Alphakanälen die Auswahl anhand von Tonwertmanipulationen.

Ebenso wie bei der Freistellung klar begrenzter Formen muss sich das Objekt im Vordergrund durch Tonwertunterschiede vom Hintergrund abheben. Der Vordergrund, der erhalten werden soll, wird weiß, die auszublendenden Bereiche des Hintergrunds schwarz. Bei diffus begrenzten Objekten muss der Übergangsbereich dazwischen durch Grauabstufungen modelliert werden. Bei sehr feinen Details oder an Stellen, wo Vorder- und Hintergrund nur sehr schwer zu trennen sind, wird der alte Hintergrund zum Teil erhalten, um Übergangsbereiche mit semitransparenten Maskierungen zu erzeugen.

➲ **Filigrane Objekte maskiert man, indem man im Alpha-Kanal möglichst große Kontraste zwischen Vorder- und Hintergrundpartien verstärkt. Die dadurch entstehenden Tonwertunterschiede werden für unterschiedliche Maskierungsgrade genutzt.**

Die problematischen Stellen des Portraits sind in **Abb. 8.90** dargestellt, einmal im Bild (**Abb. 8.90a**), einmal im fertigen Alpha-Kanal (**Abb. 8.90b**). Dort, wo der Kontrast zwischen Haarsträhnen und Originalhintergrund nur sehr gering ist (vgl. Markierung in **Abb. 8.90a**), sorgen im Alpha-Kanal viele Tonwertabstufungen zwischen Vorder- und Hintergrund für einen sanften Übergang; ebenso dort, wo der Hintergrund teilweise durch die Haare hindurch scheint (semitransparente Bereiche, vgl. Markierungen im Alpha-Kanal). Das Arbeitsschema für die Freistellung von filigranen Objekten ist prinzipiell das gleiche, wie bei Arbeit an klar begrenzten Objekten. Sie wird jedoch mit anderen Mitteln umgesetzt:

Vorgehen beim Freistellen filigraner Objekte

1. **Auswählen eines Bildbereichs.** Bei komplexen Arbeiten sucht man dabei zunächst nach dem Kanal mit der besten Tontrennung zwischen Vorder- und Hintergrund. Dieser wird als Alpha-Kanal dupliziert. Je stärker der Kontrast zwischen Vorder- und Hintergrund ist, desto leichter fällt das Herauslösen der freizustellenden Bereiche aus dem Bildzusammenhang.

2. **Bearbeiten der Auswahl**, um diese exakter zu machen. Das bedeutet bei filigranen Motiven Tonwertkorrektur des Alpha-Kanals. Die Tontrennung zwischen Vorder- und Hintergrund wird verstärkt und die Übergänge dazwischen je nach Motiv scharfkantig oder weich gestaltet.
3. **Freistellen des Objektes.** Auch hier sollten keine Bildteile gelöscht werden. Nicht mehr benötigte Bereiche werden im Alpha-Kanal geschwärzt. Bei seiner Anwendung als Ebenenmaske werden diese verdeckt. Graustufen stehen für verminderte Maskierungsgrade.
4. **Bei Bedarf Nachkorrigieren.** Nach der Freistellung werden noch sichtbare Unsauberkeiten entfernt. Besonders in semitranparenten Bereichen könnte eine nachträgliche Verstärkung oder Abschwächung der Maskierung nötig werden. Nachkorrekturen nimmt man in Form von Tonwertkorrekturen im Alpha-Kanal oder an der Ebenenmaske vor. Bei Bedarf führt man auch noch Farbkorrekturen am neuen Hintergrund durch, um diesen abzuschwächen bzw. stärker an das Objekt im Vordergrund anzugleichen.

Im Folgenden wird dokumentiert, wie diese Arbeitsschritte auf das Jungenportrait angewendet wurden.

1. Auswählen eines Bildbereichs

Tontrennung zwischen Vorder- und Hintergrundfarben

Ziel ist es, einen Alpha-Kanal zu erstellen, der Vorder- und Hintergrund möglichst gut voneinander trennt. Zu diesem Zweck sucht man zunächst denjenigen Grundfarbkanal mit der besten Tontrennung zwischen Vorder- und Hintergrund. Dieser Kanal wird dupliziert und als Alpha-Kanal gespeichert. Die RGB-Kanäle des Beispielbildes sind in **Abb. 8.91 a** bis **Abb. 8.91 c** zu sehen. Leider war keiner der Kanäle uneingeschränkt verwendbar. Der rechte Bildbereich ist im Blaukanal am kontrastreichsten, insbesondere an der schwierig freistellbaren Bildstelle, wo sich Haarsträhnen vor dem Blattwerk befinden (vgl. Markierung in **Abb. 8.91 c**). Die Figur hebt sich dunkler vom hellen Hintergrund ab. Im linken Bildbereich liefert der Rotkanal die besten Kontrastverhältnisse. Anders als in der rechten Bildhälfte ist hier allerdings die Figur heller als der Hintergrund.

Abb. 8.91 a: Rotkanal des Originals

Abb. 8.91 b: Grünkanal des Originals

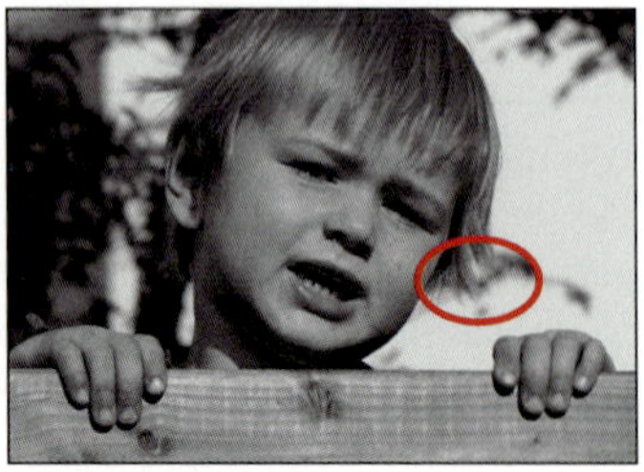

Abb. 8.91 c: Blaukanal des Originals

2. Bearbeiten der Auswahl

Kontrast- und Helligkeitskorrekturen von Alpha-Kanälen

Das Ziel dabei ist klar: Der Vordergrund muss weiß, der Hintergrund schwarz werden; die Übergänge dazwischen müssen durch Grauabstufungen sensibel moduliert sein. Diese Operation ist ohne Zweifel die aufwändigste und auch die vielseitigste von allen. Verschiedenste Methoden der Kontrast- und Helligkeitsveränderung finden hier Anwendung. Welchen Weg man wählt, ist der

Vorliebe des Bearbeiters überlassen. Folgende Manipulationstechniken sind dabei jedoch wesentlich:

Kanalberechnungen

- Kanalberechnungen: Hier werden die Graustufen-Informationen von ausgewählten Kanälen global miteinander verrechnet. Die Verrechnungsmethoden entsprechen den Mal- und Ebenenmodi (vgl. Kapitel 8.4.5, S. 243).

Gradationskurven und Tonwertkorrektur

- Klassische Methoden der Kontrast- und Helligkeitsbearbeitung, insbesondere Gradationskurven und das Dialogfeld Tonwertkorrektur (vgl. Kapitel 7.2)

Maltechniken

- Maltechniken mit unterschiedlicher Deckkraft, Strichstärke und Weichheit der Begrenzung bei unterschiedlichen Malmodi.

Neben diesen Tonwertkorrekturen können intelligente Auswahltechniken, Invertierungen und andere Hilfsmittel gute Dienste leisten, um Vorder- und Hintergrund deutlich voneinander zu trennen.

Häufig beginnt man die Tonwertmanipulation mit einer globalen Kanalberechnung, die die bestehenden Tonwertunterschiede verstärkt. **Abb. 8.92** zeigt das zugehörige Menü. Zwei Quellkanäle werden nach Maßgabe des gewählten Modus miteinander verrechnet. Am besten probiert man einfach aus, welcher Modus die besten Ergebnisse für das jeweils bearbeitete Bild liefert. Häufig hat man Glück mit „Multiplizieren", „Negativ multiplizieren" oder „Ineinanderkopieren". Beim vorliegenden Bild wurde der Blaukanal mit sich selbst durch den Modus „Ineinanderkopieren" kombiniert. Die Einstellungen sieht man in **Abb. 8.92**, die Vorher-Nachher-Gegenüberstellung in **Abb. 8.93 a** und **Abb. 8.93 b**.

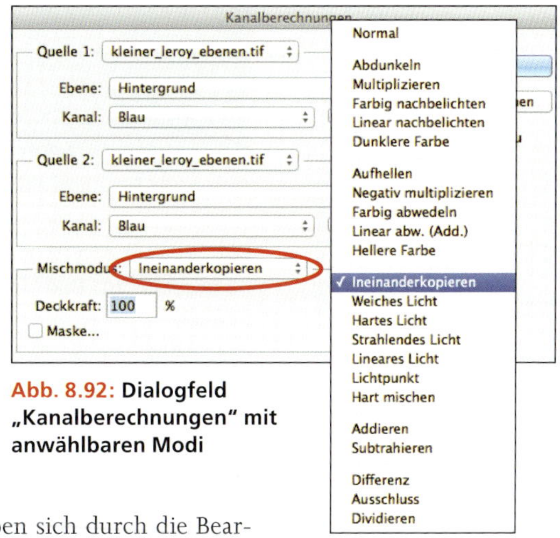

Abb. 8.92: Dialogfeld „Kanalberechnungen" mit anwählbaren Modi

Die Kontrastverhältnisse in der rechten Bildhälfte haben sich durch die Bearbeitung verbessert, insbesondere die Haarstruktur am Übergang zum Hintergrund hat an Zeichnung gewonnen (vgl. Markierung in **Abb. 8.93 b**).

Abb. 8.93 a: unbearbeiteter Blaukanal

Abb. 8.93 b: Verstärkung der Tontrennung durch Kanalberechnung

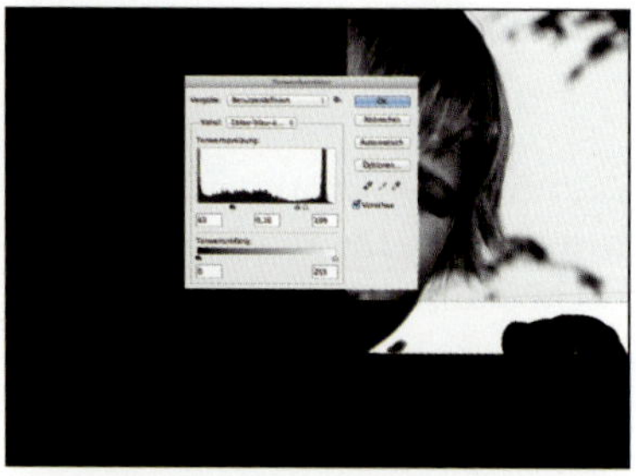

Abb. 8.94: Tonwertkorrektur der Auswahl

Die weitere Modulation der Tonwertstufen erfolgte in verschiedenen Bildbereichen unterschiedlich. Insbesondere rechte und linke Bildhälfte wurden voneinander getrennt bearbeitet. Die linke Bildhälfte wurde komplett mit Schwarz gefüllt (**Abb. 8.94**).

Grobkorrekturen

Abb. 8.95: Grobkorrektur der Flächen

Das Holzbrett wird durch eine simple Rechteckauswahl erfasst und geschwärzt. Die Bereiche der Hand und der klar begrenzte Teil des Gesichts wurden ausgewählt und mit dem Menü „Tonwertkorrektur" ebenfalls fast komplett geschwärzt. Restliche Störstellen innerhalb der Flächen wurden mit Weiß bzw. Schwarz übermalt oder erneut ausgewählt und mit Hilfe von Gradationskurven oder dem Dialogfeld Tonwertkorrektur geschwärzt (**Abb. 8.95**). So wurden z. B. die Blätter oben rechts im Bild und die Modulation im Gesicht entfernt. Die bearbeiteten Bereiche wurden rein Weiß bzw. ganz Schwarz gefärbt. So grobe Korrekturen sind dann erlaubt, wenn man sich weit genug vom kritischen Übergang zwischen Vorder- und Hintergrund hält, der durch die Haare begrenzt wird.

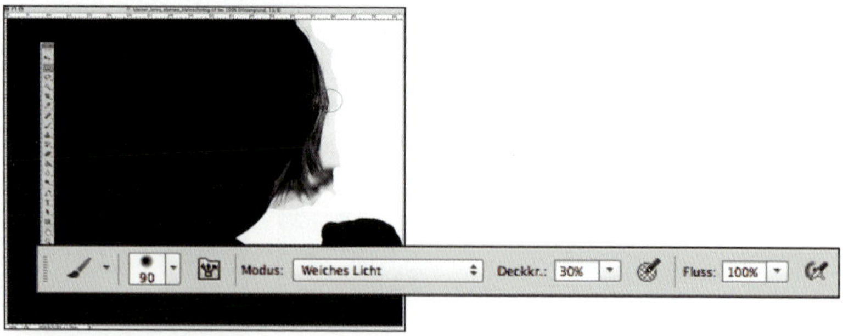

Abb. 8.96: Bearbeitung der Übergänge

Sensible Bearbeitung der Übergangsbereiche

Bei der Bearbeitung der Übergangsbereiche (**Abb. 8.96**) ist höchste Sensibilität gefragt, um möglichst feine Tonwertabstufungen zu erhalten. Geht man hier zu grob vor, übertüncht man versehentlich feine Details, wie z. B. Haare. Bleiben zu viele Bereiche erhalten, werden die Haare zu Balken. Die filigranen Kanten wurden hier bei weißer Vordergrundfarbe mit dem Malmodus „Weiches Licht" übermalt. Das erzeugt eine sanfte Aufhellung insbesondere der hellen Töne. Eine verringerte Deckkraft des Pinsels, ein relativ großer Pinseldurchmesser mit weicher Kantenschärfe bewirkt eine kleinschrittige, vorsichtige Korrektur.

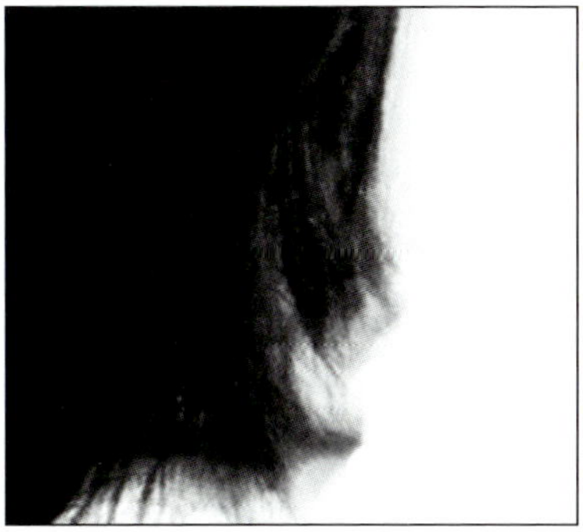

Abb. 8.97 a: Tonwertmodulation einer Haarsträhne

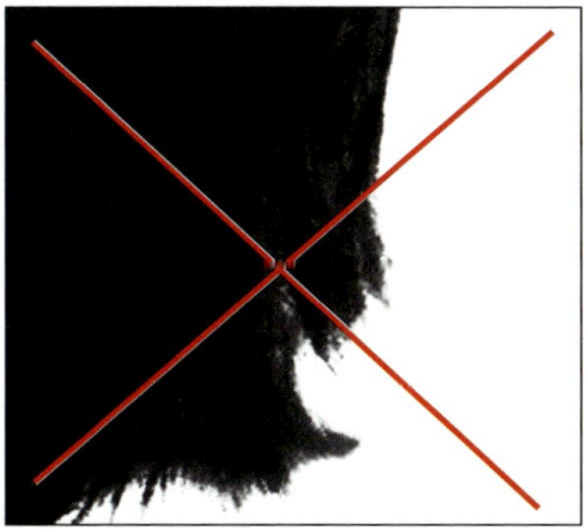

Abb. 8.97 b: Zu grobe Tontrennung einer Haarsträhne

Abb. 8.97 a zeigt eine sensible und **Abb. 8.97 b** eine zu grobe Tontrennung in der Makierung der Haarsträhne.

Da der Vordergrund im Alpha-Kanal weiß dargestellt werden muss, wurden die Tonwerte im Beispiel umgekehrt (**Abb. 8.98**). Die rechte Bildhälfte war damit fertig und wies eine gute Tontrennung auf.

Abb. 8.98: Tonwerte umkehren

Die linke Bildhälfte wurde mit ähnlichen Methoden wie den gerade vorgestellten bearbeitet. Einzelne Bildteile erforderten auch hier wieder unterschiedliche Vorgehensweisen. Darum wurden sie einzeln korrigiert (**Abb. 8.99**) und schließlich in einen gemeinsamen Kanal kopiert (**Abb. 8.100**).

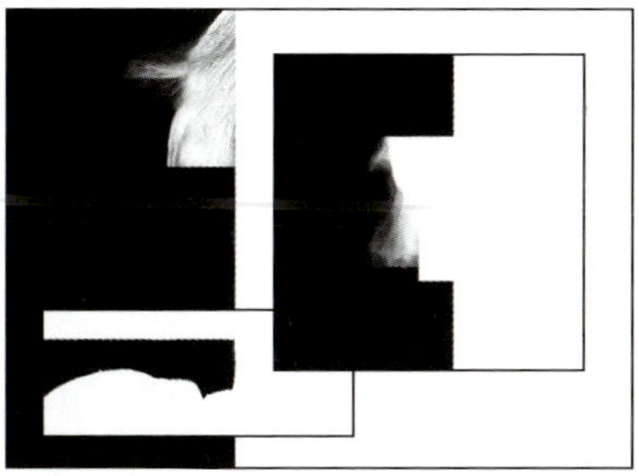

Abb. 8.99: Rechte Bildhälfte bearbeiten

Abb. 8.100: Zusammenkopierte Einzelteile: fertiger Alpha-Kanal

3. Freistellen des Objekts

Genauigkeit der Auswahl prüfen

Der bearbeitete Kanal wurde als Auswahl geladen und dem Bild als Ebenenmaske hinzugefügt (**Abb. 8.101 a**). Um die Qualität der Maske sehr kritisch prüfen zu können, wurde zunächst eine kontrastreiche Hintergrundfarbe (hier Rot) gewählt. An den Haarsträhnen ist die Maske hinreichend transparent: Der neue Hintergrund scheint durch, der alte ist genügend stark reduziert (vgl. Markierung in **Abb. 8.101 b**).

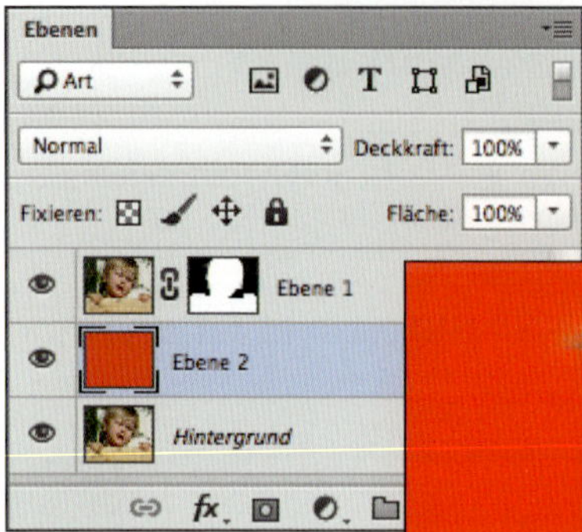

Abb. 8.101 a: Test der Freistellungsqualität, Einstellungsebenen

Abb. 8.101 b: Testbild

4. Bei Bedarf Nachkorrigieren

Spätestens vor dem Hintergrund der Graffittiwand bemerkt der Betrachter nicht mehr, dass das Portrait aus einem anderen Bild herausgelöst wurde (**Abb. 8.102**). In diesem Fall war keine Nachkorrektur nötig.

Abb. 8.102: Junge vor Grafittiwand

8.6.2 Selektive Farbkorrekturen mit Masken und Kanälen

Abb. 8.103 a: Unkorrigiertes Ausgangsbild

Abb. 8.103 b: Zeichnung in den Flammen verstärkt

Mit Masken selektiv die Zeichnung verstärken

Auswahl auf der Basis von Ton- und Farbwertunterschieden

Alpha-Kanäle und Ebenenmasken bieten eine sehr exakte und flexible Möglichkeit, ton- bzw. farbwertbezogen Auswahlen zu erstellen. Darum sind sie auch für selektive Korrekturen effektiv einsetzbar. Im Bild der Feuerschluckerin (**Abb. 8.103 a**) sollten die Farbschattierungen im Feuer dramatisiert werden. In **Abb. 8.103 b** ist dieses Ziel umgesetzt worden. Die zu korrigierenden Stellen wurden mit Hilfe eines Alpha-Kanals ausgewählt. Dieser wurde als Ebenenmaske auf das Bild angewendet, um die nicht maskierten Bereiche mit Hilfe einer Gradationskurve abzudunkeln.

Die Erstellung des Alpha-Kanals verlief ähnlich wie bei denen zum Zwecke der Freistellung im letzten Kapitel: Zunächst wurde ein Grundfarbkanal gesucht, der bereits starke Zeichnung im Bereich des Feuers aufweist. **Abb. 8.104 a** bis **Abb. 8.104 c** auf Seite 264 zeigen, dass dies am besten im Blaukanal der Fall ist (vgl. Markierung in **Abb. 8.104 c**). In einem Duplikat diese Kanals wurden alle Bildbereiche außerhalb des Feuers geschwärzt, um sie vor der Bearbeitung zu schützen. Außerdem sorgte eine Kontrastkorrektur des Alphakanals für eine starke Trennung ausgewählter und geschützter Bereiche.

Abb. 8.104 a: Rotkanal des Originals

Abb. 8.104 b: Grünkanal des Originals

Abb. 8.104 c: Blaukanal des Originals

Gradationskorrektur des Alpha-Kanals

Schließlich wurde der fertige Alpha-Kanal als Ebenenmaske auf eine Einstellungsebene vom Typ Gradationskurven angewendet (**Abb. 8.105 a** und **Abb. 8.105 b**). Die ungeschützten, in der Maske weiß dargestellten, Bildbereiche wurden durch eine Gradationsänderung im Composite-Kanal abgedunkelt (**Abb. 8.105 b**). Dieser Eingriff wirkt intensivierend auf die Zeichnung der Flammen, wie ein Vergleich der **Abb. 8.106 a** mit **Abb. 8.106 b** zeigt.

Abb. 8.105 a: Alpha-Kanal

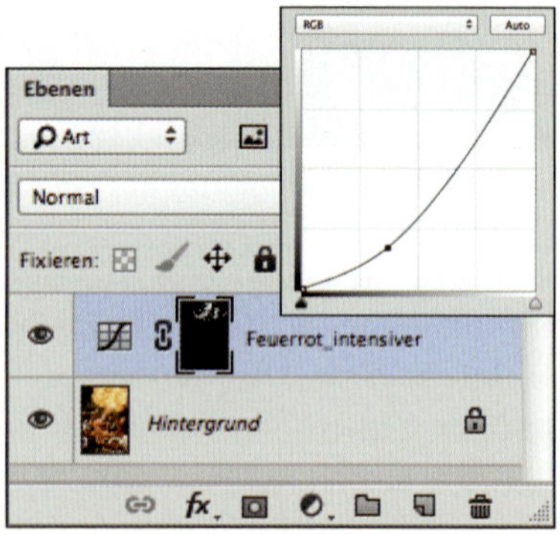

Abb. 8.105 b: Ebenenmaske

Abb. 8.106 a: Unkorrigiertes Ausgangsbild

Abb. 8.106 b: Zeichnung in den Flammen verstärkt

Abb. 8.107 a: Unkorrigiertes Ausgangsbild

Abb. 8.107 b: Tonwertinformationen des Blaukanals zur Kontrastverstärkung genutzt

Abb. 8.107 c: Blaukanal und Ebenenmenü

Mit Alpha-Kanälen den Kontraste verstärken

Es gibt unzählige weitere Beispiele, in denen die selektive Korrektur mit Auswahlen über Alpha-Kanäle hilfreich und effizient ist. Ein weiteres wird hier demonstriert: Das Bild der Magnolienblüten soll kontrastreicher werden. Bereits im Kapitel 8.3 wurde dieses Problem besprochen. Um die Sättigung und die Helligkeit eines Bildes gezielt ändern zu können, wurde dort die Empfehlung ausgesprochen, Gradationsänderungen auf einer eigenen Einstellungsebene vorzunehmen, der die Fülloption „Luminanz“ zugewiesen ist.

Luminanzinformation eines Alpha-Kanals nutzen

Schnell und effektiv ist es auch, einen kontrastreichen Grundfarbkanal in eine zweite Ebene zu kopieren. Diese Ebene wird mit der Option „Luminanz“ gefüllt, um die Helligkeitsinformationen dieser Ebene mit der darunter liegenden zu verrechnen. In **Abb. 8.107 a** und **Abb. 8.107 b** ist das Ausgangsbild und dessen Bearbeitung mit Hilfe dieser Methode dargestellt. Der Blaukanal des Bildes wurde in eine eigene Ebene kopiert, der die Fülloption „Luminanz“ zugewiesen wurde (**Abb. 8.107 c**). Für diese Methode benötigt man also eine Ebene, die ausschließlich die Blauinformationen des Motivs beinhaltet. Zu diesem Zweck wurde eine leere Ebene erzeugt, in die die Blauinformationen einkopiert wurde.

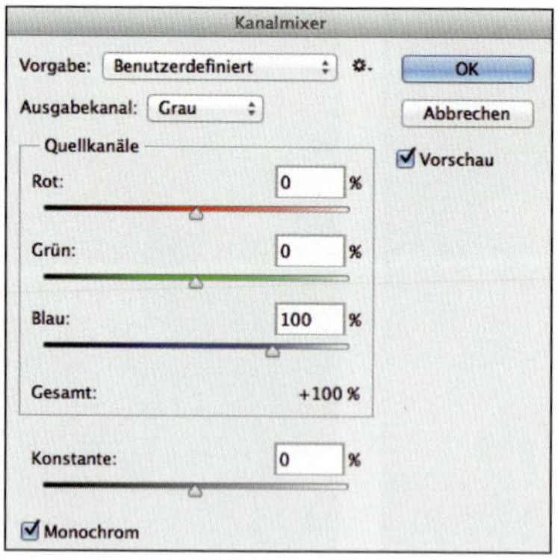

Abb. 8.108: Kanalmixer

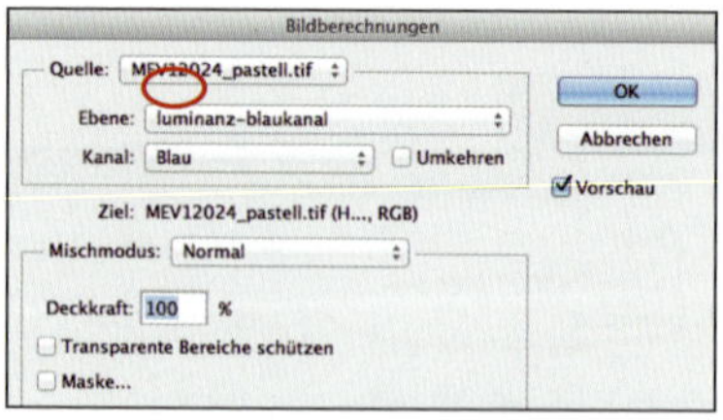

Abb. 8.109: Bildberechnungen

Alternativ kann man auch die Hintergrundebene kopieren und über den Kanalmixer nur die Informationen des Blaukanals erhalten (**Abb. 8.108**) oder mit Hilfe des Menüs Bildberechnungen lediglich den Blaukanal auszuwählen (**Abb. 8.108**).

Die in **Abb. 8.109** abgebildeten Einstellungen des Kanalmixers (Bild/Anpassen/Kanalmixer) bewirken, dass der Rot- und der Grünkanal auf dieser Ebene gar nicht (nämlich zu 0 %) berücksichtigt werden, der Blaukanal jedoch im Original, also zu 100 %. Die Option „Monochrom“ sorgt dafür, dass die Ausgabe in Graustufen erfolgt.

Die Bildberechnungen (Bild/Bildberechnungen; **Abb. 8.109**) können verwendet werden, um lediglich den Blaukanal einer (Quell)-Ebene auszuwählen. Außerdem kann man hier bereits einen Modus für die Ebenen angeben. Im Beispiel ist „Normal“ gewählt. Würde man hier die Option „Luminanz“ auswählen, wäre bereits eine Fülloption für die Ebene festgelegt.

In diesem Kapitel wurden nur einige wenige Beispiele für die Bildkorrektur mit Hilfe von Alpha-Kanälen und Ebenenmasken vorgestellt. Der geübte Bearbeiter findet schnell viele Gelegenheiten für deren Anwendung. Methodisch gibt es dabei häufig eine Menge Alternativen, wie das letzte Beispiel zeigt.

➲ **Wichtiges Prinzip bei der Arbeit mit Kanälen und Masken ist immer die Nutzung motivspezifischer Tonwertunterschiede für die exakte Auswahl oder selektive Bearbeitung bestimmter Bildbereiche.**

8.7 Aufgaben und Übungen

1. **Einstellung des Tonwertumfangs bei Farbbildern:**
   Für Bilder, deren Gesamtkontrast optimiert werden soll, bietet Photoshop vier grundlegende Automatik-Funktionen an: „Auto-Farbton", „Auto-Kontrast", „Auto-Farbe" und „Helligkeit und Kontrast verbessern".
   a) Welche Auto-Funktion bietet sich an, wenn die Farbigkeit des Bildes bei der Einstellung des Gesamtkontrasts möglichst nicht verändert werden soll? Erklären Sie deren Funktionsweise.
   b) Welche Auto-Funktion neutralisiert bei der Einstellung des Gesamtkontrasts Farbstiche im Bild? Erklären Sie deren Funktionsweise.
   c) Korrigieren Sie den Tonwertumfang des Beispielbildes in **Abb. 8.110** mit Hilfe der drei Auto-Funktionen. Vergleichen und begründen Sie die Ergebnisse. Die Bilddatei finden Sie auf der CD zum Buch (Datei „8.110_Aufg_Schnee.jpg").
   d) Bei welchen Bildmotiven empfiehlt es sich, den Tonwertumfang manuell einzustellen?

Abb. 8.110: Bild zu Aufgabe 1c

2. **Farbstiche korrigieren:**
   a) In dem Beispielbild **Abb. 8.111** soll die Sonnenuntergangsstimmung verstärkt werden. Welches technische Vorgehen bietet sich dabei unter Verwendung der folgenden Werkzeuge jeweils an?
   - Tonwertspreizungs-Regler (in Tiefen und Lichtern)
   - Tonwertumfangs-Regler (in Tiefen und Lichtern)
   - Gradationskurven

   Probieren Sie es anhand der zugehörigen Datei „8.111_Aufg_Meer.tif" auf der CD aus.
   b) Welche weiteren Korrekturwerkzeuge zur globalen Korrektur eines Farbstichs bietet Ihr Bildbearbeitungsprogramm an? Probieren Sie auch Werkzeuge aus, die in diesem Kapitel nicht erwähnt wurden. Überlegen Sie bei deren Verwendung jeweils, welches Wirkungsprinzip ihnen zugrunde liegt.

Abb. 8.111: Bild zu Aufgabe 2a

3. **Kontrast und Helligkeit bei Farbbildern:**
   a) Warum ist es bei der Bildbearbeitung wünschenswert, aber schwierig durchführbar, Kontrast- und Sättigungsänderungen unabhängig voneinander durchzuführen?
   b) Beschreiben Sie die Kontraststeuerung mit Hilfe der folgenden Methoden. Benennen Sie jeweils auch deren Probleme:
   - Gradationskorrektur unter Verwendung der Ebenen-Füllmethode „Luminanz"
   - Gradationskorrektur im L-Kanal
   - Kontrastkorrektur unter Verwendung eines Alpha-Kanals und der Ebenen-Füllmethode „Luminanz".

   Testen Sie diese Methoden anhand der Datei „8.112_Aufg_Blume.tif" auf der CD (**Abb. 8.112**).

Abb. 8.112: Bild zu Aufgabe 3b

Abb. 8.113: Bild zu Aufgabe 6a

Abb. 8.114: Bild zu Aufgabe 6b

4. Auswahlwerkzeuge:

a) Erklären Sie den prinzipiellen Unterschied von geometrisch begrenzenden Auswahlwerkzeugen und solchen auf der Basis von Ton- und Farbwertunterschieden.

b) Welche Rolle können Alpha-Kanäle bei der Erstellung und Anwendung von Auswahlen übernehmen?

5. Methoden der Farbkorrektur:

Überlegen Sie, in welchen Fällen eine visuelle Kontrolle von Farbkorrekturen am Monitor ausreicht und wann sich eine strenge Kontrolle von Farbwerten ausgewählter Bildpixel empfiehlt.

6. Beispielkorrektur:

Optimieren Sie die folgenden Bilder motivspezifisch.
Die zugehörigen Bilder finden Sie auf der CD zum Buch.

a) Abb. 8.113 (Datei: „8.113_Aufg_Fussball.tif").

b) Abb. 8.114 (Datei: „8.114_Aufg_Flaschen.tif").

7. Bildbearbeitung mit Masken und Kanälen:

Führen Sie die folgenden Korrekturen aus. Die zugehörigen Bilder finden Sie auf der CD zum Buch.

a) Stellen Sie das Motiv in Abb. 8.115 (Datei: „8.115_Aufg_Kuh.tif") frei und platzieren Sie es vor einen neuem Hintergrund Abb. 8.116 (Datei: „8.116_Aufg_Hintergr.tif").

b) Nutzen Sie Masken und Kanäle, um die Schattierungen im Feuer der Abb. 8.117 (Datei: „8.117_Aufg_Feuerschluckerin.tif") zu intensivieren.

Abb. 8.115: Kuhmotiv zu Aufgabe 7a

Abb. 8.116: Hintergrund zu Aufgabe 7a

Abb. 8.117: Bild zu Aufgabe 7b

9 Bilder für die Ausgabe aufbereiten

Nach den Arbeiten, die Motivdarstellung optimieren, muss ein Bild noch für den Ausgabeprozess aufbereitet werden. Das geschieht in vier Schritten:

Arbeitsschritte bei der Aufbereitung für einen Ausgabeprozess

1. Konvertierung in den Zielfarbraum des Ausgabegerätes
2. Feinkorrekturen an Kontrast, Helligkeit und Farbe
3. Medienspezifische Einschränkung des Tonwertumfangs
4. Scharfzeichnung

Bei der Konvertierung aus dem Arbeits- in den Zielfarbraum muss das ICC-Profil gewählt werden, das den vorgesehenen Ausgabeprozess am besten beschreibt. Dies sollte über die Funktion „In Profil umwandeln" geschehen (**Abb.9.1**) ❶.

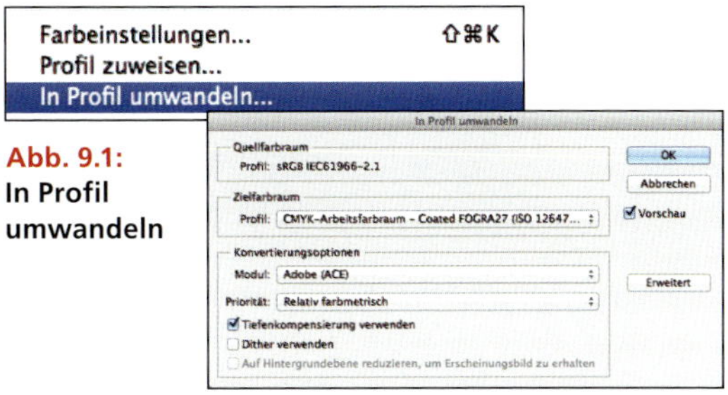

Abb. 9.1: In Profil umwandeln

Leider erreichen die wenigsten Ausgabegeräte eine Darstellungsqualität, die an die des Monitors heranreicht. Die Bilder verlieren in der Regel durch die Umwandlung von RGB nach CMYK an Brillanz und Differenzierungen. Um die Verluste so gering wie möglich zu halten, müssen die Colormanagement-Einstellungen motivspezifisch sinnvoll gewählt werden (vgl. Kapitel 5). Die folgenden Konvertierungsoptionen sind in der Regel empfehlenswert:

❶ Der Befehl **„In Profil umwandeln"** zielt bei einem Farbraumwechsel darauf, das Aussehen einer Datei möglichst beizubehalten (vgl. Kapitel 5.2.2, S. 135).

- Renderpriorität: in der Regel relativ farbmetrisch
- Aktivierung der Tiefenkompensierung

Wenn während der Bildbearbeitung bereits mit einer Softproof-Ansicht ❷ gearbeitet wurde, sind diese Optionen bereits bei deren Einrichtung an dem entsprechenden Motiv getestet und festgelegt worden. Bei der Konvertierung in den Ausgabefarbraum sollten diese übernommen werden. Fehlte jedoch bisher die Softproof-Ansicht, z. B., weil der Ausgabefarbraum nicht bekannt war, so müssen die für ein Motiv angemessenen Konvertierungsoptionen bei der Aufbereitung für die Ausgabe festgelegt werden. Es gelten die gleichen Regeln wie bei der Einrichtung der Colormanagement-Einstellungen (vgl. Kapitel 5.2.2).

❷ Ein **Softproof** ist eine Bildschirmvorschau des zu erwartenden Ausgabeergebnisses. Neben dem Zielfarbraum werden bei dessen Einrichtung weitere Konvertierungsoptionen festgelegt, vgl. Kapitel 5.2.2, S. 142

Da sich bei Farbraumkonvertierungen das Aussehen eines Bildes meistens zwangsläufig mehr oder weniger verändert, fallen danach je nach Bild weitere Feinkorrekturen an. Es handelt sich dabei um Arbeiten, wie sie bereits in Kapitel 7 und 8 vorgestellt wurden: Korrekturen an Kontrast, Helligkeit und Farbe. Meistens werden nur einzelne bildwichtige Farben individuell nachbearbeitet, wie z. B. Hauttöne (vgl. Kapitel 8.4.2, S. 233 ff). Daneben gibt es aber auch solche, die unabhängig vom Motiv optimiert werden müssen. Ihnen wird an dieser Stelle ein Kapitel gewidmet. Es handelt sich um die medienspezifische Einschränkung des Tonwertumfangs (Kapitel 9.1) und die Scharfzeichnung der Bilder (Kapitel 9.2).

9.1 Medienspezifische Einschränkung des Tonwertumfangs

Leider lässt sich ein maximaler Tonwertumfang von 0 bis 255 (bzw. 0 % bis 100 %) nicht ohne weiteres reproduzieren. Auf welchen Produktionswegen und mit welchen Medien ein Bild auch immer wiedergegeben wird, alle Ausgabeverfahren geraten an ihre Grenzen, wenn sie Feinheiten in Tiefen- und Lichtern abbilden sollen. Im Druck liegt das neben anderen Produktionsparametern vor allem daran, dass das Papier oft so saugfähig ist, dass in den Tiefen die Farbe verläuft und eine Volltonfläche entsteht. Man spricht davon, dass die Tiefen „zulaufen" bzw. „nicht mehr offen drucken". Auch der Lichterbereich wird nicht genügend differenziert: Hier besteht das Problem darin, sehr helle Tonwerte vom Papierweiß zu unterscheiden. Denn die winzig kleinen Rasterpunkte verlieren sich in den Unregelmäßigkeiten des Papiers oder gehen auf dem Übertragungsweg verloren. Das Resultat ist, dass sie nicht mehr wahrnehmbar sind oder erst gar nicht gedruckt werden. Man sagt dann, dass die „Lichter wegbrechen". Genau wie beim Clipping macht sich das durch einen Tonwertabriss bemerkbar. Der abrupten Sprung zwischen dem hellsten (auch „ersten") druckenden Punkt zum Papierweiß und vom dunkelsten (auch „letzten") druckenden Punkt zur schwarzen Volltonfläche stört den Bildeindruck (Abb. 9.2).

Mängel in der Tiefen- und Lichterzeichnung

Tonwertabriss

➲ **Bei allen Ausgabemedien und -verfahren ist es schwierig, die Tiefen- und Lichterzeichnung differenziert wiederzugeben. Es besteht die Gefahr von Tonwertabrissen in Tiefen und Lichtern.**

Abb. 9.2: Tonwertabriss in Tiefen und Lichtern

9.1.1 Reproduzierbarer Tonwertumfang

Leider lässt sich bei der Datenausgabe das Problem nicht vermeiden, die Tiefen- und Lichterzeichnung differenziert wiederzugeben. Es hängt vom Reproduktionsverfahren ab, wie groß die Tonwertbereiche in den Tiefen und Lichtern sind, die nicht mehr differenziert wiedergegeben werden können. Vermeiden kann man die damit verbundenen Tonwertabrisse nur, indem man den Helligkeitsbereich der Bilder auf den sogenannten „reproduzierbaren Tonwertumfang" einschränkt. Damit ist der Tonwertbereich gemeint, der differenziert und ohne Clipping wiedergegeben werden kann. Die Abb. 9.3 und Abb. 9.4 stellen Druckbeispiele mit und ohne diese Einschränkung gegenüber. Abb. 9.3 wurde reproduziert, indem der volle Tonwertumfang ausgenutzt wurde. Die markierten Stellen weisen auf Bildbereiche hin, in denen die Gefahr von Tonwertabrissen und Zeichnungsverlust besteht. In Abb. 9.4 wurde der Tonwertumfang eingeschränkt. Darunter leidet der Gesamtkontrast. Das Bild wirkt insgesamt weniger ausdrucksstark, die Zeichnung in Tiefen und Lichtern ist jedoch besser erhalten.

Reproduzierbarer Tonwertumfang

Abb. 9.3: **Bild mit voll ausgeschöpftem Tonwertumfang**

Abb. 9.4: **Bild mit Einschränkung auf den reproduzierbaren Tonwertumfang (hier 8 bis 247 bzw. ca. 3 % bis 97 %).**

➲ **Bei der medienspezifischen Aufbereitung wird der Tonwertumfang auf den reproduzierbaren Tonwertumfang eingeschränkt.**

Probleme im Zeitungsdruck

Im Zeitungsdruck geht man beispielsweise davon aus, dass der reproduzierbare Tonwertumfang zwischen ca. 8 % und 90 % Flächendeckung liegt. Im Offsetdruck auf gestrichenem Papier können mittlerweile schon Bereiche von 2 % bis 98 % differenziert gedruckt werden. In Tonwerten, die über dieses Spektrum hinaus reichen, brechen die Lichter weg und laufen die Tiefen zu.

Probleme bei Bildschirmmedien

Selbst bei Bildschirmmedien wie dem Internet und bei CD-Präsentationen muss man mit einem gerätebedingten Mangel an Tiefen- und Lichterzeichnung rechnen. Je nachdem wie hochwertig ein Monitor ist und wie gut er kalibriert (eingestellt) wurde, ergeben sich erhebliche Unterschiede in der Darstellungsqualität. Hier ist es trotzdem nicht üblich, den Tonwertumfang einzuschränken, da es keinen zuverlässigen Standard gibt.

Bei Beamern hilft es oft, den Maximalkontrast und die Helligkeitseinstellungen zu überprüfen, um dessen Darstellungsqualität in Tiefen und Lichtern zu verbessern. Ansonsten passiert es, dass man auf einem Referenzmonitor bereits deutliche Abstufungen in den Tiefen und Lichtern erkennt, die in der Projektion jedoch bereits einheitlich schwarz bzw. weiß dargestellt werden. Wie stark dieser Effekt ist, hängt vom jeweiligen Gerät und dessen Einstellungen ab.

Probleme bei Fotoabzügen

Leider lässt sich auch für Fotoabzüge nur eine ungefähre Richtlinie für den reproduzierbaren Tonwertumfang angeben, da die Belichtungs- und Entwicklungsprozesse der Fotolabore oft nicht standardisiert sind und die verwendeten Papiere einen erheblichen Einfluss auf die Darstellungsqualität haben. Generell kann man jedoch sagen, dass es sich für viele Motive lohnt, vor allem die Lichter abzudunkeln. Häufig wirken diese ansonsten durch Tonwertabrisse „ausgefressen". **Tabelle 9.1** stellt vor, von welchem reproduzierbaren Tonwertumfang man in der Regel bei einzelnen Ausgabeverfahren ausgeht.

Tabelle 9.1: Ausgabeverfahren und ihr jeweiliger reproduzierbarer Tonwertumfang (in Rastertonwerten bzw. Digitalwerten)

Ausgabeverfahren	Richtwert für den Tonwertumfang
Zeitungsdruck	8 % bis 90 %
Tiefdruck (gestrichenes Leichtpapier)	3 % bis 97 %
Offsetdruck (glänzend gestrichenes Papier)	2 % bis 98 %
Beamer-Präsentation	ca. 15 bis 240 Digitalwerte
Fotoabzüge	ca. 10 bis 245 Digitalwerte

„Tonwertumfang"-Regler im Dialogfeld Tonwertkorrektur

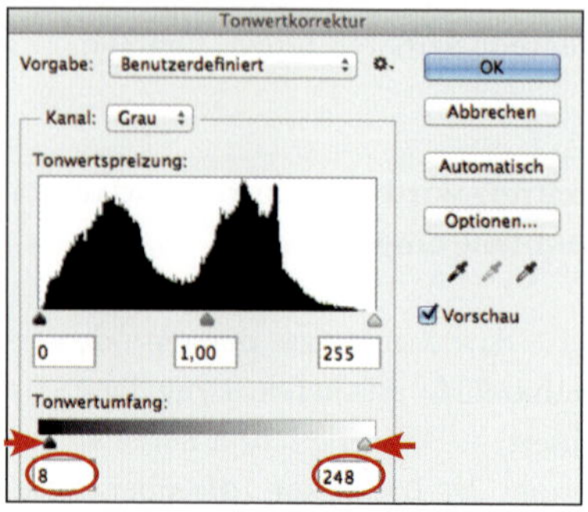

Abb. 9.5: Einschränkung des Tonwertumfangs

Einstellung des Tonwertumfangs

Die Einstellung des Tonwertumfangs wird mit Hilfe des Dialogfeldes „Tonwertkorrektur" vorgenommen. Dieses wurde in Kapitel 8.1.1 ausführlich beschrieben (vgl. S. 202 ff). Die gleichnamigen Regler werden von den Rändern nach innen geschoben oder durch Werteeingaben in den zugehörigen Eingabefeldern gesteuert (**Abb. 9.5**). Leider können die Angaben nur in Digitalwerten von 0 bis 255 vorgenommen werden. Der reproduzierbare Tonwertumfang wird jedoch für Druckverfahren immer als Rastertonwert angegeben. Man muss also eine Umrechnung von Rasterprozent- in Digitalwerte vornehmen. Dabei geht Photoshop von der vereinfachenden Annahme aus, dass ein Prozentwert 255 : 100 = 2,55 Digitalwerten entspricht.

Für die Umrechnung von Digital- in Prozentwerte gilt:

$$\text{Digitalwert} = 255 - \left(\text{\%-Wert} \cdot \frac{255}{100}\right)$$

Für die Umrechnung von Prozent- in Digitalwerte gilt:

$$\text{Prozentwert} = 100\,\% - \left(\frac{\text{Digitalwert}}{255}\right) \cdot 100\,\%$$

9.1.2 Überprüfung des Tonwertumfangs bei anspruchsvollen Motiven

Bei Motiven wie in **Abb 9.6a**, in denen die Detailzeichnung in Tiefen und Lichtern sehr wichtig ist, sollte man vor der Ausgabe noch einmal prüfen, ob diese im Druck differenziert wiedergegeben werden kann. Zur Überprüfung nutzt man den Weiß- bzw. Schwarzpunktregler des Werkzeugs „Tonwertkorrektur“ und stellt diesen auf den jeweiligen Grenzwert des Ausgabeverfahrens ein. **Abb. 9.6** und **Abb. 9.7** demonstrieren das Verfahren ❶. In **Abb. 9.6b** wurde der Schwarzpunktregler auf 247 (etwa 3 %) eingestellt. Alle Bildbereiche, die bei dieser Einstellung noch nicht Schwarz dargestellt sind, wurden im Druck als Papierweiß wiedergegeben.

❶ Die Weiß- bzw. Schwarzregler der Tonwertkorrektur werden auch zur Clippingkontrolle bei der motivspezifischen Optimierung verwendet. In diesem Zusammenhang wurden sie genauer erläutert (vgl. Kapitel 7.1.3, S. 162 ff).

Abb. 9.6a: Überprüfung des Tonwertumfangs

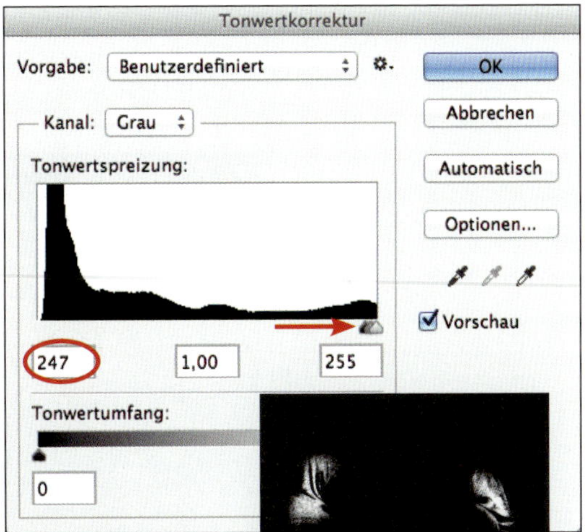

Abb. 9.6b: Kontrolle der Lichterzeichnung mit dem Schwarzpunktregler

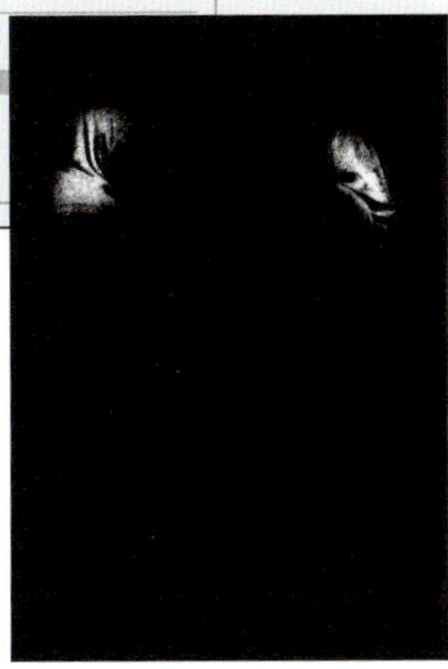

Abb. 9.6c: Testbild

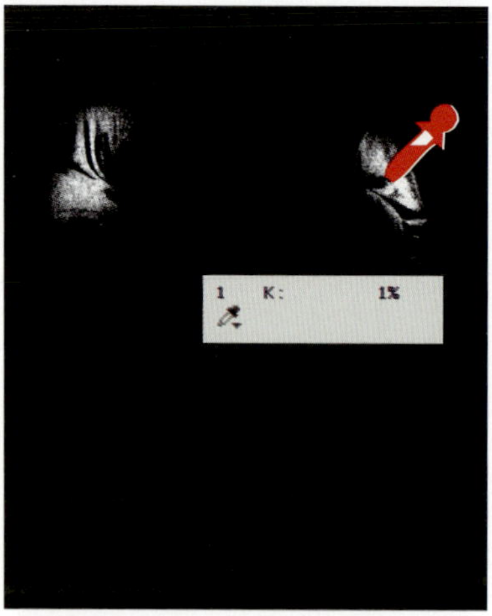

Abb. 9.7 **Pipette mit Informationen-Palette**

Numerische Kontrolle mit der Pipette

Differenzierungen in den hellen Bereichen des Testbildes gehen im Druck verloren. Das bestätigt auch die numerischen Kontrolle der Farbwerte mit der Pipette und der Informationenpalette (Abb. 9.7). Die markierte Stelle weist eine Flächendeckung von nur 1 % auf. Es gibt also Tonwertdifferenzen im Bild, die unterhalb von 3 % liegen. Diese würden im Druck vereinheitlicht. Die Lichterzeichnung in der Abbildung der Kopftücher ginge also verloren. Statt dessen würden sich papierweiße Flächen bilden, die wie „ausgefressen" wirken. Wird der Tonwertumfang in den Lichtern eingeschränkt, vermeidet man diesen Tonwertsprung.

➲ **Durch die Einschränkung des Tonwertumfangs vermeidet man den Tonwertsprung vom hellsten druckenden Punkt zum Papierweiß bzw. vom dunkelsten Punkt zum vollflächigen Schwarz.**

Bilder mit Glanzlichtern

Bei den meisten Fotomotiven ist es daher notwendig, die Tonwertverteilung auf den reproduzierbaren Tonwertumfang des Ausgabeverfahrens einzuschränken. Es gibt jedoch ein paar Ausnahmen, in denen man begründet von dieser Regel abweichen sollte, z. B. bei Bildern mit Glanzlichtern (Lichtreflexen und Spiegelungen) wie in Abb. 9.8 a.

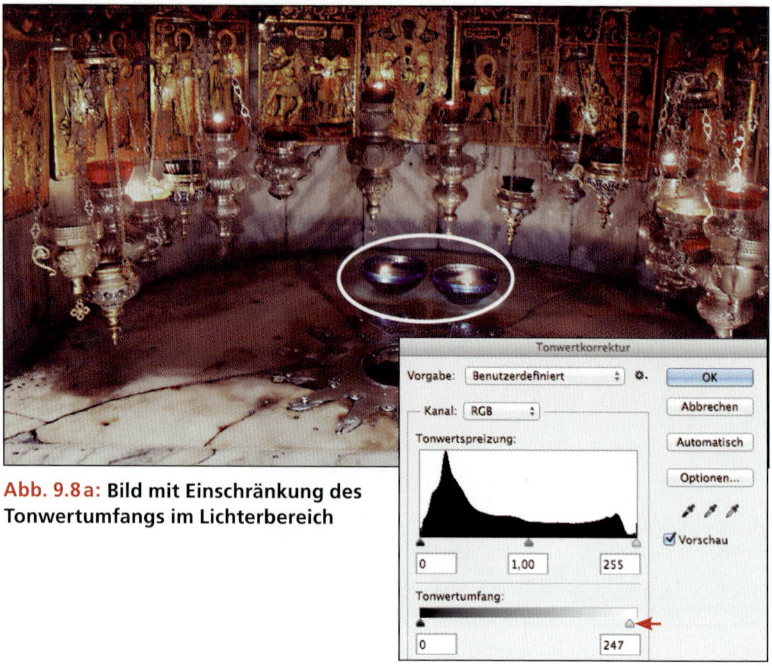

Abb. 9.8 a: **Bild mit Einschränkung des Tonwertumfangs im Lichterbereich**

In **Abb. 9.8a** wurde die Tonwertverteilung auf den reproduzierbaren Tonwertumfang des Druckverfahrens eingeschränkt, der durch die Digitalwerte 8 bis 248 definiert wurde. Das entspricht etwa 3 % bis 97 % im Druck. Die Lichtreflexe wirken grau und schwach (vgl. Markierung). Das harmoniert nicht mit ihrer offensichtlichen Leuchtkraft und wirkt unglaubwürdig. Die bessere Version zeigt **Abb. 9.8b**. Hier sind die Glanzlichter durch Papierweiß (255 bzw. 0 %) wiedergegeben, wodurch sie ihre volle Stärke erhalten.

In den Tiefen wurde jedoch auch in dieser Abbildung der Tonwertumfang eingeschränkt, um dort die Zeichnung zu erhalten, die bis in die sehr dunklen Tonwerte reicht. Ansonsten wären hier einheitlich schwarze Flächen statt differenzierter Schattierungen aufgetreten.

Bilder, deren Tonwertumfang vom Standard abweicht

Weitere Ausnahmen sind z. B. Bilder mit weißen Flächen, wie Hintergründen oder Passepartouts. Die hellsten Stellen dieser Bilder sollten tatsächlich Papierweiß sein, sonst wirken sie nicht überzeugend. Daneben nutzen auch High- bzw. Low-Key-Bilder ❶ häufig nicht den gesamten Tonwertumfang aus. Es ist oft deren charakteristische Besonderheit, dass sie sich auf das eine oder das andere Ende des Spektrums beschränken.

➲ **In motivbedingten Ausnahmefällen verzichtet man auf die Anpassung des Tonwertspektrums an den reproduzierbaren Tonwertumfang. Bilder mit Glanzlichtern, schwarzen oder weißen Hintergründen behalten einen größeren Tonwertumfang. Bei High- oder Low-Key-Bildern tritt motivbedingt nur ein eng begrenztes Tonwertspektrum auf.**

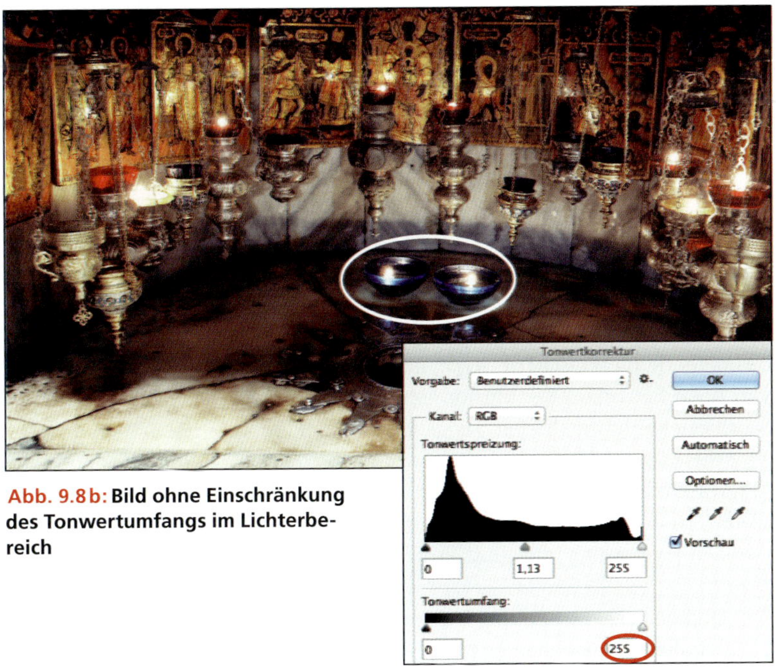

Abb. 9.8b: Bild ohne Einschränkung des Tonwertumfangs im Lichterbereich

9.2 Bilder scharfzeichnen

Unschärfe bei Digitalbildern

Digitale Bilder sind im Vergleich zur Wirklichkeit, aber auch zu analogen Bildern, immer unscharf. Das kommt daher, weil die kontinuierlich verlaufenden Farbnuancen des abgebildeten Motivs bei der Digitalisierung in kleinste Bildelemente (Pixel) zerlegt werden müssen, die nur einen einzigen Farbwert annehmen können. Details und Nuancen des Originals, die bei der Aufnahme oder dem Scan auf diese Fläche projiziert werden, werden daher vereinheitlicht.

➲ **Digitale Bilder sind im Vergleich zur Wirklichkeit und zu analogen Fotos immer unscharf.**

In **Abb. 9.9 a** und **Abb. 9.9 b** kann man das nachvollziehen. Die Konturenschärfe des unbearbeiteten Digitalfotos **Abb. 9.9 a** konnte durch digitale Scharfzeichnung verbessert werden (**Abb. 9.9 b**).

Abb. 9.9 a: Digitalfoto ohne Scharfzeichnung

Abb. 9.9 b: Digitalfoto mit Scharfzeichnung

Abb. 9.10: Digitale Schärfung durch Kontrasterhöhung an Konturen

Das Scharfzeichnen gehört also standardmäßig zu jeder digitalen Bildbearbeitung dazu. Trotzdem kann jedoch kein Werkzeug verlorene Details und Farbnuancen wieder herbeizaubern. Nicht einmal die nachträgliche Erhöhung der Auflösung kann eine feinere Struktur im Bild erzeugen, sondern nur durch Interpolation neue Pixel hinzufügen. Dabei wird je nach Interpolationsmethode die Unschärfe sogar noch verstärkt (vgl. Kapitel 2.3.2, S. 66 f).

Konturenschärfe

Um beim Betrachter die Illusion erhöhter Schärfe zu erzeugen, wenden alle Scharfzeichnungsmethoden das gleiche Prinzip an: Sie erhöhen den Kontrast zwischen benachbarten Bildpixeln vor allem an Konturen und Kanten. In der Vergrößerung in **Abb. 9.10** kann man erkennen, dass dort, wo schwarze und weiße Streifen aufeinander treffen, die hellen Pixel weiter aufgehellt und die dunklen Pixel weiter abgedunkelt werden.

➲ **Digiale Scharfzeichnung beruht immer auf dem Prinzip der Kontrasterhöhung benachbarter Bildpixel, vor allem an Konturen.**

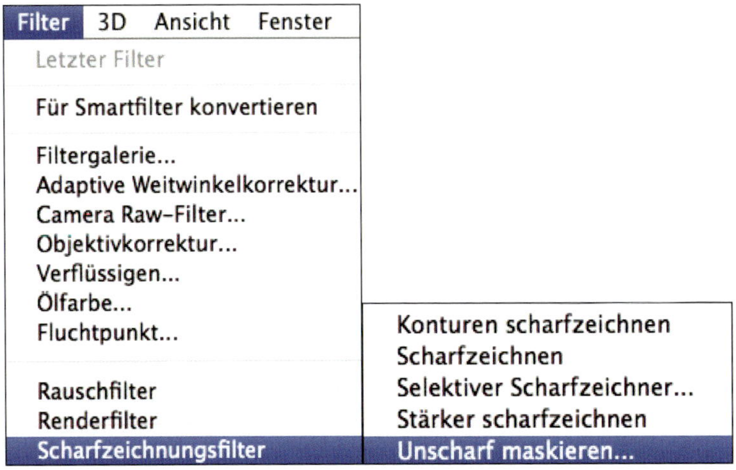

Abb. 9.11: Schärfefilter

Photoshop bietet fünf verschiedene Filter für das Scharfzeichnen an (**Abb. 9.11**). „Konturen scharfzeichnen", „Scharfzeichnen" und „Stärker scharfzeichnen" haben dabei keine weiteren Einstellungsmöglichkeiten. Die Professionelleren sind daher „Unscharf maskieren" und „Selektiver Scharfzeichner". Mit ihnen kann man gezielt Einfluss auf das Schärfungsergebnis nehmen.

Verschiedene Scharfzeichnungsfilter

Abb. 9.12 stellt die Wahlmöglichkeiten des „Unscharf maskieren"-Filters (auch mit USM abgekürzt) vor, **Abb. 9.13** die des „Selektiven Scharfzeichners". Die wichtigsten Einstellungen sind „Stärke", „Radius" und beim USM-Filter auch „Schwellenwert". Diese Option ist beim selektiven Scharfzeichner durch „Entfernen" ersetzt. Beide Bezeichnungen stehen für einen Algorithmus, mit dem die Auswahl der zu schärfenden Bildstellen vorgenommen wird. Außerdem können beim selektiven Scharfzeichner zusätzlich die Tiefen und Lichter maskiert werden, um diese von der Schärfung auszunehmen.

Einstellungen der Schärfefilter

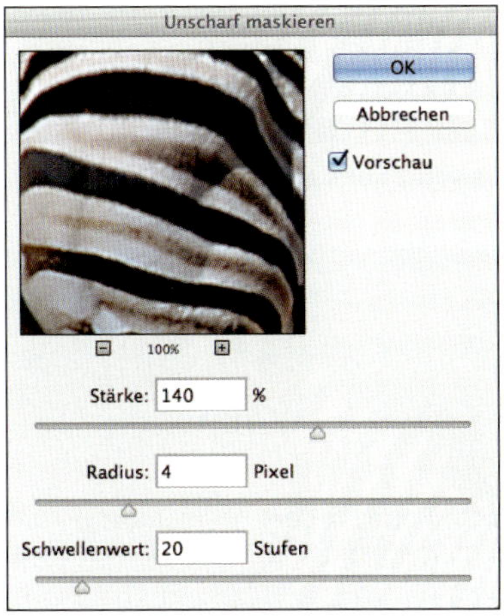

Abb. 9.12: Wahlmöglichkeiten des „Unscharf Maskieren"-Filters

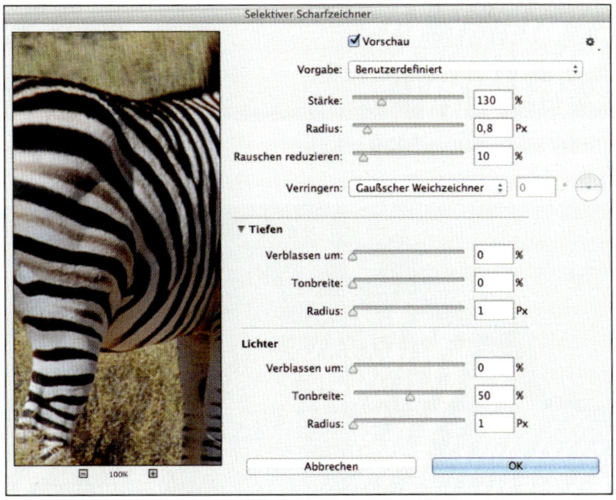

Abb. 9.13: Wahlmöglichkeiten des Filters „Selektiver Scharfzeichner"

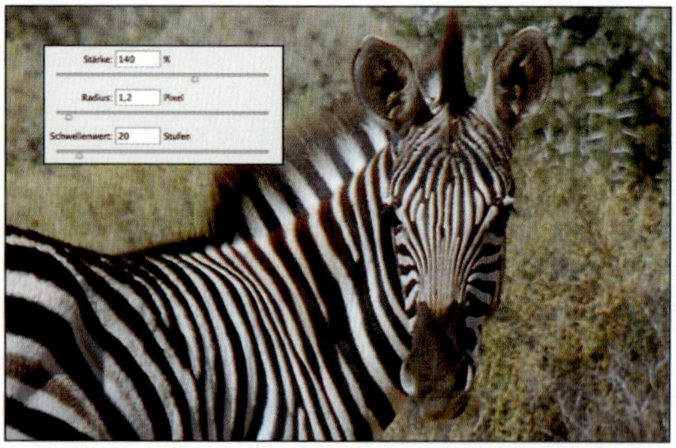

Abb. 9.14: Geschärftes Zebramotiv und angewendete Scharfzeichnungsoptionen des USM-Filters

Abb. 9.14 zeigt das Motiv eines Zebras, das mit Hilfe des „Unscharf Maskieren"-Filters geschärft wurde. Die angewendeten Scharfzeichnungsoptionen waren: „Stärke 140 %", „Radius 1,2 Pixel", „Schwellenwert 20 Stufen". Um die Wirkungsweise der einzelnen Optionen deutlich zu machen, wurden sie jeweils übertrieben stark auf die Bilder in den **Abb 9.15** bis **Abb. 9.17** angewendet. Im Vergleich mit **Abb. 9.14 a** zeigen sich die Unterschiede.

Stärke

1. Die **Stärke** regelt den Grad der Kontrasterhöhung der ausgewählten Bildstellen. Die Skala reicht von 1 % bis 500 %. Je höher der Prozentwert, desto heller werden die hellen und desto dunkler die dunklen Pixel. In **Abb. 9.15** bilden sich aufgrund einer zu hohen Einstellung weiße und schwarze Bereiche um die Kanten, bei denen jegliche Zeichnung verloren gegangen ist. Vor allem das Lichterclipping fällt stark ins Auge.

Radius

2. Der **Radius** bestimmt die Größe des Umfeldes um eine geschärfte Bildstelle, die in die Scharfzeichnung einbezogen wird. Je höher der Wert für den Radius gewählt wird, desto mehr Pixel werden verändert. In **Abb. 9.16** bilden sich aufgrund eines zu großen Radius breite Linien an den kontrastreichen Konturen des Motivs.

Abb. 9.15: Stärke von 140 auf 400 erhöht

Abb. 9.16: Radius von 2 auf 4 erhöht

Abb. 9.17 a: Schwellenwert von 20 auf 0 verringert

Abb. 9.17 b: Schwellenwert von 20 auf 200 erhöht

3. Der **Schwellenwert** gibt an, wie groß der Kontrastunterschied zwischen zwei benachbarten Pixeln vor der Korrektur sein muss, damit sie für die Schärfung ausgewählt werden. Die Skala reicht von 0 bis 255 Stufen. In **Abb. 9.17 a** wurde der Schwellenwert auf 0 gesetzt, das bedeutet, dass alle Bildpixel der Korrektur unterzogen werden. Darum werden auch die Kontraste in den Gräsern des Hintergrundes verstärkt. Der Eindruck einer größeren Schärfentiefe entsteht und macht das Bild unruhig. Im **Abb. 9.17 b** dagegen wurde der Schwellwert zu hoch eingestellt. Deshalb wurden nur sehr wenige Bildpixel für die Korrektur ausgewählt und es findet keine merkliche Korrektur des Bildes statt.

Schwellenwert

➲ **Wesentlichen Einfluss auf das Schärfungsergebnis haben die Optionen „Stärke“, „Radius“ und die Auswahlmethode für zu schärfende Bildbereiche („Entfernen“ bzw. „Schwellenwert“).**

Bei der Einstellung der Scharfzeichnungsoptionen unterscheidet man zwei Zielrichtungen:

Motivorientiert und ausgabespezifisch scharfzeichnen

1. Motivorientiertes Scharfzeichnen. Dieses richtet sich nach der Feinheit der Motivstrukturen und dem Vorhandensein von Bildstörungen und -fehlern, wie z. B. Bildrauschen oder unreine Haut.
2. Ausgabepezifisches Scharfzeichnen. Dieses richtet sich nach der Bildauflösung, Rasterweite und nach der Papierart.

Profis raten dazu, diese beiden Schritte zu trennen, also zunächst eine motivorientierte Scharfzeichnung am Bildschirm vorzunehmen und erst bei der Aufbereitung für die Ausgabe eine, die auf die Ausgabeparameter optimiert ist.

Motivorientiert scharfzeichnen

Filigrane Motive

Für die Scharfzeichnung filigraner Motive mit feinen Objektstrukturen muss ein **geringer Radius** gewählt werden, damit sich keine Linien um geschärfte Bildstellen bilden. Häufig ist die Einstellung einer **hohen Stärke** günstig, damit nebeneinander liegende Bilddetails deutlich voneinander getrennt werden. Das Motiv in **Abb. 9.18 a** wurde mit der Einstellung: „Stärke 200“, „Radius 1,2“ und „Schwellenwert 10“ geschärft. **Abb. 9.18 b** zeigt das Ergebnis. Besonders im markierten Bildbereich sind starke Schärfeunterschiede im Vorher-Nachher-Vergleich der beiden Abbildungen erkennbar.

Abb. 9.18 a: Motiv mit filigraner Struktur

Abb. 9.18 b: Geschärftes Motiv mit filigraner Struktur

Portraits

Bei Portraits sollen meistens die Augenpartie und die Haare geschärft, nicht jedoch unruhige Hautstrukturen verstärkt werden. Man schärft das Bild also mit einem erhöhten Schwellenwert, um die Porigkeit oder Unreinheiten der Haut nicht zu verstärken. Die Schärfung der feinen Haarstruktur verlangt nach einem geringen Radius und tendenziell höherer Stärke, wie es bei filigranen Motiven empfehlenswert ist. Da das Kind in **Abb. 9.19a** eine gleichmäßige Haut besitzt, konnte der Schwellenwert mit 20 recht niedrig gehalten werden. Eine relativ hohe Stärke von 180 % und ein kleinerer Radius sorgen für die Schärfung der Augenpartie (**Abb. 9.19.b**). Auch einzelne Haarsträhnchen werden betont.

Abb. 9.19a: Portraitmotiv

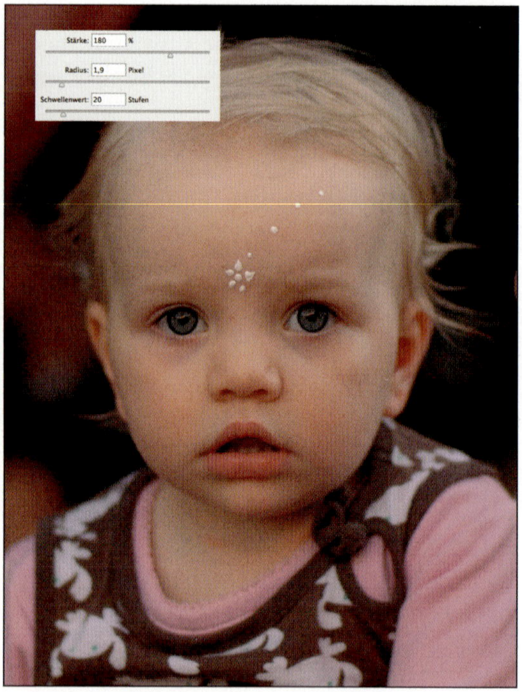

Abb. 9.19b: Geschärftes Portraitmotiv

Motivorientierte Scharfzeichnungsoptionen müssen für jedes Bild individuell festgelegt und visuell am Bildschirm überprüft werden. Dabei ist jedoch unbedingt darauf zu achten, dass die Monitoranzeige nicht interpoliert wird, sondern ein Bildschirmpixel die Information von nur einem einzigen Bildpixel darstellen muss. Ansonsten wirkt das Bild unschärfer als es in Wahrheit ist und man kann die Größe des Schärfe-Radius nicht abschätzen. In Photoshop muss darum die 100 %-Ansicht aktiviert sein.

Bildbereiche für die Schärfung auswählen

Bei der Auswahl der oben genannten motivspezifischen Scharfzeichnungsoptionen ist es vor allem wichtig, mit dem Wissen um deren Wirkungsweise gezielt zu experimentieren. Weitere Eingriffe, wie z. B. Maskierungen oder das Arbeiten mit Ebenen und Kanälen können helfen, die Schärfung nur auf bestimmte Bildbereiche zu beschränken oder in der Stärke zu variieren. Auch die erweiterten Optionen der Tiefen- bzw. Lichtermaskierung beim selektiven Scharfzeichner zählen hierzu. Dieses ist besonders sinnvoll, wenn an einigen Bildkonturen sehr helle und sehr dunkle Tonwerte aufeinander treffen. Die Maskierung dieser Bereiche vermeidet das ansonsten unvermeidliche Clipping, das durch die weitere Aufhellung der Lichter bzw. weitere Abdunkelung der Tiefen im Radiusbereich auftreten würde.

Ein weiterer häufig sehr wirkungsvoller Trick besteht darin, die Schärfung nur auf die Helligkeitsinformationen zu beschränken. Im Lab-Modus würde sie also auf den L-Kanal beschränkt, im CMYK-Modus z. B. nur auf den Schwarzkanal. Dieses Vorgehen liefert ruhigere Ergebnisse und bietet sich insbesondere bei feinen Bildstrukturen an. Es vermeidet Farbverschiebungen an geschärften Bildstellen und wirkt verstärkt auf die kontrastgebenden Helligkeitsinformationen.

➲ **Faustregeln für das motivorientierte Scharfzeichnen:**

1. **Filigrane Motivstrukturen benötigen einen geringen Radius.**

2. **Bilder mit störenden Motiv-Strukturen, wie z. B. Hautunreinheiten, werden mit erhöhtem Schwellenwert geschärft.**

3. **Starke Schärfungen können auf die Helligkeitsinformationen beschränkt werden, damit ruhigere Ergebnisse erzielt werden.**

Ausgabespezifisch scharfzeichnen

Zunächst scheint es unverständlich, dass man bei der Ausgabe noch einmal gesondert für die Schärfung eines Bildes sorgen muss. Bei der Ausgabe von Bildern auf Papier oder auf ein anderes Trägermaterial muss man jedoch darauf achten, wie die Bildpixel in andere Ausgabeelemente, wie z. B. Rasterpunkte überführt werden. Wenn die Auflösung eines Bildes doppelt so hoch ist wie die Rasterweite, wird ein Rasterpunkt aus vier Eingabepixeln gebildet (vgl. Kapitel 3.1.4, S. 84). Die Detailinformation der einzelnen Pixel wird also bei der Ausgabe zusammengefasst und vereinheitlicht, was Unschärfe erzeugt. Das Verhältnis von Eingabeauflösung zu Rasterweite hat also Einfluss auf die Schärfe des Ausgabeproduktes. Daneben spielt die Wahl des Bedruckstoffs eine Rolle, denn auf gestrichenen und glänzenden Papieren erreicht man eine schärfere Abbildung als auf ungestrichenen bzw. matten Papieren. Außerdem spielt das Auflösungsvermögen unseres Auges eine Rolle. Je geringer der Abstand des Betrachters zum betrachteten Bild ist, desto mehr Einzelheiten kann er erkennen.

Verhältnis von Eingabeauflösung zu Rasterweite

Bedruckstoff

Leider kann man die Veränderung der Schärfeverhältnisse, die durch diese Faktoren eintreten, nicht bereits am Monitor simulieren. Will man es ganau wissen, helfen derzeit nur Probedrucke im Original-Ausgabeprozess weiter. Da die Ausgabeparameter jedoch einfach beschreibbar sind, kann man darauf hoffen, dass zukünftig das ausgabespezifische Scharfzeichnen einer Datei in die Verarbeitungsroutinen der Belichtersoftware übernommen wird. Bisher muss man es noch selbst durchführen.

➲ **Faustregeln für das ausgabespezifische Scharfzeichnen:**

1. **Die geforderte Bildauflösung für einen Ausgabeprozess sollte nicht unter-, aber möglichst auch nicht überschritten werden, da es ansonsten zu Interpolationsunschärfe kommen kann.**

2. **Der Schärfe-Radius sollte immer kleiner sein als ein Rasterpunkt, also unterhalb von zwei Pixeln liegen. Ansonsten wird bei kontrastreichen Motiven die Schärfekontur erkennbar.**

3. **Bilder, die auf glänzendem Papier ausgegeben werden, benötigen eine geringere Schärfung als solche auf mattem Papier.**

4. **Kleinformatige Bilder werden weniger geschärft als großformatige, um die feineren Details zu erhalten.**

9.3 Aufgaben und Übungen

1. **Motivorientiertes und ausgabespezifisches Scharfzeichnen**
   a) Erläutern Sie, warum bei jeder Bilddigitalisierung und bei der Übertragung von Bildpixeln in Rasterpunkte Unschärfe erzeugt wird.
   b) Begründen Sie die Empfehlung, motivorientiertes und ausgabespezifisches Scharfzeichnen getrennt voneinander vorzunehmen.
   c) Warum kann eine zu hohe Bildauflösung bei der Ausgabe in Rasterpunkte negative Auswirkungen auf das gedruckte Bild haben?

Abb. 9.20: Bild zu Aufgabe 2d

2. **Scharfzeichnungsoptionen**
   a) Digitalbildern können nach der Datenerfassung keine weiteren Details mehr hinzugefügt werden. Wodurch erzeugen die Scharfzeichnungs-Werkzeuge dennoch den Eindruck erhöhter Bildschärfe?
   b) Welche drei wesentlichen Schärfungsoptionen gibt es und welche Wirkungsweise haben sie?
   c) Wie müssen die Schärfungsparameter tendenziell gewählt werden, wenn ein Motiv feine Strukturen aufweist? Begründen Sie.
   d) Beschreiben Sie die wahrnehmbaren Bildmängel in **Abb. 9.20** und erläutern Sie, durch welche fehlerhaften Scharfzeichnungseinstellungen sie erzeugt wurden. Überprüfen Sie die Bildansicht in der zugehörigen Datei „9.20_Aufg_Stein_Fehler.tif“).
   e) Das unbearbeitete Bild des Steins in der **Abb. 9.20** befindet sich auf der CD zum Buch („9.20_Aufg_Stein_vor-her.tif“). Schärfen Sie es mit geeigneten Einstellungen.
   f) Das Bild in der **Abb. 9.21** finden Sie auf der CD („9.21_Aufg_Baum.tif“). Schärfen Sie auch dieses motivgerecht.

Abb. 9.21: Bild zu Aufgabe 2f

D

Bildrechte

Im Teil D „Bildrechte“ dieses Buches wird der Rechteerwerb für Bilder und der Umgang mit diesen Rechten erklärt. Die Folgen, die Rechtsverletzungen haben können, werden aufgezeigt.

Bei der Herstellung von Medienprodukten werden Bilder veröffentlicht und vervielfältigt.
Fotografen stellen Bilder her, die sie entweder für einen bestimmten Kunden erzeugen oder Bildagenturen anbieten. In den Grafikabteilungen der Agenturen werden die Bilder bearbeitet und an den jeweiligen Verwendungszweck angepasst. Je nach Motiv sind bereits bei der Aufnahme der Bilder Rechte zu beachten.

10 Bildrechte – Beispiel Heubecker Hof

Einblick in den Bereich der Bildrechte

Wenn Bilder veröffentlicht werden sollen, sind bestimmte Rechte zu beachten. Auf den folgenden Seiten geht es um die grundsätzlichen rechtlichen Fragen, die sich beim Einsatz von Bildern für Werbeauftritte ergeben. Hierbei kann nur ein Einblick in den komplexen Bereich der Bildrechte gegeben werden. Im Einzel- und Zweifelsfall ist immer fachlicher juristischer Rat einzuholen.

➲ **Bilder werden für Medienprodukte hergestellt, um veröffentlicht und vervielfältigt zu werden. Mit jedem Bild sind Rechte verbunden. Diese gilt es einzuholen, zu klären und zu beachten.**

Abb. 10.1: Hotel Heubecker Hof

Die wesentlichen Aspekte der Bildrechte für Medienzwecke werden am Beispiel des Werbeauftritts für das Hotel Heubecker Hof erläutert. Der Heubecker Hof (**Abb. 10.1**) wurde im Innenbereich aufwändig renoviert und durch einen Architekten künstlerisch umgestaltet. Das Hotel wird von Geschäftsleuten ebenso gerne besucht wie von Urlaubern und Prominenten. Die beauftragte Werbeagentur DesignFein hat bei diesem Projekt die Aufgabe, verschiedene Medien für den Werbeauftritt zu erstellen.

10.1 Beschaffung von Bildern

Um die passenden Bilder für das Projekt zu erhalten, hat die Werbeagentur folgende Möglichkeiten:

- Bilder werden bei einer Bildagentur gekauft
- Ein freier Fotograf stellt Bilder her
- Ein Mitarbeiter von DesignFein stellt Bilder her

❶ **AGBs**: Allgemeine Geschäftsbedingungen

Welche Rechte und Pflichten bezüglich der Bilder zwischen der Bildagentur und DesignFein zu beachten sind, ist in den AGBs ❶ der jeweiligen Bildagentur festgelegt. Auch Fotografen arbeiten mit AGBs. In beiden Fällen sind die Lizenzen, die die Nutzungsrechte an den Bildern regeln, besonders wichtig. Die Nutzungsrechte ergeben sich aus dem Urheberrechtsgesetz.

➲ **Bei der Verwendung von Bildern sind die Nutzungsrechte zu beachten.**

DesignFein erwirbt Bilder bei Bildagenturen und lässt Fotos von einem Fotografen und einem Mitarbeiter der Agentur für das Projekt anfertigen. Die Werbeagentur beauftragt einen Fotografen, Bilder von dem Hotel zu erstellen. Die Kreativabteilung wünscht sich Außenaufnahmen vom Gebäude, Innenansichten der Räume und Bilder, auf denen Personen in der Hotelbar und in den Wellnessbereichen abgebildet sind. Zudem sollen Bilder von Prominenten, die das Hotel besucht haben, für das Projekt verwendet werden. Der Mitarbeiter der Werbeagentur soll einige Fotos der Umgebung, in der das Hotel liegt, erstellen.

10.2 Urheberrechte an Bildern

Um die gewünschten Aufnahmen anzufertigen, muss der beauftragte Fotograf festlegen, mit welchen fotografischen Gestaltungsmitteln er die Bilder herstellt. Dazu bedarf es eines durchdachten Konzepts, das die Fotografien zu selbstständigen, kreativen Leistungen macht. Das Urheberrechtsgesetz regelt die Nutzung der Rechte an solchen kreativen Leistungen von Kunst und Kultur und somit auch von Bildern. Die Idee ist, diese Leistungen zu schützen und zu ermöglichen, dass der Urheber von der Nutzung seiner Werke ❶ wirtschaftlich profitieren kann. Für Fotografien besteht zudem ein besonderer Schutz.

Grundidee Urheberrecht

❶ Ein **Werk** im Sinne des Urheberrechts ist eine persönliche, geistige Schöpfung, bei deren Formgebung ein kreativer Denkprozess vorausgeht.

➲ **Alle Fotografien sind durch das Urheberrecht geschützt, unabhängig davon, wie künstlerisch oder laienhaft sie wirken.**

Lichtbildwerke und Lichtbilder

Das Urheberrechtsgesetz unterscheidet zwei Arten von Fotografien:

- Lichtbildwerke und
- Lichtbilder

Lichtbildwerke sind Fotografien mit einem individuell-künstlerischen Anspruch, der sich durch die besonders überlegte Wahl des Motivs, die ungewöhnliche Einstellungsgröße, die Perspektive, die Lichtgestaltung oder die Wahl des richtigen Moments zeigt. Hierbei geht es nicht um technische Perfektion, sondern um eine, wenn auch nur minimal erkennbare, Besonderheit des Bildes.

Abb. 10.2: Beispiel für ein Lichtbildwerk

Erstellt der Fotograf in der Hotelküche des Heubecker Hofs ein Bild von verschiedenen Suppen in Töpfen, wie in **Abb. 10.2**, hat er ein Lichtbildwerk geschaffen.

Abb. 10.3: Beispiel für ein Lichtbild

Denn bei dieser Fotografie hat er mit einer ungewöhnlichen Perspektive gearbeitet: leichte Aufsicht, Wahl des Ausschnitts, angeschnittene Töpfe.

Schutzdauer von Lichbildwerken

Lichtbildwerke sind bis 70 Jahre nach Ablauf des Todesjahres des Urhebers geschützt. Erst nach dieser Schutzdauer dürfen Lichtbildwerke beliebig reproduziert werden.

Schutzdauer von Lichbildern

Als Lichtbilder werden alle anderen Fotografien bezeichnet. Hierzu gehören z. B. Gegenstandsfotografien für Kataloge, Luft- und Satellitenbilder, Passbilder sowie Schnappschüsse. Wird der Kochtopf lediglich als Gegenstand fotografiert, ist ein Lichtbild entstanden, da die Fotografie keine individuelle Gestaltung aufweist. Jeder Fotograf hätte mit den gleichen Mitteln genau dieses Bild erzeugen können (**Abb. 10.3**). Lichtbilder sind bis 50 Jahre nach Veröffentlichung geschützt. Bei nicht veröffentlichten Bildern gilt der Schutz bis 50 Jahre nach ihrer Herstellung.

➲ **Lichtbildwerke sind Fotografien, die sich durch Individualität und einen erkennbaren Gestaltungswillen auszeichnen. Sie sind bis 70 Jahre nach Tod des Urhebers geschützt.**
Lichtbilder sind nicht künstlerisch gestaltete Abbildungen. Sie besitzen einen Leistungsschutz, der 50 Jahre nach Veröffentlichung bzw. Herstellung verjährt.

Der Schutz für ein Werk tritt im deutschen Urheberrecht automatisch nach Erstellung des Werkes ein. Er ist ein Persönlichkeitsrecht und damit an die Person des Urhebers gebunden. Dazu sind keinerlei Formalitäten notwendig. Für die Kennzeichnung urheberrechtlich geschützter Werke benötigt man in Deutschland das Copyrightzeichen © nicht. Kennzeichnungen wie „© Merle Muster, 2015“ kommen aus dem anglo-amerikanischen Rechtsbereich.

Rechte des Urhebers

Urheberpersönlichkeitsrechte und Verwertungsrechte

Die Urheberrechte des Fotografen umfassen die Urheberpersönlichkeitsrechte und die Verwertungsrechte. Durch die Urheberpersönlichkeitsrechte ist der Schutz der ideellen Interessen des Fotografen festgelegt. Die Verwertungsrechte schützen seine materiellen und wirtschaftlichen Interessen. Sie sollen ermöglichen, dass der Urheber an jeder wirtschaftlichen Verwertung seiner Werke beteiligt wird.

Tabelle 10.1: Beispiele für Rechte des Urhebers von Bildern

Urheberpersönlichkeitsrechte	Verwertungsrechte
Veröffentlichungsrecht (Recht zu entscheiden, ob und wie ein Bild veröffentlicht wird)	**Vervielfältigungsrecht** (Recht, Vervielfältigungsverfahren und Anzahl festzulegen)
Recht auf Anerkennung der Urheberschaft (Name des Fotografen muss bei Bildnutzung genannt werden)	**Verbreitungsrecht** (Recht, Originale oder Duplikate zu verkaufen, zu verschenken oder zu vermieten)
Recht, Entstellungen oder Beeinträchtigungen zu verbieten (Untersagen von Bildveränderungen)	**Ausstellungsrecht** (Recht, Originale oder Duplikate öffentlich auszustellen)

Die Urheberpersönlichkeitsrechte sind an die Person des Urhebers gebunden und nicht übertragbar. Übertragbar sind die Verwertungsrechte, die durch Nutzungsrechte genauer festgelegt werden. Der Fotograf nutzt seine Verwertungsrechte beispielsweise durch den Verkauf seiner Bilder an die Werbeagentur DesignFein. Vertraglich wird festgelegt, dass die Nutzungsrechte der Fotografien des Hotels Heubecker Hof gegen Bezahlung an die Werbeagentur abgetreten werden.

➲ **Verwertungsrechte sind übertragbar, Urheberpersönlichkeitsrechte bleiben immer beim Urheber.**

Urheberrechte sind vererbbar

Solange der Fotograf lebt, bleiben die Urheberpersönlichkeitsrechte bei ihm. Die Nutzungsrechte seiner Fotografien kann er dagegen an eine Werbeagentur oder Bildagentur gegen Bezahlung abtreten. Nach dem Tod des Fotografen gehen seine Urheberrechte komplett an seine Erben über, denn sowohl Urheberpersönlichkeitsrechte als auch Verwertungsrechte sind vererbbar.

Verwertungsgesellschaft

Ein Urheber kann seine Verwertungsrechte an eine Verwertungsgesellschaft übertragen. Für Urheber aus dem Bereich Fotografie und Design ist die Verwertungsgesellschaft Bild-Kunst zuständig. Die Verwertungsgesellschaft hilft dem Urheber, seine Rechte durchzusetzen.

Einschränkungen von Urheberpersönlichkeitsrechten in der Praxis

DesignFein lässt zwar einige Bilder durch den Fotografen erstellen und zahlt auch für die Verwertungsrechte, möchte jedoch die Bilder nutzen, ohne jedesmal den Namen des Urhebers in die Gestaltung einzubauen. So werden in der Praxis die Urheberpersönlichkeitsrechte eines Fotografen durch vertragliche Regelungen eingeschränkt. In diesem Fall verzichtet der Urheber der Bilder vertraglich darauf, dass sein Name bei dem Bildeinsatz genannt wird.

Durch die Möglichkeit der digitalen Bearbeitung von Bildern wird die Umsetzung eines weiteren Urheberpersönlichkeitsrechts problematisch. Ein Fotograf hat einen Anspruch darauf, dass seine Werke (Bilder) nicht entstellt oder in anderer Weise beeinträchtigt werden.

Abb. 10.4: **Beispiel für eine Umgestaltung. Originalbild und durch Ausschnittwahl, Spiegelung und Formatänderung verändertes Bild**

Für die Mitarbeiter von DesignFein stellt sich eventuell die Frage, ob eine neue Schöpfung, also ein neues Werk geschaffen wird, wenn vorliegende Bilder verändert werden, sodass keine Rechte vom Urheber eingeholt werden müssen. Veränderungen können durch Bearbeitungen und Umgestaltungen erfolgen.

❶ Bei einem **Composing** werden ein oder mehrere Bilder mit einem Basisbild kombiniert.

- Wenn das Bild durch die Veränderungen einem neuen Verwendungszweck angepasst wird, Bilder beispielsweise für Composings ❶ genutzt werden, liegt eine Bearbeitung vor.
- Werden wesentliche Züge des Originalbildes übernommen, beispielsweise wenn eine Ausschnittwahl oder die Veränderung des Formats vorgenommen wird, handelt es sich um eine Umgestaltung (**Abb. 10.4**).

Bearbeitung und Umgestaltung von Bildern

Durch Bearbeitungen und Umgestaltungen von Bildern wird allerdings kein neues Werk geschaffen. Die Umgestaltungen des Fotos aus dem Wellnessbereich des Hotels, die die Werbeagentur vorgenommen hat, müssen mit dem Fotografen abgesprochen werden. Sowohl Bearbeitungen als auch Umgestaltungen von Bildern dürfen nur mit der Einwilligung des Urhebers erfolgen. Zu derartigen Modifikationen gehören ebenso auffällige Farbveränderungen – auch partielle – , Entfernungen von Bildteilen und Bildretuschen.
Bei Freistellern ist eine ungefragte Veränderung davon abhängig, ob es sich um Studioaufnahmen handelt, bei denen der Hintergrund in der Regel unwichtig ist, oder nicht. Verändert der Freisteller die Bildaussage, selbst wenn das Hauptmotiv erhalten bleibt, ist für diese Veränderung die Erlaubnis des Fotografen einzuholen.

Die erworbenen Bilder werden von den DesignFein-Mitarbeitern an die speziellen Bedürfnisse der Werbemittel angepasst. Durch die Bildbearbeitung sind Farbgebung und Schärfe geringfügig verändert. Diese lediglich leichten Modifikationen dürfen die Mitarbeiter ohne Rückfrage beim Urheber vornehmen (**Abb. 10.5**). Ebenso kann die Umwandlung eines Farbbildes in ein Graustufenbild unproblematisch sein, wenn die Farbigkeit des Ausgangsbildes keine wesentliche Bedeutung für die Bildaussage hat.

Abb. 10.5: Originalbild und geringfügige Modifikationen bei einem Foto

Freie Benutzung von Bildern

Wird ein Bild im Sinne des Urheberrechts frei benutzt, müssen keine Rechte vom Fotografen eingeholt werden. Bei der freien Benutzung dient das Bild beispielsweise durch Motiv und Bildaufbau anderen Designern und Fotografen als Inspirationsquelle. Als Anregung darf ein Bild auch ohne das ausdrückliche Einverständnis des Erstellers benutzt werden. Der Urheber müsste eine solche Vorgehensweise hinnehmen. Ob dadurch allerdings ein neues, schützenswertes Bild oder ein Plagiat ❶ entsteht, ist eine schwierige Frage des Urheberrechts und muss je nach Einzelfall entschieden werden.

❶ **Plagiat**: geistiger Diebstahl; hierbei wird ein fremdes Werk teilweise oder vollständig unter der Vorgabe eigener Urheberschaft übernommen.

➲ **Bearbeitungen und Umgestaltungen von Bildern dürfen nur mit Zustimmung des Fotografen erfolgen. Eine Inspiration durch freie Benutzung der Bilder benötigt keine Zustimmung.**

Nutzungsrechte

Der Fotograf legt mit der DesignFein vertraglich fest, welche Nutzungsrechte an den Bildern des Hotels an die Agentur übergehen. Er hat die Möglichkeit, die Nutzungsrechte für Bilder als einfache und als ausschließliche Nutzungsrechte zu übertragen:

Einfache und ausschließliche Nutzungsrechte

- Erwirbt die Werbeagentur das einfache Nutzungsrecht an den Bildern, darf der Fotograf seine Bilder noch an weitere Interessenten verkaufen.
- Hat die Werbeagentur jedoch das ausschließliche Nutzungsrecht an einem Bild erworben, darf der Fotograf dieses Bild keinem weiteren überlassen.

Bei der Vergabe des ausschließlichen Nutzungsrechts hat der Fotograf also keine weitere Nutzungs- und Verdienstmöglichkeit. Daher ist das Honorar höher als bei der Vergabe eines einfachen Rechts.

In der Praxis wählt man deshalb oftmals Zwischenlösungen, indem Nutzungsrechte zeitlich, räumlich oder inhaltlich ❷ beschränkt werden.

❷ Beispiele für **Beschränkungen von Nutzungsrechten**:
zeitlich: für einen festgelegten Zeitraum, für die Dauer einer saisonalen Kampagne;
räumlich: für bestimmte Orte, Regionen, Länder;
inhaltlich: Begrenzung der Auflagenhöhe

Abb. 10.6: Innenaufnahme des Hotels

So auch in dem Beispiel vom Hotel Heubecker Hof: Die Geschäftsführung ist sehr daran interessiert, dass die Innenaufnahmen des Hotels nur für Werbemittel des Hotels eingesetzt werden. Für die Außenaufnahmen des Gebäudes stellt die Geschäftsführung diese Anforderung nicht. Einige Aufnahmen sind nur für eine Anzeigenkampagne eingeplant, die für eine Dauer von sechs Monaten geschaltet werden soll. Daher vereinbart die Werbeagentur mit dem Fotografen unterschiedliche Nutzungsrechte für einzelne Bilder:

- Für die Innenaufnahmen werden ausschließliche Nutzungsrechte vereinbart.
- Für die Außenaufnahmen werden einfache Nutzungsrechte vereinbart.
- Für die Aufnahmen, die lediglich für die Anzeigenkampagne eingesetzt werden sollen, werden ausschließliche, jedoch zeitlich beschränkte Nutzungsrechte erworben.

Oftmals hört man, dass Urheberrechte verkauft werden. An dieser Stelle sei nochmals darauf hingewiesen, dass so etwas in Deutschland nicht möglich ist, da Urheberrechte Persönlichkeitsrechte und somit an die Person des Urhebers gebunden sind. Nur Nutzungsrechte können verkauft werden.

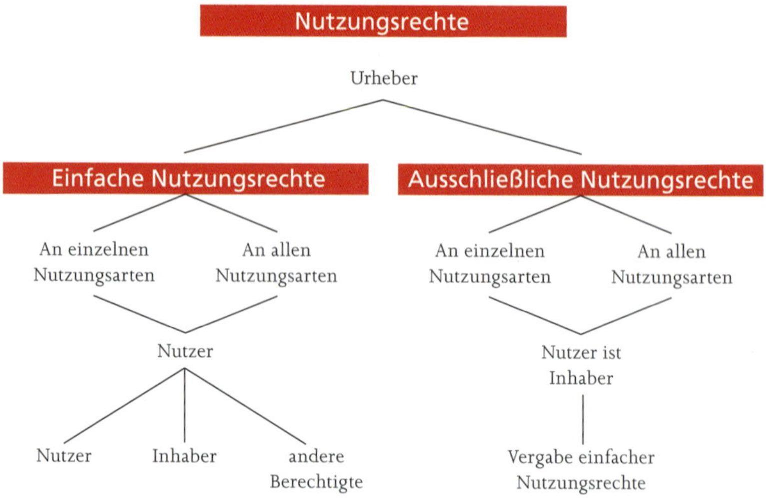

Abb. 10.7: Übersicht über die Vergabe von Nutzungsrechten

➲ **Nutzungsrechte können als einfache oder ausschließliche Nutzungsrechte an Kunden vergeben werden. Sie können zeitlich, räumlich und inhaltlich beschränkt werden.**

Neue Nutzungsarten

Die mediale Welt verändert sich. Viele Medien und damit Veröffentlichungsmöglichkeiten sind seit dem Beginn der Urheberrechts hinzu gekommen.

Vergütungsanspruch für die Nutzung alter Werke in neuen Nutzungsarten – Beispiel E-Book

Abb. 10.8: E-Book-Leserin

Urheber können seit Anfang 2008 bei Vertragsabschluss auch Nutzungsrechte für noch unbekannte Nutzungsarten einräumen. Voraussetzung für die Nutzung dieser Rechte ist das Bezahlen einer angemessenen Vergütung, die über eine Verwertungsgesellschaft abgewickelt wird. Solange der Urheber lebt, hat er hinsichtlich der neuartigen Nutzung seines Werks ein Widerrufsrecht. Dieses erlischt drei Monate nach der Mitteilung des Kunden über dessen Nutzungsabsicht.

Zu dem 100-jährigen Bestehen im Jahr 2015 möchte der Kunde „Heubecker Hof" ein Buch über die Geschichte des Hotels herausbringen. Die Agentur DesignFein wird mit dem Layout für das Buch beauftragt. Der Kunde liefert historische Texte und Bilder, die Agentur ist für die Erstellung der aktuellen Bilder und Texte verantwortlich. Die Inhalte sollen zum einen als gedrucktes Buch aufbereitet werden und zum anderen als E-Book.

Da viele Nutzungsrechte von Bildern weit vor 2008 erworben wurden, müssen für die Nutzung im E-Book Lizenzen erweitert, eventuell sogar neu vereinbart werden.

➲ **Vereinbarte Nutzungsrechte für Bilder müssen für neue Nutzungsarten angepasst werden.**

Urheberrecht im Angestelltenverhältnis

Urheber im Angestelltenverhältnis
Der Mitarbeiter der Werbeagentur, der Fotos erstellt, ist Urheber dieser Bilder. Die ausschließlichen Nutzungsrechte an den Bildern werden bedingt durch das Angestelltenverhältnis unentgeltlich an den Arbeitgeber übertragen. Das Urheberrechtsgesetz sieht dieses für den Fall einer Anstellung oder eines Abhängigkeitsverhältnisses vor. Der Arbeitgeber zahlt den Lohn und bekommt dafür die Ergebnisse der Arbeit.

➲ **Arbeitnehmer geben ihre ausschließlichen Nutzungsrechte ohne eine zusätzliche Vergütung an den Arbeitgeber ab.**

10.3 Nutzungsbedingungen von Bildern

Weitere Bilder für die Werbemittel des Hotels sollen bei Bildagenturen beschafft werden. Zu diesem Zweck müssen Lizenzen an den benötigten Bildern erworben werden. Verkauft ein Fotograf einer Bildagentur die Nutzungsrechte an seinen Bildern, räumt er der Agentur die Möglichkeit zur Übertragung von Nutzungsrechten an weitere Nutzer ein. Somit wird der Bildagentur die Vergabe von einfachen Nutzungsrechten an Dritte durch Lizenzen ermöglicht.

Lizenzpflichtige und lizenzfreie Bilder
Die Auszubildende in der Grafikabteilung der Werbeagentur DesignFein soll nach bestimmten Bildmotiven recherchieren und auch darauf achten, ob Rechtekontrolloptionen für die Bilder erworben werden können, die die alleinige Nutzung der Bildrechte im vertraglich festgelegten Bereich ermöglichen. Dabei stößt sie auf lizenzpflichtige und lizenzfreie Bilder.

Lizenzpflichtige Bilder (RM – rights-managed)

Lizenzpflichtige Bilder werden für den jeweiligen speziellen Verwendungszweck lizenziert. Wie hoch die Gebühr für die Verwendung des Bildes ausfällt, hängt von verschiedenen Faktoren ab:

- Art des Mediums
- Auflagenhöhe
- Platzierung
- Abbildungsgröße
- Nutzungsdauer
- Verbreitungsgebiet
- exklusiv oder nicht exklusiv

➲ **Lizenzpflichtige Bilder werden für einen festgelegten Verwendungszweck erworben und dürfen auch nur für diesen benutzt werden.**

Exklusivrechte

Bestellt die Werbeagentur ein lizenzpflichtiges Bild, muss sie der Bildagentur die genannten Informationen geben, die zur Festsetzung der zu erteilenden Nutzungsrechte dienen. Das genaue Honorar für ein Bild wird anhand dieser Informationen errechnet. An manchen lizenzpflichtigen Bildern der Bildagentur können auch ausschließliche Nutzungsrechte, also Exklusivrechte, erworben werden.

Lizenzfreie Bilder (RF – royalty-free)

Lizenzfreie Bilder dürfen mehrfach und für mehrere Projekte verwendet werden, ohne dass die Werbeagentur zusätzliche Gebühren entrichten muss. Die Kosten für lizenzfreie Bilder richten sich nach:

- Dateigröße
- Anzahl der bildverwendungsberechtigten Personen

Sie richten sich nicht nach dem Verwendungszweck. Lizenzfreie Bilder beinhalten immer einfache Nutzungsrechte, sind also nicht exklusiv.

➲ **Auch bei lizenzfreien Bildern sind Nutzungsrechte zu beachten.**

Rechtekontrolloptionen

Einige Bildagenturen bieten zusätzlich Rechtekontrolloptionen für Bilder an. Durch diese wird der Werbeagentur ermöglicht, bestimmte Bilder allein für die Werbemittel des Hotels Heubecker Hof zu nutzen.

beschränkte ausschließliche Nutzungsrechte

Rechtekontrolloptionen können erlangt werden:

- für vereinbarte Eckdaten: Konkurrenten können das Bild nicht für gleiche Werbezwecke (beispielsweise Zeitschriftenanzeigen im selben Monat) erwerben
- in der gesamten Branche: Wettbewerbern wird keine Nutzung des Bildmaterials gewährt
- in allen Branchen für die vereinbarten Bedingungen: Niemand sonst darf das Bild in der vereinbarten Zeit verwenden
- für sämtliche Verwendungszwecke in sämtlichen Branchen im vereinbarten Zeitraum

➲ **Rechtekontrolloptionen ermöglichen die Vergabe von beschränkten ausschließlichen Nutzungsrechten.**

Bilder, die bei Bildagenturen erworben werden, dürfen in der Regel auch für Composings verwendet werden. Werden Rechte zur Bildmodifikation vertraglich geregelt, dann sind diese Bestimmungen zu beachten. Die Allgemeinen Geschäftsbedingungen der Bildagenturen zeigen auf, welche technischen Veränderungen zulässig sind (z.B. Vergrößerungen, Verkleinerungen, Ausschnittwiedergaben, farbliche Veränderungen).

➲ **Die jeweiligen Lizenzbedingungen sind den AGBs der Bildagenturen zu entnehmen und müssen beachtet werden.**

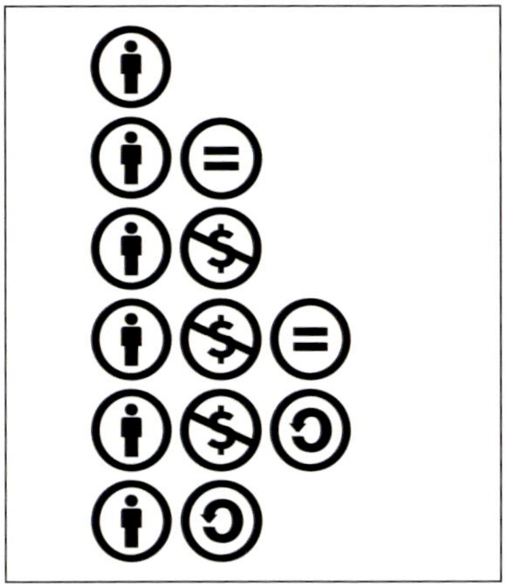

Abb. 10.9: **CC-Lizenzen**

Creative Commons

Creative Commons (CC) ist eine Non-Profit-Organisation. Nach einem Baukastenprinzip können rechtliche Bedingungen für die Werke von Urhebern festgelegt werden. CC bietet dafür sechs verschiedene vorgefertigte Lizenzverträge an.

Creative Commons-Lizenzen erlauben möglichst einfach eine Übertragung von Rechten auf den Nutzern

Die Urheber können Creative Commons-Lizenzverträge übernehmen und verwenden. Die Idee dahinter ist, dass Werke auf einfache Weise von anderen genutzt und verbreitet werden dürfen. Creative Commons argumentiert hinsichtlich der Nutzung der CC-Lizenzen wie folgt: „In den Zeiten von digitalen Medien und Internet haben sich diese Eingeschränkungen immer mehr zu einer Behinderung von Kreativität entwickelt, die auch für Künstler spätestens dann spürbar wird, wenn sie mit ihren Arbeiten selber auf digitalen Inhalten anderer Kreativer aufbauen wollen. Dann sind sie selbst in der Nutzerrolle und wissen häufig nicht, ob Inhalte, die sie im Netz finden, bearbeitet, verbreitet oder auf sonst eine Art und Weise verwendet werden dürfen." (http://de.creativecommons.org/was-ist-cc/)

CC-Lizenzen in Metadaten der Bilder erkennbar

Welche CC-Lizenzen auf Bildern liegen, wird in deren Meta-Angaben erkennbar mitgegeben. Nutzer können also direkt bei der Bildrecherche erkennen, wie die CC-markierten Inhalte verbreitet und genutzt werden dürfen.

➲ **Creative Commons-Lizenzen geben klare Verwendungsregeln für die eigenen Werke an.**

10.4 Rechtliche Bedingungen für das Abbilden von Personen und Sachen

Abb. 10.10: Person der Zeitgeschichte: Koch John Laufer

Einige Bilder für das Projekt soll ein Mitarbeiter von DesignFein erstellen. Hierzu gehören die Aufnahmen der Hotelumgebung. Um den besonderen Charakter des Hotels zu unterstreichen, sollen auch Bilder in den Werbemitteln verwendet werden, auf denen der prominente Fernsehkoch John Laufer während eines Show-Kochens gezeigt wird. Da in diesem Fall Personen abgebildet sind, muss die Werbeagentur dafür sorgen, dass deren Persönlichkeitsrechte beachtet werden. Dazu gehört das Recht am eigenen Bild. Für die Innenaufnahmen des umgestalteten Hotels müssen Rechte beim Architekten eingeholt werden.

Das Recht am eigenen Bild

Die Grundidee des Rechts am eigenen Bild ist, dass jeder Mensch selbst darüber bestimmen darf, ob und in welchem Zusammenhang Bildnisse ❶ von ihm veröffentlicht werden dürfen. Ist der Abgebildete erkennbar – und sei es, dass er lediglich an einem typischen Merkmal, z.B. einer Pose, anhand seiner Silhouette oder gar an der für die Person typischen Tätowierung oder Narbe zu identifizieren ist – greift das Recht am eigenen Bild.
Umgekehrt gilt, dass Bilder, auf denen die abgebildete Personen nicht zu erkennen sind, ohne Einwilligung veröffentlicht werden dürfen.

❶ Mit **Bildnissen** sind nicht nur Fotografien gemeint, sondern auch beispielsweise Zeichnungen, Fotomontagen und sogar schauspielerische Leistungen auf der Bühne, im Film oder als Double in der Werbung.

➲ **Wenn ein Bildnis veröffentlicht werden soll, muss die Einwilligung des Abgebildeten vorliegen.**

Bevor Fotos für das Projekt erstellt werden, auf denen Personen erkennbar abgebildet sind, müssen diese um Erlaubnis gefragt werden. Sie können ihr Einverständnis einschränken, indem sie es räumlich, zeitlich und für einen bestimmten Zweck begrenzen.

Ausnahmen vom Recht am eigenen Bild

Ein Mitarbeiter von DesignFein erwähnt, dass es Situationen gibt, bei denen eine Veröffentlichungs-Einwilligung der abgebildeten Personen nicht benötigt wird. Die wichtigste Ausnahme stellen Bildnisse aus dem Bereich der Zeitgeschichte ❷ dar. Diese dürfen ohne Einwilligung des Abgebildeten veröffentlicht werden (**Tabelle 10.2**). „Zeitgeschichte“ meint alle Fragen von allgemeinem gesellschaftlichen Interesse. Eine Unterscheidung zwischen Personen der absoluten und Personen der relativen Zeitgeschichte findet man zwar noch in der Literatur. Eine rechtlichen Bedeutung haben diese Begriffe nicht mehr. Welche Art von Veröffentlichung ihrer Abbildungen sich Prominente ungefragt gefallen lassen müssen, hängt mit dem Informationswert für die Öffentlichkeit zusammen. Je größer dieser Informationswert ist, desto höher sind die Informationsbelange der Öffentlichkeit zu werten. Je geringer

❷ **Zeitgeschichte** wird aus dem Informationsinteresse der Öffentlichkeit verstanden. Im Zweifel ist Zeitgeschichte das, was die Gesellschaft interessiert.

der Informationswert ist, desto höher ist der Schutz der Persönlichkeit der Betroffenen einzuschätzen. Bloße Unterhaltung oder bloße Neugier hat demnach kaum etwas mit einem Informationswert für die Öffentlichkeit zu tun. Somit kann auch für sehr prominente Personen nicht pauschal angenommen werden, dass sie sich eine allumfassende Neugier der Öffentlichkeit bezogen auf ihre Privatsphäre gefallen lassen müssen. Werden die Aufnahmen für werbliche Zwecke erstellt, müssen immer – auch von Personen der Zeitgeschichte – Einwilligungen zur Veröffentlichung eingeholt werden. Insofern benötigt der fotografierende Mitarbeiter eine Einwilligung, wenn er die prominenten Gäste und den namhaften Koch (**Abb. 10.10**) des Hotels fotografieren möchte und diese Fotos für die Werbemittel verwendet werden sollen.

Tabelle 10.2: Personen der Zeitgeschichte

Ausnahmen vom Recht am eigenen Bild – Bildnisse aus dem Bereich der Zeitgeschichte	
Personen des besonderen öffentlichen Interesses: Personen, die sich aufgrund herausragender Taten/Leistungen hervorgetan haben; Personen von Amts wegen Beispiele: Spitzensportler, Musiker, Schauspieler, Politiker, Adelige, …	Personen, die wegen eines besonderen Ereignisses vorübergehend für die Öffentlichkeit von Interesse sind Beispiele: Personen, die an einer einmaligen publikumswirksamen Aktion beteiligt sind, Angehörige von absoluten Personen der Zeitgeschichte, …

Weitere Ausnahmen gelten für Personen, die als Beiwerk auf einer Abbildung zu sehen sind und für Personen, die an Veranstaltungen oder ähnlichem teilnehmen. Auch für Personenabbildungen, die rein künstlerische Absichten verfolgen und die nicht auf Bestellung einer anderen Person angefertigt werden, gelten Ausnahmen vom Recht am eigenen Bild.

Personen als Beiwerk auf einer Aufnahme

Sind Personen nicht der eigentliche Gegenstand der Aufnahme, gelten sie als Beiwerk. Das gilt beispielsweise für eine Landschaftsaufnahme der Umgebung des Hotels (**Abb. 10.11**). Entscheidend hierbei ist, dass nicht die Personen, sondern die Örtlichkeit im Vordergrund steht. Die Bildaussage muss mit oder ohne Personen die gleiche bleiben.
Wird jedoch eine Ausschnittsvergrößerung von einem Bild mit Personen als Beiwerk erstellt und werden die Personen nun wichtiges Bildelement und/oder erkennbar, gilt die genannte Ausnahme vom Recht am eigenen Bild nicht mehr.

Abb. 10.11: Personen als Beiwerk

Abb. 10.12: Öffentlicher Raum Einkaufsstraße

Menschenmengen

Zustimmungen der abgebildeten Personen werden auch nicht benötigt, wenn sie sich auf Veranstaltungen wie Versammlungen, öffentlichen Festen und Demonstrationen befinden und die Aufnahmen in die Menge hinein gemacht werden. So kann z. B. eine Aufnahme von flanierenden Menschen in der Fußgängerzone des Ortes, in dem der Heubecker Hof liegt, ohne Zustimmung veröffentlicht werden (**Abb. 10.12**).

Zustimmungsfreie Veröffentlichung von Bildern

Zustimmungsfrei sind also Veröffentlichungen folgender Bilder:

- Bildnisse aus dem Bereich der Zeitgeschichte
- Personen, die als Beiwerk auf einer Aufnahme zu sehen sind
- Menschenmengen auf Versammlungen, Umzügen
- Bilder, die ein Fotograf frei und künstlerisch geschaffen hat – die keine Auftragswerke sind und deren Verbreitung ein höheres Interesse der Kunst verfolgt

Für Bildnisse, die für werbliche Zwecke benutzt werden sollen, müssen Veröffentlichungszustimmungen der abgebildeten Personen vorliegen. Dieses gilt auch für Prominente.

Daher muss auch John Laufer seine Zustimmung geben, bevor sein Bildnis für die Werbemittel des Heubecker Hofs verwendet werden darf.

➲ **Die Ausnahmen vom Recht am eigenen Bild gelten nicht für Fotos, die werblich verwendet werden sollen.**

Schutzdauer für das Recht am eigenen Bild

Das Recht am eigenen Bild bleibt nach dem Tod des Abgebildeten für weitere zehn Jahre bestehen. Die Angehörigen dürfen dann entscheiden, ob sie mit einer Veröffentlichung einverstanden sind. Nach Ablauf der Zehnjahres-Frist gilt weiterhin das allgemeine Persönlichkeitsrecht, das den Verstorbenen gegen grobe und ehrverletzende Darstellungen schützt. Hierzu gehört auch die ungefragte Verwertung seines Bildnisses für werbliche Zwecke. Somit können alte Fotos aus dem Bestand des Heubecker Hofs, auf denen bereits verstorbene Prominente abgebildet sind, nicht ohne weiteres für Medienprodukte des Heubecker Hofs eingesetzt werden.

Auch Fotomontagen können persönlichkeitsverletzend sein. Das gilt vor allen Dingen, wenn die Fotomontage beim Betrachter den Eindruck erweckt, dass es sich tatsächlich um ein Bild der Person in dem gezeigten Zusammenhang handelt.

➲ **Empfehlenswert ist, vor jedem Fotoshooting schriftliche Einverständniserklärungen einzuholen und auf diesen die Gültigkeitsdauer der Freigaben festzuhalten. Mündliche Absprachen sind vor dem Gesetz zwar gültig, können im Streitfall jedoch schwer nachgewiesen werden.**

Model Release

Über Model Releases werden Personenrechte geklärt und durch Honorare abgegolten. Dabei handelt es sich um Fotomodellverträge, in denen die Rechteübertragung an den erstellten Bildern vereinbart wird.

Da sich auch Familien im Hotel aufhalten, ist von der Agentur zu beachten, dass bei Abbildungen von Kindern die Eltern oder Erziehungsberechtigten die Freigabe erteilen müssen (**Abb. 10.13**). Zusätzlich ist bei älteren Kindern, bei denen begründet durch die geistigen Entwicklung Einsichtsfähigkeit vorausgesetzt werden kann, die Zustimmung der Minderjährigen selbst erforderlich.

Abb. 10.13: **Kinder im Hotelpool**

Für das Projekt „Heubecker Hof" werden Model Releases vereinbart. Bei der Bildbearbeitung nimmt ein Mitarbeiter der Agentur DesignFein teilweise extreme Korrekturen an den Personenabbildungen vor. So werden z.B. die Falten einer älteren Mitarbeiterin des Hotels entfernt, ein Fitnesstrainer des Hotels bekommt zusätzliche digitale Muskelmasse und eine weitere Mitarbeiterin erhält eine gänzlich andere Figur und andere Gesichtszüge.

Digitale Schönheitskorrekturen

Die hier beschriebenen Veränderungen des Äußeren sind technisch ohne Probleme machbar. Sie gehen jedoch weit über die Retusche einzelner Haut-Fehlstellen oder das Aufhellen der Zähne hinaus. Durch diese digitalen Pixelverschiebungen wurden persönliche Merkmale verändert oder entfernt. Dadurch wurden Eingriffe in die Persönlichkeitsrechte der abgebildeten Personen vorgenommen, die rechtliche Probleme mit sich bringen können. Bei der digitalen Bildbearbeitung sollten nur gemäßigte Korrekturen vorgenommen werden. Die abgebildeten Personen müssen noch als diejenigen erkannt werden können, die sie tatsächlich sind. Wenn eine Einwilligung zur Veröffentlichung von Personenbildern gegeben wurde, bezieht sich diese Einwilligung auf das Bild, das bei dem Shooting aufgenommen wurde.

➲ **Wird das Bildnis von Personen stark digital modifiziert, sollte vor der Veröffentlichung das Einverständnis der abgebildeten Person zu den Veränderungen eingeholt werden.**

Abbildungen von Sachen

Fotografien von Häusern, Denkmälern oder Kunstwerken im öffentlichen Raum dürfen im Prinzip ohne Erlaubnis und Vergütung angefertigt und veröffentlicht werden. Dieser Grundsatz wird als Panoramafreiheit bezeichnet. Freigaben sind jedoch dann bei der Abbildung von Sachen nötig, wenn beispielsweise Privateigentum, architektonische Innenaufnahmen und Logos fotografiert und werblich verwendet werden sollen. Abbildungen von nicht-öffentlichen Gebäuden, Plätzen oder Grundstücken werden durch Property Releases rechtlich gesichert. Diese erklären die Freigabe des Eigentümers der fotografierten Sache zur Veröffentlichung der erstellten Bilder. Da der Innenbereich des Hotels Heubecker Hof architektonisch künstlerisch und aufwändig gestaltet wurde, sind für die Innenaufnahmen Freigaben des Architekten notwendig.

Property Release

➲ **Bei Abbildungen von Sachen, die für werbliche Zwecke genutzt werden sollen, sind oftmals Rechte zu beachten. Der Eigentümer muss mit der Veröffentlichung einverstanden sein.**

Tabelle 10.3: Notwendigkeit von Freigaben für Bildnisse für Werbezwecke

Motiv	Beschreibung	Einverständnis-erklärung nötig?
Personen/Menschenmenge	einzelne Person ist eindeutig erkennbar	ja
Silhouette	Umrisse von Personen	ja
Sportler/Prominente	eindeutig erkennbar (z. B. Portrait)	ja
Feuerwehr, Polizei, Rettung	eindeutig erkennbar	ja
Körperteile	auch wenn Gesicht nicht erkennbar	ja
öffentliche Gebäude, Plätze	wenn vom öffentlichen Platz fotografiert	nein
Firmenlogos, Markenzeichen; Produkte oder Design erkennbar	auf Produkten oder Gebäuden; Getränkedosen, Autos, Kosmetika etc.	ja
Privateigentum	Häuser, Flugzeuge, Schiffe, Autos etc.	ja
Privateigentum	Details von Privateigentum, das als solches nicht erkennbar ist, Privateigentum ist nicht das Hauptmotiv (z. B. Skylines)	nein
Museen, Zoos	Kunstwerke, Tiere, Innenaufnahmen jeglicher Art	ja
Landschaften	nicht geschütztes Privateigentum	nein
Nationalparks, Naturschutzgebiete	nicht im öffentlichen Eigentum	ja

10.5 Rechtsfolgen bei Verletzungen von Bildrechten

Abb. 10.14: Foto von John Laufer, das auf einer fremden Webseite entdeckt wurde

Nach einiger Zeit findet ein Mitarbeiter der Werbeagentur beim Recherchieren im Internet einige der Bilder, die für das Hotel Heubecker Hof angefertigt wurden, auf einer fremden Seite wieder. Auch ein Bild, das den prominenten Fernsehkoch John Laufer bei seiner Aktion mit Beiköchen im Heubecker Hof zeigt, wurde verwendet und ist mit einem anderen Bildtitel versehen worden (**Abb. 10.14**). Sowohl der Fotograf als Urheber als auch John Laufer wollen gegen die nicht genehmigte Veröffentlichung vorgehen.

Derartige Urheberrechtsverletzungen kommen sehr häufig vor. Gerade im Internet wird die Dunkelziffer unentdeckter Fälle hoch sein. Der Fotograf als Urheber der Bilder und John Laufer, dessen Abbild für werbliche Zwecke benutzt wird, denen er nicht zugestimmt hat, können gegen die unrechtmäßige Verwertung Ansprüche geltend machen. Darüber hinaus ist es möglich, dass schwerwiegende Rechtsverletzungen von Urheberrechten und Rechten am eigenen Bild auch strafrechtliche Konsequenzen in Form von Geld- und sogar Freiheitsstrafe haben (**Abb. 10.15**).

Wird in den höchst privaten und persönlichen Bereich eines Abgebildeten eingegriffen ❶, muss neben dem Fotografen auch derjenige mit strafrechtlichen Folgen rechnen, der das Bild gebraucht oder einem Dritten zugänglich gemacht hat.

❶ Für solche Persönlichkeitsrechtsverletzungen wurde der sogenannte „Paparazzi-Paragraph" in das Strafgesetzbuch eingeführt. Er besagt, dass nicht nur der Abbilder, sondern auch derjenige bestraft wird, der aus dem Bild einen Nutzen zieht.

In dem genannten Beispiel können beide Geschädigte die Beseitigung und Unterlassung verlangen. Eventuell kann ein Schadenersatz eingeklagt werden. Wie hoch der Anspruch jeweils ist, muss geprüft werden. Möglich ist, dass z. B. die Lizenzgebühr, die der Rechteinhaber normalerweise verlangt hätte, eingeklagt wird.

Rechtsfolgen

Zivilrechtliche Konsequenzen
- Beseitigungsanspruch
- Unterlassungsanspruch bei Wiederholungsgefahr
- Schadenersatz bei Vorsatz oder Fahrlässigkeit ❷
- Anspruch auf Vernichtung oder Überlassung

Strafrechtliche Konsequenzen
- Geldstrafe
- Freiheitsstrafe

Abb. 10.15: Übersicht der Rechtsfolgen bei Verletzungen von Bildrechten

❷ **Vorsatz**: Das Recht ist mit Wissen und Wollen verletzt worden.
Fahrlässigkeit: Der Verletzer hat die erforderliche Sorgfalt außer Acht gelassen.

Abmahnung

Bevor die Geschädigten den Gang zum Gericht wählen, werden sie dem Rechteverletzer eine Abmahnung zukommen lassen. Diese sollte einem möglichen Prozess vorgeschaltet werden, um unnötige Verfahren vor Gericht zu vermeiden. Eine Pflicht zur Abmahnung besteht jedoch nicht. Ebenso ist sie keine Voraussetzung für einen möglichen Prozess. Trotzdem ist die Abmahnung empfehlenswert, da sie helfen kann, strittige Angelegenheiten außergerichtlich und damit zeitnah zu klären. Im Wesentlichen beinhaltet sie eine rechtsverbindliche Erklärung des Rechteverletzers. In dieser schriftlichen Erklärung verpflichtet sich der Verletzer:

Strafbewehrte Unterlassungs- und Verpflichtungserklärung

- sofort zu unterlassen, die Fotos zu verwenden
- zukünftig zu unterlassen, Fotos von der Internetseite des Heubecker Hofs zu laden
- eine Vertragsstrafe in einer bestimmten Höhe zu bezahlen, falls er sich in der Zukunft nicht wie genannt verhält
- die durch diese Abmahnung entstandenen Anwaltsgebühren zu zahlen.

Mit dieser sogenannten strafbewehrten Unterlassungs- und Verpflichtungserklärung soll eine Wiederholungsgefahr ausgeschlossen werden.

Geht der Abgemahnte nicht auf die Unterlassungs- und Verpflichtungserklärung ein, können der Fotograf und John Laufer ihre Unterlassungsansprüche gerichtlich geltend machen. Bis dahin kann das Mittel der einstweiligen Verfügung eingesetzt werden.

➲ **Verletzungen von Bildrechten können je nach Schwere zivilrechtliche und strafrechtliche Konsequenzen haben.**

10.6 Schutz von Bildern

Sichtbare Wasserzeichen findet man oft bei Bilddatenbanken auf den Vorschaubildern.

Die Bilder, die der Fotograf hergestellt hat, sind automatisch urheberrechtlich geschützt. Sie müssen nicht noch einmal extra geschützt werden. Jedoch sind gerade Bilder, die digital vorliegen, besonders anfällig für Urheberrechtsverletzungen. Um seine Ansprüche nach außen zu verdeutlichen, kann der Fotograf deshalb wahrnehmbare (sichtbare) oder nicht wahrnehmbare (unsichtbare) digitale Wasserzeichen einsetzen.

- Wahrnehmbare digitale Wasserzeichen können Logos und Schriftzüge sein, die transparent über ein Bild gelegt werden (**Abb. 10.16**).
- Nicht wahrnehmbare digitale Wasserzeichen werden durch eine Software mit dem Inhalt der Datei verflochten. Somit werden Informationen in den digitalen Daten versteckt.

Abb. 10.16: Sichtbares Wasserzeichen

Abb. 10.17: Informationen bei einem unsichtbaren Wasserzeichen

Bei nicht wahrnehmbaren digitalen Wasserzeichen werden Bildern Copyright-Informationen hinzufügt. Dadurch sollen Anwender darauf hinweisen werden, dass ein Bild urheberrechtlich geschützt ist.

Diese Informationen sind unabhängig vom Speicherformat. Das Wasserzeichen wird bei gängigen Bildbearbeitungen und Änderungen des Dateiformats nicht beschädigt.

Fügt der Fotograf ein solches Wasserzeichen in seine digitalen Bilder ein, können Anwender Kontaktinformationen über ihn erhalten (**Abb. 10.17**). Gerade wenn er seine Bilder an andere lizenziert, kann dieses sehr nützlich sein. Beim Kopieren eines Bildes mit eingebettetem Wasserzeichen werden das Wasserzeichen und die mit ihm verbundenen Informationen ebenso kopiert. Zwar ist die Urheberschaft von Bildern direkt durch das Urheberrechtsgesetz geschützt, sodass der Urheber eines Bildes rein rechtlich das digitale Wasserzeichen nicht braucht. Der Missbrauch ist jedoch erkennbar und verfolgbar.

Digitale Wasserzeichen schaffen demnach die Voraussetzung für das Kennzeichnen von Bildern, sodass diese vom Urheber wieder erkannt werden können. Programme ermöglichen es, das Internet nach Bildern zu untersuchen, die entsprechende Wasserzeichen tragen.

➲ **Bilder sind grundsätzlich urheberrechtlich geschützt und benötigen keinen zusätzlichen rechtlichen Schutz. Digitale Wasserzeichen verdeutlichen jedoch die urheberrechtlichen Ansprüche.**

10.7 Bildrechte und soziale Netzwerke

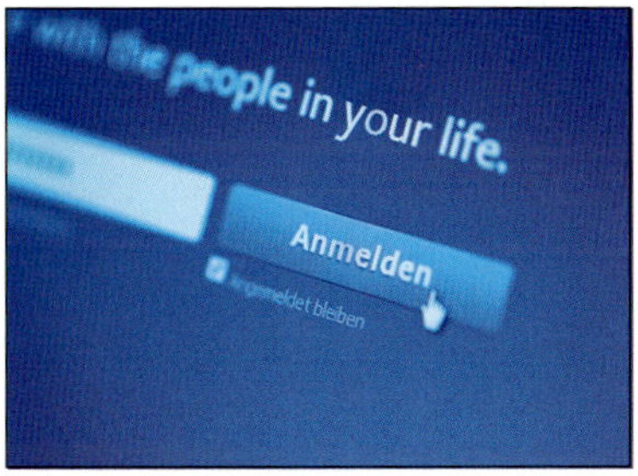

Abb. 10.18: Soziale Netzwerke

Die Bilder, die der Fotograf für das Projekt „Heubecker Hof" erstellt hat, sind teilweise mit alleinigen Nutzungsrechten für den Heubecker Hof versehen worden. Zusätzlich wurde vereinbart, dass der Fotograf diese Bilder für seine Eigenwerbung benutzen darf.

Nach Abschluss des Projekts lädt der Fotograf einige der besten Heubecker Hof-Bilder zur Eigenwerbung auf seiner Facebook- und Google+-Seite und bei Flickr hoch. Mitarbeiter des Heubecker Hofs entdecken einige der Bilder auf diversen Plattformen. Zwar ist der Zweck der Eigenwerbung vereinbart worden, doch durch das Hochladen auf die genannten Plattformen akzeptiert der Fotograf die AGBs der jeweiligen sozialen Netzwerke. Diese aus dem anglo-amerikanischen Rechtsraum stammenden Bedingungen sind sehr einseitig zugunsten des jeweiligen sozialen Netzwerks formuliert.

Nutzungsbedingungen von Facebook

Bei der Nutzung von Facebook gibt der Fotograf so eine „nicht-exklusive, übertragbare, unterlizenzierbare, gebührenfreie, weltweite Lizenz" zur Nutzung jeglicher Inhalte, die er auf oder im Zusammenhang mit Facebook postet. Laut Facebook endet diese Lizenz, wenn die Inhalte oder das Konto gelöscht werden – außer die Inhalte wurden mit anderen Nutzern geteilt und diese haben die Inhalte nicht gelöscht.

Nutzungsbedingungen von Google+

Ähnliches sehen die Nutzungsbedingungen von Google+ vor. Durch das Hochladen der Bilder auf seine Google+-Seite räumt der Fotograf Google und denen, mit denen Google zusammenarbeitet, „das Recht ein, diese Inhalte weltweit zu verwenden, zu hosten, zu speichern, zu vervielfältigen, zu verändern, … zu veröffentlichen, … öffentlich anzuzeigen und zu verteilen."

Nutzungsbedingungen von Flickr

Durch das Nutzen der Flickr-Plattform gewährt der Fotograf „Yahoo, den mit Yahoo verbundenen Unternehmen und den Vertragspartnern von Yahoo das gebührenfreie, nicht ausschließliche, unbefristete Recht, diesen Inhalt (ganz oder teilweise) weltweit zur Erbringung der im Rahmen des betreffenden Dienstes angebotenen Leistungen und zur Bewerbung der Dienste von Yahoo zu nutzen." Die Bilder bleiben jedoch im Eigentum des Fotografen. Er weist beim Hochladen seinen Fotos CC-Lizenzen zu.

Für den Fotografen ergeben sich hieraus folgende rechtliche Probleme:
Der Fotograf verstößt gegen den Vertrag mit dem Kunden. Durch das Hochladen der Bilder, für die er dem Kunden ein ausschließliches Nutzungsrecht eingeräumt hat, ermöglicht er den jeweiligen Netzwerken eine weitere Vervielfältigung und Verbreitung. Dieses wird nicht mehr von der vereinbarten Eigenwerbung gedeckt und kann empfindliche Vertragsstrafen mit sich bringen.
Zum anderen kann der Fotograf nicht den Netzwerken die geforderten Nutzungsrechte einräumen, da er diese ausschließlich an den Kunden abgetreten hat. Durch die Nutzung der Plattformen akzeptiert der Fotograf die Nutzungsbedingungen der jeweiligen Netzwerke. In diesen ist jeweils zu finden, dass nur Inhalte hochgeladen werden dürfen, die die Rechte anderer nicht verletzen. Hiermit sichern sich die Anbieter der sozialen Netzwerke gegen Ansprüche andere ab. Grundsätzlich ist der Nutzer für die hochgeladenen Dateien verantwortlich.

➲ **Die Nutzungsbedingungen der bekannten sozialen Netzwerke ermöglichen Dritten ein beliebiges Verfügen über die hochgeladenen Bilder. Hierfür müssen die Bilder frei von Rechten Dritter sein. Verantworlich ist der Nutzer der Netzwerke.**

10.8 Aufgaben und Übungen

1. Erklären Sie die rechtlichen Hintergründe folgender Anforderung, die in den AGBs einer Bildagentur zu finden ist: „Bei der Verwendung des Fotos hat der Käufer im Impressum oder am Bild den Fotografen mit Namen zu nennen".

2. Das Urheberrecht schützt die Urheber in ihren wirtschaftlichen und ideellen Interessen.
   a) Erläutern Sie, was jeweils mit diesen Interessen gemeint ist.
   b) Nennen Sie jeweils zwei Beispiele, welche Rechte sich hieraus ergeben.

3. Erläutern Sie die Bedeutung und die Aufgaben der Verwertungsgesellschaft Bild-Kunst (vgl. http://www.bildkunst.de/).

4. Eine Werbeagentur erwirbt Bilder von einer Bildagentur.
   Erläutern Sie, ob und unter welchen Umständen rechtlich aus diesen Bildern:
   a) Collagen erstellt werden dürfen.
   b) Bildbearbeitungen (Farbveränderungen, Tonwertkorrektur, Anwendung von Filtern, usw.) vorgenommen werden dürfen.

5. Das Urheberrecht unterscheidet bei der Vergabe von Nutzungsrechten zwischen einfachen und ausschließlichen Nutzungsrechten. Erklären Sie den Unterschied.

6. Sie wollen für Ihre Bewerbungsunterlagen in Ihrem Portfolio Anschauungsbeispiele zusammenstellen, die Sie während Ihrer Ausbildung für Kunden erstellt haben. Ihre Kollegin weist Sie darauf hin, dass Sie das nicht so einfach dürfen. Erläutern Sie die rechtliche Lage in Bezug auf die Nutzungsrechte. Gehen Sie dabei auf das Urheberrecht im Angestelltenverhältnis ein.

7. Bei der Bildrecherche für ein Projekt sollen Sie möglichst lizenzfreie Bilder wählen. Begründen Sie diese Anforderung.

8. Erklären Sie, warum Bilder, die mit Rechtekontrolloptionen versehen sind, zusätzliche Kosten verursachen.

9. Sie benötigen verschiedene Personen- und Landschaftsabbildungen. Bei der Recherche zu geeignetem Bildmaterial finden Sie in den AGBs einer Bildagentur folgende Vereinbarungen: „Übertragen wird grundsätzlich nur das urheberrechtliche Nutzungsrecht am jeweiligen Lizenzmaterial. Nicht enthalten ist grundsätzlich eine Freigabe oder Zustimmung zur Nutzung abgebildeter Personen, Gebäuden, Dekorationen und künstlerischen Gestaltungen. Dies gilt insbesondere für die Nutzung des Lizenzmaterials im werblichen Zusammenhang. Der Verwender ist selbst dafür verantwortlich, die in diesem Zusammenhang für die geplante Nutzung erforderlichen Erlaubnisse bzw. Genehmigungen bei den jeweils Berechtigten einzuholen." Erläutern Sie, was Sie konkret in Bezug auf die Bildrechte beachten müssen.

10. Recherchieren Sie nach den Creative Commons-Lizenzverträgen für folgende Anforderungen:
    a) Der Urheber muss genannt werden.
    b) Der Urheber muss genannt werden. Er lässt keine Bearbeitung seines Werks zu.
    c) Der Urheber muss genannt werden. Das Werk darf nur für nichtkommerzielle Zwecke genutzt werden.
    d) Der Urheber muss genannt werden. Das Werk darf nur für nichtkommerzielle Zwecke genutzt werden. Der Urheber lässt keine Bearbeitung seines Werks zu.
    e) Der Urheber muss genannt werden. Das Werk darf nur für nichtkommerzielle Zwecke genutzt werden. Eine Weitergabe unter gleichen Bedingungen ist erlaubt.
    f) Der Urheber muss genannt werden. Eine Weitergabe unter gleichen Bedingungen ist erlaubt.

    Wie werden diese Anforderungen sichtbar gemacht?

11. Saskia Süß nutzt Bilder der Fotografin Linda Blick für einen Urlaubskatalog, ohne Rechte an den Fotos zu haben.
    a) Formulieren Sie eine Unterlassungserklärung, die die Fotografin an Saskia Süß richtet.
    b) Welche Rechtsfolgen können zusätzlich zur Unterlassung aus dem Verstoß gegen das Urheberrecht entstehen?

12. Die Agentur DesignFein bekommt den Zuschlag für den Relaunch eines Webauftritts. Der für die Agentur neue Kunde „Schümli-Kaffee"vertreibt u. a. Kaffeemaschinen. Er möchte, dass für die Präsentation der Produkte die Bilder verwendet werden, die bereits für die Broschüren eingesetzt wurden.
    a) Benennen Sie die Schutzrechte, die der Fotograf der Bilder für die Verwendung in den Broschüren an Schümli-Kaffee übertragen hat.
    b) Begründen Sie, ob für die Verwendung der Fotos in dem Webauftritt wiederum die Zustimmung des Urhebers eingeholt werden muss.

13. Eine Werbeagentur kreiert für einen Wasserversorger eine Werbekampagne, bei der Motive aus der Region benutzt werden.
    Ein Motiv zeigt das regional sehr bekannte Schloss mit dem Schlosspark. In diesem Schlosspark wurde ein Skulpturengarten angelegt. Auf einem Bild, das für die Werbekampagne ausgewählt wurde, ist eine Skulptur eines regionalen Künstlers großflächig zu sehen. Der Künstler wurde zur Veröffentlichung nicht befragt. Ordnen Sie den Sachverhalt rechtlich ein.

14. In einer Wochenzeitschrift soll für einen Artikel das Foto eines Menschen eingesetzt werden, der losgelöst von einer Gruppe auf einem Wanderweg abgebildet ist. Das Foto wurde so erstellt, dass die Person auf den Betrachter zukommt. Ist für diesen Einsatzzweck die Einwilligung der abgebildeten Person erforderlich oder darf das Bild einfach veröffentlicht werden? Begründen Sie aus dem Recht am eigenen Bild heraus.

15. Sie wollen ein Bild eines bekannten Politikers für Werbezwecke einsetzen. Erläutern Sie, inwieweit Sie die Abbildung dieser Person der Zeitgeschichte ungefragt für die Kampagne verwenden dürfen.

16. Kerstin Müller lädt Fotos, die sie beim Surfen im Internet entdeckt hat und für interessant hält, auf ihre Google+-Seite und bei Flickr hoch. Erklären Sie, welche rechtliche Relevanz bezüglich Kerstins Verhalten folgende Zitate aus den Nutzungsbedingungen der Netzwerke haben: „Achten Sie darauf, dass Sie über die notwendigen Rechte verfügen, um uns eine entsprechende Lizenz für alle Inhalte zu erteilen, die Sie in unsere Dienste hochladen." (Google+)
    „Falls Sie selbst nicht Inhaber der Rechte an einem von Ihnen eingegebenen Inhalt sind, sind Sie dafür verantwortlich, dass der Inhaber der Rechte an dem Inhalt ... sich mit der von Ihnen vorgenommenen Nutzung des Inhalts und der Übertragung der Rechte gemäß den vorstehenden Regelungen einverstanden erklärt hat." (Flickr)

Sachwortverzeichnis

A

B

C

D

E

F

G

H

I

K

L

M

N

O

P

Q

R

S

Bildquellenverzeichnis

Die Autoren bedanken sich bei den nachfolgenden Firmen, Institutionen und Einzelpersonen für Ihre Unterstützung:

Agence France-Presse GmbH, Berlin: Abb. 1.63

Altmann, Ralph, Simpelfilter, Michendorf OT Langerwisch: Abb. 5.3 a, Abb. 5.3 b, Abb. 7.33 b, Abb. 7.33 c, Abb. 7.38 c, Abb. 7.38 d, Abb. 7.44 c, Datei „gradationstest_sw.psd" und „gradationstest_rgb.psd"

Bisping, Birgit, Köln: Abb. 8.7, Abb. 8.17

Böhm, Monika, Köln: Abb. 10.11, Abb. 10.13, Abb. 10.16, Abb. 10.17

ddp Deutscher Depeschendienst GmbH, Berlin: Abb. 1.36

Fotolia.com, Berlin: Abb. 3.1 © chesky, Abb. 3.2 © Big R, Abb. 3.3 a © Albo, Abb. 3.3 c © catur, Abb. 3.3 d © James Steidl, Abb. 3.4 © Krzysiek z Poczty, Abb. 3.8 a © JENNY SOLOMON, Abb. 3.8 b © Stanisa Martinovic, Abb. 3.8 c © Thomas Stüber, Abb. 3.13 © Andrzej Tokarski, Abb. 3.16 a © Bobo, Abb. 3.16 b © Marc Rigaud, Abb. 3.16 d © Simone Werner-Ney, Abb. 3.21 a bis Abb. 3.21 c © Maksym Gorpenyuk, Abb. 3.22 © Konstantin Shevtsov, Abb. 3.24 bis Abb. 3.28 © Zoe Schumacher, Abb. 4.1 © S. Kobold, Abb. 4.2 a © Anna Khomulo, Abb. 4.2 b © Robert Kneschke, Abb. 101-1 © seen, Abb. 101-2 © antbphotos, Abb. 101-3 © Eldin Muratovic, Abb. 101-4 © TERRI MOUNT, Abb. 102-1 © Jerzy Czarkowski, Abb. 4.3 © Stephen Sweet, Abb. 4.9 © Kerstin Meier, Abb. 4.10 © memo, Abb. 4.11 a © Bobo, Abb. 4.11 b © Marc Rigaud, Abb. 4.11 d © Simone Werner-Ney, Abb. 4.12 © Valery Bezusov, Abb. 4.13 © estima, Abb. 4.17 bis Abb. 4.19 © iofoto, Abb. 10.6 © Chad McDermott, Abb. 10.12 © Bobo

Getty Images, München: Abb. 1.18, Abb. 1.26, Abb. 1.50

grafipress, Karlsruhe: Abb. 8.48

Heidelberger Druckmaschinen AG, Heidelberg: Abb. 2.8

Heinen, Gerd, Halls Head, WA: Abb. 3.12, Abb. 3.18, Abb. 3.19

Hewlett-Packard Europa Holding, Böblingen: ICC-Profil „sRGB"

HKS Warenzeichenverband e. V., Stuttgart: Abb. 2.11 und Mehrfachverwendung

Huneke, Tobias, ICCView, Essen: Abb. 2.8, Abb. 5.2, Abb. 5.4 b, Abb. 5.10, Abb. 5.13 a, Abb. 5.13 b, Abb. 5.24

IFRA-Darmstadt: ICC-Profil „ISOnewspaper26v4"

Koch, Karl, basICColor GmbH, Penzberg: Abb. 5.1, ICC-Profile „eciRGB_V2" und „ISOcoated_V2_bas"

Mauritius Images GmbH, Mittenwald: Abb. 4.2 USB und Firewire, Abb. 4.16 (1)

MEV Verlag GmbH, Augsburg: Abb. 1.3 bis Abb. 1.7, Abb. 1.9, Abb. 1.12 bis Abb. 1.14, Abb. 1.16, Abb. 1.19, Abb. 1.21, Abb. 1.43, Abb. 1.45 bis Abb. 1.49, Abb. 1.52, Abb. 1.55, Abb. 1.56, Abb. 1.61, Abb. 1.62, Abb. 1.64 bis Abb. 1.67, Abb. 2.6, Abb. 2.12 bis Abb. 2.14, Abb. 2.16 a bis Abb. 2.17 d, Abb. 3.3 b, Abb. 3.10, Abb. 3.11, Abb. 3.14, Abb. 3.15, Abb. 3.16 c, Abb. 3.17, Abb. 4.5, Abb. 5.25 a, Abb. 5.25 b, Abb. 5.30 a, Abb. 5.30 b, Abb. 5.34 a, Abb. 6.1 bis Abb. 6.5, Abb. 6.8 a, Abb. 7.1 bis Abb. 7.4, Abb. 7.58 a bis Abb. 7.59, Abb. 8.1, Abb. 8.2, Abb. 8.3 b bis Abb. 8.3 e, Abb. 8.5 a, Abb. 8.5 b, Abb. 8.7 a bis Abb. 8.8 b, Abb. 8.10 a, Abb. 8.10 b, Abb. 8.13 a bis Abb. 8.13 c, Abb. 8.15 a, Abb. 8.15 b, Abb. 8.18 a, Abb. 8.18 b, Abb. 8.20 a bis Abb. 8.24 b, Abb. 8.26 a, Abb. 8.26 b, Abb. 8.28, Abb. 8.31, Abb. 8.37 a bis Abb. 8.38 d, Abb. 8.54 a, Abb. 8.54 b, Abb. 8.59 a, Abb. 8.59 b, Abb. 8.62 a, Abb. 8.62 b, Abb. 8.64, Abb. 8.66 a, Abb. 8.66 b, Abb. 8.68 a, Abb. 8.68 b, Abb. 8.70 a bis Abb. 8.71 b, Abb. 8.72 a, Abb. 8.72 b, Abb. 8.73 a, Abb. 8.73 b, Abb. 8.74 a, Abb. 8.74 b, Abb. 8.75 a, Abb. 8.76 a, Abb. 8.77 a, Abb. 8.77 b, Abb. 8.107 a bis Abb. 8.107 c, Abb. 8.111, Abb. 8.112, Abb. 8.113 bis Abb. 8.117, Abb. 10.1 bis Abb. 10.5, Abb. 10.8, Abb. 10.10, Abb. 10.14, Abb. 10.18

Nordsueddesign, Johannes Henseler, Köln: Abb. 4.4, Abb. 4.6, Abb. 4.15, CD-Anwendung „understanding photography“

Plöthner, Christel, Fotografin-DGPh, Köln: Abb. 7.16, Abb. 7.17 a, Abb. 7.21 bis Abb. 7.23 b, Abb. 7.27 a, Abb. 7.27 b, Abb. 7.30 a, Abb. 7.30 b, Abb. 7.33 a, Abb. 7.35 a, Abb. 7.35 b, Abb. 7.38 a, Abb. 7.40 a bis Abb. 7.41 b, Abb. 7.44 a, Abb. 7.44 b, Abb. 7.47 a, Abb. 7.47 b, Abb. 7.49 a, bis Abb. 7.50 b, Abb. 7.51 a bis Abb. 7.53 b, Abb. 8.27 a, Abb. 8.27 b, Abb. 8.32, Abb. 8.34, Abb. 8.46 a, Abb. 8.46 b, Abb. 8.47, Abb. 8.57, Abb. 9.6 a, Abb. 9.8 a, Abb. 9.8 b

QUATOGRAPHIC Technology GmbH, Braunschweig: Abb. 5.3 a, Abb. 5.3 b

Reuters AG, Berlin: Abb. 1.10, Abb. 1.11, Abb. 1.17, Abb. 1.22, Abb. 1.23, Abb. 1.25, Abb. 1.27, Abb. 1.51, Abb. 1.54, Abb. 1.58

Schmitz, Mark und Schmitz, Kai, Köln: Abb. 2.22, Abb. 8.78 a, Abb. 8.78 b, Abb. 8.89 a bis Abb. 8.91 c, Abb. 8.93 a bis Abb. 8.100, Abb. 8.101 b, Abb. 8.102, Abb. 9.9 a bis Abb. 9.10, Abb. 9.12 bis Abb. 9.21

Stockfood GmbH, München: Umschlag

The Associated Press GmbH, Frankfurt: Abb. 1.44

Ullstein GmbH, Berlin: Abb. 1.8, Abb. 1.15, Abb. 1.20, Abb. 1.53, Abb. 1.57, Abb. 1.59, Abb. 1.60

VISUM Foto GmbH, Hamburg: Abb. 1.24

Wilmanns, Claudio, Bergische Universität Wuppertal: Abb. 5.4 a

X-Rite Europe AG, CH-Regensdorf: Abb. 4.14

Zeichenbüro des Verlages Europa-Lehrmittel, Ostfildern: Abb. 1.31 bis Abb. 1.33, Abb. 2.5, Abb. 2.10, Abb. 2.14, Abb. 3.5 bis Abb. 3.7, Abb. 4.7, Abb. 4.8, Abb. 5.23, Abb. 5.24, Abb. 5.28 a bis Abb. 5.29 b